U0741274

高等职业教育"十二五"规划教材

AutoCAD 2012
工程制图实例教程

AutoCAD 2012 GONGCHENG ZHITU SHILI JIAOCHENG

◎主　编　林　翔
◎副主编　陈　辉

重庆大学出版社

内容提要

本书按照高职高专人才培养目标,紧密围绕高职高专示范性建设要求,根据我国颁行的2001版建筑制图标准、机械制图标准及Autodesk公司推出的AutoCAD 2012中文版用户手册(2011年2月公布)等文本,在教改与工程设计实践的基础上,从课程定位与实操技能要求出发,兼顾NIT考试大纲要求,以项目导向、任务驱动来设计案例、安排教学内容,比较全面科学地介绍了基于AutoCAD 2012中文版的、涵盖图文表注等工程图纸所有的制图方法,以及三维模型的创建方法等。

本书架构朴实而严谨,适用性广,可作为高职高专院校工科类专业的通用教材,也用作其他类别专业计算机辅助制图课程的教材,还可以作为"NIT"考试的培训参考教材。

图书在版编目(CIP)数据

AutoCAD 2012工程制图实例教程/林翔主编.—重庆:重庆大学出版社,2014.1(2018.8重印)
高等职业教育"十二五"规划教材
ISBN 978-7-5624-7895-9

Ⅰ.①A… Ⅱ.①林… Ⅲ.①工程制图—AutoCAD软件—高等职业教育—教材 Ⅳ.①TB237

中国版本图书馆CIP数据核字(2013)第292847号

高等职业教育"十二五"规划教材
AutoCAD 2012 工程制图实例教程
主 编 林 翔
副主编 陈 辉
策划编辑 范 莹
责任编辑:文 鹏 版式设计:范 莹
责任校对:贾 梅 责任印制:张 策

*

重庆大学出版社出版发行
出版人:易树平
社址:重庆市沙坪坝区大学城西路21号
邮编:401331
电话:(023)88617190 88617185(中小学)
传真:(023)88617186 88617166
网址:http://www.cqup.com.cn
邮箱:fxk@cqup.com.cn(营销中心)
全国新华书店经销
重庆荟文印务有限公司印刷

*

开本:720mm×960mm 1/16 印张:25.75 字数:463千
2014年2月第1版 2018年8月第3次印刷
印数:2 501—3 500
ISBN 978-7-5624-7895-9 定价:59.50元

本书如有印刷、装订等质量问题,本社负责调换
版权所有,请勿擅自翻印和用本书
制作各类出版物及配套用书,违者必究

前言

　　20 世纪 90 年代以来,伴随着中国各方面建设的蓬勃兴起,AutoCAD 在中国迎来了发展的绝佳机遇。及至今日,就如 Windows 在 PC 机中的地位一样,AutoCAD 在工程设计领域一路独领风骚,应用覆盖面超过 90%,得到了业界广泛好评。以 AutoCAD 软件为平台开发的专业工程设计软件到处可见,在建筑、机械、电子等行业发挥着重要的作用,此亦足见 AutoCAD 在工程制图方面举足轻重的基础性地位。有鉴于此,作为一项重要的 IT 技能,高职院校将其列入高校人才培养方案的课程之一,教育部考试中心也把它作为模块之一列入了 NIT(全国计算机应用技术证书考试)科目表。

　　为此,我们组织具有多年工程设计经历、AutoCAD 实践经验丰富的工程技术人员,与 AutoCAD 教学经验丰富的教师一起,共同编写了这一本《AutoCAD 2012 工程制图实例教程》。全书在内容方面首先考虑其先进性,选用 AutoCAD 2012 最新版本的用户手册,同时参考最新的 NIT 考试大纲;选用的制图实例也都是近年的实际工程项目及 NIT 考试 AutoCAD 模块的题目;另外,从理论的阐述到案例的演绎,也都充分体现了高职教育的特色,重在实效、实用。在教材的编写方面,贯彻"教学做一体化""理实合一"的理念,以实例为主、以能力培养为核心,大量采用案例来导入、阐述、分析理论知识,突出针对性、实操性,深入浅出、循序渐进,在培养学生基本绘图技能的基础上进一步培养学生绘图方法上的灵活性,提高综合应用能力。

　　本书的编者均为"双师型"教师,由林翔担任主编,陈辉担任副主编。林翔提出了编写构思,拟定了编写大纲和撰写要求,并负责编写了学习情境 2 至情境 10;陈辉负责编写了学习情境 1、11;陈志明老师对本书进行审定,江速勇对本教材的编写提供了很大的帮助。

　　由于编者水平有限,错误和缺点在所难免,欢迎广大读者批评指正。

编　者
2013 年 8 月

目　录

学习情境 1　AutoCAD 2012 中文版运行环境与界面 ·················· 1
　任务 1　AutoCAD 2012 中文版系统运行环境设置 ·············· 3
　任务 2　AutoCAD 2012 中文版图形文件的基本操作 ··········· 6
　拓展训练　灵活运用鼠标 ······························· 31
　拓展阅读　使用"帮助"获得帮助 ······················· 32
　课堂练习　图形的打开与浏览 ··························· 33

学习情境 2　绘制简单图形 ································· 34
　任务 1　绘制简单图形——垫片 ························· 35
　任务 2　绘制简单图形——嵌套图形 ····················· 44
　任务 3　绘制简单图形——选自 NIT 练习题集 ············· 47
　拓展训练　选自 NIT 习题集 ··························· 51
　课后习题　选自 NIT 习题集 ··························· 52

学习情境 3　图形编辑与修改 ······························ 54
　任务 1　绘制办公桌椅布置平面图 ······················· 56
　任务 2　绘制坐式马桶平面图 ··························· 67
　任务 3　绘制组合窗格图案 ····························· 73
　任务 4　修改住宅平面图局部 ··························· 80
　拓展训练 1　图形对象夹点与使用 ······················· 90
　拓展训练 2　编辑图形对象属性 ························· 94
　课堂练习　选自 NIT 习题集 ··························· 98
　课后练习 1　选自 NIT 习题集 ························· 98
　课后练习 2　选自 NIT 习题集 ························· 98

学习情境4　绘制复杂图形 ································· 100

　　任务1　绘制值班室平面图 ································· 101

　　任务2　绘制值班室建筑平面图 ···························· 120

　　任务3　图形的图案填充 ································· 131

　　任务4　住宅楼板图案填充 ································· 136

　　拓展训练1　绘制独立基础平面图 ························· 143

　　拓展训练2　绘制阶形基础立面图 ························· 144

学习情境5　绘制建筑类图形 ································· 145

　　任务1　绘制建筑平面图 ································· 146

　　任务2　绘制建筑立面图 ································· 174

　　任务3　绘制楼梯剖面详图 ································· 186

　　拓展训练　绘制建筑剖面图 ································· 194

学习情境6　绘制机械类图形 ································· 195

　　任务1　绘制机械零件图 ································· 196

　　任务2　绘制机械三视图 ································· 202

　　任务3　绘制机械装配图 ································· 207

　　课后练习　绘制三视图 ································· 212

学习情境7　利用图块功能绘图 ································· 213

　　任务1　在住宅单元房中插入餐桌椅 ························· 214

　　任务2　以动态图块技巧绘制箭头 ························· 237

　　课后作业　绘制室内平面布置图 ························· 244

学习情境8　图形的标注 ································· 246

　　任务1　机械零件尺寸标注 ································· 247

　　任务2　住宅平面图标注 ································· 268

　　任务3　室内装修立面图标注 ································· 273

　　拓展训练　特殊标注 ································· 280

　　课堂作业　标注机械零件尺寸 ························· 283

　　课后作业　选自 NIT 习题集 ························· 284

学习情境9　在图形上绘制表格与文字 ························· 286

　　任务1　填写门窗材料表 ································· 287

　　任务2　绘制工程图纸的图签栏 ························· 310

拓展训练　编辑结构设计总说明 ······················· 324

学习情境 10　绘制三维模型 ······················· 325
　　任务 1　多种方式观察机械零件模型 ··············· 326
　　任务 2　绘制小凳子模型 ························· 343
　　拓展训练　进一步认识"拉伸" ··················· 349
　　任务 3　绘制螺丝钉模型 ························· 351
　　拓展训练　布尔运算与三维实体编辑 ··············· 363
　　课后练习　绘制茶杯模型 ························· 375

学习情境 11　辅助工具、信息查询功能的运用及打印输出 ··· 377
　　任务 1　查询机械零件几何参数 ··················· 378
　　任务 2　图形打印与输出 ························· 391
　　课后练习　测量住宅面积 ························· 399

附录　常用 CAD 命令快捷键 ······················· 401

学习情境1　AutoCAD 2012 中文版运行环境与界面

知识目标：

1. 了解 AutoCAD 在工程制图中的应用；

2. 了解 AutoCAD 2012 中文版系统运行环境；

3. 熟练启动 AutoCAD 2012 中文版，熟悉工作界面；

4. 掌握图形文件的基本操作；

5. 认识并理解坐标系的用途；

6. 了解 AutoCAD 2012 中文版绘图命令体系；

7. 熟练操作图形文件的打开与浏览。

技能目标：

1. 能针对 AutoCAD 2012 中文版系统运行环境的要求，选择 PC 机的档次、配置和操作系统平台软件；

2. 能根据不同需要使用多种方法来新建或继续绘制编辑 AutoCAD 2012 中文版图形文件，完成图形文件最基本的操作；

3. 比较 AutoCAD 界面与 Office 软件的共同性，能将"微软"软件应用技术平移到 AutoCAD 2012 中文版的应用中来，会设置特定的图形单位、图幅界限、工具栏等；

4. 能灵活运用图形的几种主要显示方式及鼠标的一般用法与特殊用法，提高绘图效率。

情境再现与任务分析：

对于有意开展计算机工程制图的新手,非常希望对久负盛名的 AutoCAD 软件有所了解,包括它的主要功能和业界对它的评价;有了 AutoCAD 2012 中文版系统安装软件,必然要解决该软件安装及运行的软硬件环境支撑问题,即明确硬件的配置底线和操作系统的选择,并能顺利进行软件安装。任务 1 即是为了解决这个问题。

任务 2 将引导用户零距离而浅层面地接触 AutoCAD 2012 中文版,掌握对图形文件的基本而简单的操作,逐渐熟悉系统的用户界面,去除神秘感,达到能自如进出系统、简单操作的目的;同时,用户要不断地复习"微软"软件如 Word软件的风格与特点,体会两个软件的共同处,把"微软"的方法与技巧平移过来,以期尽快熟悉、掌握对 AutoCAD 图形文件的基本操作。

学习情境教学场景设计：

学习领域	AutoCAD 2012 中文版	
学习情境	AutoCAD 2012 中文版的安装与界面	
行动环境	场景设计	工具、设备、教件
①设计机构或图文公司； ②校内实训基地。	①分组(每组 2~4 人)； ②参观工程设计机构； ③教师或工程技术人员讲解绘图知识； ④学生动手浏览工程图纸,分析图纸的一般构成； ⑤讨论虚拟绘图方案与步骤； ⑥评讲方案。	①联成局域网的 PC 机,带独立显卡； ②投影仪或多媒体网络广播教学软件； ③多媒体课件、操作过程屏幕视频录像； ④AutoCAD 2012 中文版系统安装软件； ⑤实际工程图纸。

任务 1　AutoCAD 2012 中文版系统运行环境配置

知识准备：

1. AutoCAD 简介

就像世界上绝大多数 PC 机使用 Windows 作为操作系统一样，绝大多数工程技术人员使用 AutoCAD 软件进行制图。

CAD(Computer Aided Drafting,计算机辅助设计)概念诞生于 20 世纪 60 年代的美国，是指为解决机械设计而研发的专用软件。美国 Autodesk 公司的 AutoCAD 软件，是伴随 19 世纪 80 年代初期 PC 机的出现而一路发展起来的，由于它当初的无偿复制使用，造成了今天巨大的 AutoCAD 用户群。

2. AutoCAD 在中国

以 DOS 为平台的 AutoCAD 的 V2.17、V2.18 版本，自 1985 年开始在我国出现，在中国设计行业中应用与日俱增。中国的科研单位以 AutoCAD 为平台自主开发出了许多专业绘图软件，提高了设计效率，也不断推动了 AutoCAD 的持续发展。

1992 年后，AutoCAD R12.0 出现。它是 DOS 平台下的最高峰版，而且推出了早期 Windows 平台下的版本，在建筑、机械、电子等行业的设计机构得到广泛应用，势成燎原，对 AutoCAD 的发展来说具有里程碑意义。

1997 年后推出的 AutoCAD R14.0，能适应 Pentium 机型及 Windows95/NT 操作系统平台，操作更方便、运行更快捷，工具条功能丰富，并实现了中文操作，成为 CAD 软件的"一哥"，多数设计院对它高度依赖，以至无法离开它而适应其他 CAD 软件。

此后 AutoCAD 在中国发展与国际同步。由于 MS 公司的强势，AutoCAD 的用户界面风格逐步向 Windows 靠拢，用户可以把许多 Windows 的使用习惯带入 AutoCAD。

1999 年，AutoCAD 2000(也有称 AutoCAD R15.0)推出，提供了更开放的二次开发环境，有了 Vlisp 独立编程功能，同时 3D 绘图及编辑功能也更为便捷。

2005 年，AutoCAD2006 推出，增加的新功能广受好评，该版本至今仍有一定的用户群。

2006 年,AutoCAD2007 推出,具有更好的用户界面,能轻松快速地进行外观图形的创作和修改,3D 方面设计效率得到提高。

从 2007 年的 AutoCAD 2008 推出,直至 2011 年推出的适应 32 位、64 位操作系统的 AutoCAD 2012,AutoCAD 软件提供了创建、展示、记录和共享构想所需的全部功能,并不断充实提高。它整合了制图和可视化,能满足用户的个性化需求,命令运行更加快捷。

由于 AutoCAD 在工程设计领域得到广泛应用和好评,该软件的操作运用作为一门课程列入高校人才培养方案,也列入了 NIT(全国计算机应用技术证书考试)认证考试项目表。

任务实施:

1. 浏览 AutoCAD 绘制的工程图

AutoCAD 软件技术目前已广泛应用于工业制造的各个方面,其二维绘图功能已在制造业中大量应用,以机床、汽车、飞机、船舶、航天器等制造业应用最为广泛与深入。

AutoCAD 在工程设计中的应用也非常广泛,如城市规划设计、建筑方案设计、工程施工设计、室内装潢等方方面面,以及大如市政管网设计、交通工程设计、水利工程设计等,小如大规模超大规模电子电路设计等方面的应用,不一而足。如图 1.1 所示为利用 AutoCAD 绘制的某别墅建筑平面图。

AutoCAD 技术以绝对优势完全取代了手工绘图,且图形更加清晰,能迅速绘制或删除图形,删图时不留下任何擦除的痕迹,比传统的手工绘图更加高效,且准确迅速。难能可贵的是利用 AutoCAD 可以对图形所承载的信息进行更科学的管理,如利用 AutoCAD 特有的图层功能,可把复杂图形分离成若干独立图层,各图层以不同的颜色显示,能更直观地表达图形的含义,从而将复杂的问题简单化。本书编撰成册,其中引用的图例,也得益于 AutoCAD 软件的应用。

AutoCAD 具有强大的三维造型功能,它可以非常真实地模拟机械零件的加工处理过程、建筑物的建设过程、虚拟最终的工程效果,更可用 AutoCAD 模拟物体受力破坏过程分析、飞机的起降与飞行过程、船舶进出港口过程,以及事故现场重现等。如图 1.2 所示为某别墅模型渲染效果图。

利用 AutoCAD 的动画制作功能,可将动画与实际场景、演员的表演高仿真

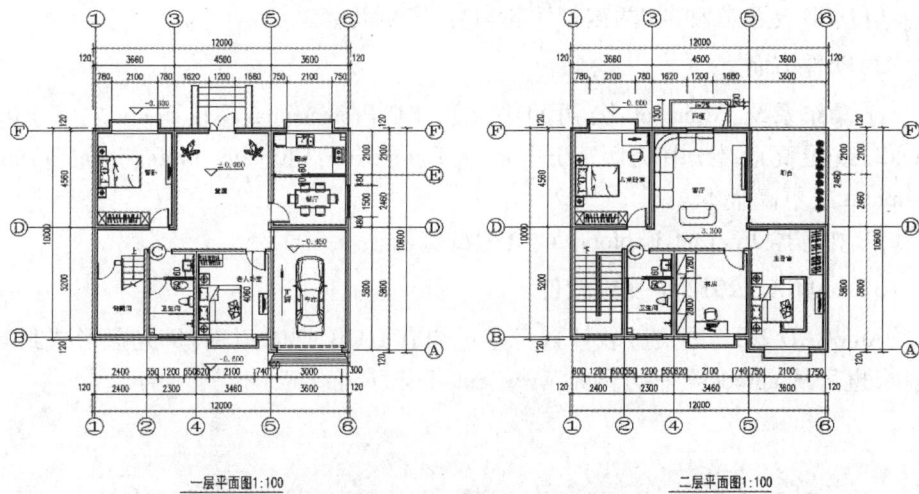

图 1.1　利用 AutoCAD 绘制建筑平面图

图 1.2　利用 AutoCAD 绘制的别墅模型

地制作成逼真的绝妙镜头,使其在电影制作上大放异彩。因此,在工程制图之外,AutoCAD 的应用天地非常宽广。

2. PC 机上 AutoCAD 2012 中文版的运行环境配置

对于普通的 PC 机,AutoCAD 2012 中文版系统对软硬件有一定的要求:

1)硬件方面

①处理器:Intel Pentium 4 双核,或 AMD Athlon 3.0,或更高;

②内存:2 GB RAM(建议使用 4 GB);

③显示器:分辨率 1024×768(建议使用 1600×1050 或更高)真彩色;

④磁盘空间:不低于 6.0 GB;

⑤DVD 光盘驱动器、两键带滚轮鼠标、普通键盘。

2）软件方面

①操作系统：Microsoft 公司的中文版 XP Professional、XP Home 之 Service Pack2，或更高版本；中文版 Windows 7 Enterprise、Ultimate、Professional、Home Premium 或更高版本；

②浏览器：Internet Explorer 或其他浏览器。

3）AutoCAD 2012 中文版软件

AutoCAD 2012 中文版软件自身容量约有 1 GB，通常以 DVD 光盘形式封装提供，也可从 autodesk 官方网站 www. autodesk. com. cn 下载。

任务2　AutoCAD 2012 中文版图形文件的基本操作

知识准备：

1. 运行 AutoCAD 2012 中文版

AutoCAD 2012 中文版安装后就可以运行使用，使用过程中完全可以平移读者所学过的"微软"软件的使用方法与技巧，如启动运行的方式，与"微软"之 Word 软件类似，主要有以下三种：

1）双击桌面上的快捷图标

AutoCAD 安装后，Windows 操作系统会在桌面上自动生成一个快捷图标，如图 1.3 所示，双击该图标，即启动运行 AutoCAD 2012 中文版。

2）选择菜单命令

图 1.3　从快捷图标启动程序

在桌面左下角，顺序选择级联菜单"开始"→"程序"→"Autodesk"→"AutoCAD 2012-Simplined Chlnese"→"AutoCAD 2012-Simplined Chlnese"，如图 1.4 所示，可运行 AutoCAD 2012 中文版。

3）双击图形文件

AutoCAD 的图形文件为 *. dwg，如果图形文件已存在，双击该图形文件，

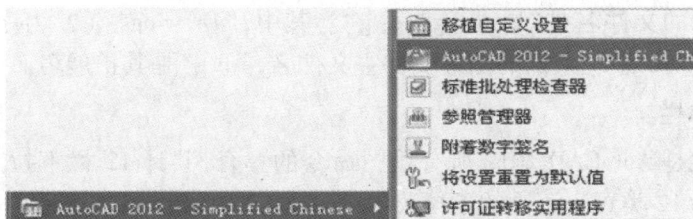

图1.4　从"开始"出发寻找程序

也可启动 AutoCAD 2012(同时也打开了该图形)。

2. 认识 AutoCAD 2012 中文版工作界面

经过不断的研发、实践与选择,如今的 AutoCAD 工作界面风格逐渐向 MS 公司的 Windows 靠拢。AutoCAD 2012 中文版工作界面主要由标题栏、菜单栏、工具栏、工具选项板、绘图区域、命令提示行、状态栏等几个部分组成,为用户提供了比较完善的操作环境,如图 1.5 所示。以下分别介绍主要部分的功能。

图1.5　AutoCAD 2012 中文版工作界面

1)标题栏

标题栏显示的信息有软件名称(即 AutoCAD 软件)、版本信息、当下所绘之图形文件名。与 Windows 的风格类似,当运行 AutoCAD 而开始新图绘制时,标题栏所显示的文件名是"Drawing?.dwg"。其中,"Drawing?"(?为序数的通配符)是 AutoCAD 系统默认的图形文件主文件名,"dwg"是其扩展名。

2)菜单栏

菜单栏是 AutoCAD 2012 所有绘图命令的集合,共计 12 栏下拉菜单,把绘图命令分为 12 类置于不同的下拉菜单中,以供选用,如图 1.6 所示。

图 1.6 菜单栏

3)工具栏

AutoCAD 之所以广受欢迎,直观易用的工具栏是其主要原因之一。工具栏是将菜单栏中绘图功能用形象化的图标按钮来表示,如图 1.7 所示的是"绘图"工具栏、图 1.8 所示的是"修改"工具栏。单击工具栏中的图标按钮,AutoCAD 即可运行相应的命令。

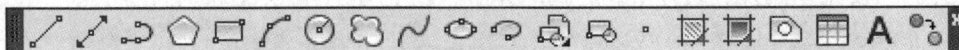

图 1.7 "绘图"工具栏

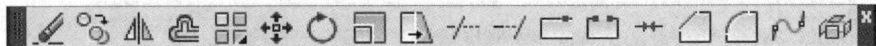

图 1.8 "修改"工具栏

AutoCAD 2012 中文版提供了 50 多个功能各异、形式类似的工具栏。要了解各图标按钮的含义,只要将光标移至该按钮之上,稍停,AutoCAD 系统即会显示该按钮之名称、简要注释;再稍停,系统即显示该按钮的具体功能和图示化使用说明,一目了然。

4)绘图区域

绘图区域是用户绘图的工作区域,相当于传统工程制图中绘图板上的图纸,用户绘制的图形显示于该区域中。图 1.5 工作界面上,居中的大块区域即是绘图区域。

绘图区域左下方显示的图标是坐标系,坐标系三要素中的原点、X 轴、Y 轴方向,已经在该图标中明白示意,小正方形为指向用户的 Z 轴,如图 1.9 所示。

系统提供有两种不同的绘图环境,即模型空间、图纸空间,界面窗口的左下角给出了 3 个选项卡,以供用户在不同空间之间切换,如图 1.10 所示。

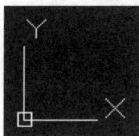

图1.9　坐标系

图1.10　不同的绘图空间

5）命令提示行

命令提示行位于绘图视窗的下部，是一个水平方向的较长的小窗口。它是用户与 AutoCAD 进行交互式操作的位置，既是用户向系统输入内容的通道口，也是系统反馈信息的小窗口，如图1.11所示。

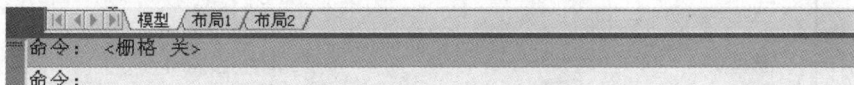

图1.11　命令提示行

6）状态栏

状态栏位于命令提示行的下方，用于显示当前的工作状态，以及与之相关的信息。当光标位在绘图区域时，状态栏左边的坐标显示区所显示的即为光标所在位置，如图1.12所示。

图1.12　状态栏

状态栏中的14个按钮用于控制相应的工作状态。当按钮处于高亮状态时，表示打开了相应功能的开关，该功能处于打开状态。

例如，单击□按钮，使其处于高亮显示状态，即可打开对象捕捉模式，再次单击□按钮，即关闭对象捕捉模式。下面介绍几个常用的状态切换按钮。

▦：捕捉功能切换按钮；

▥：栅格显示切换按钮；

└：正交模式切换按钮；

◷：极轴追踪功能切换按钮；

□：对象捕捉功能切换按钮；

∠：对象捕捉追踪功能切换按钮；

⊥：动态输入切换按钮；

＋：显示线条宽度的切换按钮。

7)快捷菜单

与 Windows 类似,AutoCAD 也提供了快捷菜单,旨在使用户方便且快捷地操作。

光标移到绘图区域任意处,右击鼠标,AutoCAD 即依据当前系统的状态及鼠标光标的位置弹出相应的快捷菜单,以供选择,如图 1.13 所示。

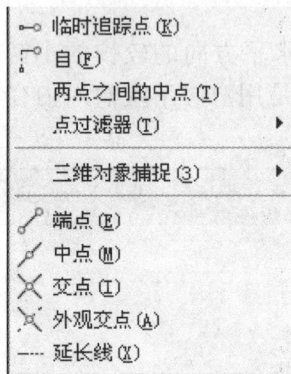

临时追踪点(K)		重复矩形(R)	
自(F)		最近的输入	▶
两点之间的中点(T)		剪贴板	▶
点过滤器(T)	▶	隔离(I)	▶
三维对象捕捉(3)	▶	放弃(U) 矩形	
端点(E)		重做(R) Ctrl+Y	
中点(M)		平移(A)	
交点(I)		缩放(Z)	
外观交点(A)		SteeringWheels	
延长线(X)			

图 1.13　快捷菜单(一)　　　　　图 1.14　快捷菜单(二)

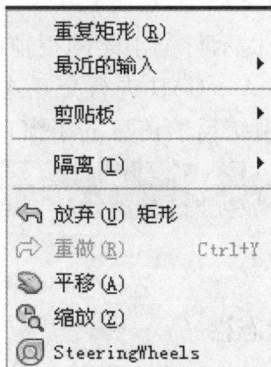

用户若没有选择任何图形对象,快捷菜单则显示 AutoCAD 最基本的编辑命令以供选用,如"剪切""复制""粘贴"等;用户若选择某个命令,则快捷菜单显示的是与该命令相关的所有命令。例如用户选择"矩形"命令后,右击鼠标,AutoCAD 显示的快捷菜单内容,如图 1.14 所示。

8)滚动条

同样与 Windows 界面相似,AutoCAD 在界面的绘图区域右边与下部各有一个滚动条,拉动它可以上下左右移动视图,便于用户观察较大的图形。

3.图形的建立、打开与关闭

AutoCAD 图形文件操作主要有新建图形文件、保存图形文件、打开图形文件和关闭图形文件等。在进行绘图之前,用户必须掌握文件的基础操作。因此,本节将详细介绍 AutoCAD 文件的基础操作。

1)新建图形文件

在应用 AutoCAD 绘图时,首先需要新建一个图形文件。AutoCAD 为用户提供了"新建"命令,用于新建图形文件。执行命令过程如下:

命令:_qnew　注:单击标题栏或标准工具栏的"新建"图标按钮□,弹出

"选择样板"对话框,如图 1.15 所示。

图 1.15 "选择样板"对话框

在此对话框中,用户可以选择系统提供的样板文件或选择不同的单位制从空白文件以创建图形。

(1)利用样板文件创建图形

在"选择样板"对话框中,AutoCAD 系统列出了许多标准的样板文件(文件类型为 *.dwt),以供用户选择。单击 打开(O) 按钮,将选中的样板文件打开,用户即可在该样板文件上创建图形。用户也可直接双击列表框中的样板文件将其打开。

AutoCAD 根据绘图标准设置了相应的样板文件,其目的是为了使图纸统一,如字体、标注样式、图层等。

(2)从空白文件创建图形

在"选择样板"对话框中,AutoCAD 提供了两个特殊的文件:acad. dwt、acadiso. dwt,称为"空白文件"。所谓"空白文件",其实也是含有既定格式的样板文件,当需要在空白文件上开始创建图形时,可以选择这二者之一:acad. dwt 为英制格式,其绘图界限为 12 in × 9 in; acadiso. dwt 为公制,其绘图界限为 420 mm × 297 mm。

单击"选择样板"对话框中 打开(O) 按钮右侧的 ▼ 钮,弹出下拉菜单,如图 1.16 所示。选择"无样板打开→英制"命令时,打开的是英制单

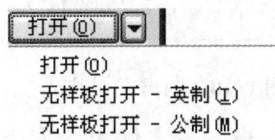

图 1.16 选择空白文件

位的空白文件;选择"无样板打开→公制"命令时,打开的是公制单位的空白文件。

2)打开已有的图形文件

可以利用"打开"命令来浏览或编辑绘制好的图形文件。命令执行过程如下:

命令:_open 单击标题栏或标准工具栏的"打开"图标按钮 📂,弹出"选择样板"对话框,如图1.17所示。在"选择文件"对话框中,用户可通过不同的方式打开图形文件。

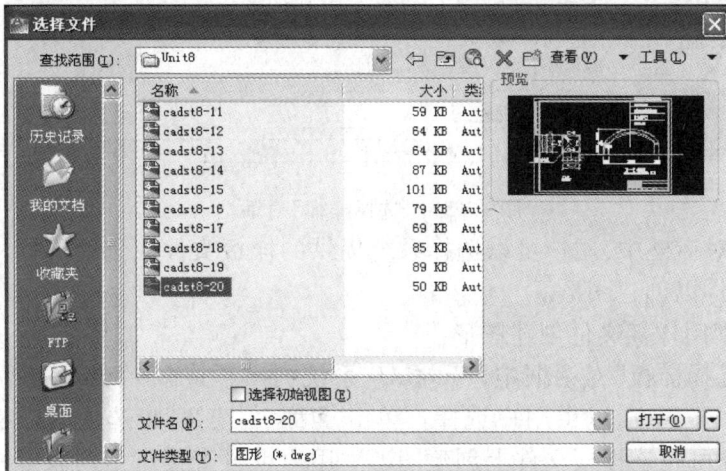

图1.17 打开已有图形文件

在"选择文件"对话框的列表框中选择要打开的文件,或者在"文件名"选项的文本框中输入要打开文件的路径与文件名,单击 打开(O) 按钮,打开选中的图形文件。

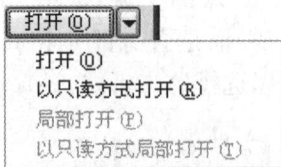

图1.18 打开只读图形文件

单击 打开(O) 按钮右侧的 ▼ 按钮,弹出下拉菜单,如图1.18所示。选择"以只读方式打开"命令,图形文件将以只读方式打开;选择"局部打开"命令,可以打开图形的一部分;选择"以只读方式局部打开"命令,则以只读方式打开图形的一部分。

当图形文件包含多个命名视图时,选择"选择文件"对话框中的"选择初始视图"复选框,在打开图形文件时可以指定显示的视图。

在"选择文件"对话框中单击 工具(L) ▼ 按钮,弹出下拉菜单,如图1.19所示。选择"查找"命令,弹出"查找"对话框,如图1.20所示。在"查找"对话框中,可以根据图形文件的名称、位置或修改日期来查找相应的图形文件。

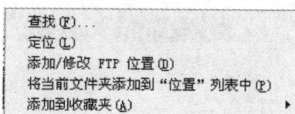

图1.19　"工具"下拉菜单

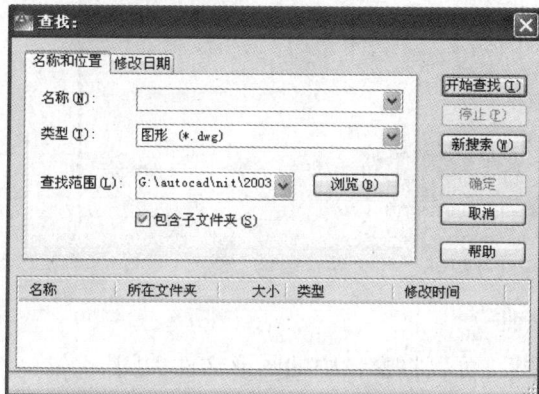

图1.20　"查找"对话框

3)保存图形文件

绘制图形后,可以对其进行保存。有两种方法保存图形:一是以当前文件名保存,二是指定新的文件名。

（1）以当前文件名保存图形

使用"保存"命令可采用当前文件名称保存图形文件。命令执行过程如下:

命令:_QSAVE　注:在标题栏或标准工具栏中单击 按钮,选择"保存"命令,当前图形文件将以原有文件名直接保存。

若是第一次保存图形文件,AutoCAD系统会弹出"图形另存为"对话框,用户可参考Windows的类似方法按需要输入文件名称,并指定保存文件的位置与类型,再单击 保存(S) 按钮,保存图形文件。

（2）指定新的文件名保存图形

使用"另存为"命令可指定新的文件名称保存图形文件。命令执行过程如下:

命令:_SAVEAS　注:单击标题栏中 按钮,选择"另存为AutoCAD图形"命令,弹出"图形另存为"对话框。

用户可于"文件名"的文本框中输入文件的新名称、类型,指定文件保存位置,如图1.21所示。单击 保存(S) 按钮,保存图形文件。

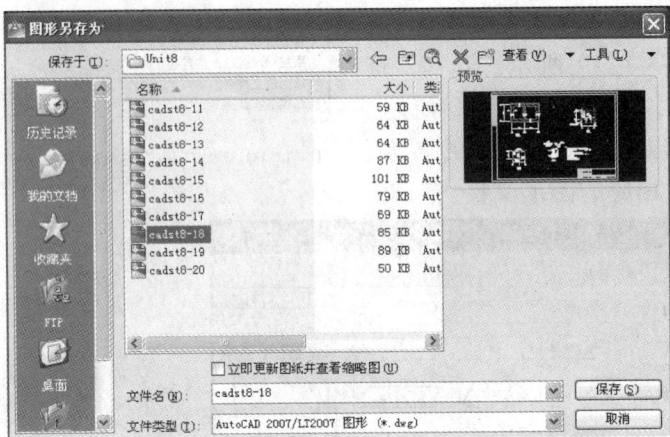

图1.21　以新文件名保存图形　　　　　　图1.22　下拉菜单

4)关闭图形文件

保存图形文件后,可以将窗口中的图形文件关闭。

命令执行方式:单击 按钮,弹出下拉式菜单,如图1.22所示,选择 关闭命令或单击绘图窗口右上角的按钮 ,可关闭当前图形文件;如果图形文件尚未保存,系统将弹出"AutoCAD"对话框,如图1.23所示,提示用户是否保存文件。

退出 AutoCAD 2012:

单击标题栏右侧的 按钮,即可退出 AutoCAD 系统。

图1.23　提示保存文件

4. 认识坐标系

与通常情况下几何图形的特性描述方法一样,AutoCAD 也都利用坐标系来对图形进行描述。AutoCAD 有两个坐标系统,一个是称为世界坐标系(WCS)的固定坐标系,另一个是称为用户坐标系(UCS)的可移动坐标系。在 AutoCAD 中可以通过 WCS 来建立 UCS。

1)世界坐标系

世界坐标系(WCS)是 AutoCAD 的默认坐标系,如图1.24所示。在 WCS 中,X 轴为水平方向,Y 轴为垂直方向,Z 轴垂直于视平面;X 轴和 Y 轴的交点(0,0)即坐标系原点,在屏幕左下角,图形中的任何一点都可以用相对于原点(0,0)的距离和方向来表示。

在世界坐标系中,AutoCAD 提供了多种坐标输入方式:

(1)直角坐标方式

无论是物体自身的形状大小,还是物体之间的相互位置关系,都可以通过坐标系中点的坐标位置来描述。在二维空间中,可利用直角坐标方式输入点的坐标值,即只需输入点的 x、y 坐标值即可,AutoCAD 自动把 z 坐标值指定为 0(即 AutoCAD 实际仍是以三维空间的坐标来存储信息的)。

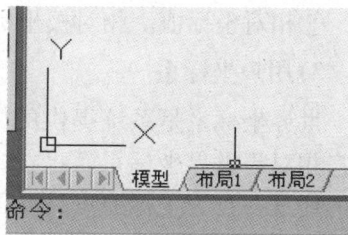

图 1.24　世界坐标系(WCS)

在输入点的坐标值(即 x,y)时,可以使用绝对坐标值或相对坐标值形式。绝对坐标值是相对于坐标系原点的数值,而相对坐标值是指相对于最后输入点的坐标值。

①绝对坐标值。绝对坐标值的输入形式是: x,y;x,y 分别是输入点相对于原点的 x 坐标和 y 坐标。

②相对坐标值。相对坐标值的输入形式是:@ x,y,即在坐标值前面加上符号@ 。例如,"@10,5"表示距当前点沿 X 轴正方向增加 10 个单位、沿 Y 轴正方向增加 5 个单位的新点。

(2)极坐标方式

在二维空间中,利用极坐标方式输入点的坐标值时,只需输入点的距离 r、夹角 θ,AutoCAD 自动分配 z 坐标值为 0。

利用极坐标方式输入点的坐标值时,也可以使用绝对坐标值或相对坐标值形式。

①绝对坐标值。绝对极坐标值的输入形式是: $r < \theta$,其中,r 表示输入点与原点的距离;θ 表示输入点和原点的连线与 X 轴正方向的夹角,默认情况下,逆时针为正,顺时针为负,如图 1.25 所示。

图 1.25　绝对极坐标值的输入形式

②相对坐标值。相对极坐标值的输入形式是:@ $r < \theta$。

2)用户坐标系

世界坐标系是系统提供的,不能移动或旋转,而用户坐标系(UCS)则是由用户相对于世界坐标系而建立的,故用户坐标系可以移动、旋转,可以指定屏幕上的任意一点为坐标原点,也可指定任何方向为 X 轴正方向。

在用户坐标系中,输入坐标的方式与世界坐标系相同,也分两种坐标系,各有两种输入方式,见表1.1。但其坐标值不是相对世界坐标系,而是相对于当前坐标系。

表 1.1 用户坐标系坐标输入方式

坐标输入方式	直角坐标方式	极坐标方式
绝对坐标值输入	x,y	r(距离值) $< \theta$(角度值)
相对坐标值输入	@ x,y	@ r(距离值) $< \theta$(角度值)

5. 绘图命令体系

AutoCAD 系统的绘图过程是通过绘图命令来实现的。命令是 AutoCAD 系统的核心,用户执行的每一个操作都需要执行相应的命令,因此用户有必要掌握命令的使用方法。

绘图命令体系大致分为绘图命令、编辑命令、标注命令、操作命令、查询命令五大类,由此构成功能丰富的命令集合来满足用户各种各样的制图需求。

绘图命令包括绘制点、线、圆、矩形、多边形,以及多线、多段线、样条曲线、文字、填充等;编辑命令包括对图形的移、删、改、复制、旋转、缩放,以及镜像、倒角、阵列和格式刷等;标注命令包括各种各样的尺寸标注;操作命令主要是对图形文件存取、预览、打印等;查询命令用于查询图形的属性和几何特征,如距离、直径、面积、体积等信息。

1)命令的使用

使用时单击工具栏中的按钮图标或选择菜单中的命令,即可执行相应的命令,然后进行具体操作过程。在 AutoCAD 中,执行命令通常有以下 4 种方式:

①菜单命令方式:选择并执行菜单栏中的命令。

②工具按钮方式:直接单击工具栏或工具选项板中的按钮图标,执行相应的命令。

　　③命令提示行方式：在命令提示行中输入命令的名称，按回车键，执行该命令。

　　有些命令还有相应的缩写名称，输入其简写名称也可以启用该命令。例如，绘制一个圆时，可以输入"圆"命令的名称"CIRCLE"（字母大小写均可），也可输入其简写名称"c"。输入命令的简写名称是一种快捷的操作方法，有利于提高绘图效率。

　　④快捷菜单中的命令方式：在绘图区域中右击鼠标，弹出相应的快捷菜单，从中选择菜单命令，即执行相应的命令。

　　无论以何种方式执行命令，命令提示行都会显示与该命令相关的信息，其中包含一些选项，这些选项显示在方括号［　］中。如果要选择方括号中的某个选项，可在命令提示行中输入该选项后的数字和大写字母（输入字母大小写均可）。

　　例如，执行"矩形"命令，命令提示行的信息如下所示，如果需要选择"圆角"选项，输入"F"再按回车键即可：

　　命令：_rectang 并回车　注：在命令提示行输入"矩形"命令；

　　指定第一个角点或［倒角（C）/标高（E）/圆角（F）/厚度（T）/宽度（W）］：F 并回车

　　指定矩形的圆角半径 ＜0.0000＞：10 并回车

　　指定第一个角点或［倒角（C）/标高（E）/圆角（F）/厚度（T）/宽度（W）］：

　　指定另一个角点或［面积（A）/尺寸（D）/旋转（R）］：@100,50 并回车

　　命令执行的结果如图1.26所示。

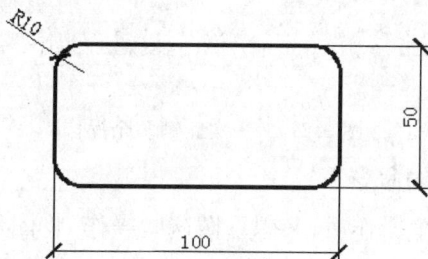

图1.26　执行"矩形"命令过程中倒圆角

2）取消正在执行的命令

　　在绘图过程中，可以随时按键盘上 Esc 键取消当前正在执行的命令，也可以在绘图区域内右击鼠标，在弹出的快捷菜单中选择"取消"命令，即可取消正

在执行的命令。

3）重复调用命令

当需要重复执行某个命令时，可以按键盘上的回车键或空格键，也可以在绘图区域内单击鼠标右键，在弹出的快捷菜单中选择"重复 ＊＊"命令（其中，＊＊为上一步使用过的命令）。

4）放弃已经执行的命令

在绘图过程中，当出现一些错误而需要取消前面执行的一个或多个操作时，可以使用"放弃"命令。执行命令形式为：在标准工具栏单击"放弃"按钮 。

例如，用户在绘图窗口中绘制了一条直线，完成后发现了一些错误，希望删除该直线，操作过程如下：

命令：line 并回车　　注：或单击绘图工具栏"直线"按钮 ，或选择菜单栏"绘图"→"直线"命令，在绘图区域绘制一条直线。

命令：undo 并回车　　注：或选择菜单栏"编辑"→"放弃"命令，或单击标准工具"放弃"按钮 ，删除该直线。

另外，用户还可以一次性撤销之前发生的多个操作：

命令：undo 并回车。

系统将提示用户输入想要放弃的操作数目，如图 1.27 所示，在命令提示窗口中输入相应的数字，按回车键。例如，想要放弃最近的 5 次操作，可先输入"5"并回车。

```
命令: UNDO
当前设置: 自动 = 开, 控制 = 全部, 合并 = 是, 图层 = 是
输入要放弃的操作数目或 [自动(A)/控制(C)/开始(BE)/结束(E)/标记(M)/后退(B)] <1>: *取消*
命令:
```

图 1.27　一次撤销多个操作

5）恢复已经放弃的命令

当放弃一个或多个操作后，又想重做这些操作，将图形恢复到原来的效果，这时可以使用"重做"命令，即单击标准工具栏中的"重做"按钮 ，或选择菜单栏"编辑"→"重做 ＊＊"命令（其中 ＊＊ 为上一步撤销操作的命令）。反复执行"重做"命令，可重做多个已放弃的操作。

6）常用命令的快捷键

常用命令的快捷键见附录。

6. 工具栏

功能齐全、直观易用的工具栏，是 AutoCAD 的一大特色。它提供调用 AutoCAD 命令的快捷方式，可以完成大部分绘图工作。

1）打开常用工具栏

在绘制图形的过程中可以在屏幕展开若干常用的工具栏，如"标注""对象捕捉"等。

在任意一个工具栏上右击鼠标，即弹出快捷菜单如图 1.28 所示。命令前面有"√"标记的，表示其工具栏已展开。点选菜单中的命令，如"特性"和"绘图次序"等，即展现相应的工具栏。

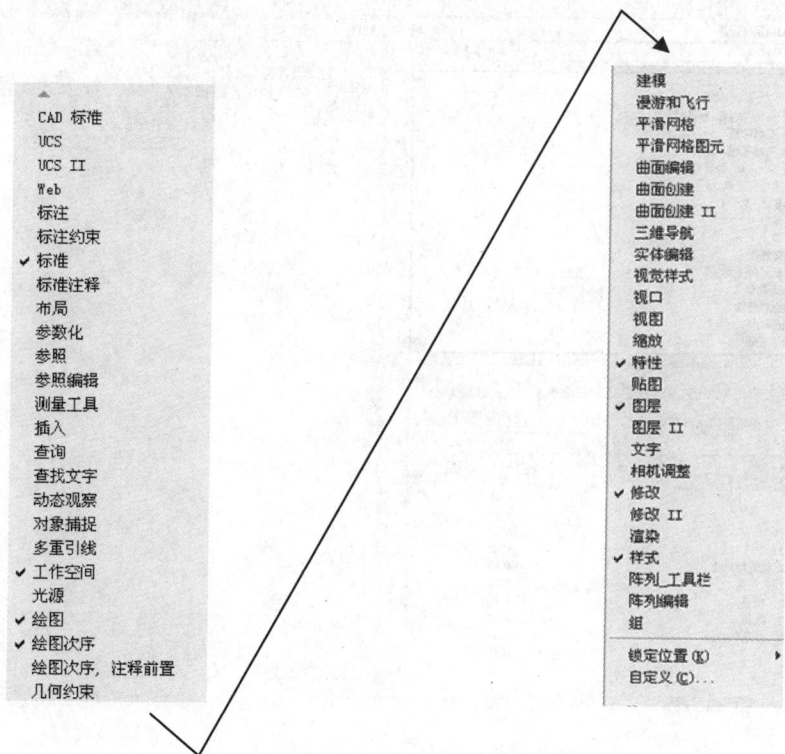

图 1.28　快捷菜单

将绘图过程中常用的工具栏（如"绘图""修改"等）展开，灵活使用工具栏，可以提高绘制图工作效率。

2) 自定义工具栏

"自定义用户界面"对话框用来供用户自定义工作空间、工具栏、菜单、快捷菜单和其他用户界面元素。用户在"自定义用户界面"对话框中可以创建新的工具栏,例如可以有针对性地将绘图过程中用到的命令按钮放置于同一工具栏中,以满足个性化的绘图需要,提高绘图效率。操作过程如下:

在命令提示行输入命令:

命令:toolbar 并回车:

命令:cui 并回车   注:或选择菜单栏"工具"→"自定义"→"界面"命令,弹出"自定义用户界面"对话框,如图 1.29 所示。

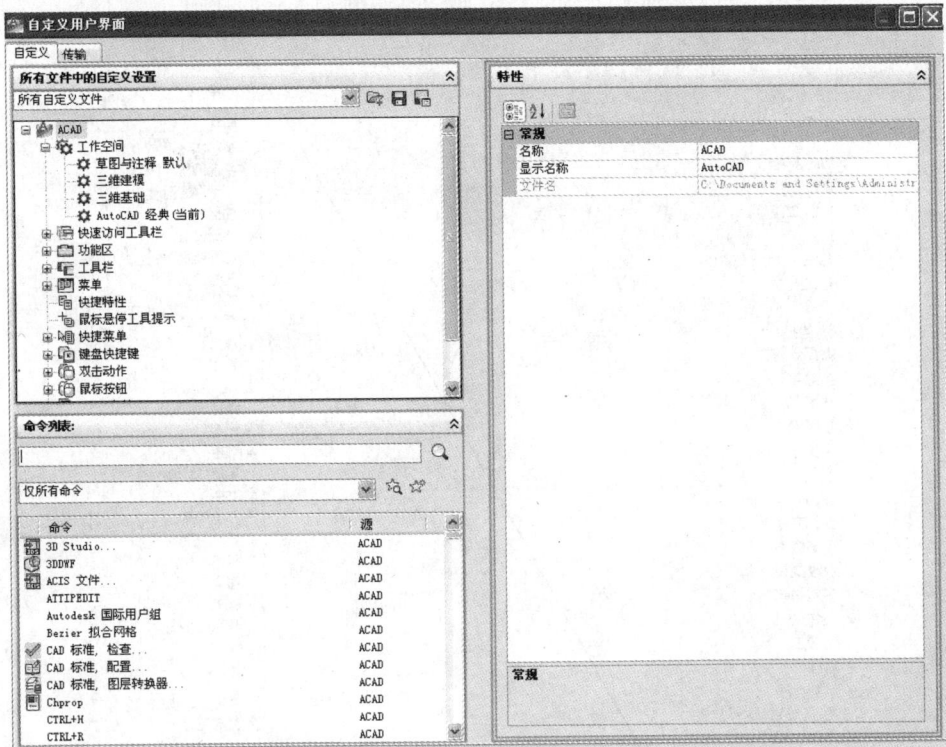

图 1.29   "自定义用户界面"对话框

在"自定义用户界面"对话框的"所有文件中的自定义设置"窗口中,选择"ACAD"→"工具栏"命令;右击鼠标,在弹出的快捷菜单中选择"新建工具栏"命令,如图 1.30 所示;输入新建工具栏的名称"机械",如图 1.31 所示。

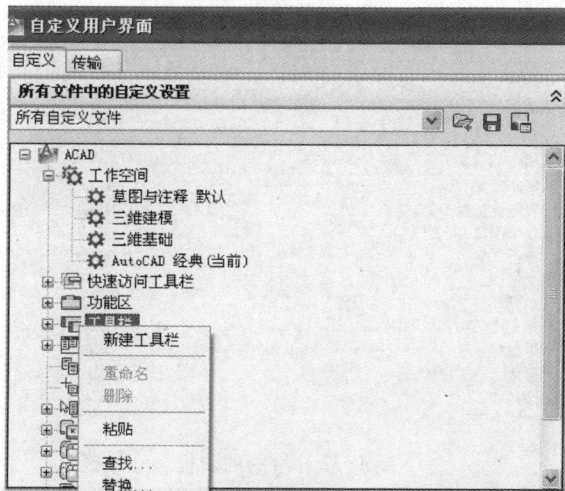

图1.30　"所有文件中的自定义设置"窗口

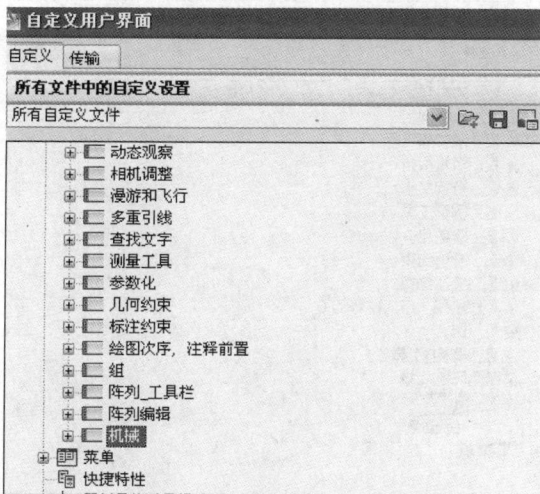

图1.31　新建的工具栏

在"命令列表"窗口中,单击"仅所有命令"选项右侧的✔按钮,弹出下拉列表,选择"修改"选项,命令列表框会列出相应的命令,如图1.32所示。

在"命令列表"窗口中选择需要添加的命令,如"倒角",并按住鼠标左键不放,将其拖放到"机械"工具栏下,如图1.33所示。按照自己的绘图习惯将常用的命令逐个拖放到"机械"工具栏下,便创建自定义的工具栏。

单击"确定"按钮 确定(@) ,返回绘图窗口,可以看到自定义的"机械"工

图 1.32　命令列表框

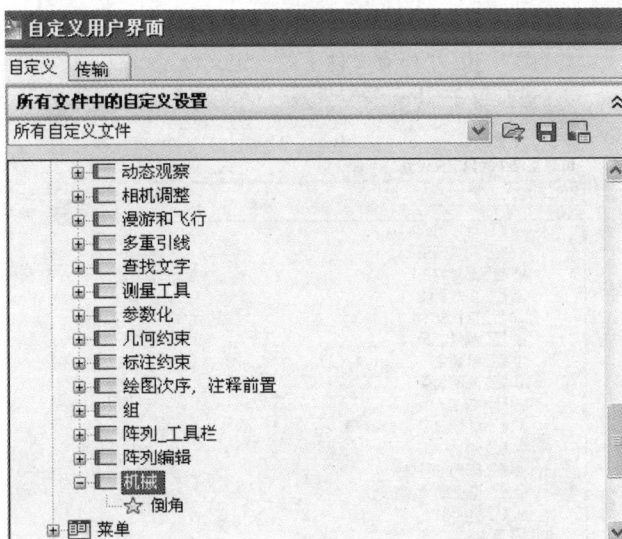

图 1.33　自定义工具栏

具栏,如图 1.34 所示。

需要提醒的是,在绘制图形的过程中,随时可以自定义工具栏以供使用,即随用随设。

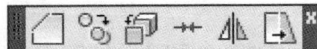

图 1.34　自定义"机械"工具栏

3)布置工具栏

根据工具栏的显示方式,AutoCAD 2012 的工具栏可分为 3 种,分别为弹出式工具栏、固定式工具栏、浮动式工具栏,如图 1.35 所示。

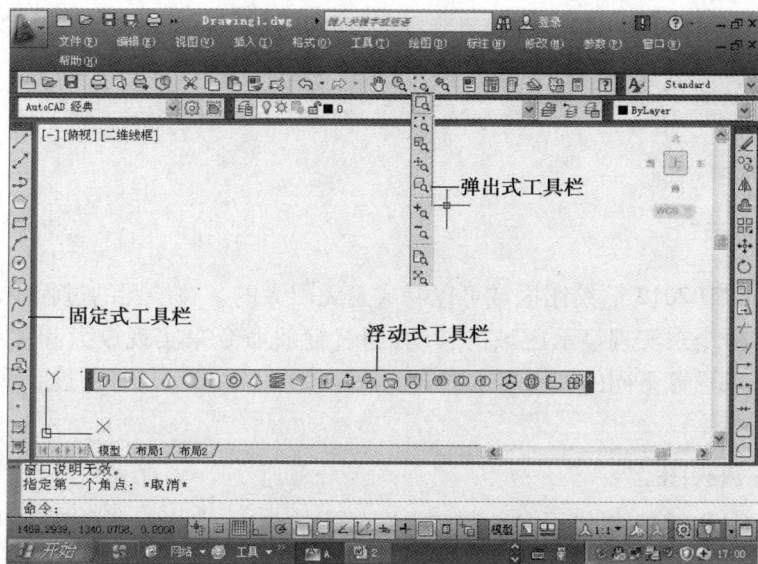

图 1.35 三种形态工具栏

（1）弹出式工具栏

有些图标按钮的右下角处有一个小三角,如"动态缩放"图标按钮中所示,单击该按钮并按住鼠标左键不放,系统将显示弹出式工具栏。

（2）固定式工具栏

固定式工具栏显示于绘图区域的四周,其上部或左部有两条突起的线条。

（3）浮动式工具栏

浮动式工具栏显示于绘图区域之内。浮动式工具栏显示其标题名称,图1.35所示,浮动工具栏为"建模"工具栏。可以将浮动式工具栏拖放至任何新位置,也可调整其大小或将其固定。

用户可将浮动式工具栏拖放到固定式工具栏的区域,成为固定式工具栏;反之,将固定式工具栏施放到浮动式工具栏的区域,即为浮动式工具栏。

调整好工具栏位置后,可将工具栏锁定:

命令:'_lockui 注:或选择菜单栏"窗口"→"锁定位置"→"浮动工具栏"命令,可以锁定浮动式工具栏;

输入 LOCKUI 的新值 <1>:5

命令:'_lockui 注:或选择菜单栏"窗口"→"锁定位置"→"固定的工具栏"命令,可以锁定固定式工具栏;

输入 LOCKUI 的新值 <0>:1

按住 Ctrl 键,单击鼠标并拖动工具栏,可以将工具栏临时解锁并移动到需要的位置。

任务实施:

1.图形显示

AutoCAD 2012 的绘图区域可以看成是无限大的。在绘图的过程中,用户可通过平移命令来实现显示区域的移动,通过缩放命令来实现放大和缩小显示,并且还可以设置不同的视图显示方式。以下以"吊钩. dwg"为例,逐个演练图形显示类的命令:

1)缩放视图

AutoCAD 2012 提供了多种调整视图显示的命令,以下对各种调整视图显示的命令进行详细介绍。

(1)实时缩放

单击"实时缩放"按钮 ,启用实时缩放功能,光标变成放大镜的形状 。其中的"+"表示放大,向右上方拖动鼠标,可以放大视图;"–"表示缩小,向左下方拖动鼠标,可以缩小视图。

(2)窗口缩放

单击"窗口缩放"按钮 ,启用窗口缩放功能,光标会变成十字形。在需要放大图形的一侧单击,并向其对角方向移动鼠标,系统会显示出一个矩形框;将矩形框包围住需要放大的图形,单击鼠标,矩形框内的图形会被放大并充满整个绘图窗口。矩形框的中心就是新的显示中心。

也可在命令提示行以直接输入方式来调用此命令,操作步骤如下:

命令:zoom 并回车 注:输入缩放命令;

指定窗口的角点,输入比例因子(nX 或 nXP),或者

[全部(A)/中心(C)/动态(D)/范围(E)/上一个(P)/比例(S)/窗口(W)/对象(O)] <实时>:W 并回车 注:选择"窗口"选项;

指定第一个角点:指定对角点: 注:选择"窗口"的两个角点,将"窗口"放大至满屏显示。

2)"缩放"工具栏

单击并按住"窗口缩放"按钮 ,会弹出 9 种调整视图显示的命令按钮以供

选择,如图1.36所示。下面逐一介绍其功能:

图1.36 缩放动态工具栏

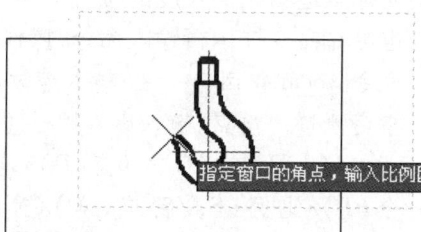

图1.37 "X"标记的矩形框

（1）动态缩放

单击"动态缩放"按钮，光标变成中心有"X"标记的矩形框,如图1.37所示。移动鼠标光标,将矩形框放在图形的适当位置上,单击使其变为右侧有"→"标记的矩形框。调整矩形框的大小,矩形框的左侧位置不会发生变化。按回车键,矩形框中的图形会被放大,并充满整个绘图区域,如图1.38所示。

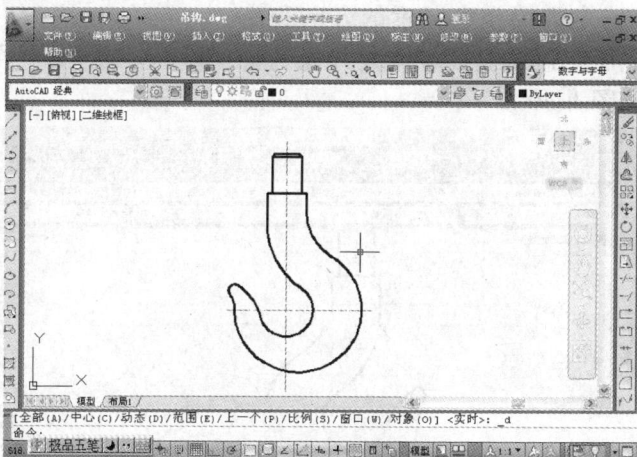

图1.38 矩形框中内容充满绘图区域

也可在命令提示行输入命令,操作过程如下:

命令:zoom 并回车　注:输入缩放命令;

指定窗口的角点,输入比例因子（nX 或 nXP）,或者

[全部（A）/中心（C）/动态（D）/范围（E）/上一个（P）/比例（S）/窗口（W）/对象（O）]<实时>:D并回车　注:选择"动态"选项。

（2）比例缩放

选择"比例缩放"按钮，光标变成十字形。在图形的适当位置上单击并移动光标至适当比例长度的位置上，再单击，则图形被按比例放大显示。

也可在命令提示行输入命令，操作过程如下：

命令：<u>zoom</u> 并回车　注：输入缩放命令；

指定窗口的角点，输入比例因子（nX 或 nXP），或者

［全部（A）／中心（C）／动态（D）／范围（E）／上一个（P）／比例（S）／窗口（W）／对象（O）］

＜实时＞：<u>S</u> 并回车　注：选择"比例"选项；

输入比例因子（nX 或 nXP）：<u>2X</u> 并回车注：输入比例值2，图形向用户放大2倍显示。

（3）中心缩放

选择"中心缩放"命令按钮，光标变成十字形，如图1.39所示。在需要放大的图形中间位置上单击，确定放大显示的中心点，再绘制一条线段来确定需要放大显示的方向和高度，图形将按照所绘制的高度被放大并充满整个绘图区域，如图1.40所示。

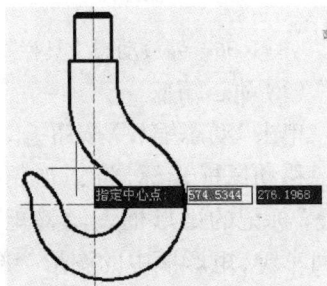

图1.39　中心缩放之"十"字光标

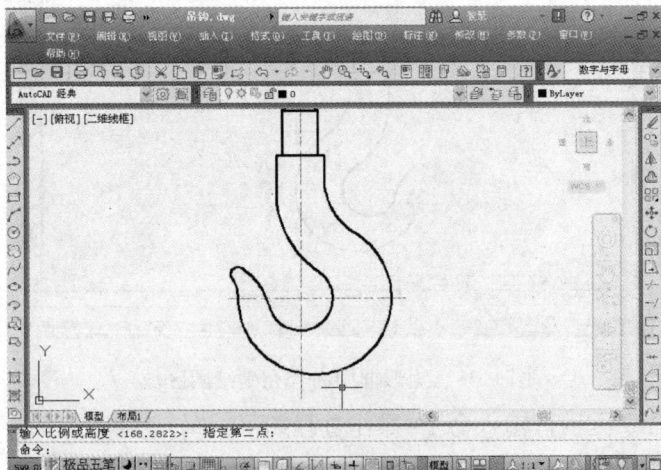

图1.40　中心缩放后的效果

也可在命令提示行输入命令来调用此命令，操作过程如下：

命令：<u>zoom</u> 并回车　注：输入缩放命令；

指定窗口的角点,输入比例因子(nX 或 nXP),或者

[全部(A)/中心(C)/动态(D)/范围(E)/上一个(P)/比例(S)/窗口(W)/对象(O)] <实时>:C 并回车 注:选择"中心"选项;

输入中心点:100,100 并回车 注:输入中心坐标值;

输入比例或高度 <100>:指定第二点: 注:输入要放大的区块的高度。

输入高度时,如果输入的数值比当前显示的数值小,视图将进行放大显示;反之,视图将进行缩小显示。缩放比例因子的方式是输入"nx",n 表示放大的倍数。

(4)缩放对象

单击"缩放对象"按钮 ,光标会变为一个拾取框。选择需要显示的图形,如图 1.41 所示,按回车键,在绘图区域将按所选择的图形进行适合显示,如图 1.42 所示。

也可在命令提示行输入命令来调用此命令,操作过程如下:

命令:zoom 并回车 注:输入缩放命令;

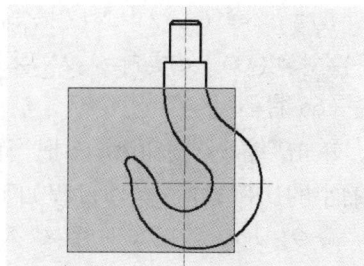

图 1.41 拾取框

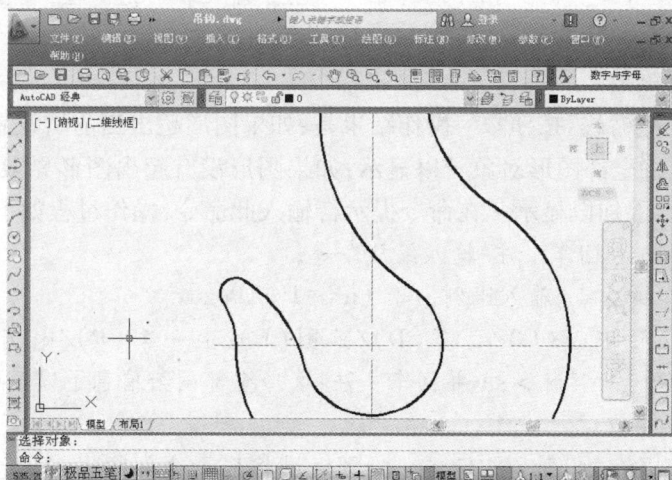

图 1.42 缩放结果

指定窗口的角点,输入比例因子(nX 或 nXP),或者

[全部(A)/中心(C)/动态(D)/范围(E)/上一个(P)/比例(S)/窗口

（W）/对象（O）] ＜实时＞:O 并回车　注:选择"对象"选项;

选择对象:找到 1 个　注:点选图形对象;

选择对象:并回车　注:结束选择,按回车键。

（5）放大

选择"放大"按钮，将把当前视图放大 2 倍,命令提示行会显示视图放大的比例数值,操作过程如下:

命令:zoom 并回车　注:输入缩放命令;

指定窗口的角点,输入比例因子（nX 或 nXP）,

或者[全部（A）/中心（C）/动态（D）/范围（E）/上一个（P）/比例（S）/窗口（W）/对象（O）] ＜实时＞:2X 并回车　注:输入放大比例值,放大 2 倍显示。

（6）缩小

单击"缩小"按钮，将把当前视图缩小 0.5 倍,命令提示窗口中会显示视图缩小的比例数值,操作过程如下:

命令:zoom 并回车　注:输入缩放命令;

指定窗口的角点,输入比例因子（nX 或 nXP）,或者

[全部（A）/中心（C）/动态（D）/范围（E）/上一个（P）/比例（S）/窗口（W）/对象（O）] ＜实时＞:0.5X 并回车　注:输入缩小比例值,缩小至一半予以显示。

（7）全部缩放

单击"全部缩放"按钮，操作结果是:如果图形超出当前所设置的图形界限,绘图区域将全部图形对象予以显示;如果图形没有超出图形界限,绘图区域将整个图形界限加以显示。在命令提示行输入此命令,操作过程如下:

命令:zoom 并回车　注:输入缩放命令;

指定窗口的角点,输入比例因子（nX 或 nXP）,或者

[全部（A）/中心（C）/动态（D）/范围（E）/上一个（P）/比例（S）/窗口（W）/对象（O）] ＜实时＞:A 并回车　注:选择全部图纸信息予以显示。

（8）范围缩放

选择"范围缩放"命令按钮，绘图区域将显示全部图形对象且与图形界限无关。在命令提示行输入此命令,操作步骤如下:

命令:zoom 并回车　注:输入缩放命令;

指定窗口的角点,输入比例因子（nX 或 nXP）,或者

[全部（A）/中心（C）/动态（D）/范围（E）/上一个（P）/比例（S）/窗口

（W）/对象（O）]＜实时＞:E 并回车　　注:选择全部图形内容予以显示。

（9）缩放上一个

单击"缩放上一个"按钮，将缩放显示返回到前一个视图效果。在命令提示行输入此命令,操作过程如下:

命令:zoom 并回车　　注:输入缩放命令

指定窗口的角点,输入比例因子（nX 或 nXP）,或者

［全部（A）/中心（C）/动态（D）/范围（E）/上一个（P）/比例（S）/窗口（W）/对象（O）]＜实时＞:P 并回车　　注:选择上一个显示的画面。

当然,连续进行视图缩放操作后,如需要返回上一个缩放的视图效果,可以单击放弃按钮 来进行返回操作。

（10）平移视图

在绘制图形的过程中使用平移视图功能,可以更便捷地观察和编辑图形。执行命令过程是:单击"实时平移"按钮，光标变成实时平移的图标，按住鼠标左键并拖曳鼠标指针,即可平移视图来调整绘图区域的显示范围。命令形式为:

命令:pan 并回车　　注:输入实时平移命令。

按住鼠标左键即可对图形进行平移。要使平移结束,可按 Enter 、Esc 键或右击鼠标弹出快捷菜单进行选择,都可奏效。

（11）重生成视图

使用 AutoCAD 2012 所绘制的图形是非常精确的,但是为了提高显示速度,系统常常将曲线图形以简化形式进行显示,如使用连续的折线来表示平滑的曲线。如果要将图形的显示恢复到平滑的曲线,可以使用如下几种方法:

①重生成。使用"重生成"命令,可以在当前视口中重生成整个图形并重新计算所有图形对象的屏幕坐标,优化显示和对象选择性能。

②全部重生成。"全部重生成"命令与"重生成"命令功能基本相同,其差别是"全部重生成"命令可以在所有视口中重生成图形,并重新计算所有图形对象的屏幕坐标,优化显示和对象选择性能。

2. 设置系统的显示精度

通过对系统显示精度的设置,可以控制圆、圆弧、椭圆和样条曲线的外观。该功能可用于重生成更新的图形,并使圆的外观平滑。执行命令过程如下:

命令:<u>viewres</u> 并回车　注:或选择菜单栏"工具"→"选项"命令,弹出"选项"对话框,单击"显示"选项卡,如图 1.43 所示。

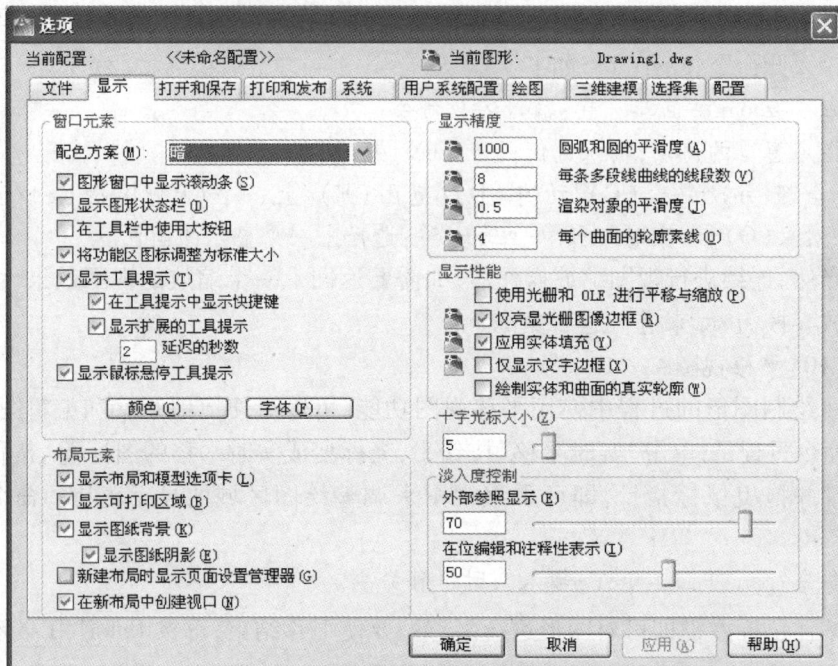

图 1.43 "显示"选项卡

在对话框的右侧"显示精度"选项组中"圆弧和圆的平滑度"选项前面的数值框中输入数值,可以控制系统的显示精度。默认数值为1000,有效的输入范围为 1 ~ 20000。数值越大,系统显示的精度就越高,自然显示速度相对就越慢。单击 **确定** 按钮,完成系统显示精度设置。

输入命令进行设置与在"选项"对话框中的设置结果相同。增大缩放百分比数值,会重生成更新之后的图形,圆的外观更平滑,但可能会增加重生成图形的时间;减小缩放百分比数值则会有相反的显示效果。在命令提示行输入此命令,操作过程如下:

命令:<u>viewres</u> 并回车　注:输入快速缩放命令;

是否需要快速缩放?[是(Y)否(N)]< >:<u>Y</u> 并回车　注:选择要快速缩放;

输入圆的缩放百分比(1—20000)<1000>:<u>10000</u>　注:输入缩放百分比的值。

拓展训练　灵活运用鼠标

　　鼠标对于 AutoCAD 而言至关重要,是其最主要也是最重要的输入设备。在 AutoCAD 2012 中,鼠标的各个按键具有不同的功能,充分利用其侧键和滚轮可实现更多的功能,使用户能够更加随心所欲地进行操作,下面简要介绍各个按键的功能。

1. 左键

　　鼠标左键为拾取键,功能主要是选择对象和定位,比如单击鼠标左键可以选择菜单栏中的菜单项,选择工具栏中的图标按钮,在绘图区域选择图形对象等。

2. 右键

　　鼠标右键的功能主要是弹出快捷菜单。快捷菜单的内容将根据光标所处的位置和系统状态的不同而变化,还有在工具栏、状态栏等处也将产生不同的快捷菜单。单击右键的另一个功能是等同于回车键,即用户在命令行输入命令后可按鼠标右键确定。

　　此外,用户可以自定义右键的功能,其操作过程如下:

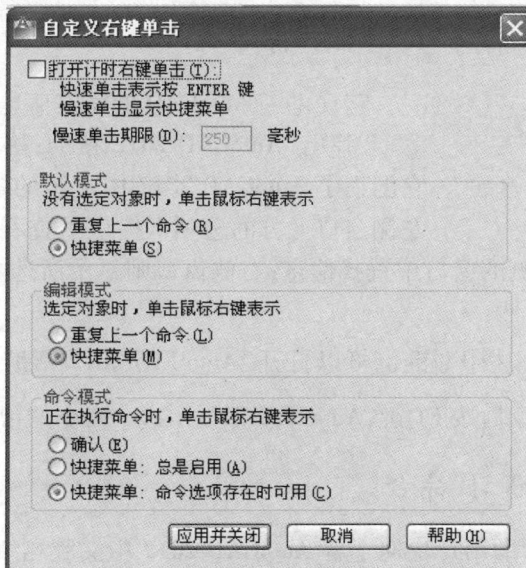

图 1.44　自定义右键对话框

命令：_options　　注：或选择菜单栏"工具"→"选项"命令，弹出"选项"对话框。

选择对话框中的"用户系统配置"选项卡，再单击其中的 ▭自定义右键单击(I)...▭ 按钮，弹出"自定义右键单击"对话框，如图1.44所示，可以在对话框中自定义右键的功能。

3．中键

鼠标中键常用于快速浏览图形。在绘图区域中按住中键，光标将变为 形状，移动光标可快速移动图形；双击中键，绘图区域可以显示全部图形对象；当鼠标中键为滚轮时，将光标放置于绘图区域中，可直接缩放图形：向下转动滚轮则缩小图形，向上转动滚轮则放大图形。

拓展阅读　使用"帮助"获得帮助

AutoCAD 2012中文版帮助系统包含了有关如何使用此程序的完整信息。灵活地使用帮助系统，能为用户解决疑难问题带来很大的帮助。

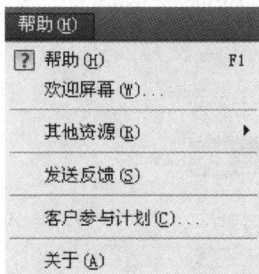

AutoCAD的帮助信息几乎全部集中在菜单栏的"帮助"菜单中，如图1.45所示。

下面介绍"帮助"菜单中各个命令的功能：

1．"帮助"命令

它提供了AutoCAD的完整信息。选择"帮助"命令，会弹出"AutoCAD 2012帮助：用户文档"对话框。它汇集了AutoCAD 2012中文版的各种常见问题，其左侧窗口上方的选项卡提供了查看主题所需的多种方法，用户可在左侧的窗口中查找信息；右侧窗口则显示所选主题的信息，供用户查阅。

图1.45　"帮助"菜单

特别方便的是，按 F1 键也可以打开"AutoCAD 2012帮助：用户文档"对话框，当选择某个命令后按 F1 键，AutoCAD即显示这个命令的帮助信息。

2．"新功能专题研习"命令

该命令用于帮助用户快速了解AutoCAD 2012中文版相对于此前旧版本的新增功能。

3."其他资源"命令

该命令提供了从 AutoCAD 网站获取相关帮助的功能。选择"其他资源"命令，系统将弹出下一级子菜单，从中可以使用各项联机帮助。例如，选择"支持知识库"命令，如图 1.46 所示，系统将通过网络访问 autodesk 公司官网 www. autodesk. com. cn，弹出"技术支持"网页，供用户浏览获取帮助。

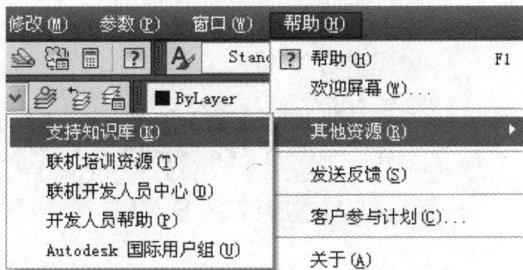

图 1.46　"支持知识库"命令

4."发送反馈"命令

如果 AutoCAD 2012 在使用过程中出现错误或意外退出，用此命令可将错误信息发送至 Autodesk 公司的网上软件中心。

5."客户参与计划"命令

可以通过这一选项参与这个计划，让 Autodesk 公司设计出符合用户自己需求和严格标准的软件。

6."关于"命令

该命令提供了 AutoCAD 2012 软件的相关信息，如版权、产品信息等。

课堂练习　图形的打开与浏览

1. 某教学楼建筑平面图；
2. 某教学楼建筑立面图；
3. 某教学楼建筑剖面图；
4. 机械吊钩图；
5. 机械轴图。

学习情境2　绘制简单图形

知识目标：

1. 掌握 AutoCAD 2012 系统绘图环境的设置；
2. 熟练使用系统的辅助绘图工具；
3. 掌握矩形、直线、圆与圆弧的绘制；
4. 掌握椭圆、内切圆、正多角形的绘制；
5. 掌握图形对象捕捉设置、参照基点设置及圆切线的绘制；
6. 通过课堂练习巩固所学的操作技巧；
7. 通过课后习题的练习检验绘图技能。

技能目标：

1. 能分析图形的构成，把图形分解为简单几何对象，如点、直线、圆、弧、矩形和正多边形等；
2. 能合理设计制图的思路，分步实施绘图方案；
3. 能够灵活运用 AutoCAD 所提供的各种各样的定位功能，达到精确制图的目的；
4. 能够灵活运用 AutoCAD 软件所提供的辅助工具，提高绘图质量与效率。

情境再现与任务分析：

本环节要求用户先从绘制简单图形开始，结合"NIT"考试的要求与题型特点，引导用户领略 AutoCAD 2012 中文版命令系统的深度与广度，以及其功能强大与完备；所设计的 3 个任务，从设置绘图环境入手，逐渐把浩繁的绘图命令向用户推介，基本上涵盖了 AutoCAD 2012 绘图命令的全部；同时为了提高绘图的精度和效率,同步跟进介绍 AutoCAD 的特色利器——"工具栏",以及绘图辅助命令的使用。

基本的绘图命令在 3 个任务中交替运用,有利于用户对命令的熟悉、掌握与巩固;拓展训练的图形绘制引导用户掌握非正交图形的绘制方法,以及特殊的对象捕捉设置方法等;两道课后习题检验用户对基本绘图命令和辅助绘图命令的掌握程度。

学习情境教学场景设计:

学习领域	AutoCAD 2012 中文版	
学习情境	以 AutoCAD 2012 中文版绘制简单图形	
行动环境	场景设计	工具、设备、教件
校内实训基地	①分组(每组 2~4 人)。 ②教师讲解绘图知识、方法与技巧,同时传递良好的绘图习惯。 ③学生动手绘制简单图形。 ④学生绘制拓展训练的练习题,教师抽查学生完成情况。 ⑤学生课后独立绘制课后练习题。 ⑥教师评点学生课后习题	①带独立显卡、联成局域网的 PC 机。 ②投影仪或多媒体网络广播教学软件。 ③多媒体课件、操作过程屏幕视频录像。

任务1 绘制简单图形——垫片

知识准备:

1.设置绘图环境

传统绘图过程中,一般是根据对象的实际尺寸选取合适的比例来绘制图形的。利用 AutoCAD 2012 绘制工程图,同样需要选择某种度量单位作为标准,才能绘制出精确的图形,并且还需要对图形制定一个类似图纸边界的限制,使绘制的图形能够按合适的比例尺寸打印输出,成为图纸。因此,在绘图之前需要选择适用的单位,然后设置图形的界限,以便开展后续作业。

设置图形单位

(1)创建新文件时进行单位设置

执行菜单栏"文件"→"新建"命令,弹出"选择样板"对话框,单击 打开(O) 按钮右侧的 按钮,在弹出的下拉菜单中选择相应的打开命令,创建一个基于公制或英制单位的图形文件。

(2)改变已存在图形的单位设置

在绘制图形的过程中,可以改变图形的单位设置,操作过程如下:

命令:units 并回车　注:或选择菜单栏"格式"→"单位"命令,弹出"图形单位"对话框,如图2.1所示,在"长度"选项组中可以设置长度单位的类型和精度;在"角度"选项组中,可以设置角度单位的类型、精度以及方向;在"插入时的缩放单位"选项组中,可以设置用于缩放插入内容的单位。

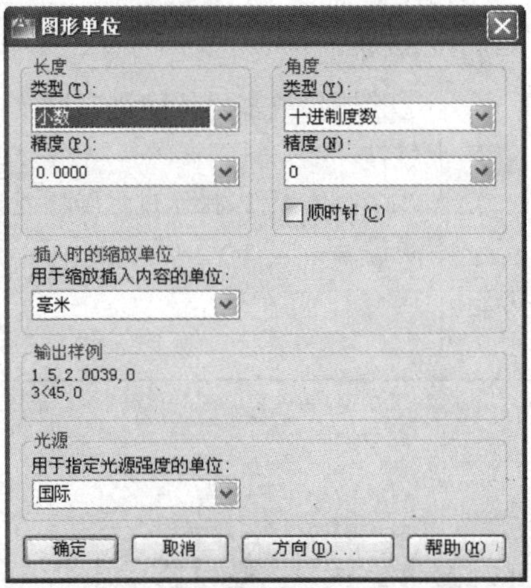

图2.1　"图形单位"对话框 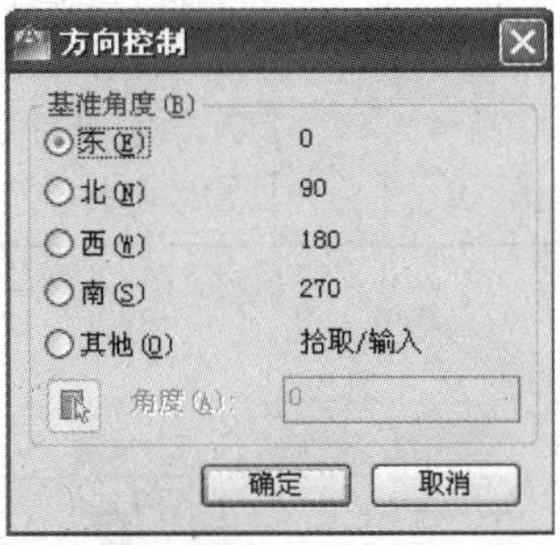　　　　　图2.2　角度基准位的设置

单击 方向(D)... 按钮,弹出"方向控制"对话框,从中可以设置基准角度,如图2.2所示。单击 确定 按钮,返回"图形单位"对话框。在"图形单位"对话框中单击 确定 按钮,单位设置生效。

2.设置图幅范围

图幅范围即图纸的大小。绘制工程图时,通常根据对象的实际尺寸来设定图幅范围,主要是为图形确定一个图纸的边界。

建筑类图纸常用的几种比较固定的规格有:A0(1189 mm × 841 mm)、

A1（841 mm×594 mm）、A2（594 mm×420 mm）、A3（420 mm×297 mm）和 A4（297 mm×210 mm）等，而机械类图纸常用的图纸规格有 A1、A2、A3 和 A4 等。以设置 10000 mm×8000 mm 的图纸界限为例介绍该命令，过程如下：

命令：limits 并回车　注：或选择菜单栏"格式"→"图形界限"命令；

重新设置模型空间界限：

指定左下角点或［开（on）/关（off）］<0.0000,0.0000>：回车　注：直接回车默认图形界限的左下角点为坐标系原点；

指定右上角点 <420.0000,297.0000>：10000,8000 并回车　注：输入图形界限的右上角坐标值。

3. 绘图辅助工具

工作界面的状态栏前面已作了简单介绍，该栏汇集了 AutoCAD 2012 的主要绘图辅助工具，常用的有"对象捕捉""栅格显示""正交模式""极轴追踪""对象捕捉""对象捕捉追踪"等工具，如图 2.3 所示，这些都是切换形式的功能按钮。

图 2.3　汇集绘图辅助工具的状态栏

1）捕捉模式

"捕捉模式"命令用于控制十字形光标，使其按照定义的间距移动。捕捉命令可以在使用箭头或定点设备时，精确地定位点的位置。

切换命令方法：单击状态栏中的"捕捉模式"按钮■，或按键盘上的 F9 键。

2）栅格显示

打开"栅格显示"模式后，在屏幕上显示的是点的矩阵，遍布图形界限的整个范围。利用栅格命令类似于在图形下放置一张坐标纸。栅格命令可以对齐图形对象，并直观显示对象之间的距离，方便对图形的定位和测量。

切换命令方法：单击状态栏中的"栅格显示"按钮■，或按键盘上的 F7 键。

3）正交模式

"正交模式"命令可以将光标限制在水平或垂直方向上移动，以便精确地绘制和编辑对象。正交命令是用来绘制水平线和垂直线的一种辅助工具，是最常用的绘图辅助工具。

切换命令方法:单击状态栏中的"正交模式"按钮▙,或按键盘上的 F8 键。

4)极轴追踪

使用"极轴追踪"模式,光标可以按指定角度移动。在极轴状态下,系统将沿极轴方向显示绘图的辅助线,即用户指定的"极轴角度"所定义的临时对齐路径。

切换命令方法:单击状态栏中的"极轴追踪"按钮▨,或按键盘上的 F10 键。

5)对象捕捉

"对象捕捉"模式可以精确地指定对象的位置。在默认情况下,系统能自动捕捉对象,即当光标移到对象的位置时,系统会有相关的标记显示,表明哪些对象捕捉正在使用。

切换命令方法:单击状态栏中的"对象捕捉"按钮▢,或按键盘上的 F3 键。

6)对象捕捉追踪

"对象捕捉追踪"模式,用户可利用之前沿着基于对象捕捉点的对齐路径,进行追踪。已捕捉的点将显示一个小加号"+",捕捉点之后,在绘图路径上移动光标时,将显示相对于获取点的水平、垂直或极轴对齐路径。

切换命令方法:点击"状态栏"中的"对象捕捉追踪"按钮▚,或按键盘上的 F11 键。

任务实施:

垫片是常见的机械小零件,放置在两平面之间以加强密封。要求设置图幅界限为 800×600,在图幅内绘制一个矩形,大小为 600×400。在矩形范围内绘制垫片,具体尺寸如图 2.4 所示。

图形含 4 个内容,分 6 个步骤进行:

①设置制图环境;

②设置适宜的工具栏;

③绘制矩形;

④绘制直线;

⑤绘制圆;

⑥绘制圆弧。

绘图过程如下:

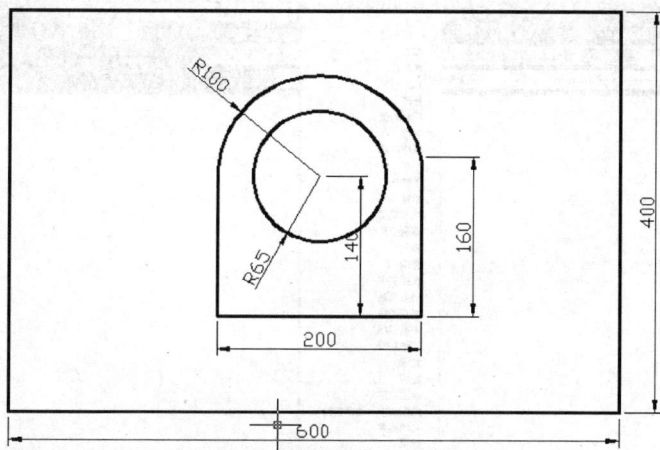

图2.4 垫片示意图

1. 设置必要的绘图环境

1)设置图幅范围

设置 800×600 图幅范围,过程如下:

命令:<u>limits</u> 并回车 注:或选择"格式"→"图形界限"命令;

重新设置模型空间界限:

指定左下角点或[开(ON)/关(OFF)] <0.0000,0.0000>:回车

指定右上角点 <420.0000,297.0000>:<u>800,600</u> 并回车

2)屏显图幅范围

命令:<u>ZOOM</u> 并回车 注:或单击标准工具栏的"范围缩放"工具图标;

指定窗口的角点,输入比例因子(nX 或 nXP),或者[全部(A)/中心(C)/动态(D)/范围(E)/上一个(P)/比例(S)/窗口(W)/对象(O)] <实时>:<u>e</u> 并回车

2. 设置工具栏

为方便绘图,在运行 AutoCAD 2012 中文版进入用户界面后,有必要设置绘图需用的工具栏。工具栏的选用可根据需要加以选择,也可在绘图过程按需设置。本图形的绘制涉及"标准""绘图""特性"等工具栏,如图2.5 所示。

操作方法有两种:

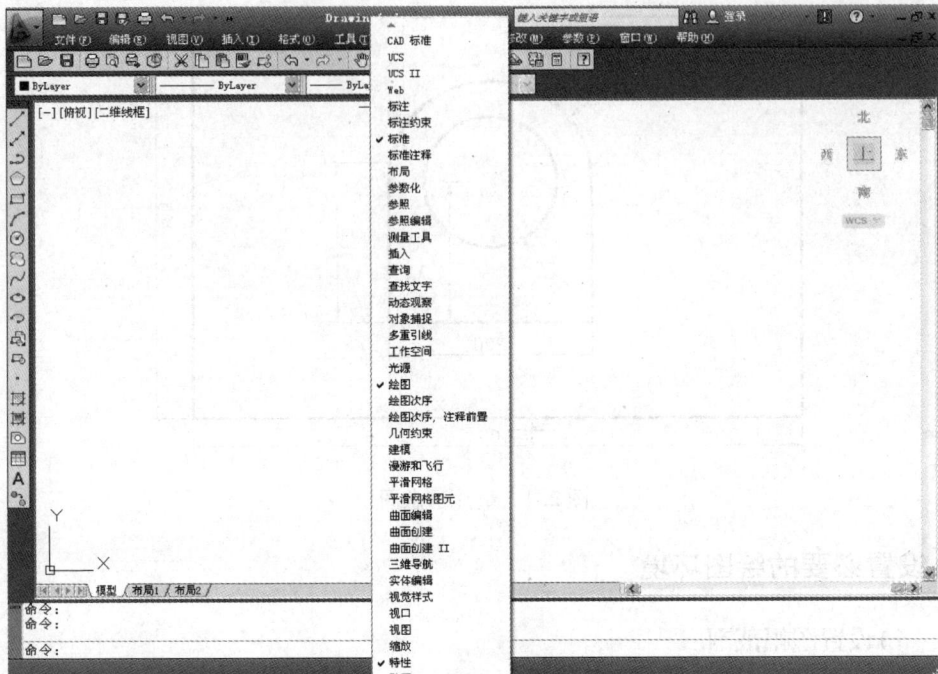

图2.5　设置必要的工具栏

①选择菜单栏"工具"→"工具栏"→"AutoCAD",即弹出长长的工具栏名录,选择"标准""绘图""特性"等项。

②移动光标到任何一个工具栏右击,同样会弹出工具栏名录,用同样的方法选择所需的工具栏。

3. 绘制矩形

绘制 600×400 矩形框,执行过程如下:

命令:rectang 并回车　注:或单击绘图工具栏的"矩形"命令图标□;

指定第一个角点或[倒角(C)/标高(E)/圆角(F)/厚度(T)/宽度(W)]:
0,0 并回车

指定另一个角点或[面积(A)/尺寸(D)/旋转(R)]:600,400 并回车

4. 绘制直线

绘制垫片图形中的 3 条直线,可单击"绘图"工具栏中的"直线"命令图标,也可在命令输入行输入直线绘图命令"line",3 条直线成为折线一气画成。

AutoCAD 在执行"直线"命令过程中,直线端点坐标的输入方式有很多种,为绘图提供了多种选择,用户在操作过程中要灵活运用,会给绘图带来很大的方便。本例的 3 条直线用 3 种不同的方式绘制,把直线命令使用方式的多样性作初步展示。绘制直线过程如下:

命令:line 并回车 注:或选择菜单栏"绘图"→"直线"命令,或单击绘图工具栏"直线"命令按钮；

指定第一点:200,200 并回车 注:输入线段的起点 A 的绝对坐标；

指定下一点或[放弃(U)]:200,40 并回车 注:输入点 B 的绝对坐标；

指定下一点或[放弃(U)]:@200,0 并回车 注:输入点 C 相对于点 B 的相对坐标值；

指定下一点或[闭合(C)/放弃(U)]:<正交 开> 160 并回车 注:线段 CD 是纵向直线,可以单击"状态"工具栏中"正交模式"按钮，或按 F8 键,开启正交模式,让光标从 C 点移出停在 CD 方向上,此时输入数值 160,回车,即可绘得 CD 线段；

指定下一点或[闭合(C)/放弃(U)]:回车 注:line 命令结束,按回车键;3 条直线绘制完成,如图 2.6 所示。

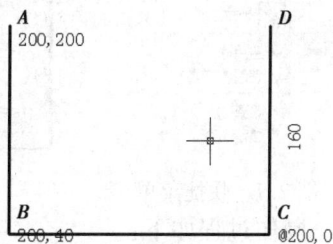

图 2.6 绘制 3 条直线

5. 绘制圆

圆在线段 BC 上方的正中,圆心离 BC 距离 140,半径为 65。绘制圆的命令很多,从菜单栏"绘图"→"圆"级联菜单显示出来的画圆方法共有 6 种,最常用的是通过输入圆心坐标和半径的值来画圆。

本例中,确定圆心位置是通过已知"基点"作参照继而获取圆心的办法来实现的。因为作图过程要用到线段 BC 的中点位置作"基点",故可先打开"状态"工具栏中的中点捕捉设置,方法如下:

①鼠标右击状态工具栏中"对象捕捉"按钮，弹出快捷菜单如图 2.7 所示。

②选择"设置"选项 设置(S)…,弹出"草图设置"对话框,选定"对象捕捉"选项卡,如图 2.8 所示。勾选"中点"选项 △ ☑中点(M),然后单击 确定 按钮,设置完成。

41

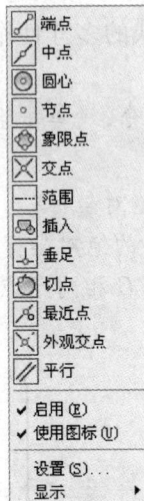

端点
中点
圆心
节点
象限点
交点
范围
插入
垂足
切点
最近点
外观交点
平行

✓ 启用(E)
✓ 使用图标(U)

设置(S)…
显示 ▶

图 2.7　快捷菜单

草图设置

捕捉和栅格　极轴追踪　**对象捕捉**　三维对象捕捉　动态输入　快捷特性　选择循环

☑ 启用对象捕捉 (F3)(O)　　　　☑ 启用对象捕捉追踪 (F11)(K)

对象捕捉模式

☐ □ 端点(E)　　　　　　　ㄅ ☐ 插入点(S)　　　全部选择
△ ☑ 中点(M)　　　　　　　⊥ ☐ 垂足(P)　　　　全部清除
○ ☐ 圆心(C)　　　　　　　♂ ☐ 切点(N)
⊗ ☐ 节点(D)　　　　　　　⊠ ☐ 最近点(R)
◇ ☐ 象限点(Q)　　　　　　⊠ ☐ 外观交点(A)
× ☐ 交点(I)　　　　　　　 ∥ ☐ 平行线(L)
⋯ ☐ 延长线(X)

若要从对象捕捉点进行追踪,请在命令执行期间将光标悬停于
该点上,当移动光标时会出现追踪矢量,若要停止追踪,请再
次将光标悬停于该点上。

选项(T)…　　　　　　　确定　　　取消　　　帮助(H)

图 2.8　对象捕捉选项卡

操作过程如下:

命令:circle 并回车　注:或选择菜单栏"绘图"→"圆"命令,或单击绘图工具栏中"圆"命令按钮⊙;

指定圆的圆心或[三点(3P)/两点(2P)/切点、切点、半径(T)]:from 并回车　注:选择用"基点"作参照点的方法输入圆心;

基点:　注:当光标经过 BC 中点附近时,会显示粉红小三角和中文"中点",如图 2.9(左)所示,点取它即为"基点";

<偏移>:140 并回车　注:光标从"基点"向上略移小段,指明方向,然后

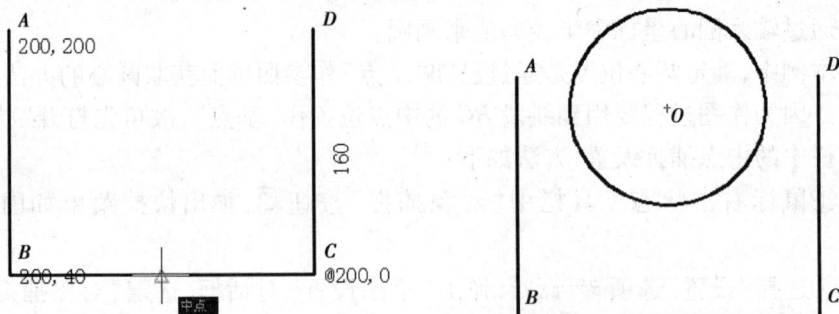

A
200, 200

D

160

B
200, 40

中点

C
@200, 0

A

O

D

B

C

图 2.9　利用基点定圆心以绘制圆形

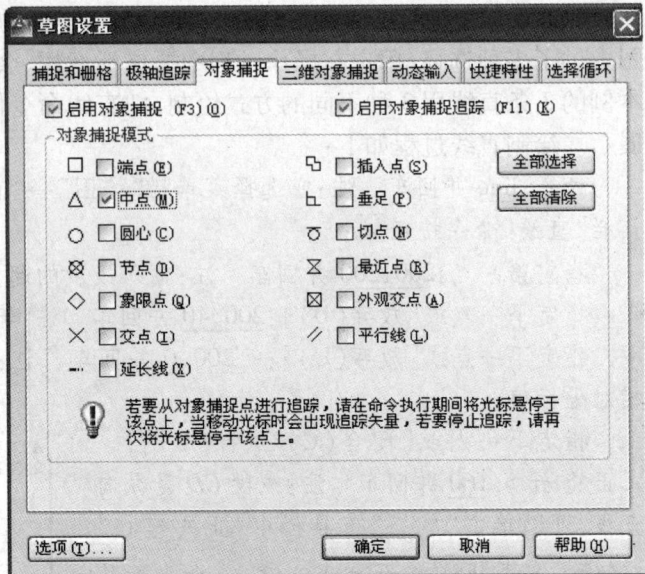

输入数值140,回车,即确定了圆心O的位置;

指定圆的半径或[直径(D)]:65 并回车 注:输入圆的半径值65,回车,绘圆完成,如图2.9(右)所示。

6. 绘制圆弧

已知条件已经给出了圆弧的中心、起点、终点,运行工具栏"圆弧"命令,或菜单栏中的绘圆弧之"圆心、起点、终点"命令 圆心、起点、端点(C) 来绘制圆弧。

因为需要利用O点为圆弧的圆心,所以要打开圆心捕捉功能,即光标右击"状态"工具栏中的"对象捕捉"按钮 ,与上述设置"中点"捕捉功能的方法一样,勾选"圆心"捕捉功能。

圆弧绘制过程如下:

命令:arc 并回车 注:输入"圆弧"绘制命令。

指定圆弧的起点或[圆心(C)]:c 并回车 注:选择"圆心"选项。

指定圆弧的圆心: 注:光标掠过圆时,圆心出现粉色标志,用光标捕捉并点取,即为圆心,如图2.10所示。

指定圆弧的起点: 注:圆弧的起点终点默认逆时针方向,故选取D点为起点。

指定圆弧的端点或[角度(A)/弦长(L)]: 注:选取终点A点,圆弧命令结束,绘制圆弧完成,如图2.11所示。

整个绘图过程结束,将图形存盘。

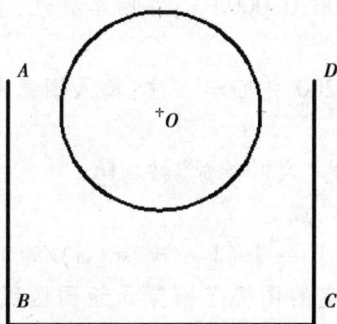

图2.10 捕捉圆心

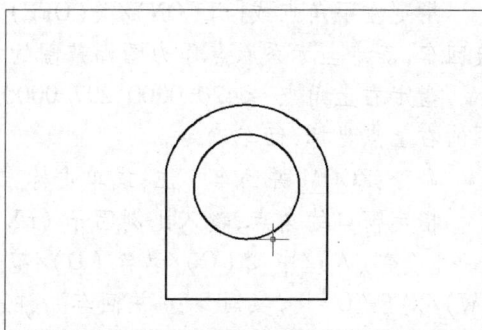

图2.11 圆弧绘制完成

任务 2　绘制简单图形——嵌套图形

任务实施：

图 2.12 所示是一个椭圆套三角、三角套正圆的图形,要求在图幅范围为 240×200 内绘制椭圆:长轴为 100、短轴为 60;然后将椭圆 8 等分,连接其中 3 个等分点形成三角形;在三角形中内接一个圆,圆与三角形 3 边相切。

绘图含 3 项内容,分 4 个步骤完成:

①设置图幅范围;

②绘制椭圆;

③绘制三角形;

④绘制内切圆。

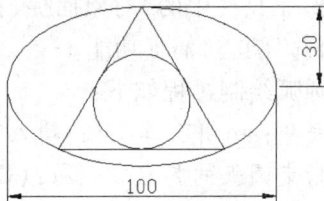

图 2.12　嵌套图形

1. 设置图幅范围

设置图幅范围为 240×200,并充满绘图区域,操作方法与过程如下:

命令:<u>limits</u> 并回车　注:或选择菜单栏"格式"→"图形界限"命令;

重新设置模型空间界限:

指定左下角点或[开(ON)/关(OFF)]<0.0000,0.0000>:并回车　注:直接回车,确定坐标系原点作为图幅范围的左下点;

指定右上角点 <420.0000,297.0000>:<u>240,200</u> 并回车　注:输入图幅范围的右上点坐标,回车确定。

命令:<u>ZOOM</u> 并回车　注:或单击标准工具栏的"实时缩放"按钮；

指定窗口的角点,输入比例因子 (nX 或 nXP),或者

[全部(A)/中心(C)/动态(D)/范围(E)/上一个(P)/比例(S)/窗口(W)/对象(O)]<实时>:<u>e</u> 并回车　注:将所设定的图幅范围置于绘图区域,以供使用;

正在重生成模型。

2. 绘制椭圆

在绘图区域绘制椭圆,长轴为 100,半短轴为 30,操作过程如下:

命令:ellipse 并回车　注:或选择菜单"绘图"→"椭圆"命令,或单击绘图工具栏之"椭圆"按钮 ⬯;

指定椭圆的轴端点或[圆弧(A)/中心点(C)]:60,100 并回车　注:输入椭圆长轴左端点 A 坐标,如图 2.13(a)所示;

指定轴的另一个端点:<正交 开> 100 并回车　注:单击"状态"工具栏"正交模式"按钮▣,或按 F8 键,打开正交模式,令光标沿 AB 向右移出一小段,输入数值 100,回车;

指定另一条半轴长度或[旋转(R)]:30 并回车　注:让光标向上,朝 C 点方向移出,输入数值 30,回车,绘制椭圆完成,如图 2.13(a)所示。

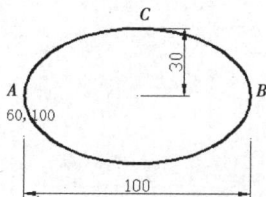

(a)椭圆长、短轴参数　　　(b)"点样式"对话框　　　(c)改变了点样式

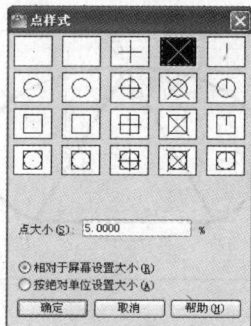

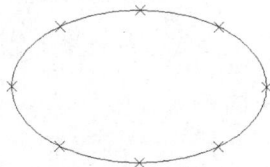

图 2.13

3.绘制三角形

将椭圆周长 8 等分,连接其中的 3 点成三角形,操作过程如下:

命令:divide 并回车　注:或选择菜单栏"绘图"→"点"→"定数等分"命令;

选择要定数等分的对象:　注:选定要等分的对象,光标单击椭圆;

输入线段数目或[块(B)]:8 并回车　注:输入数值 8,将椭圆 8 等分;

此时椭圆周边即有了 8 个等分点,为了让点的标志突出以便于眼睛识别,可以更改点的标志样式,操作过程如下:

命令:'_style　注:选择菜单栏"格式"→"点样式"命令,弹出"点样式"对话框,如图 2.13(b)所示;

命令:'_ddptype 正在重生成模型。

正在重生成模型。　注:选择对话框中第 1 行第 4 个样式,单击"确定"按钮,椭圆上的 8 个点即显示为用户所设置的样式,如图 2.13(c)所示。注意这只是点的显示样式改变了,点的本质不变。

命令:line 并回车　注:或单击绘图工具栏"直线"命令按钮 ✐;

指定第一点:　注:如图2.14所示,光标移动到 *C* 点附近,屏幕会显示等分点以待捕捉,单击选取该点;

指定下一点或[放弃(U)]:　注:光标移动到 *D* 点附近,屏幕会显示等分点以待捕捉,单击选取该点;

指定下一点或[放弃(U)]:　注:光标移动到 *E* 点附近,屏幕会显示等分点以待捕捉,单击选取该点;

指定下一点或[闭合(C)/放弃(U)]:c 并回车　注:输入 *C* 选项,直线闭合成三角形,如图2.14所示。

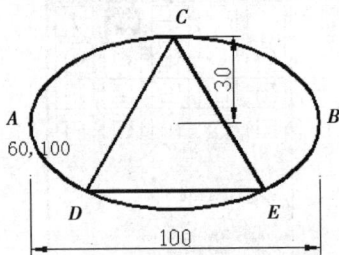

图2.14　连接等分点成闭合三角形

4.绘制内切圆

利用三角形的 3 条边和特殊的画圆命令绘制三角形内切圆,操作过程如下:

命令:circle 并回车　注:或选择菜单栏"绘图"→"圆"→"相切、相切、相切"命令按钮 ⊘相切、相切、相切(A)　;

指定圆的圆心或[三点(3P)/两点(2P)/切点、切点、半径(T)]:_3p 指定圆上的第一个点:_tan 到　注:光标点选三角形的 *CD* 边;

指定圆上的第二个点:_tan 到　注:光标点选三角形的 *DE* 边;

指定圆上的第三个点:_tan 到　注:光标点选三角形的 *EC* 边,即完成内切圆绘制。

整个绘图过程结束,结果如图2.12所示,将图形存盘。

任务3 绘制简单图形——选自 NIT 练习题集

任务实施：

在图幅范围 600×600 之中绘制如图 2.15 所示的图形。

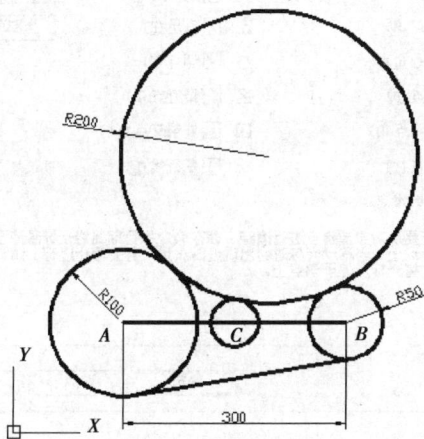

图 2.15 简单图形之三

分析图形,作图过程要涉及几种捕捉功能,如"端点捕捉""中点捕捉""切点捕捉"等,故可预先进行"对象捕捉"功能的设置。为此,作图约可分为以下 7 个步骤:

①捕捉设置;

②设置图幅范围;

③绘制直线 AB;

④绘制圆 A、圆 B;

⑤绘制大圆;

⑥绘制小圆 C;

⑦绘制共切线。

整个作图过程如下:

1. 捕捉设置

①右击"状态栏"中的"对象捕捉"按钮,在弹出的菜单中单击"设置"按钮

设置(S)...,弹出"草图设置"对话框;

②在对话框中单击"对象捕捉"选项卡,只勾选其中的"端点""中点""切点"3项,如图 2.16 所示,单击"确定"按钮保存并退出捕捉设置。

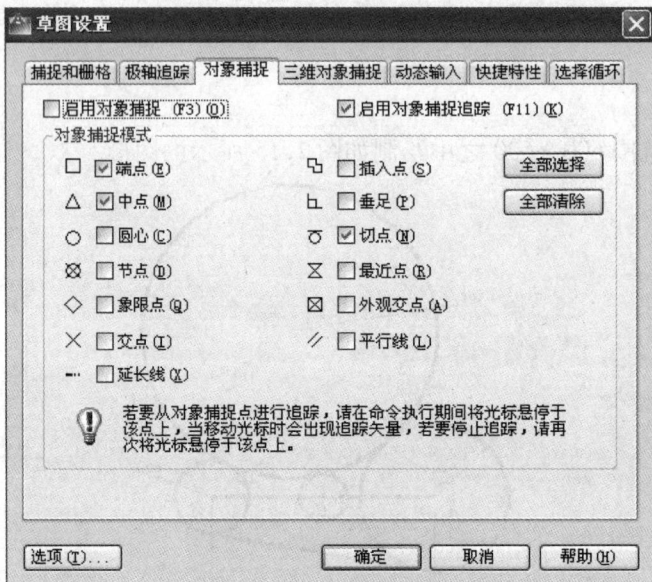

图 2.16 对象捕捉的设置

2.设置图幅范围

命令:<u>limits</u> 并回车 注:或选择菜单栏"格式"→"图形界限"命令;
指定左下角点或[开(ON)/关(OFF)] <0.0000,0.0000>:并回车
指定右上角点 <560.0000,400.0000>:<u>600,600</u> 并回车
命令:<u>ZOOM</u> 并回车 注:选择标准工具栏"实时缩放"命令按钮🔍;
指定窗口的角点,输入比例因子(nX 或 nXP),或者
[全部(A)/中心(C)/动态(D)/范围(E)/上一个(P)/比例(S)/窗口(W)/对象(O)] <实时>:<u>e</u> 并回车 注:选择"范围"选项,使绘图区域设置为图幅范围。

3.绘制直线 *AB*

命令:<u>line</u> 并回车 注:或单击绘图工具栏"直线"命令按钮✐;
指定第一点:<u>150,150</u> 并回车 注:输入线段的起点 *A* 的绝对坐标;

指定下一点或[放弃(U)]:<正交 开> <u>300</u> 并回车　注:单击"正交模式"按钮L或按 F8 键,光标向 *B* 点方向横向移动小段距离,然后输入数值 300,回车,即得直线 *AB*;

指定下一点或[放弃(U)]:并回车　注:回车,结束直线命令。

4. 绘制圆 *A*、圆 *B*

①命令:circle 并回车　注:或单击绘图工具栏中"圆"命令按钮⊙;

指定圆的圆心或[三点(3P)/两点(2P)/切点、切点、半径(T)]:<打开对象捕捉>　注:单击"对象捕捉"按钮□或按 F8 键,打开对象捕捉功能;将光标移动到 *A* 点附近,*A* 点上将显示小方框以供捕捉,选择小方框,即选择了 *A* 点作为圆心;

指定圆的半径或[直径(D)]<31.8405>:<u>100</u> 并回车　注:输入圆 *A* 的半径值 100,回车,圆 *A* 绘制完成。

②命令:<u>CIRCLE</u> 并回车　注:或单击绘图工具栏中"圆"命令按钮⊙;

指定圆的圆心或[三点(3P)/两点(2P)/切点、切点、半径(T)]:　注:点取 *B* 点,作为圆心;

指定圆的半径或[直径(D)]<100.0000>:<u>50</u> 并回车　注:输入圆 *A* 的半径值 50 回车,圆 *B* 绘制完成。

5. 绘制大圆

选择菜单栏"绘图"→"圆"→"相切、相切、半径"命令,命令提示行显示如下:

命令:_circle 指定圆的圆心或[三点(3P)/两点(2P)/切点、切点、半径(T)]:_ttr

指定对象与圆的第一个切点:并回车　注:光标移到圆 *A* 圆周上部任一点,将显示切点符号及"切点"字样,如图 2.17 所示,捕捉并单击切点符号;

指定对象与圆的第二个切点:并回车　注:同上法单击圆 *B* 圆周上部任一点

指定圆的半径 <50.0000>:<u>200</u> 并回车　注:输入大圆的半径值 200,回车,与圆 *A*、圆 *B* 相切的大圆绘制完成,结果如图 2.18 所示。

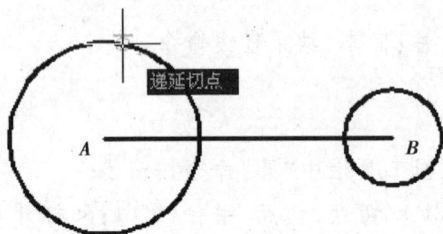

图 2.17　点取圆周上部

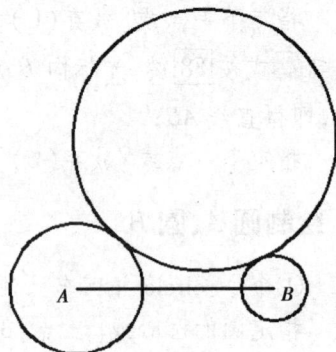

图 2.18　与圆 A、圆 B 相切的大圆

6. 绘制圆 C

命令:<u>circle</u> 并回车　注:或单击绘图工具栏中"圆"命令按钮◎;

指定圆的圆心或[三点(3P)/两点(2P)/切点、切点、半径(T)]:　注:光标移到线段 AB 中间附近,将显示小三角及"中点"字样,如图 2.19 所示,捕捉并单击小三角,即为小圆之圆心点;

指定圆的半径或[直径(D)]<200.0000>:　注:光标移到大圆下部,将显示切点符号及"切点"字样,如图 2.20 所示,捕捉并单击切点符号,小圆绘制完成。

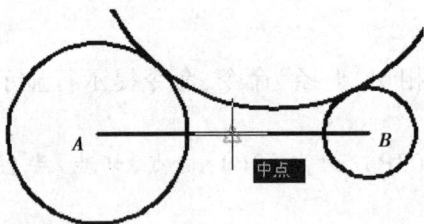

图 2.19　捕捉线段 AB 之中点

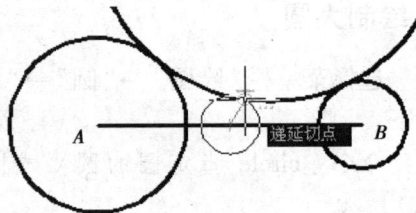

图 2.20　捕捉大圆下部之切点

7. 绘制共切线

命令:<u>line</u> 并回车　注:或单击绘图工具栏中"直线"命令按钮/;

指定第一点:　注:光标移到圆 A 下部,将显示切点符号及"切点"字样,如图 2.21 所示,捕捉并单击切点符号,即得切线起点;

指定下一点或[放弃(U)]:　注:光标移到圆 B 下部,将显示切点符号及

"切点"字样,如图 2.22 所示,捕捉并单击切点符号,即切线终点,共切线绘制完成;

　　指定下一点或 [放弃(U)]:并回车　注:回车,直线命令执行结束。

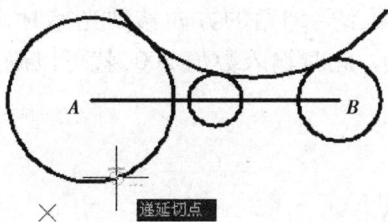

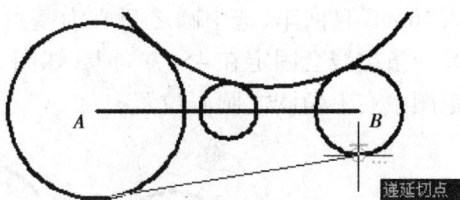

图 2.21　捕捉圆 A 下部的切点　　　　图 2.22　捕捉圆 B 下部的切点

整个绘图过程完毕。

拓展训练　选自 NIT 习题集

　　要求通过图 2.23 的绘制,掌握矩形、圆的多种画法,以及切线的画法。

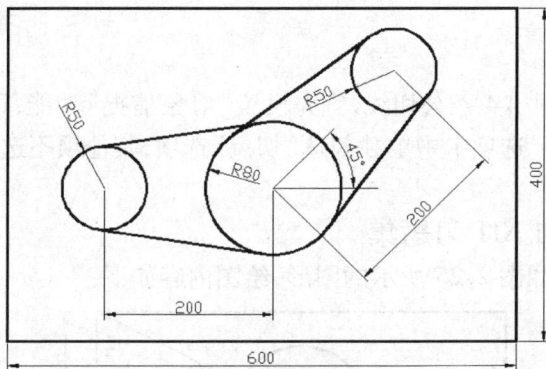

图 2.23　拓展训练图样

1. 右边圆的圆心定位

　　(1)用相对矩极坐标方法定位

　　形框绘制完成后,用前述方法绘制左边圆、中间圆,绘制右边圆时,圆心的定位可利用前一个圆的圆心作为参照的"基点",在命令输入行提示输入圆心坐标时,输入"from"且回车,选中圆之圆心为基点,再输入相对极坐标值"200 < 45"来确定圆心点位置。

（2）用极轴跟踪的办法定位

当绘制右边圆时，先右击"状态"工具栏中的"极轴跟踪"按钮 ⟨ʒ，弹出"草图设置"对话框之"极轴跟踪"选项卡，在"增量角"一栏输入数值45。这样，输入"from"且回车，选中圆之圆心为基点，然后朝大约45°角的方向移动光标时，有一条虚线会固定在45°方向上，如图2.24所示，此时输入数值200，就可以确定图中右上角圆之圆心位置。

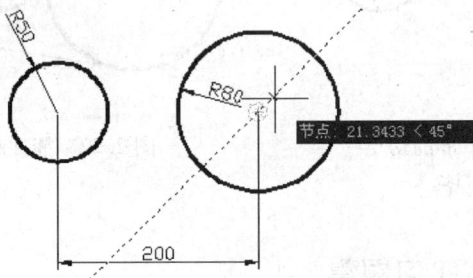

图2.24　用极轴跟踪方法定圆心

2. 切点定位

本图中需要画出4条公切线，宜先设置"对象捕捉"功能，即在"草图设置"对话框"对象捕捉"选项卡中单独勾选"切点"选项，其他项不选。

课后习题　选自 NIT 习题集

练习1：绘制如图2.25所示的图形，绘图内容如下：

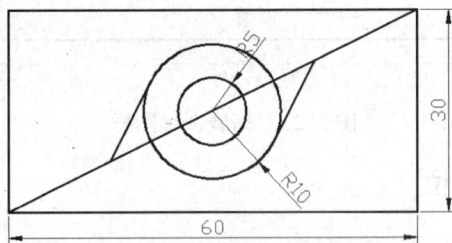

图2.25　课后练习题一

①设置图幅范围为 100×100；
②绘制矩形 60×30 并绘制对角线；
③找对角线中心画圆，半径分别为5、10；
④对角线4等分，过等分点向大圆引出两条切线。

练习2:绘制如图2.26所示的图形,绘图内容如下:

①设置图幅范围为300×200;

②绘制矩形;

③绘制小圆、大圆;

④绘制2条公切线。

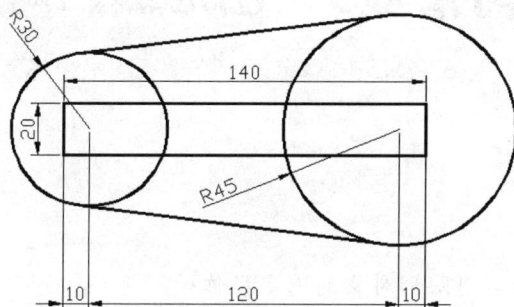

图2.26　课后习题二

学习情境3　图形编辑与修改

知识目标：

1. 掌握并灵活运用图形对象的选定操作；
2. 掌握并灵活运用复制类编辑命令；
3. 掌握并灵活运用调整类编辑命令；
4. 掌握并灵活运用修剪阵列类命令；
5. 掌握并灵活运用图形对象夹点；
6. 掌握并灵活运用编辑图形对象属性的方法；
7. 通过课堂练习巩固编辑修改命令的掌握；
8. 通过课后练习检验技巧的掌握程度。

技能目标：

1. 掌握并灵活运用复制类编辑命令，如复制、镜像、偏移、阵列等；
2. 掌握并灵活运用调整类编辑命令，如缩放、旋转、拉伸、移动、合并、分解等；
3. 掌握并灵活运用修改类命令，如删除、打断、延伸、修剪、倒角、圆角等；
4. 通过拓展训练理解图形对象的夹点意义，并能灵活运用对象夹点对图形进行编辑；
5. 能够运用属性对话框的强大编辑功能，编辑修改图形对象的各种属性；
6. 通过课堂练习和课后练习，巩固加深对编辑修改命令使用技巧的掌握。

情境再现与任务分析：

　　一个好的字处理软件，除了方便输入文字内容之外，还要具备很好的增、删、改、复制、移动及各种编排的功能。CAD 软件同样也有类似的要求，因此图形的编辑修改功能是 AutoCAD 重点内容。有经验的设计师都知道，较之于单一的绘图，图形的编辑、修改的工作量要多得多，往往要占去工作总量的大部分。

　　为此，AutoCAD 提供了齐全的图形编辑与修改的命令集合来解决这些问题。单单从数量上看，图形的编辑修改命令就是绘图命令的好几倍，如多种多样的图形对象选择方法，带有复制功能的编辑命令，以及比字处理软件多得多的编辑修改命令，功能齐全，涵盖面广，能满足制图过程的各种需要。有鉴于此，本环节引入 4 个工程图绘图任务、2 项拓展训练，以及课堂练习、课后练习，交叉介绍、演绎绘图命令和编辑修改命令的各种技巧，以期用户达到熟练掌握与灵活运用的目的。

学习情境教学场景设计：

学习领域	AutoCAD 2012 中文版	
学习情境	AutoCAD 2012 中文版之图形编辑与修改	
行动环境	场景设计	工具、设备、教件
①工程设计机构。 ②校内实训基地。	①分组(每组 2 ~ 4 人)。 ②教师讲解图形编辑修改知识、方法与技巧，同时传递好的绘图习惯。 ③学生动手完成绘图任务，交流绘图思路与经验技巧。 ④学生开展拓展训练、课后练习中的练习题，教师抽查学生完成情况。 ⑤教师评点学生课后习题。	①带独立显卡、联成局域网的 PC 机。 ②投影仪或多媒体网络广播教学软件。 ③多媒体课件、操作过程屏幕视频录像。

任务1　绘制办公桌椅布置平面图

知识准备：

1.选定图形对象的一般方式

不论是对图形对象进行删除、复制还是缩放，都必然要涉及选择哪些对象来进行操作的问题。

AutoCAD 提供了多种选择对象的方法，在通常情况下，可以用鼠标逐个点选被编辑的对象，也可以利用矩形窗口、交叉窗口选取对象，同时还可以利用多边形窗口、交叉多边形窗口等方法选取对象。下面将分别进行介绍。

1)选择单个对象

选择单个对象的方法叫做点选，也叫作单选。点选是最简单、最常用的选择对象的方法。

2)以光标直接点选

利用十字光标单击选择图形对象，被选中的对象以带有夹点的虚线显示，如图3.1 所示。如果需要连续选择多个对象，可以继续点选图形对象。

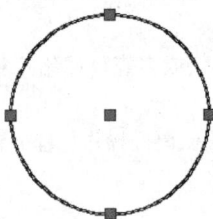

图 3.1　被点选的圆　　　　　　　　　　图 3.2　拾取框选择

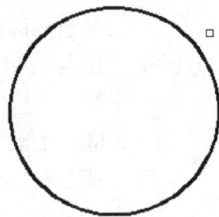

3)以拾取框选择

当启用某个编辑工具命令，如选择"旋转"命令，十字光标会变成一个小方框，这个小方框称为拾取框。此时命令输入行出现"选择对象："字样，用拾取框单击所要选择的对象，被选中的对象会以虚线显示，如图3.2 所示。如果需要连续选择多个图形元素，可以继续用拾取框单击需要选择的图形对象。

4)以矩形窗口包容选择对象

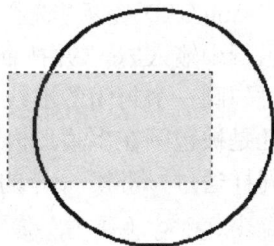

想象一个矩形窗口,可以包容被选的图形对象,那么用鼠标光标单击这个矩形的任意两个对角点之一后,移动光标,AutoCAD 系统将显示一个青色的矩形窗口,其边框是实线的。当矩形窗口将需要选择的对象包围后,单击鼠标,包围在矩形窗口中的所有对象就会被选中,如图 3.3 所示,选中的对象以带有夹点的虚线显示,如图 3.1 所示。

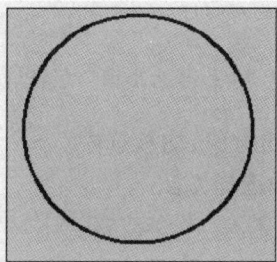

图 3.3　矩形窗口包容选择对象　　　　　　图 3.4　矩形窗口交叉选择对象

5)以矩形窗口交叉选择对象

同样想象一个矩形窗口,被选的图形对象与矩形窗口有交叉,此时移动光标单击矩形窗口 2 个对角点过程中,AutoCAD 系统显示矩形窗口是绿色、边框是虚线的,则被窗口包容或与之有交叉关联的所有对象均被选中,如图 3.4 所示。选中的对象以带有夹点的虚线显示。

以矩形窗口包容选择对象时,非完全置于窗口中的对象不会被选中;以交叉矩形窗口选择对象时,与矩形虚线框边线有接触的对象均被选中。

6)以多边形窗口圈围选择对象

当 AutoCAD 在命令提示行提示"选择对象:"时,输入"wp"并按回车键,用户以此可勾画一个封闭的多边形来选择对象。凡是圈围在多边形内的对象,都将被选中。

下面通过"删除"命令的使用过程来讲解这种选择方法:

命令:erase 并回车　注:或单击修改工具栏"删除"命令按钮🖉;

选择对象:wp 并回车　注:输入"wp"选项准备勾画不规则的多边形

第一圈围点:　注:单击多边形的一个角点

指定直线的端点或[放弃(U)]:　注:以下依次单击多边形的角点

指定直线的端点或[放弃(U)]:

指定直线的端点或[放弃(U)]:

指定直线的端点或[放弃(U)]:并回车

注:勾画多边形结束

找到 3 个

命令执行的结果是由一个青色的多边形圈围了 1 个圆和 2 条直线,如图 3.5 所示。

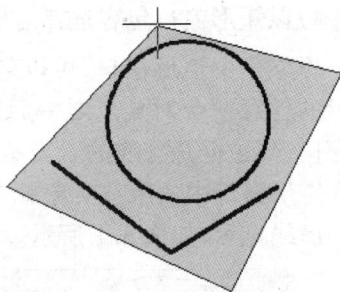

图 3.5　以多边形窗口包容选择对象

7)以多边形窗口交叉选择对象

当 AutoCAD 提示"选择对象:"时,在命令提示行中输入"cp"并按回车键,用户将可以通过勾画一个封闭的虚线多边形来选择对象。凡是被包围在多边形内,或与之交叉有接触的对象,均被选中。

同样通过"删除"命令的使用过程来讲解这种选择方法:

命令:erase 并回车　注:或单击修改工具栏"删除"命令按钮　;

选择对象:cp 并回车　注:输入"cp"选项准备勾画不规则的多边形

第一圈围点:　注:单击多边形的一个角点

指定直线的端点或[放弃(U)]:　注:以下依次单击多边形的角点

指定直线的端点或[放弃(U)]:

指定直线的端点或[放弃(U)]:

指定直线的端点或[放弃(U)]:并回车　注:勾画多边形结束

找到 3 个

命令执行的结果是由一个绿色的多边形包围了 1 个圆,与 2 条直线有交叉,则圆与直线均被选择,如图 3.6 所示。

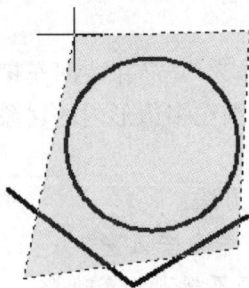

图 3.6　以多边形窗口
交叉选择对象

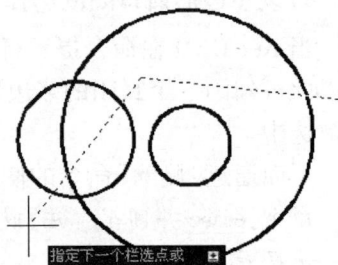

指定下一个栏选点或

图 3.7　折线串联选择对象

8）以折线串联选择对象

当 AutoCAD 提示"选择对象："时，在命令提示行输入"f"并按回车键，用户可以连续单击光标以连成一条折线。折线点连完成后按回车键，则所有与折线有接触、被折线串联起来的图形对象都将被选中，如图3.7所示，折线选中了大圆和中圆。

操作过程中，折线是以虚线的形式显示，点连折线时无需闭合。

9）选择最近绘制的对象

当 AutoCAD 提示"选择对象："时，在命令输入行输入"l"并按回车键，用户可以选择最近一次绘制的图形对象。

2.快速选择对象

利用快速选择功能，可以快速地将特定类型的对象或具有指定属性值的对象选中。

选择菜单栏"工具"→"快速选择"命令，也可在命令提示行输入命令"qselect"，即开始执行"快速选择"命令。此时系统弹出"快速选择"对话框，如图3.8（a）所示，通过该对话框可以快速选择同一类型或相同特性的对象，被选

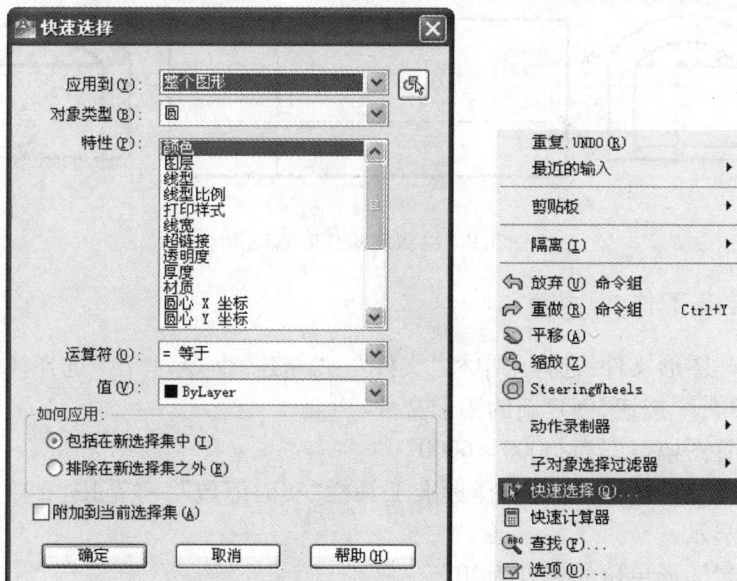

（a）"快速选择"对话框　　　　（b）快捷菜单

图 3.8

中的对象以夹点形式显示。

　　用户如果在绘图区域内右击鼠标,弹出快捷菜单,如图 3.8(b)所示,选择"快速选择"命令也可以弹出"快速选择"对话框。

任务实施:

　　在绘制工程图过程中,经常会遇到结构相同或相似的图形对象。在 AutoCAD 中,系统提供了多个复制类命令,如"复制""镜像""偏移"等,形式与功能多种多样,可满足用户不同的图形编辑需求。

　　以下通过绘图实例让用户对此类编辑命令形成初步认识。如图 3.9 所示,是一张比较简单的会议室桌椅布置图,通过本例绘图操作,用户要掌握并熟练运用"复制""镜像"和"偏移"等命令工具。

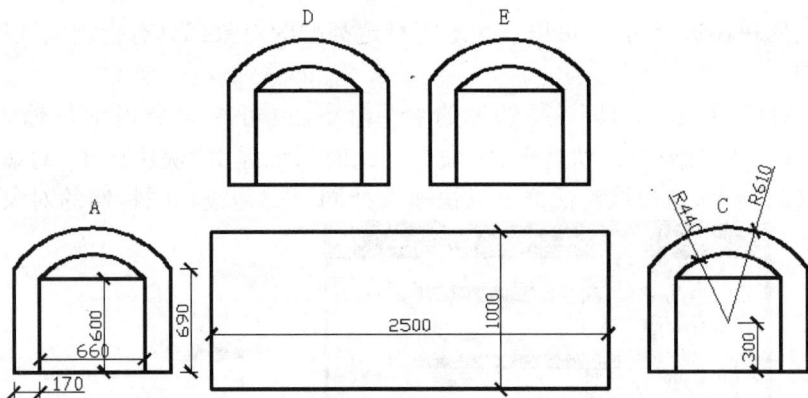

图 3.9　会议室桌椅布置图形

1.绘图准备工作

　　①创建图形文件:选择菜单栏"文件"→"新建"命令,弹出"选择样板"对话框,单击 打开(O) 按钮,创建新的图形文件。

　　②设置图幅范围为:8000×6000。

　　③设置绘图区域范围:选择标准工具栏"实时缩放"→"范围(E)",使图形能够完全显示。

　　④设置图形单位的精度为"0"。

2. 绘制矩形桌面

使用绘制"直线"与"偏移"命令来绘制矩形桌面。"偏移"命令用来绘制与已知对象等距离的相同图形。对于直线来说,"偏移"的结果是画出一条平行线段;对于圆来说,"偏移"的结果是画出一个同心圆。矩形桌子绘制过程具体如下:

1) 先用直线命令画出矩形桌子左、上两条边

命令:line 并回车　注:或单击绘图工具栏的"直线"命令按钮 ✐;

指定第一点:2500,1000 并回车　注:输入矩形桌子的左下角坐标值

指定下一点或[放弃(U)]:　<正交开> 1000 并回车　注:打开正交模式,光标向上移动,出现垂直虚线,输入数值1000,回车;

指定下一点或[放弃(U)]:2500 并回车　注:光标向右移动,输入数值2500,回车;

指定下一点或[闭合(C)/放弃(U)]:并回车　注:结束 line 命令,绘制得桌子的两条边,如图3.10所示。

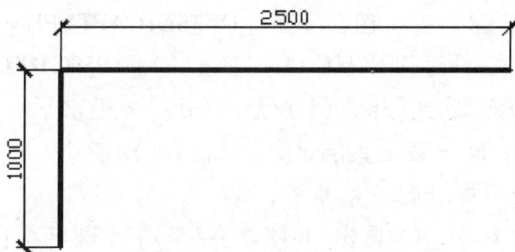

图 3.10　桌子的左、上两条边

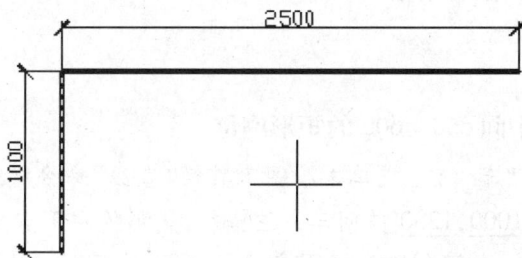

图 3.11　用偏移方法绘制桌子右边线

2)用"偏移"命令绘制另外两条边

命令:offset 并回车　注:或选择菜单栏"修改"→"偏移"命令,或单击修改工具栏"偏移"命令按钮图标⟁;

当前设置:删除源＝否　图层＝源　OFFSETGAPTYPE＝0

指定偏移距离或[通过(T)/删除(E)/图层(L)]＜通过＞:2500 并回车注:输入偏移量,本处数值 2500 为桌子左右边距离。

选择要偏移的对象,或[退出(E)/放弃(U)]＜退出＞:注:点取桌子的左边线;

指定要偏移的那一侧上的点,或[退出(E)/多个(M)/放弃(U)]＜退出＞:　注:告诉系统直线要向哪一边偏移,就将光标在所要偏移的方位上任何一处单击即可。本例在直线右边单击,如图 3.11 所示。

选择要偏移的对象,或[退出(E)/放弃(U)]＜退出＞:并回车　注:结束偏移操作。

用同样的办法偏移绘制桌子的最后一条边:

命令:offset 并回车　注:或单击修改工具栏"偏移"命令按钮图标⟁;

当前设置:删除源＝否　图层＝源　OFFSETGAPTYPE＝0

指定偏移距离或[通过(T)/删除(E)/图层(L)]＜2500.0000＞:1000 并回车

选择要偏移的对象,或[退出(E)/放弃(U)]＜退出＞:

指定要偏移的那一侧上的点,或[退出(E)/多个(M)/放弃(U)]＜退出＞:　注:在直线下方任何一处单击;

选择要偏移的对象,或[退出(E)/放弃(U)]＜退出＞:并回车　注:结束偏移操作。

至此桌子图形绘制完成。

3. 绘制沙发 A

1)绘制沙发中间 660 * 600 的矩形座位

命令:line 并回车　注:或单击绘图工具栏"直线"命令按钮✏;

指定第一点:1000,1200 并回车　注:输入矩形的左下点坐标

指定下一点或[放弃(U)]:＜正交 开＞600 并回车　注:单击"正交模式"按钮▇或按 F8 键,光标向上移动,然后输入数值 600,回车;

指定下一点或[放弃(U)]:660 并回车　注:光标向右移动,输入数值 660,

回车;

指定下一点或[闭合(C)/放弃(U)]:并回车   注:画线命令结束,结果如图 3.12 所示。

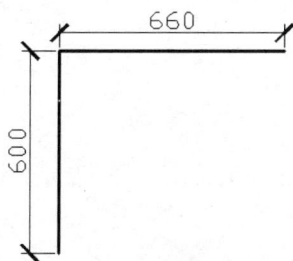

图 3.12   先绘制矩形的 2 边   图 3.13   复制制矩形其余的边

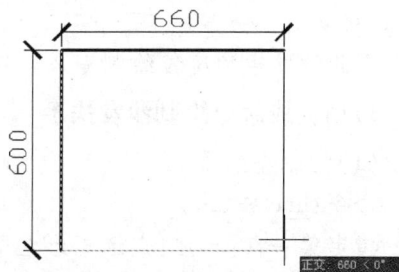

2)用"复制"命令绘制矩形的另两条边

(1)复制竖向边

命令:copy 并回车   注:选择菜单栏"修改"→"复制"命令,或在编辑工具栏中单击"复制"图标按钮🗗;

选择对象:找到 1 个   注:点选竖向边,作为被复制的图形对象;

选择对象:并回车   注:回车,结束选择;

当前设置:复制模式 = 多个

指定基点或[位移(D)/模式(O)]<位移>:   注:点选复制所需要的"基点",理论上讲,基点可以在绘图区域中任选,以易于绘图操作为宜,本例选竖向边的下端为基点;

指定第二个点或[阵列(A)]<使用第一个点作为位移>:<正交 开> <u>660</u>并回车   注:打开"正交模式",光标向右移动,然后输入数值660,回车;

指定第二个点或[阵列(A)/退出(E)/放弃(U)]<退出>:并回车   注:回车,结束复制命令,得到结果如图 3.13 所示。

(2)复制横向边

命令:copy 并回车   注:或选择"复制"命令;

选择对象:找到 1 个   注:点选横向边,作为被复制的图形对象;

选择对象:并回车   注:回车,结束选择;

当前设置: 复制模式 = 多个

指定基点或[位移(D)/模式(O)]<位移>:   注:点选横向边的左端为基点;

指定第二个点或[阵列(A)]<使用第一个点作为位移>:600 并回车　注:光标向下移动,然后输入数值600,回车;

指定第二个点或[阵列(A)/退出(E)/放弃(U)]<退出>:并回车　注:回车,结束复制命令。

至此沙发矩形座位绘制完成。

3)用直线命令绘制沙发扶手

(1)绘制左扶手

命令:line 并回车

指定第一点:　注:点选矩形左下角点;

指定下一点或[放弃(U)]:<正交 开> 170 并回车　注:打开正交模式,光标左移,输入数值170,回车;

指定下一点或[放弃(U)]:690 并回车　注:光标上移,输入数值690,回车;

指定下一点或[闭合(C)/放弃(U)]:　注:回车,左扶手绘制完成,如图3.14 所示。

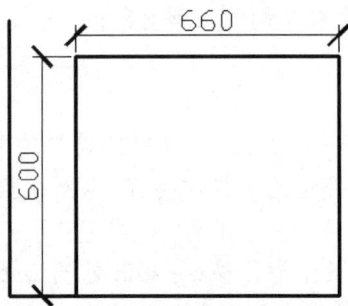

图3.14　绘制沙发左扶手　　　　图3.15　镜像绘制沙发右扶手

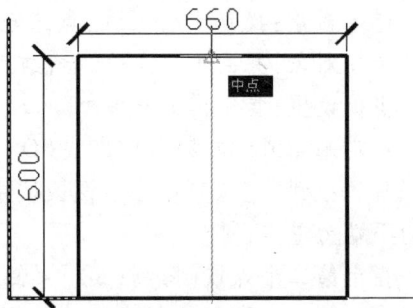

(2)用镜像命令绘制右扶手

首先确认"对象捕捉"中"中点""交点""端点""圆心"等捕捉模式处于打开状态,可以通过右击状态栏中"对象捕捉"按钮□后所弹出的对话框来设置完成,然后绘制右扶手:

命令:mirror 并回车　注:或选择菜单栏"修改"→"镜像"命令,或单击编辑工具栏"镜像"命令按钮△;

选择对象:找到 1 个　注:点选被镜像扶手的一条直线;

选择对象:找到 1 个,总计 2 个　注:点选被镜像扶手的另一条直线;

选择对象:并回车　注:结束选择;

指定镜像线的第一点:指定镜像线的第二点:　注:光标移到矩形上边的中点附近,屏幕将显示橙色小三角,即该边之中点,可捕捉点击之;同样于矩形下边点选中点,两点之间连线似一面镜子,使左扶手在矩形的右边成像;

要删除源对象吗?〔是(Y)/否(N)〕<N>:并回车　注:回车,镜像完成。

左右扶手绘制完毕,如图3.15中所示沙发。

4)绘制沙发靠背

沙发靠背由两个圆弧构成,用工具栏中"圆弧"命令来完成。

(1)绘制靠背上靠内的圆弧

命令:arc 并回车　注:或单击绘图工具栏中"圆弧"命令按钮；

指定圆弧的起点或〔圆心(C)〕:c 并回车　注:选择C选项,准备输入圆弧的圆心;

指定圆弧的圆心:from 并回车　注:选择以基点参照形式,输入圆心点坐标;

基点:<偏移>:<正交 开>300 并回车　注:光标移到矩形的下边中心附近,捕捉"中心"点并点选,即选定了"基点"。打开正交模式,光标沿基点上移,有一条垂直的虚线出现,输入数值300,回车,即获得圆弧之圆心;

指定圆弧的起点:　注:光标移动到矩形的右上角点,捕捉到交点并点选;

指定圆弧的端点或〔角度(A)/弦长(L)〕:　注:光标移动到矩形的左上角点,捕捉到交点,点选,靠内的圆弧绘制完成。

(2)绘制靠外的圆弧

命令:arc 并回车　注:或单击绘图工具栏中"圆弧"命令按钮；

指定圆弧的起点或〔圆心(C)〕:c 并回车

指定圆弧的圆心:　注:本圆弧与前一圆弧同心,当光标掠过前一圆弧时,圆心即显示出来以备选择,点选它即为外圆弧之圆心;

指定圆弧的起点:　注:光标移动到右扶手的右上端点,捕捉并点选;

指定圆弧的端点或〔角度(A)/弦长(L)〕:　注:光标移动到左扶手的左上端点,捕捉并点选,靠外的圆弧绘制完成。

至此,沙发A绘制完成。

4. 绘制沙发C

以沙发A为范本,用"镜像"命令绘制沙发C,操作过程如下:

命令:copy 并回车　注:或单击修改工具栏中"复制"命令按钮🖰;

选择对象:W 并回车　注:输入 W,以矩形窗口包容方式选择沙发 A

指定第一个角点:指定对角点:找到 7 个　注:分别单击沙发 A 外沿的 2 个对角点,即可以窗口选取沙发 A,命令输入行显示选中的图形对象共有 7 个;

选择对象:并回车　注:回车,结束窗口包容式选择;

当前设置:　复制模式 = 多个

指定基点或[位移(D)/模式(O)]<位移>:　注:以沙发 A 左下角为复制基点;

指定第二个点或[阵列(A)]<使用第一个点作为位移>:　注:在桌子左角上方适当的位置单击,该点即沙发 C 的定位点;

指定第二个点或[阵列(A)/退出(E)/放弃(U)]<退出>::并回车　注:结束复制命令,获得如图 3.16 所示的图形。

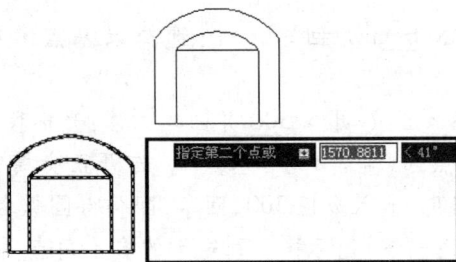

图 3.16　以沙发 A 复制沙发 C

5. 绘制沙发 B、D

以沙发 A、C 为范本,用"镜像"命令绘制沙发 B、D,操作过程如下:

命令:mirror 并回车　注:或单击修改工具栏"镜像"命令按钮⚊;

选择对象:w 并回车　注:输入 w,以矩形窗口包容方式选择沙发 A

指定第一个角点:指定对角点:找到 7 个　注:单击沙发 A 的 2 个对角点,窗选沙发 A;

选择对象:w 并回车　注:以同样方法窗选沙发 C;

指定第一个角点:指定对角点:找到 7 个　注:分别单击沙发 C 的 2 个对角点;

选择对象:并回车　注:回车,结束窗口包容式选择;

指定镜像线的第一点:指定镜像线的第二点:　注:单击桌子的上下边中点,其连线形成镜子;

要删除源对象吗？[是(Y)／否(N)]<N>:并回车 注:结束"镜像"命令,得到图形如图3.17所示。

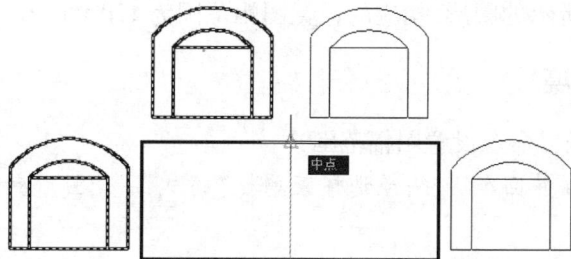

图3.17 以沙发 *A*、*C* 镜像得沙发 *B*、*D*

至此,办公室桌椅布置平面图绘制完毕。

任务2 绘制坐式马桶平面图

任务实施:

如图3.18所示,通过绘制坐式马桶,掌握并熟练应用调整图形对象的常用命令,如"删除""旋转""移动""缩放"等命令各种用法。

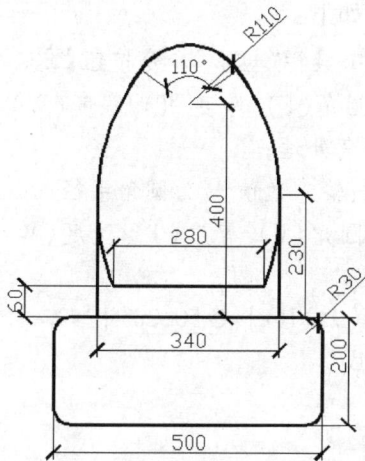

图3.18 坐式马桶示意图

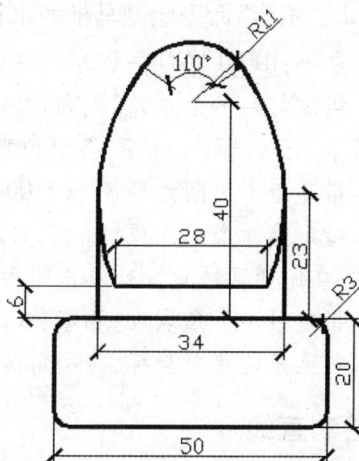

图3.19 1/10马桶示意图

为了方便绘图命令用法的解说,本例中有些绘图步骤刻意避简就繁,如先以原图 1/10 的尺寸绘图,待绘制完毕后再进行全体放大 10 倍,等等。因此,先绘制如图 3.19 所示的图形,相应的设置图幅范围为 120×120。

1. 设置绘图环境

以"图形界限"命令设置图幅范围:

命令:_limits 并回车　注:或选择菜单栏"格式"→"图形界限"命令以设置图幅范围;

重新设置模型空间界限:

指定左下角点或[开(ON)/关(OFF)]<0.0000,0.0000>:并回车

指定右上角点　<420.0000,297.0000>:120,120 并回车　注:设置图幅范围;

命令:ZOOM 并回车　注:或单击标准工具栏"缩放"命令按钮;

指定窗口的角点,输入比例因子(nX 或 nXP),或者

[全部(A)/中心(C)/动态(D)/范围(E)/上一个(P)/比例(S)/窗口(W)/对象(O)]<实时>:e 并回车　注:显示图幅范围;

正在重生成模型。

2. 绘制水箱

用"矩形"命令绘制马桶的水箱,操作过程如下:

命令:RECTANG 并回车　注:或单击绘图工具栏"矩形"命令按钮;

指定第一个角点或[倒角(C)/标高(E)/圆角(F)/厚度(T)/宽度(W)]:f 并回车　注:选择 f 选项,要对矩形 4 角倒作圆角处理;

指定矩形的圆角半径 <2.0000>:3_　注:输入数值 3,为圆角半径;

指定第一个角点或[倒角(C)/标高(E)/圆角(F)/厚度(T)/宽度(W)]:

注:在绘图区域适宜处单击矩形的左下角;

指定另一个角点或[面积(A)/尺寸(D)/旋转(R)]:@50,20 并回车　注:输入右上角的相对坐标,带圆角的矩形绘制完成。

3. 绘制直线

在了解各条直线与矩形之间的位置关系的基础上,利用"直线"命令和"移动"命令绘制直线并移动到合适的位置上。操作过程如下:

1)绘制直线

命令:line 并回车

指定第一点: 注:捕捉矩形上边的中点位置并点击;

指定下一点或[放弃(U)]:＜正交 开＞23 并回车 注:打开正交模式,光标向上移动,输入数值23;

指定下一点或[放弃(U)]:并回车 注:结束直线绘制,即绘出一条长度为23 的直线,如图3.20 所示。

2)把所画的直线向左移动17

命令:move 并回车 注:或点击修改工具栏"移动"命令按钮✥;

选择对象:找到 1 个 注:点选直线;

选择对象:并回车 注:结束选择;

指定基点或[位移(D)]＜位移＞: 注:捕捉并点击直线的下端,作为基点;

指定第二个点或 ＜使用第一个点作为位移＞:＜正交 开＞17 并回车 注:打开正交模式,光标左移,输入数值17 并回车,即把直线向左移动了17,如图3.21所示。

用类似的方法,即先画直线,然后向右移动17,得到另一条直线,结果如图3.22 所示。

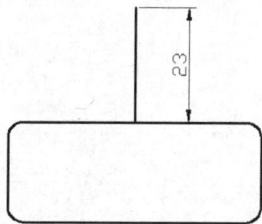

| 图 3.20 居中绘制直线 | 图 3.21 直线向左移动 | 图 3.22 偏移得另一直线 |

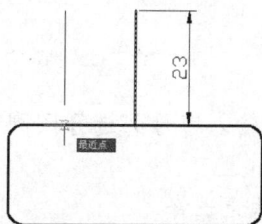

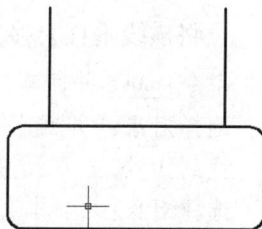

4.绘制马桶盖的横线

1)先在绘图区域较空处画一条长度为28 的横线

命令:line 并回车

指定第一点:

指定下一点或[放弃(U)]:＜正交 开＞28 并回车 注:光标移动,输入数

值 28,得一横线,如图 3.23 所示;

指定下一点或[放弃(U)]:并回车　注:结束直线绘制;

2)将直线移动至矩形上边

命令:move 并回车　注:或单击修改工具栏"移动"命令按钮✛;

选择对象:l 并回车　注:输入字母 l,表示选择刚才画的直线;

找到 1 个

选择对象:并回车　注:结束选择;

指定基点或[位移(D)]<位移>:　注:捕捉并单击直线的中点;

指定第二个点或 <使用第一个点作为位移>:<正交 关>　注:关闭正交模式,捕捉并点击矩形上边的中点,直线即以对中的方式重在矩形的上边,如图 3.24 所示。

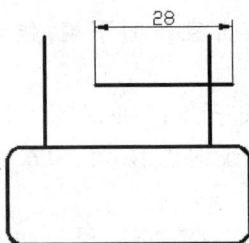

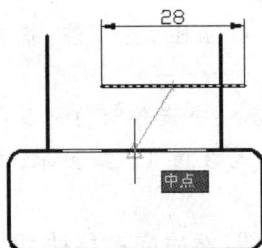

图 3.23　绘制横线　　　图 3.24　移横线到矩形上边　　　图 3.25　横线向上移动

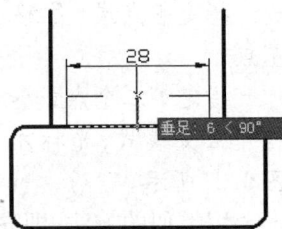

3)将横线垂直上移

命令:move 并回车

选择对象:l 并回车　注:输入字母 l,选择刚刚画的直线;

找到 1 个

选择对象:并回车　注:结束选择

指定基点或[位移(D)]<位移>:　注:捕捉并单击直线的中点

指定第二个点或 <使用第一个点作为位移>:<正交 开>6 并回车　注:打开正交模式,光标向上移动,输入数值 6,直线移动到图 3.25 所示位置。

5.绘制马桶盖上方的圆弧

1)绘制辅助线

从矩形的上边中点向上垂直绘制一条辅助线,长度为 40,直线上端即圆弧之圆心位置。

2）绘制圆弧

参照上述绘制、移动直线的办法,先随处绘制一个半径为11、圆心为110°的圆弧,并旋转35°,然后以基点对准的办法将圆弧移动到合适的位置。操作过程如下:

命令:<u>arc</u> 并回车　注:或单击绘图工具栏"圆弧"命令按钮📐;

指定圆弧的起点或[圆心(C)]:<u>c</u> 并回车　注:确定绘制圆弧的方式;

指定圆弧的圆心:　注:绘图区域空白处点击,作为圆弧之圆心;

指定圆弧的起点:<正交 开>11 并回车　注:光标右移,输入数值11;

指定圆弧的端点或[角度(A)/弦长(L)]:<u>a</u> 并回车　注:输入字母a,选择以圆心角方式;

指定包含角:<u>110</u> 并回车　注:输入110为圆弧的圆心角度数,圆弧绘制完成,如图3.26所示。

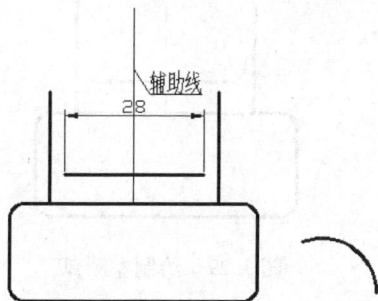

图3.26　随处绘制圆弧

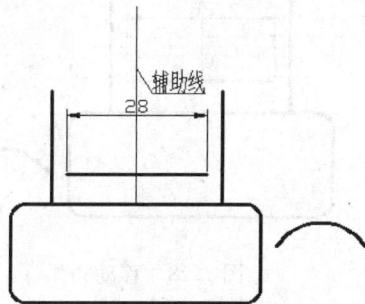

图3.27　旋转圆弧

3）旋转圆弧

命令:<u>rotate</u> 并回车　注:或选择菜单栏"修改"→"旋转"命令,或单击修改工具栏中的"旋转"命令图标⟳;

UCS 当前的正角方向:　ANGDIR=逆时针　ANGBASE=0　注:点选圆弧;

选择对象:找到1个

选择对象:并回车　注:结束选择;

指定基点:　注:光标从圆弧经过,会显现圆弧的圆心,捕捉并单击,作为移动的基点;

指定旋转角度,或[复制(C)/参照(R)]<325>:<u>35</u> 并回车　注:输入数值35,圆弧即绕圆心逆时针旋转35°,圆弧成为左右对称,如图3.27所示。

4）移动圆弧

命令：move 并回车　注：或单击"移动"命令按钮🕂；

选择对象：找到 1 个　注：点选圆弧；

选择对象：并回车　注：点选结束；

指定基点或[位移（D）]＜位移＞：　注：光标从圆弧经过，会显现圆弧的圆心，捕捉并单击，作为移动的基点；

指定第二个点或＜使用第一个点作为位移＞：　注：光标移至辅助线上端，捕捉并点击端点，圆弧即移动完成，如图 3.28 所示。

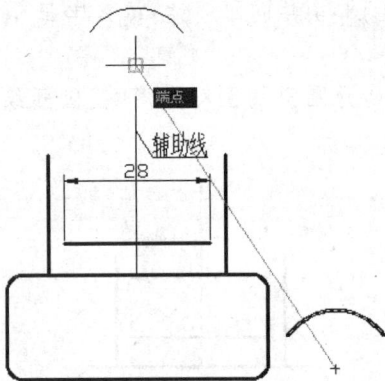

图 3.28　移动圆弧

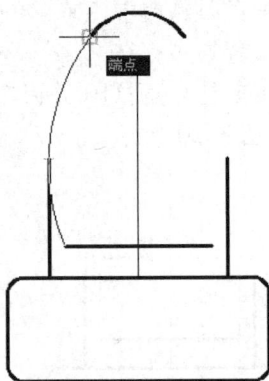

图 3.29　绘制左圆弧

6. 绘制马桶盖的左右圆弧

用 3 点定圆弧的命令绘制马桶盖的左右圆弧，操作过程如下：

命令：arc 并回车　注：或单击工具栏中"圆弧"按钮╱；

指定圆弧的起点或[圆心（C）]：　注：逆时针逐个点选圆弧所经过的 3 个点；

指定圆弧的第二个点或[圆心（C）∕端点（E）]：

指定圆弧的端点：　注：得到图形如图 3.29 所示。

同样的方法画出右边圆弧（注意逆时针方向点选 3 个点）。

7. 删除辅助线

用"删除"命令删去辅助线，操作如下：

命令：erase 并回车　注：选择菜单栏"修改"→"删除"命令，或单击修改工具栏中的"删除"命令图标✐，即执行删除命令；

选择对象:找到 1 个　注:单击辅助线;

选择对象:并回车　注:结束选择。

8. 放大马桶

按要求,应该将画完成的马桶放大 10 倍,才是实际大小的尺寸。这就要使用缩放命令来完成。操作过程如下:

命令:<u>scale</u> 并回车　注:或选择菜单栏"修改"→"缩放"命令,或单击修改工具栏中的"缩放"命令按钮⬛;

选择对象:<u>w</u> 并回车　注:用窗口选择方法选取整个马桶;

指定第一个角点:指定对角点:找到 7 个　注:单击包容马桶的窗口两个对角点,共选中 7 个图形对象;

选择对象:并回车　注:结束选择;

指定基点:　注:选定水箱下边的中点为基点,捕捉并点击基点;

指定比例因子或[复制(C)/参照(R)]:<u>10</u> 并回车　注:输入放大倍数值 10,回车,即得到实际尺寸大小的马桶。

至此,整个马桶绘制过程完毕,结果如图 3.18 所示。

任务3　绘制组合窗格图案

任务实施:

通过实例介绍"打断""修剪""阵列"等命令的使用方法,绘制较为复杂一些的图形。如图 3.30 所示,是一幅摆放有规律的窗花图案。该图分三个步骤来完成:先绘制带双环的五角星图形,再复制该图 6个呈环形摆放,最后外包以大圆、内嵌入正六边形,即为该窗花图形。

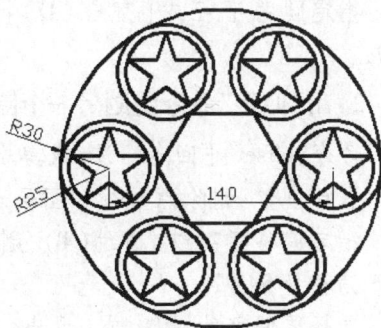

图 3.30　窗花图形

1. 绘制准备

设置图幅范围 300×300

命令:<u>limits</u> 并回车　注:或选择菜单"格式"→"图形界限"命令,设置图幅范围;

重新设置模型空间界限:

指定左下角点或[开(ON)/关(OFF)]<0.0000,0.0000>:并回车

指定右上角点 <420.0000,297.0000>:<u>@300,300</u> 并回车　注:设置图幅范围大小为300*300;

命令:<u>ZOOM</u> 并回车　注:或单击标准工具栏"缩放"命令按钮 ;

指定窗口的角点,输入比例因子(nX 或 nXP),或者

[全部(A)/中心(C)/动态(D)/范围(E)/上一个(P)/比例(S)/窗口(W)/对象(O)]<实时>:<u>e</u> 并回车

正在重生成模型。

2. 绘制同心圆

在绘图区域稍微靠左的地方绘制2个同心圆,操作过程如下:

1)绘制半径为30的圆

命令:<u>circle</u> 并回车　注:或单击工具栏中"圆"命令按钮 ;

指定圆的圆心或[三点(3P)/两点(2P)/切点、切点、半径(T)]:　注:在绘图区域稍微靠左的地方单击,即为圆心;

指定圆的半径或[直径(D)]:<u>30</u> 并回车　注:输入半径之值30,回车,完成。

2)用"偏移"命令绘制另一个圆

命令:<u>offset</u> 并回车　注:或单击工具栏中"偏移"命令按钮 ;

当前设置:删除源=否　图层=源　OFFSETGAPTYPE=0

指定偏移距离或[通过(T)/删除(E)/图层(L)]<通过>:<u>5</u> 并回车　注:输入偏移量5;

选择要偏移的对象,或[退出(E)/放弃(U)]<退出>:　注:点选用于偏移的对象,即刚刚绘制的圆;

指定要偏移的那一侧上的点,或[退出(E)/多个(M)/放弃(U)]<退

出＞：　注:在圆内任意处点击,系统理解为向圆内偏移,如图 3.31 所示;

　　选择要偏移的对象,或[退出(E)/放弃(U)]＜退出＞:并回车　注:回车,结束偏移操作,即获得半径为 25 的同心圆。

图 3.31　用偏移命令绘制同心圆

3. 绘制五角星

　　在内圆绘制五角星,可以先绘制一个正五边形,作为辅助参照之用,借以确定五角星 5 个顶点,然后连线成五角星雏形,再用"打断""修剪"等命令进行完善。具体操作过程如下:

1)以"多边形"命令绘制正五边形

　　命令:polygon 并回车　注:或单击绘图工具栏中"多边形"命令按钮⬠;

　　输入侧面数 ＜4＞:5 并回车　注:输入数值 5,表示绘制正五边形;

　　指定正多边形的中心点或[边(E)]:　注:正五边形中心即内圆圆心,捕捉圆心并点取它;

　　输入选项[内接于圆(I)/外切于圆(C)]＜I＞:I 并回车　注:选择 I 选项,说明正 5 边形内接于圆;

　　指定圆的半径:　＜正交 开＞　注:打开正交模式,光标移至圆的上顶部,捕捉"象限点"并单击,即绘得内接于小圆的正五边形,如图 3.32 所示。

2)连线 5 个角点

　　命令:line 并回车　注:或选择绘图工具栏"直线"命令;

　　指定第一点:＜正交 关＞　注:关闭正交模式,依次捕捉并点击 5 个角点;

　　指定下一点或[放弃(U)]:

　　指定下一点或[放弃(U)]:

　　指定下一点或[闭合(C)/放弃(U)]:

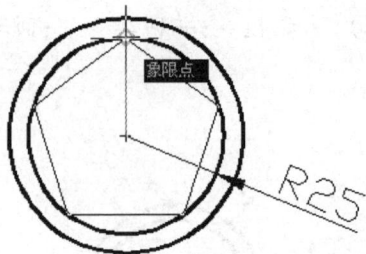

图 3.32　绘制内接正五边形　　　　图 3.33　连线绘制五角星雏形

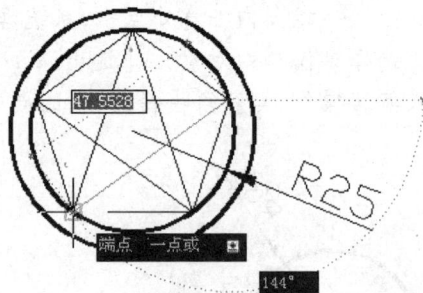

指定下一点或[闭合(C)/放弃(U)]:

　指定下一点或[闭合(C)/放弃(U)]:c 并回车　注:以"闭合"选项结束"直线"命令,生成五角星雏形,如图 3.33 所示。

3)删除辅助图正五边形

　命令:erase 并回车　注:或选择修改工具栏中"删除"命令;

　选择对象:找到 1 个　注:点选正五边形;

　选择对象:并回车　注:结束选择,删去正五边形。

4)编辑修改五角星雏形

(1)用"打断"命令去除多余线段

　命令:break 并回车　注:或选择菜单栏"修改"→"打断"命令,或单击修改工具栏之"打断"图标按钮🔲;

　选择对象:　注:单击 A、B 所在直线,如图 3.34 所示;

　指定第二个打断点 或[第一点(F)]:F 并回车　注:输入 F 选项,表明将用两点打断的方法;

　指定第一个打断点:　注:捕捉交点 A 并点取;

　指定第二个打断点:　注:捕捉交点 B 并点取,如图 3.35 所示;

　命令执行的结果是线段在 A、B 点被打断,并将线段 AB 丢掉;用同样办法将 BC 打断丢掉,得到的图形如图 3.36 所示。

(2)用"修剪"命令去除多余线段

　命令:trim 并回车　注:或选择菜单栏"修改"→"修剪"命令,或单击修改工具栏之"修剪"命令图标按钮╱；该命令可像剪刀一样,把不想留的图形局部剪除;

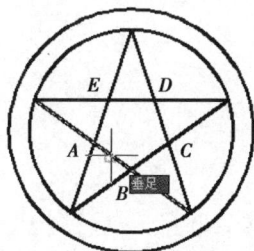

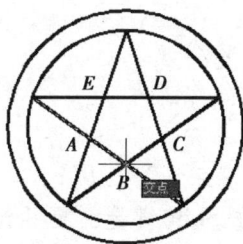

图3.34　五角星雏形　　　图3.35　捕捉打断点　　　图3.36　打断后的效果图

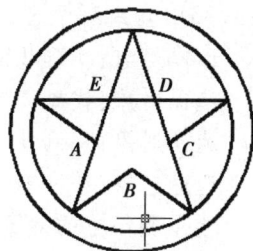

当前设置:投影=UCS,边=无

选择剪切边…

选择对象或 <全部选择>:找到1个　注:单击线段CF上任意处,即把CF作为剪切边,如同"剪刀";

选择对象:找到1个,总计2个　注:单击线段DF上任意处,即把DF也作为"剪刀";

选择对象:并回车　注:结束选择"剪刀";

选择要修剪的对象,或按住Shift键选择要延伸的对象,或

[栏选(F)/窗交(C)/投影(P)/边(E)/删除(R)/放弃(U)]:　注:单击打算剪除的内容,本例中点选CD线段,该线段即被剪除。

选择要修剪的对象,或按住Shift键选择要延伸的对象,或

[栏选(F)/窗交(C)/投影(P)/边(E)/删除(R)/放弃(U)]:并回车

注:结束"修剪",得到的效果如图3.37所示。

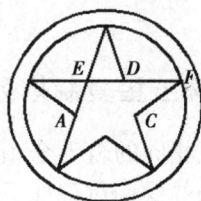

图3.37　修剪掉线段的局部

(3)批量"修剪"快速删减多余线段

命令:trim 并回车　注:或单击修改工具栏之"修剪"命令按钮-/--;

当前设置:投影=UCS,边=无

选择剪切边…

选择对象或 <全部选择>:找到1个　注:依次点选4把"剪刀",如

图 4.33 中虚线所示者;

选择对象:找到 1 个,总计 2 个

选择对象:找到 1 个,总计 3 个

选择对象:找到 1 个,总计 4 个

选择对象:并回车　注:结束点选"剪刀";

选择要修剪的对象,或按住 Shift 键选择要延伸的对象,或

[栏选(F)/窗交(C)/投影(P)/边(E)/删除(R)/放弃(U)]:　注:光标单击线段 *ED* 之间任意处;

选择要修剪的对象,或按住 Shift 键选择要延伸的对象,或

[栏选(F)/窗交(C)/投影(P)/边(E)/删除(R)/放弃(U)]:　注:光标单击线段 *AE* 之间任意处;

选择要修剪的对象,或按住 Shift 键选择要延伸的对象,或

[栏选(F)/窗交(C)/投影(P)/边(E)/删除(R)/放弃(U)]:并回车　注:结束被剪对象的选择。修剪完成后的双环五星效果,如图 3.38 所示。

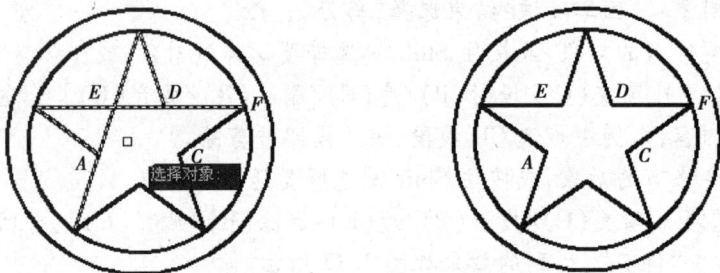

图 3.38　打断、修剪后的图形效果

4. 将双环五星复制排列

要把相同的若干个图形摆放成规则的矩阵或圆阵,可以用"阵列"命令来完成。本例的操作过程如下:

命令:arraypolar 并回车　注:或单击菜单栏"修改"→"阵列"→"环形阵列"命令 环形阵列 ,或在修改工具栏之"阵列"按钮那里按住左键,出现 3 个快捷工具 ,光标点选按钮图标 ;

选择对象:w 并回车　注:以窗口方式选择图形;

指定第一个角点:指定对角点:找到 12 个　注:窗选带环五星;

选择对象:并回车　注:结束窗选;

类型 = 极轴　关联 = 是

指定阵列的中心点或[基点(B)/旋转轴(A)]:<u>from</u> 并回车 注:用基点参照的方法确定环形阵列的中心;

基点:<偏移>:<u>@70,0</u> 并回车 注:以带环五星的圆心为基点,输入相对位移@(70,0),在基点右边相距70的地方确定为环形阵列的中心;

输入项目数或[项目间角度(A)/表达式(E)]<4>:<u>6</u> 并回车 注:阵列的带环五星总个数为6;

指定填充角度(+=逆时针、−=顺时针)或[表达式(EX)]<360>:并回车 注:绕中心按一周360°进行环形阵列;

按 Enter 键接受或[关联(AS)/基点(B)/项目(I)/项目间角度(A)/填充角度(F)/行(ROW)/层(L)/旋转项目(ROT)/退出(X)]<退出>:<u>ROT</u> 并回车 注:选择选项;

是否旋转阵列项目?[是(Y)/否(N)]<是>:<u>N</u> 并回车 注:系统提问带环五星要否围绕中心随着旋转,输入字母N,回车;

按 Enter 键接受或[关联(AS)/基点(B)/项目(I)/项目间角度(A)/填充角度(F)/行(ROW)/层(L)/旋转项目(ROT)/退出(X)]<退出>:<u>X</u> 并回车 注:输入字母 X 后回车,或直接回车,结束环形阵列操作,效果如图 3.39 所示。

图 3.39 6个图案环形阵列

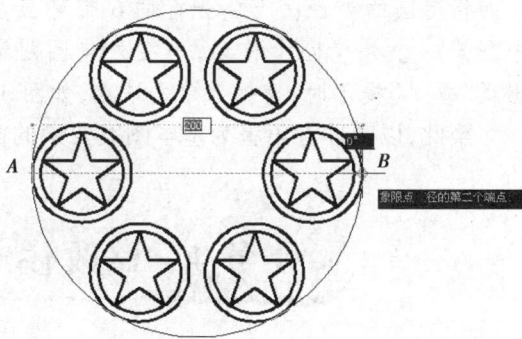

图 3.40 绘制外包圆

5. 绘制外包大圆

用2点画圆的命令绘制6个带环五星的包大圆,操作过程如下:

命令:<u>circle</u> 并回车 注:或单击绘图工具栏中"圆"命令按钮;

指定圆的圆心或[三点(3P)/两点(2P)/切点、切点、半径(T)]:<u>2P</u> 并回车 注:选择2点绘制圆的选项,该2点必是圆直径的两端;

指定圆直径的第一个端点： 注:光标捕捉图 3.40 中的 *A* 点,屏显其为象限点;

指定圆直径的第二个端点： 注:光标捕捉图 3.40 中的 *B* 点,亦为象限点;

得到的图形,如图 3.40 所示。

6. 绘制窗花内的正六边形

操作过程如下:

命令:polygon 并回车 注:或单击绘图工具栏中"多边形"命令按钮 ⬠;

输入侧面数 <4>:6 并回车 注:输入数值6,表示画正六边形;

指定正多边形的中心点或[边(E)]:
注:光标从外包大圆掠过,系统即在屏幕上提供圆心点位置,点取之,即为正六边形中心点;

输入选项[内接于圆(I)/外切于圆(C)]<I>:并回车 注:选择绘制内接于6个带环五星的六边形;

指定圆的半径： 注:光标向6带环五星中任意一个外包圆上移动,当在外包圆附近出现"垂足"提示时,捕捉并单击该点,如图 3.41 所示。

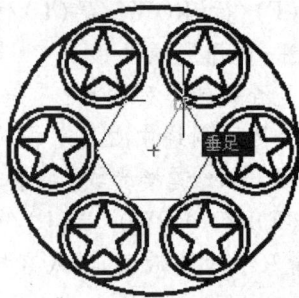
图 3.41 绘制内接正六边形

至此,以圆环五角星为基本图案要素的窗花绘制完毕。

任务4 修改住宅平面图局部

任务实施:

本任务主要介绍拉伸偏移类命令的使用。图 3.42 所示是建筑平面图的一部分,下为房间,上为室外阳台,尺寸如图示。要求通过"移动""延伸""拉伸""偏移""修剪"和"倒圆角"等命令,将图形进行修改,编辑成为如图 3.43 所示的图形。

1. 移动图形中右半边的对象

打开原图形文件"房间与阳台.dwg",首先将原图中的右半边图形对象向右

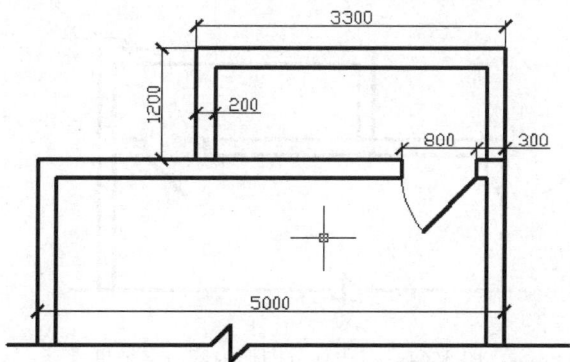

图 3.42 原图形

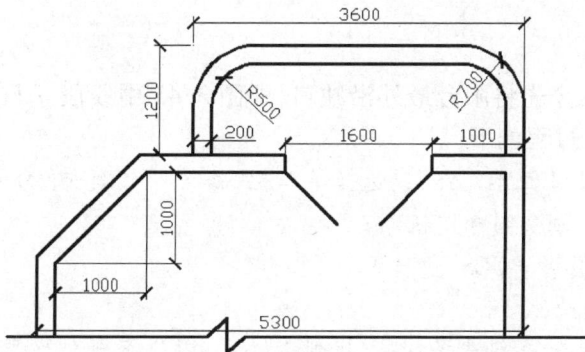

图 3.43 修改后图形

移动 300,操作过程如下:

命令:_move 并回车 注:或选择修改工具栏之"移动"命令;

选择对象:w 并回车 注:选择窗选的方法选择移动对象;

指定第一个角点:指定对角点:找到 5 个 注:单击选择窗的两个对角点,窗选原图中右边部对角;

选择对象:回车 注:结束选择;

指定基点或[位移(D)]<位移>: 注:基点可任选,如点选右边墙底部点为基点;

指定第二个点或 <使用第一个点作为位移>:<正交 开> 300 并回车

注:打开正交模式,光标从基点向右移动,然后输入数值 300,回车,右边的图形对象向右移出,移动后结果,如图3.44 所示。

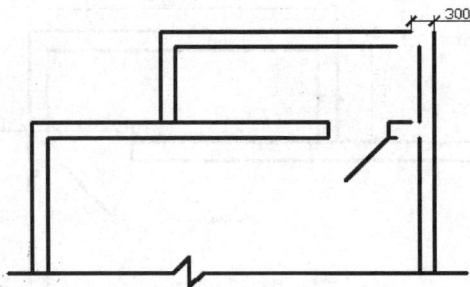

图3.44　右边部分图形内容右移结果

2. 用"延伸"的办法补齐缺口

1) 补齐缺口

用"延伸"命令先将阳台最外沿缺口,即图3.45中线段 a 与线段 b 之间的缺口补齐。操作过程如下:

命令:<u>extend</u> 并回车　注:或选择菜单栏"修改"→"延伸"命令,或单击修改工具栏中"延伸"命令图标按钮 ;

当前设置:投影 = UCS,边 = 无

选择边界的边…

选择对象或 <全部选择>:　找到 1 个　注:选择延伸所要到达的目标对象,本例选择 a 线段,用以作 b 线段的延伸目标对象;点选 a 线段;

选择对象:并回车　注:结束目标对象的选择;

选择要延伸的对象,或按住 Shift 键选择要修剪的对象,或

[栏选(F)/窗交(C)/投影(P)/边(E)/放弃(U)]:　注:选择需要延伸的图形对象,本例点选 b 线段,尽量在 b 线段靠向 a 线段的一端点取,如图3.45所示, b 线即向 a 线延伸,补平缺口;

选择要延伸的对象,或按住 Shift 键选择要修剪的对象,或

[栏选(F)/窗交(C)/投影(P)/边(E)/放弃(U)]:并回车　注:结束"延伸"命令,得到的效果如图3.46所示。

2) 延伸线段

以"延伸"命令用同样的办法可以将 d 线向 c 线延伸、e 线向 c 线延伸、f 线向 g 线延伸。d、e、f 各条线的延伸,也可以在一次命令操作中完成,过程如下:

命令:<u>extend</u> 并回车　注:或选择工具栏中"延伸"命令;

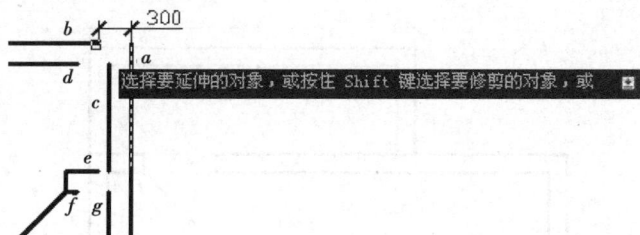

图 3.45　选择 *b* 线向 *a* 线延伸

当前设置:投影＝UCS,边＝无

选择边界的边…

选择对象或＜全部选择＞:找到 1 个
注:点选 *c* 线段;

选择对象:找到 1 个,总计 2 个　注:点
选 *g* 线段;

选择对象:并回车　注:结束目标对象
的选择;

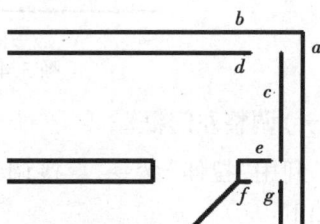

图 3.46　执行延伸后效果

选择要延伸的对象,或按住 Shift 键选择要修剪的对象,或

[栏选(F)/窗交(C)/投影(P)/边(E)/放弃(U)]:　注:点选需要延伸的
图形对象 *d* 线段;

选择要延伸的对象,或按住 Shift 键选择要修剪的对象,或

[栏选(F)/窗交(C)/投影(P)/边(E)/放弃(U)]:　注:点选需要延伸的
图形对象 *e* 线段;

选择要延伸的对象,或按住 Shift 键选择要修剪的对象,或

[栏选(F)/窗交(C)/投影(P)/边(E)/放弃(U)]:　注:点选需要延伸的
图形对象 *f* 线段;

选择要延伸的对象,或按住 Shift 键选择要修剪的对象,或

[栏选(F)/窗交(C)/投影(P)/边(E)/放弃(U)]:并回车　注:结束"延
伸"命令,得到的效果如图 3.47 所示,横向宽度已自动由 5000 改为 5300。

3. 调整阳台门

阳台门原为 800 宽的单开门,现要改为宽度 1600 的双开门,思路为先将左
边门框调整到位,再将右边的门与门框调整到位,然后再绘制左边门框上的门。

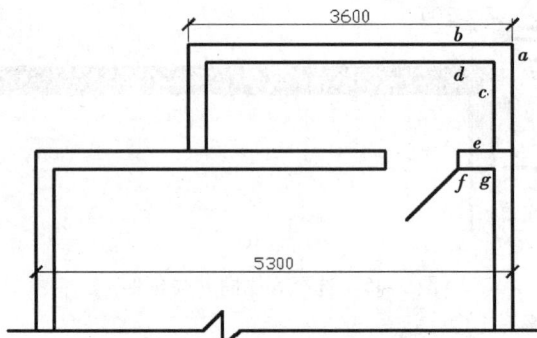

图 3.47　经过移动延伸后的图形

1)调整左门框

利用"拉伸"命令,直接调整左门框向左移动,经计算需左移1200,操作过程如下:

命令:stretch 并回车　注:或选择菜单栏"修改"→"拉伸"命令,或单击修改工具栏中"拉伸"命令图标按钮 ;

以交叉窗口或交叉多边形选择要拉伸的对象…

选择对象:c 并回车　注:以交叉窗口的选择拉伸对象,如图 3.48 中虚线窗口所示;

指定第一个角点:指定对角点:找到 3 个　注:单击交叉窗口的 2 个对角点;

选择对象:并回车　注:结束拉伸对象的选择;

指定基点或[位移(D)]＜位移＞:　注:在绘图区域空白处任意处单击,作为拉伸基点;

指定第二个点或＜使用第一个点作为位移＞:＜正交 开＞1200 并回车

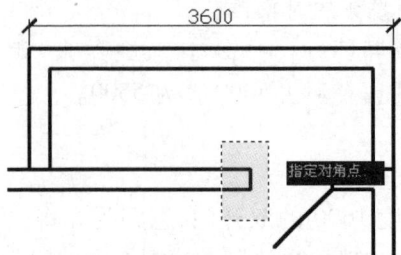

图 3.48　选择需要拉伸的对象　　　　图 3.49　完成拉伸的效果

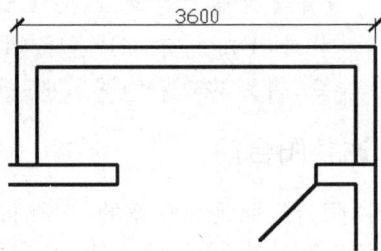

注:正交模式打开,光标左移,输入数值1200并回车,左门框即向左移动1200,效果如图3.49所示。

2)调整右门框

把右门框与门一起向左拉伸,经计算需向左拉伸400,操作过程如下:

命令:<u>stretch</u> 并回车　注:或选择修改工具栏中"拉伸"命令;

以交叉窗口或交叉多边形选择要拉伸的对象…

选择对象:<u>c</u> 并回车　注:以交叉窗口的选择拉伸对象,如图3.50中虚线窗口所示;

指定第一个角点:指定对角点:找到4个　注:单击交叉窗口的2个对角点;

选择对象:并回车　注:结束拉伸对象的选择;

指定基点或[位移(D)]<位移>:　注:在绘图区域空白处任意处单击,作为拉伸基点;

指定第二个点或<使用第一个点作为位移>:<正交 开> <u>400</u> 并回车
注:正交模式打开,光标左移,输入数值400且回车,右门框及门向左移动400,效果如图3.51所示。

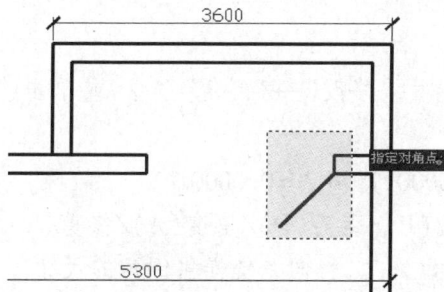

图3.50　选择需要拉伸的对象　　　　图3.51　完成拉伸的图形

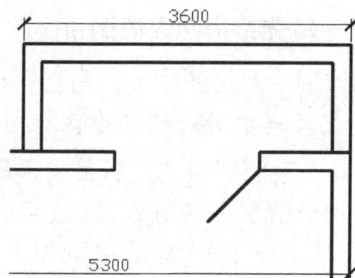

3)绘制双开门之左扇门

绘制阳台的左扇门,可以通过已有的右扇门镜像而得,操作过程如下:

命令:<u>mirror</u> 并回车　注:或选择编辑工具栏中"镜像"命令;

选择对象:找到1个　注:点选对象为门;

选择对象:并回车　注:结束选择;

指定镜像线的第一点:　<正交 开> 指定镜像线的第二点:　注:打开镜像,光标移到阳台上边沿中部,捕捉"中点"并点取,即为"镜子"第一点;光标垂

直移动到任意处单击,为"镜子"的另一点,如图3.52所示;

要删除源对象吗?〔是(Y)/否(N)〕<N>:并回车　注:系统提问是否把原有的门删除,直接回车不删除,得到的效果如图3.53所示。

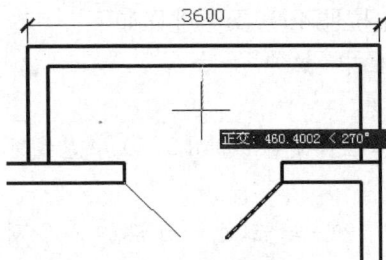

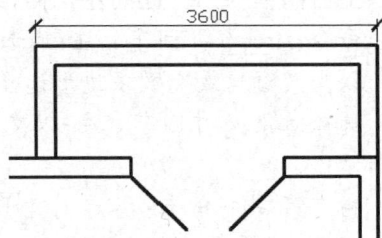

图3.52　设置"镜子"　　　　　　图3.53　调整修改后的阳台门

至此,阳台门调整修改完毕。

4.阳台栏杆与房间墙的倒角

对阳台栏杆圆角处理、对房间墙进行倒角处理,可以利用修改工具栏的"倒角""圆角"命令来完成,操作过程如下:

1)先给房间内墙倒角

命令:<u>chamfer</u> 并回车　注:或选择菜单栏"修改"→"倒角"命令,或单击修改工具栏中"全角"命令图标按钮□;

("修剪"模式)当前倒角距离 1=0.0000,距离 2=0.0000

选择第一条直线或〔放弃(U)/多段线(P)/距离(D)/角度(A)/修剪(T)/方式(E)/多个(M)〕:<u>d</u> 并回车　注:选择 D 选项,将向系统提供倒角的尺寸;

指定 第一个 倒角距离 <0.0000>:<u>1000</u> 并回车　注:输入第一个倒角距离值,回车;

指定 第二个 倒角距离 <1000.0000>:并回车　注:第二个倒角距离值也是 1000,直接回车确认;

选择第一条直线或〔放弃(U)/多段线(P)/距离(D)/角度(A)/修剪(T)/方式(E)/多个(M)〕:　注:点选墙角的第一条直线;

选择第二条直线,或按住 Shift 键选择直线以应用角点或〔距离(D)/角度(A)/方法(M)〕:　注:点选墙角的另一条直线,如图3.54所示;倒角操作完成,结果如图3.55所示,墙角形成斜角。

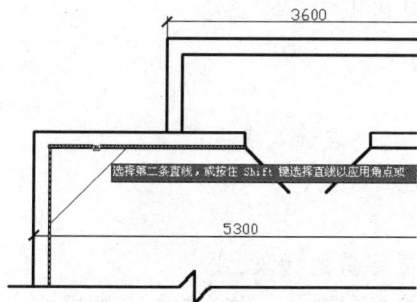

图3.54 倒角选择

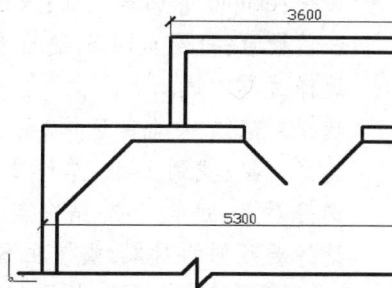

图3.55 墙角内线倒角

2)处理斜角外墙线

利用之前介绍过的"偏移""延伸""修剪"命令,可以逐步修整出墙厚为200的外墙线,操作过程如下:

(1)偏移

命令:offset 并回车 注:或选择修改工具栏中"偏移"命令;

当前设置:删除源＝否 图层＝源 OFFSETGAPTYPE＝0

指定偏移距离或[通过(T)/删除(E)/图层(L)]＜通过＞:<u>200</u>并回车 注:输入偏移值

选择要偏移的对象,或[退出(E)/放弃(U)]＜退出＞: 注:点选斜墙线;

指定要偏移的那一侧上的点,或[退出(E)/多个(M)/放弃(U)]＜退出＞: 注:在斜墙线的左上部区域任意处单击,如图3.56所示,即生成一条与之平行的斜线a,结果如图3.57所示;

选择要偏移的对象,或[退出(E)/放弃(U)]＜退出＞:并回车 注:结束偏移。

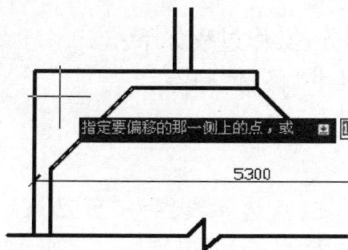

图3.56 斜线偏移操作过程

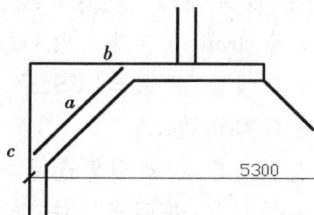

图3.57 斜线偏移效果

(2)延伸

用"延伸"命令将斜线a向b线、c线延伸,操作过程如下:

命令:extend 并回车　注:或选择修改工具栏中"延伸"命令;

当前设置:投影＝UCS,边＝无

选择边界的边…

选择对象或＜全部选择＞:　找到 1 个　注:点选 b 线段;

选择对象:找到 1 个,总计 2 个　注:点选 c 线段;

选择对象:回车　注:结束点选;

选择要延伸的对象,或按住 Shift 键选择要修剪的对象,或

[栏选(F)/窗交(C)/投影(P)/边(E)/放弃(U)]:　注:单击 a 线段右上端点,a 线向 b 线延伸;

选择要延伸的对象,或按住 Shift 键选择要修剪的对象,或

[栏选(F)/窗交(C)/投影(P)/边(E)/放弃(U)]:　注:单击 a 线段左下端点,a 线向 c 线延伸;

选择要延伸的对象,或按住 Shift 键选择要修剪的对象,或

[栏选(F)/窗交(C)/投影(P)/边(E)/放弃(U)]:并回车　注:结束延伸,结果如图 3.58 所示。

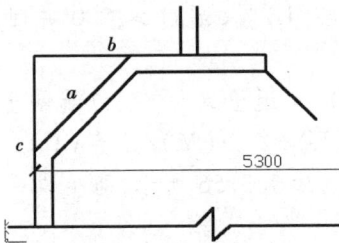

图 3.58　延伸后得到的斜墙外墙线　　图 3.59　修剪得到的斜墙图形

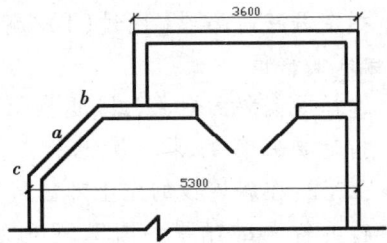

(3)修剪

用"修剪"命令,剪除 b 线、c 线上多余的部分,操作过程如下:

命令:trim:并回车　注:或选择修改工具栏中"修剪"命令;

当前设置:投影＝UCS,边＝无

选择剪切边…

选择对象或＜全部选择＞:　找到 1 个　注:点选 a 线作为"剪刀";

选择对象:并回车　注:结束选择"剪刀";

选择要修剪的对象,或按住 Shift 键选择要延伸的对象,或

[栏选(F)/窗交(C)/投影(P)/边(E)/删除(R)/放弃(U)]:　注:点选 b 线的左端;

选择要修剪的对象,或按住 Shift 键选择要延伸的对象,或

[栏选(F)/窗交(C)/投影(P)/边(E)/删除(R)/放弃(U)]：　注:点选 c 线的上端;

选择要修剪的对象,或按住 Shift 键选择要延伸的对象,或

[栏选(F)/窗交(C)/投影(P)/边(E)/删除(R)/放弃(U)]:并回车　注:结束点选,得到的结果图形如图 3.59 所示。

3)阳台圆角处理

用"圆角"命令给阳台内边线进行圆角处理,半径为 500。操作过程如下:

命令:fillet 并回车　注:或选择菜单栏"修改"→"圆角"命令,或单击修改工具栏中"圆角"命令图标按钮☐;

当前设置:模式 = 修剪,半径 = 0.0000

选择第一个对象或[放弃(U)/多段线(P)/半径(R)/修剪(T)/多个(M)]:r 并回车　注:为输入圆角半径选择 r 选项;

指定圆角半径 <0.0000>:500 并回车　注:输入数值 500 为圆角半径,回车确认;

选择第一个对象或[放弃(U)/多段线(P)/半径(R)/修剪(T)/多个(M)]：　注:点选 c 线;

选择第二个对象,或按住 Shift 键选择对象以应用角点或[半径(R)]:注:点选 a 线,如图 3.60 所示,圆角操作完成。

用同样的方法为阳台的其他方角作圆角处理(注:阳台外沿的圆角半径为 700),得到结果图形如图 3.61 所示。至此,图形的全部编辑修改操作完毕。

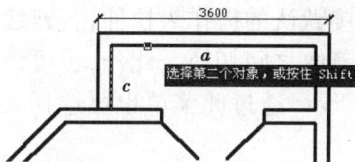

图 3.60　圆角操作过程

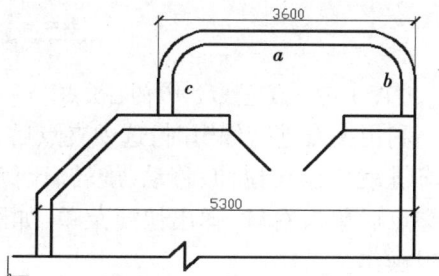

图 3.61　阳台的圆角处理结果

拓展训练 1 图形对象夹点与使用

使用定点设备指定对象时,对象关键点上将出现一些实心的小方框,即夹点。拖动这些夹点可以快速拉伸、移动、旋转、缩放或镜像对象。

1.利用夹点拉伸对象

利用夹点拉伸对象与利用"拉伸"工具来拉伸对象的功能相似。在操作过程中,用户选中的夹点即为对象的拉伸点。

当选中的夹点是线条的端点时,用户将选中的夹点移动到新位置即可拉伸对象,如图 3.62 所示,操作过程如下:

①单击线段 *AB*,线段上出现 3 个蓝色的夹点。

②光标移到右夹点,即 *B* 点位置,稍作停顿即弹出快捷菜单,如图 3.62 点选"拉伸";

＊＊ 拉 伸 ＊＊

指定拉伸点或[基点(B)/复制(C)/放弃(U)/退出(X)]:＜正交 关＞

注:关闭正交捕捉,把右夹点向圆心位置拉动,当光标经过圆周时,系统会给出圆心位置,捕捉并单击它,即完成拉伸,如图 3.63 所示。

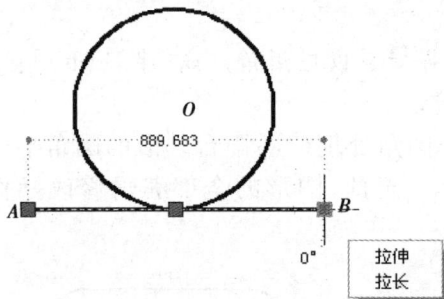

图 3.62 点选线段 *AB* 的右夹点

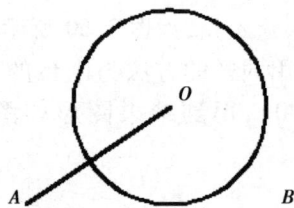

图 3.63 移动右夹点到 *O* 点

利用夹点进行编辑时,选中夹点后,系统直接默认的操作为拉伸,若连续按回车键就可以在拉伸、移动、旋转、比例缩放和镜像之间切换。此外,也可以选中夹点后单击右键,弹出快捷菜单,如图 3.64 所示,通过此菜单也可选择某种编辑操作。

打开正交状态后就可以利用夹点拉伸方法,很方便地改变水平或竖直线段的长度。文字、块参照、直线中点、圆心和点对象上的夹点与上述有所不同,它可用以移动对象而不能拉伸。

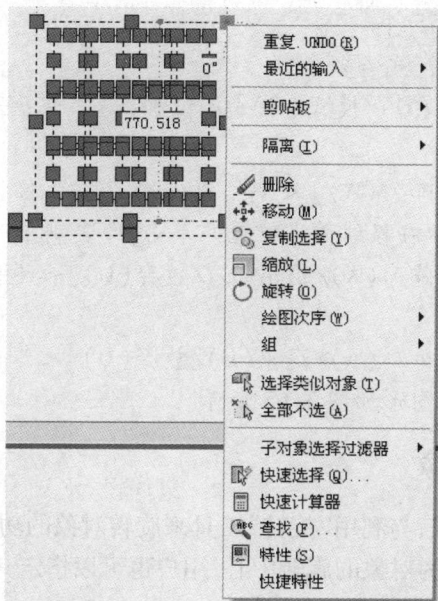

图3.64 右击夹点弹出快捷菜单

2. 利用夹点移动或复制对象

利用夹点移动、复制对象,与使用"移动"工具和"复制"工具来移动、复制对象的功能相似。在操作过程中,用户选中的夹点即为对象的移动点,用户也可以指定其他点作为移动点。

利用夹点移动、复制对象,如图3.65所示,利用夹点复制的操作过程如下:

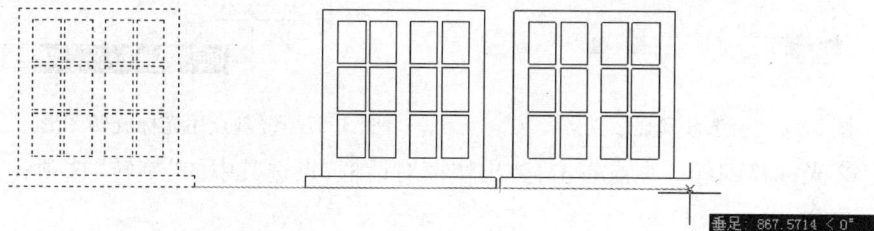

图3.65 直接通过夹点快捷复制图形

①窗口选择整个窗户图形对象,所有对象都显示蓝色夹点。

②光标移到任一夹点,右击,弹出如图3.64所示的快捷对话框,点选其中的"复制选择"选项,即显示如下内容:

命令:_copy 找到 55 个

当前设置: 复制模式＝多个

指定基点或[位移(D)/模式(O)]<位移>: 注:任选窗户的右下角为基点；

指定第二个点或[阵列(A)]<使用第一个点作为位移>: <正交 开>注:打开正交模式,光标右移到适当位置并单击,即复制了一个窗户；

指定第二个点或[阵列(A)/退出(E)/放弃(U)]<退出>: 注:光标继续右移、单击复制；

指定第二个点或[阵列(A)/退出(E)/放弃(U)]<退出>:并回车 注:结束复制,所得到的结果图形如图3.65所示。

3.利用夹点旋转对象

利用夹点旋转对象,与利用"旋转"工具来旋转对象的功能相似。在操作过程中,用户选中的夹点即为对象的旋转中心,用户也可以指定其他点作为旋转中心。

利用夹点旋转对象,操作过程如下:

①窗口选择整个沙发图形,所有对象都显示蓝色夹点,如图3.66所示。

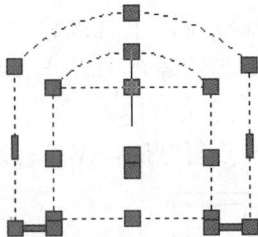

图3.66　窗选沙发显示夹点　　　　　图3.67　绕基点用光标旋转图形

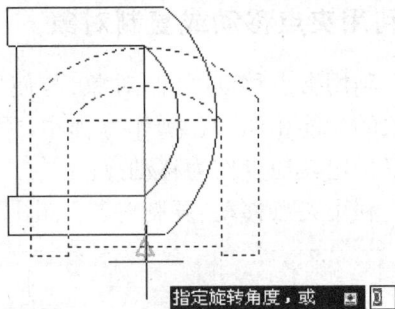

②光标移到任一夹点右击,弹出快捷对话框,点选其中的"旋转"选项；

命令:_rotate

UCS 当前的正角方向: ANGDIR＝逆时针 ANGBASE＝0

找到 8 个

指定基点: 注:选择沙发中间横线中点为旋转基点,如图3.67所示；

指定旋转角度,或[复制(C)/参照(R)]<0>: <正交 开> 注:打开正交模式,光标下移并单击,即完成旋转。

4. 利用夹点镜像对象

利用夹点镜像对象,与使用"镜像"工具以镜像对象的功能相似。在操作过程中,用户选中的夹点是镜像线的第一点,在选取第二点后,即可形成一条镜像线,用以完成镜像功能。

利用夹点镜像如图 3.68 所示的建筑平面图,操作步骤如下:

命令:指定对角点或[栏选(F)/圈围(WP)/圈交(CP)]:　注:窗选建筑平面图形,呈所有现夹点;

命令:　注:左击图 3.68 中夹点,且此点也将作为"镜子"线的第 1 点;

＊＊拉伸＊＊

指定拉伸点或[基点(B)/复制(C)/放弃(U)/退出(X)]:_mirror　注:右击该夹点,即弹出快捷菜单,选择其中"镜像"命令 ◢◣ 镜像(I);

＊＊镜像＊＊

指定第二点或[基点(B)/复制(C)/放弃(U)/退出(X)]:　注:光标对准第 1 点,向下移动,单击即为"镜子"的第 2 点,镜像操作完成,结果如图 3.69 所示。

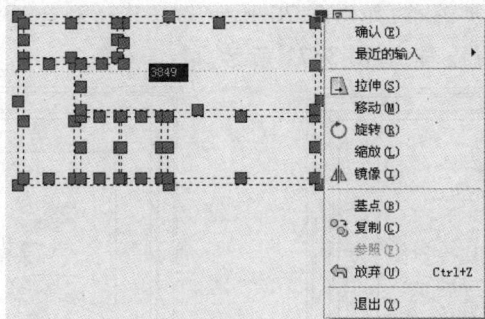

图 3.68　先左击后右击后弹出的快捷菜单

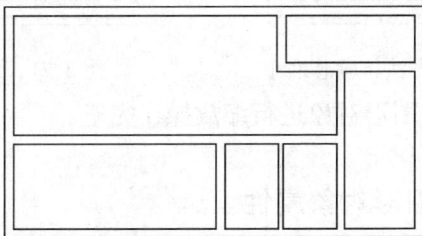

图 3.69　镜像完成后结果图形

5.利用夹点缩放对象

利用夹点缩放对象,与使用"缩放"工具进行缩放对象的功能相似。在操作过程中,用户选中的夹点是缩放对象的基点。

利用夹点缩放对象,要将如图3.70所示一幅挂画的画芯缩小到合适尺寸,操作过程如下:

命令: 注:窗口选择整个平面图,所有对象都显示蓝色夹点;

命令: 注:光标在所选图形上右击,弹出快捷菜单如图3.68所示,点选"缩放"选项;

命令:_scale 找到 240 个

指定基点: 注:捕捉并点选系统给出图形的中心点,作为缩放的基点;

指定比例因子或[复制(C)/参照(R)]:r 并回车 注:输入R选项,准备进行参照缩放;

指定参照长度 <219>: 指定第二点: 注:顺次单击基点和左下角点;

指定新的长度或[点(P)]<327>: 注:光标从被选图形的左下角向基点移动,图形即随之同步缩小,如图3.70所示。当移动到合适位置时,单击确定,即得到画芯缩小了的挂画,如图3.71所示。

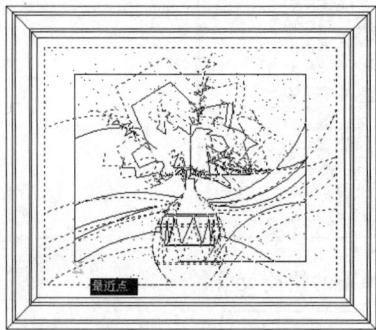

图3.70 通过"参照"方法将画芯缩小   图3.71 画芯缩小后的效果

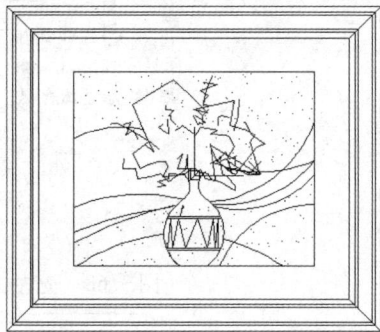

至此,利用夹点对图形对象进行缩放操作完毕。

拓展训练2 编辑图形对象属性

对象属性是指 AutoCAD 赋予图形对象的颜色、线型、图层、高度和文字样式等属性。例如,直线包含图层、线型和颜色等,而文本则具有图层、颜色、字体和字号等。编辑图形对象属性,一般可使用"特性"命令,命令执行后会弹出"特性"对话框,借此可以编辑图形对象的各项属性。

编辑图形对象属性的另一种方法是利用"特性匹配"命令,该命令可以使被编辑对象的属性与指定对象的某些属性完全相同。

1.修改图形对象属性

"特性"对话框会列出选定对象或对象集特性的当前设置。通过对话框,用户可以修改其中的数据,或者赋予新值,以达到修改对象特性的目的。例如在绘图区域绘制一条直线,可以用"特性"对话框来了解直线的各方面属性。操作过程如下:

命令:line 并回车　注:或选择绘图工具栏"直线"命令;

指定第一点:　注:在绘图区域单击直线起点位置;

指定下一点或[放弃(U)]:　注:在绘图区域单击直线终点位置;

指定下一点或[放弃(U)]:并回车　注:结束"直线"命令;

命令:properties 并回车　注:选择菜单栏"工具"→"特性"命令,或"修改"→"特性"命令,或单击"标准"工具栏中的"特性"按钮█,弹出如图3.72所示的"特性"对话框;

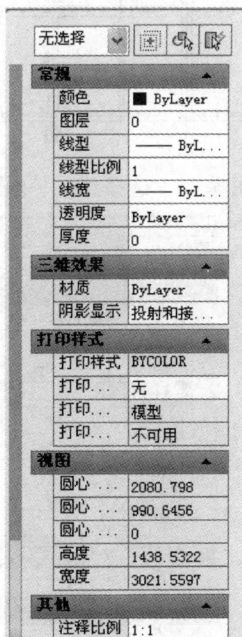

图 3.72　"特性"对话框　　　　　图 3.73　直线的"特性"对话框

命令： 注:光标点取直线,"特性"对话框即显示直线的所有属性内容,如图 3.73 所示,以供浏览或修改直线属性。

下面通过一张建筑平面图部分图形的属性修改的过程,说明如何用对象属性对话框进行操作的过程。该例子中需要将建筑轴线的线型比例放大 20 倍,如图 3.78 所示。具体操作过程如下:

打开图形文件"建筑平面图.dwg",图形如图 3.74 所示;

命令： 注:单击图 3.75 所示的轴线;

命令:properties 注:选择菜单栏"工具"→"选项板"→"特性"命令,或单击标准工具栏中"特性"按钮图标▣,弹出"特性"对话框,如图 3.76 所示;

命令： 注:在对话框中单击线型比例选项框 线型比例 0.1 ,修改其值为 2 并回车,如图 3.77 所示;改变线型比例后,轴线即发生变化并更新,结果如图 3.78 所示。

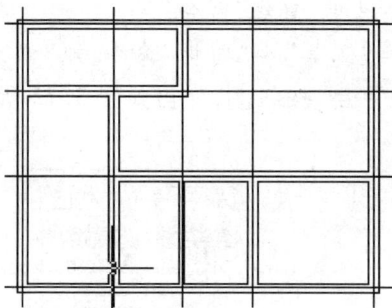

图 3.74　建筑平面图原图　　　　图 3.75　选择其中一条轴线

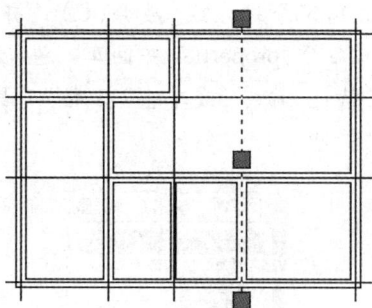

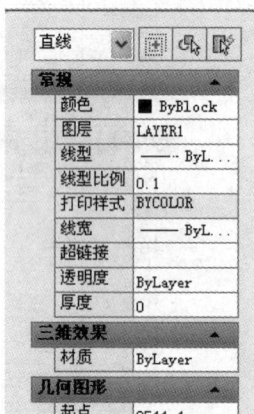

图 3.76　直线特性对话框　　　　图 3.77　修改线型比例值

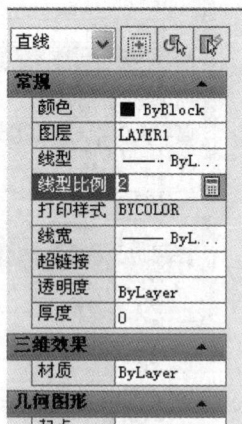

根据所选对象不同,"特性"对话框中显示的属性项也不同,但有一些属性项目几乎是所有对象都拥有的,如颜色、图层和线型等。

当用户在绘图区选择单个对象时,"特性"对话框显示的是该对象的特性;若用户选择的是多个对象,"特性"对话框显示的是这些对象的共同属性。

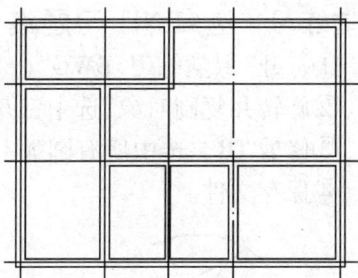

图3.78　修改线型比例后的图形

2. 匹配图形对象属性

"特性匹配"命令类似于 MS 公司的 Word 软件中的格式刷功能,是一个非常有用的编辑工具,利用此命令可将源对象的属性(如颜色、图层和线型等)传递给目标对象。

下面使用"特性匹配"命令把上图中的所有轴线的线型比例全部放大 20 倍即线型比例值全改为 2。操作过程如下:

命令: 注:单击图 3.79 所示的轴线;

命令:'_matchprop　注:或单击标准工具栏中的"特性匹配"命令按钮图标,光标变成一把小刷子形象,可用此光标选取接受属性匹配的目标对象;

当前活动设置: 颜色 图层 线型 线型比例 线宽 透明度 厚度 打印样式 标注 文字 图案填充 多段线 视口 表格材质 阴影显示 多重引线

选择目标对象或[设置(S)]: 注:用光标连续点刷其余的轴线(3 纵 4 横);

选择目标对象或[设置(S)]:回车　注:结束"特性匹配"命令,光标从"刷子"变回十字,结果得到的图形如图 3.80 所示。

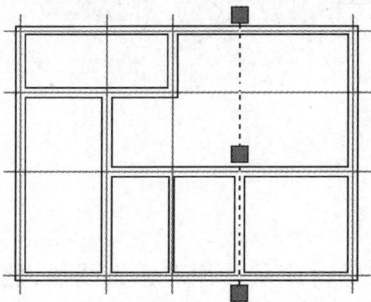

图3.79　选择被用于匹配的原图对象

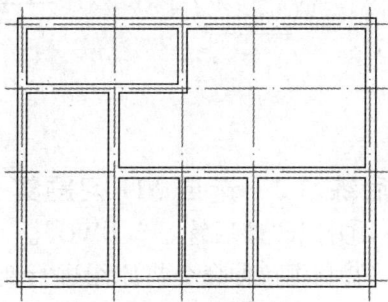

图3.80　匹配完成后的图形

课堂练习　选自 NIT 习题集

①打开"课堂练习.DWG"。

②旋转并复制对象:选中三角形及圆弧→旋转(兼带复制)→角度 =35°。

③修剪 TR→选中所有圆弧→修剪去不需要的圆弧。

④保存文件。

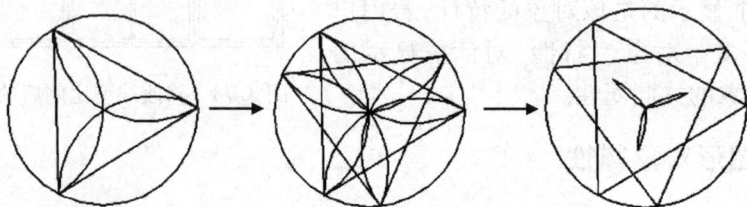

图 3.81

课后练习 1　选自 NIT 习题集

①打开"课后练习 1.DWG"。

②环形阵列(对象、中心点,项目 =5);修剪去多余的线条;画圆(三点法)。

③比例 SC:利用参照的方法将全部图形进行缩放使圆的直径 =200。

④保存文件。

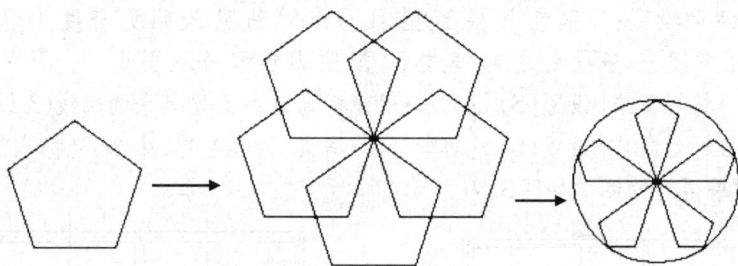

图 3.82

课后练习 2　选自 NIT 习题集

①打开"课后练习 2.DWG"。

②利用拉伸命令将原图进行变形。注:拉伸时应从右往左选直线段,然后拖动直线中点至圆弧中点。

③画辅助线找环形阵列的中心点,在阵列前适当修剪。

④进行环形阵列。

⑤修剪多余的线条。

⑥保存文件。

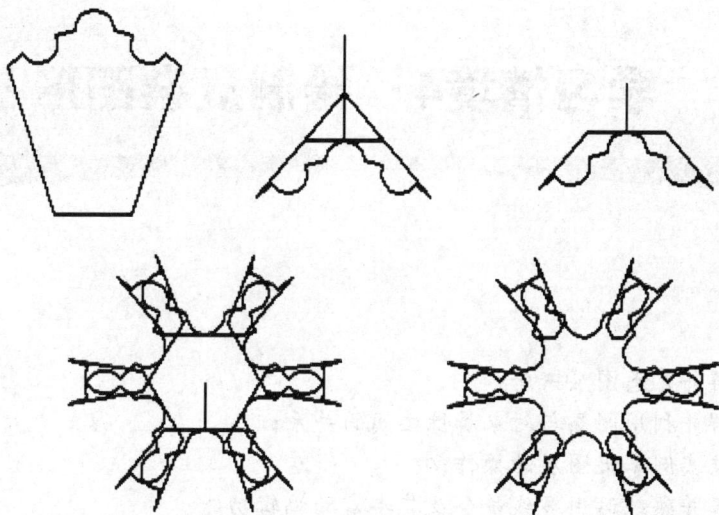

图 3.83

学习情境4　绘制复杂图形

知识目标：

1. 理解并熟悉图层概念；
2. 了解并利用图层与对象属性之间的关系；
3. 通过实例掌握图层的操作；
4. 掌握并熟练运用多线命令及其丰富的编辑功能；
5. 掌握并熟练运用图案填充技巧；
6. 通过课堂练习培养绘图技巧的综合运用能力；
7. 通过课后练习从中检验本环节介绍的技能掌握程度。

技能目标：

1. 能够分析图形内容与特点，进行图层设置；
2. 能够利用图层的特殊功能，对绘制对象进行属性赋置；
3. 能够掌握并灵活运用多线绘图命令绘制建筑工程图；
4. 能够掌握并运用图案填充技巧绘制建筑、机械工程图。

情境再现与任务分析：

本环节从 AutoCAD 最具特色的"图层"概念切入，介绍图层的功能特点，以及图层使用、管理的一般方法与应用场景；通过任务实施过程的演绎，把图层与图形对象属性之间的联系明确起来，有利于用户对图形对象属性进行高效编辑与快速修改，在提高绘图效率的同时对图形对象进行优化管理。

本环节引入了 4 个小型但比较完整的实际工程图绘制任务，着重向用户介绍了工程设计中常用的多线命令和图案填充命令，并通过趣味例图绘制演示，以及另外两个实际工程图绘制的拓展训练,加深用户对图层、图形对象属性的认识与绘图技巧的掌握,使其能灵活运用前面所学内容,在绘图过程中达到运用自如的目的。

学习情境教学场景设计:

学习领域	AutoCAD 2012 中文版	
学习情境	AutoCAD 2012 中文版之绘制复杂图形	
行动环境	场景设计	工具、设备、教件
①工程设计机构。②校内实训基地。	①分组(每组2~4人)。②教师讲解图层知识、方法与技巧,同时强调其在图形内部管理上的意义。③学生动手完成绘图任务,领会交流多线、图案填充等方法与技巧。④学生开展拓展训练,教师抽查学生完成情况,并加以评点。	①带独立显卡、联成局域网的PC机。②投影仪或多媒体网络广播教学软件。③多媒体课件、操作过程屏幕视频录像。④建筑工程实际图纸。

任务1 绘制值班室平面图

知识准备:

1. 图层的使用

在绘制工程图时,为了方便管理和修改图形,需要将特性相似的对象绘制在同一图层上。例如,将建筑工程图中的墙体线绘制在"墙体"图层,将所有的尺寸标注绘制在"尺寸标注"图层;在电气设计图纸中,把照明回路绘制在"照明"图层,将插座回路绘制在"插座"图层,等等。

选择菜单栏的"工具"→"工具栏"命令,勾选"图层"选项,则"图层特性管理器"工具就出现在工具栏区域。单击按钮,即弹出"图层特性管理器"对话框,如图4.1所示。

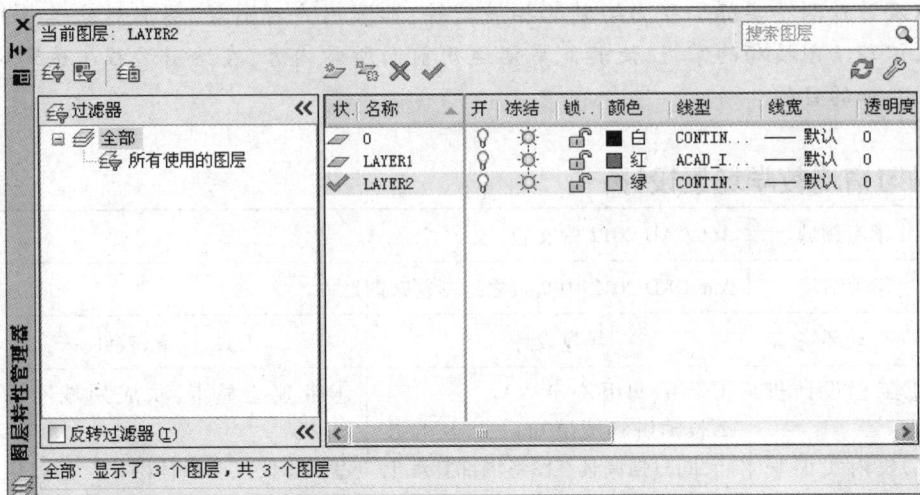

图 4.1　某图形的"图层特性管理器"对话框

"图层特性管理器"对话框可以对图层进行设置和管理。在对话框中,可以显示图层的列表及其特性设置,也可以添加、删除和重命名图层,修改图层特性或添加说明。图层过滤器用于控制在列表中显示哪些图层,并可同时对多个图层进行修改。

命令执行的一般过程为:

输入命令:Layer 并回车。或选择菜单工具栏"格式"→"图层"命令,或单击图层工具栏的"图层特性管理器"按钮图标🗐,即弹出对话框。

1)创建图层

在绘制工程图的过程中,可以根据绘图需要来创建新图层。操作过程如下:

①输入命令:Layer 并回车。或选择图层工具栏中"图层"命令,弹出"图层特性管理器"对话框;

②单击按钮🖉。在"图层特性管理器"对话框中,新建一个图层,默认名为"图层1"且高亮显示,如图 4.2 所示。

③操作图层名称栏 🖉 图层1 。用户在图层名称栏中输入新图层的名称,按回车键,即把图层名改用户给定的名称。

图层的名称最多可有 255 个字符,可以是数字、汉字、字母等。有些符号是不能使用的,例 如",""'""《"等。为了区别不同的图层,应该为每个图层设定

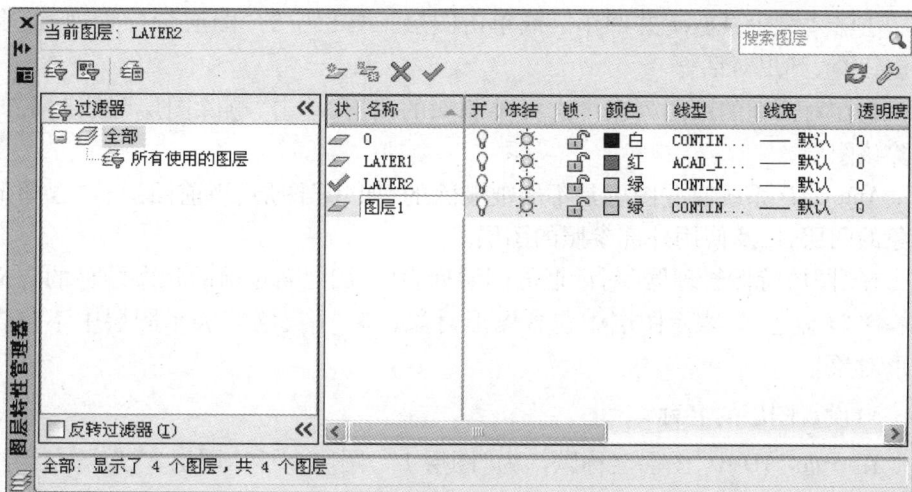

图4.2 创建新图层"图层1"

不同的图层名称。工程图中图形对象的属性,如线型、颜色、粗细等,用户在绘制时可以用不同的设置表示不同的项目。《中华人民共和国国家标准 CAD 工程制图规则》(GB/T 18229—2000)中有明确的 CAD 制图规定。涉及的主要内容如表4.1所示。

表4.1 图层选项的一般设定

图层名称	颜 色	属性内容
2	黄	建筑结构线或机械图中的剖面线
3	绿	虚心、较为密集的线
4	浅蓝	细轮廓线
7	白	外轮廓线,或其余各种线
DIM	绿	尺寸标注
BH	绿	填充
TEXT	绿	文字、材质标注线

2)删除图层

在绘制图形的过程中,为了减少图形所占文件空间,可以删除不使用的图层。操作过程如下:

①输入命令:Layer 并回车。或单击图层工具栏中的"图层特性管理器"命令按钮█,弹出对话框。

②在对话框的图层列表中选择要删除的图层,单击"删除图层"按钮✖,即删除该图层。

AutoCAD 系统有些图层是不能被删除的,如"0"图层、当前图层、包含图形对象的图层,以及使用外部参照的图层。

在"图层特性管理器"对话框的图层列表中,图层名称前的状态图标的含义是:▱"(蓝色)"表示图层中包含图形对象;▱"(灰色)"表示图层中不包含图形对象。

3)设置图层的名称

在 AutoCAD 中,图层名称默认为"图层 1""图层 2"和"图层 3"等。在绘制图形的过程中,可以对图层进行重新命名。具体操作过程如下:

①输入命令:Layer 并回车。或选择图层工具栏中的"图层特性管理器"命令,弹出对话框。

②单击图层名称栏▱ 图层1 。在"图层特性管理器"对话框的列表中选择需要重新命名的图层。

③按 F2 键。使"图层特性管理器"对话框变为文本编辑状态,输入新的名称,如图 4.3 所示输入"xl1",按回车键,确认新设置的图层名称。

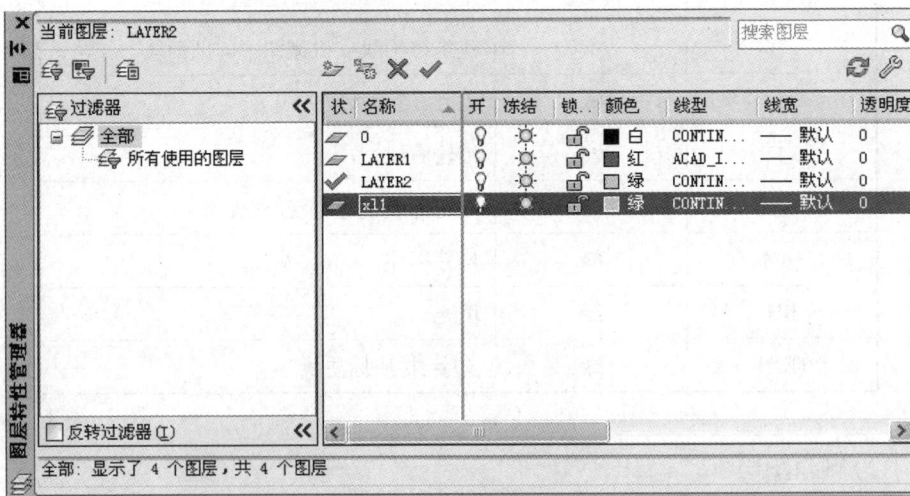

图 4.3　图层重新命名

4）设置图层的颜色、线型和线宽

（1）设置图层颜色

图层的默认颜色为"白色"。为了区别各个图层，应该为每个图层设置不同的颜色。

在绘制图形时，可以通过设置图层的颜色来区分不同种类的图形对象。在打印图形时，针对某种颜色指定一种线宽，则此颜色所有的图形对象都会以同一线宽进行打印。用颜色代表线宽既可减少存储量，又能提高显示效率。

AutoCAD 2012 系统中提供 256 种颜色。一般在设置图层的颜色时，都会采用 7 种标准颜色，即：红、黄、绿、青、蓝、紫以及白色。这 7 种颜色反差较大又带有汉字名称，便于识别和调用。

设置图层颜色的操作步骤如下：

①输入命令：Layer 并回车。或选择图层工具栏中的"图层特性管理器"命令，弹出对话框。

②单击对话框列表中"xl1"图层的"颜色"栏图标□ 绿，弹出"选择颜色"对话框。

③选择颜色。从"选择颜色"对话框中选择适合的颜色，如在"颜色"选项文本框 颜色© 中输入数值 7，此时文本框将显示颜色的名称"白"，如图 4.4 所示。

④改变层颜色。单击 确定 按钮，返回"图层特性管理器"对话框，"xl1"图层即显示新设置的白颜色，如图 4.5 所示。

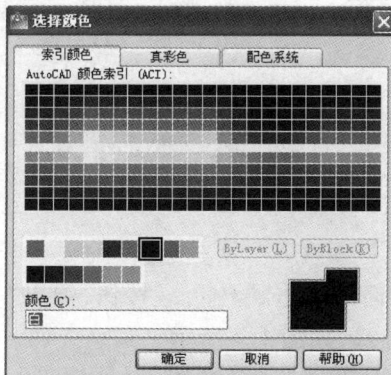

图 4.4 "选择颜色"对话框

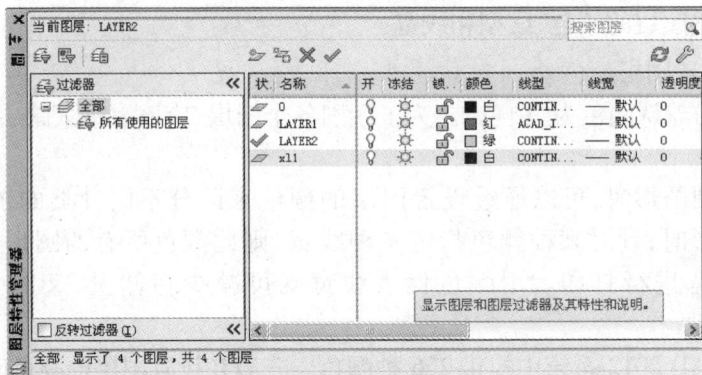

图 4.5　层颜色被重新设置

（2）设置图层线型

图层的线型用来表示图层中图形线条的特性。通过设置图层的线型可以区分不同对象所代表的含义和作用，默认的线型设置为"Continuous"。操作过程如下：

①输入命令：Layer 并回车。选择"图层"工具栏中的"图层特性管理器"命令，弹出对话框。

②在对话框中单击"xl1"图层的"线型"栏的图标 CONTIN...，弹出"选择线型"对话框，列表显示的是默认线型设置，如图 4.6 所示。

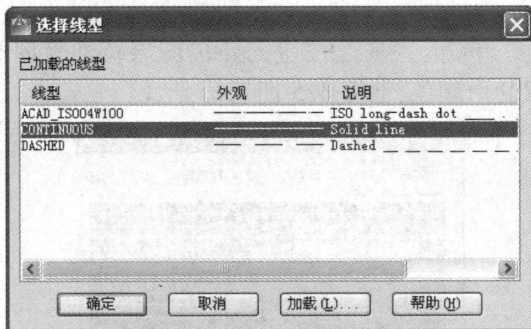

图 4.6　"选择线型"对话框

③在"选择线型"对话框单击 加载(L)... 按钮，弹出"加载或重载线型"对话框，可选择适合的线型样式，如图 4.7 所示。

④单击 确定 按钮，返回"选择线型"对话框，所选择的线型就显示在线型的列表中，单击所加载的线型，如图 4.8 所示。

⑤确认图层线型更改。单击 确定 按钮，返回"图层特性管理器"对话

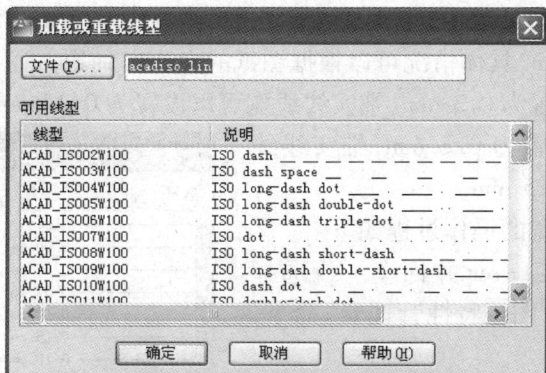

图4.7 "图层特性管理器"对话框

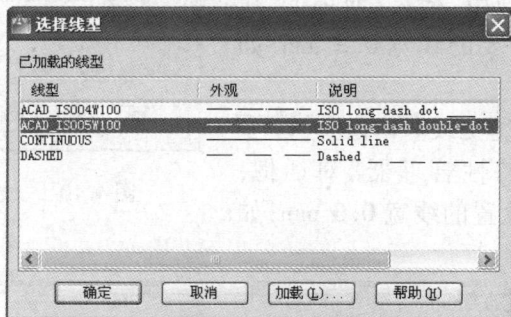

图4.8 加载新线型

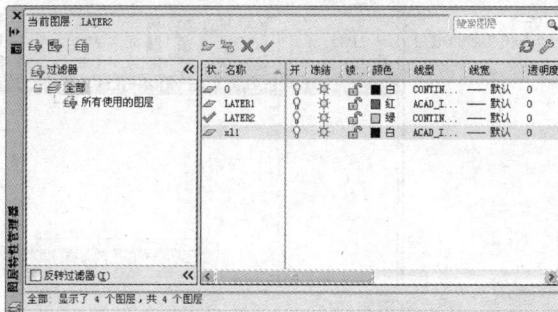

图4.9 更改图层"xl1"的线型

框。图层"xl1"已更改为新设置的线型,如图4.9所示。

(3)设置图层线宽

图层的线宽设置会应用到此图层的所有图形对象,用户可以在绘图区域中选择显示或不显示线宽。

107

在打印工程图过程中,粗实线线宽一般为 0.3 ~ 0.6 mm,细实线线宽一般为 0.13 ~ 0.25 mm,具体情况可以根据图纸的大小来确定。通常在 A4 纸中,粗实线线宽可以设置为 0.3 mm,细实线线宽可以设置为 0.13 mm;在 A0 纸中,粗实线线宽可以设置为 0.6 mm,细实线线宽可以设置为 0.25 mm。

设置图层线宽的操作过程如下:

①输入命令:Layer 并回车。或选择图层工具栏中的"图层特性管理器"命令,弹出对话框。

②在列表中单击"xl1"图层"线宽"栏的图标—— 默认,弹出"线宽"对话框,在线宽列表中选择需要的线宽 0.3 mm,如图 4.10 所示。

③确认图层线宽更改。单击 确定 按钮,返回"图层特性管理器"对话框,"xl1"图层显示新设置的线宽 0.3 mm,如图 4.11 所示。

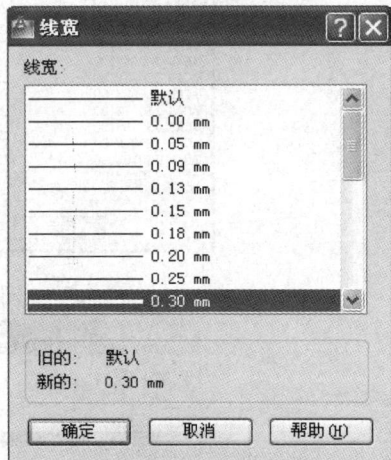

图 4.10 "线宽"对话框

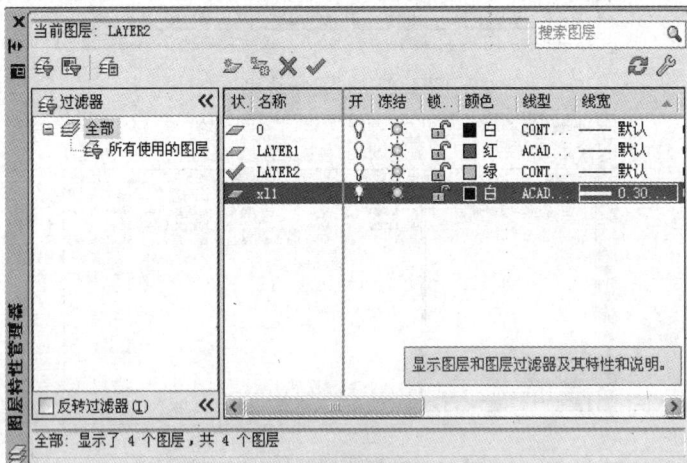

图 4.11 "xl1"图层更改线宽

显示图形的线宽,有以下两种方法:

①利用"状态栏"中的 + 按钮。

单击"状态栏"中的"显示/隐藏线宽"按钮 + ,可以切换屏幕中线宽的显示：当按钮处于高亮显示状态时，显示线宽；当按钮处于灰暗颜色状态时，不显示线宽。

②利用菜单命令。

选择菜单栏的"格式"→"线宽"命令，弹出"线宽设置"对话框，如图4.12所示，用户可设置系统默认的线宽和单位。勾选"显示线宽"复选框，单击 ▭确定▭ 按钮，在绘图区域即显示所有的线宽设置；反之，若取消选择"显示线宽"复选框，则不显示任何线宽设置。

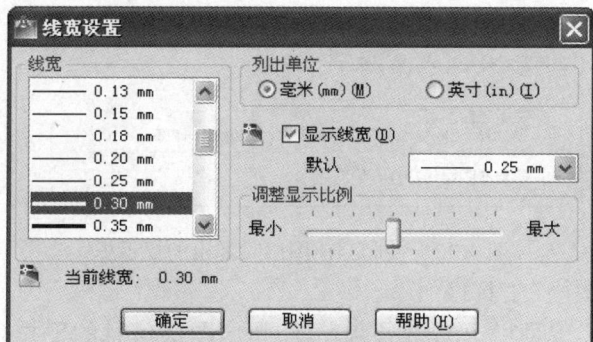

图4.12　"线宽设置"对话框

2. 控制图层显示状态

如果工程图中包含大量信息且分布于多个图层，那么可通过控制图层状态，给绘制、修改图形带来方便，也使观察图形的各种操作变得更加便捷。图层状态主要包括以下4种：

①打开/关闭图层：🔆/🔅；

②冻结/解冻图层：☼/❄；

③锁定/解锁图层：🔓/🔒；

④打印/不打印图层：🖨/🚫🖨。

AutoCAD采用不同形式的图标来表示这些状态，单击按钮在两个状态之间切换。

1)打开/关闭图层

打开状态的图层是可见的，关闭状态的图层是不可见的且不能被编辑和打印。当图形重新生成时，被关闭的图层将一起被生成。

打开/关闭图层，有以下两种方法：

（1）利用"图层特性管理器"对话框

单击"图层"工具栏中的"图层特性管理器"按钮，弹出"图层特性管理器"对话框。在对话框中的"图层"列表中单击图层的图标即可切换图层的打开或关闭状态。当图标为（黄色）时，表示图层被打开；当图标为（蓝色）时，表示图层被关闭。

如果关闭的图层是当前图层，系统将弹出 AutoCAD 提示框，如图 4.13 所示。

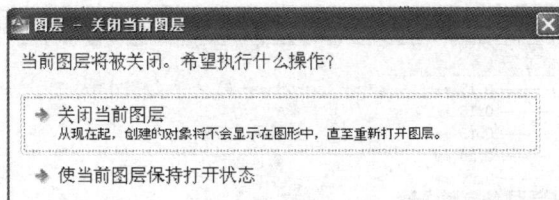

图 4.13　关闭当前图层时弹出的提示框

（2）利用"图层"工具栏

单击"图层"工具栏中的图层列表框，弹出图层信息的下拉列表，单击其中的图标或，也可切换图层的打开或关闭状态，如图 4.14 所示。

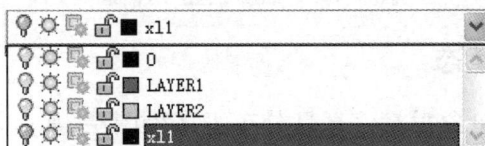

图 4.14　利用工具栏控制图层的开/关

2）冻结/解冻图层

冻结图层可以减少复杂图形重新生成时的显示时间，并且可以加快绘图、缩放、编辑等命令的执行速度。处于冻结状态的图层上的图形对象将不能被显示、打印或重生成。解冻图层将重新生成并显示该图层上的图形对象。

冻结/解冻图层，有以下两种方法：

（1）利用"图层特性管理器"对话框

单击"图层"工具栏中的"图层特性管理器"按钮，弹出"图层特性管理器"对话框。在对话框中的"图层"列表中单击图层的图标或，即切换图层的冻结或解冻状态。当图标为时，表示图层处于解冻状态；当图标为时，表示图层处于冻结状态。

提示：当前图层是不能被冻结的。

（2）利用"图层"工具栏

单击"图层"工具栏中的图层列表，弹出图层信息下拉列表，再单击图标 或 ，如图 4.15 所示，可切换图层的冻结或解冻状态。

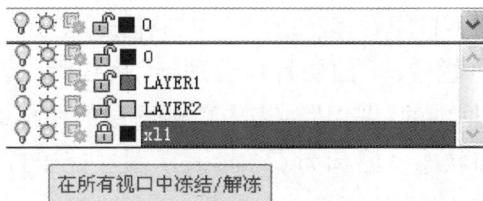

图 4.15 用工具栏切换图层冻结/解冻状态

提示：解冻一个图层将引起整个图形重新生成，而打开一个图层则只是重画这个图层上的对象。因此，如果需要频繁地改变图层的可见性，应使用关闭命令而不应使用冻结命令。

3）解锁/锁定图层

被锁定图层中的对象将不能被编辑和选择；解锁图层可以将图层恢复为可编辑和可选择的状态。

图层的锁定解锁，有以下两种方法：

（1）利用"图层特性管理器"对话框

单击"图层"工具栏中的"图层特性管理器"按钮 ，弹出"图层特性管理器"对话框。在对话框中的"图层"列表中单击图层的图标 或 ，即可切换图层的解锁/锁定状态。图标为 时，表示图层处于解锁状态；图标为 时，表示图层处于锁定状态。

（2）利用"图层"工具栏

单击"图层"工具栏中的图层列表，弹出图层信息下拉列表，再单击图标 或 ，如图 4.16 所示，即可切换图层的解锁或锁定状态。

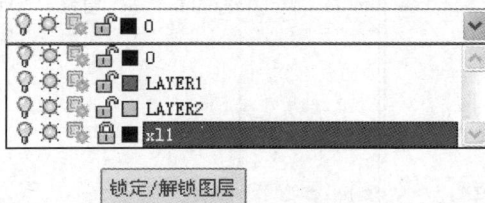

图 4.16 用工具栏切换图层解锁/锁定状态

被锁定的图层是可见的,用户可以查看、捕捉销定图层上的对象,还可在锁定图层上绘制新的图形对象。

4)打印/不打印图层

当指定一个图层不打印后,该图层上的对象仍是可见的。

单击"图层"工具栏中的"图层特性管理器"按钮，弹出"图层特性管理器"对话框。在对话框中的"图层"列表中单击图层的图标或，即可切换图层的打印或不打印状态。图标为时,表示图层处于打印状态;图标为时,表示图层处于不打印状态。

值得注意的是,图层的不打印设置只对图形中可见的图层(即图层是打开的并且是解冻的)有效;若图层设为可打印但该层是冻结或关闭的,此时系统也将不打印该图层。

3. 设置当前图层

当需要在某一个图层上绘制图形时,必须先设置该图层为当前图层。系统默认的当前图层为"0"图层。

1)设置图层为当前图层

设置图层为当前图层,有以下两种方法:

(1)利用"图层特性管理器"对话框

单击"图层"工具栏中的"图层特性管理器"按钮，弹出"图层特性管理器"对话框。在对话框中的"图层"列表中单击选择要设置为当前图层的图层

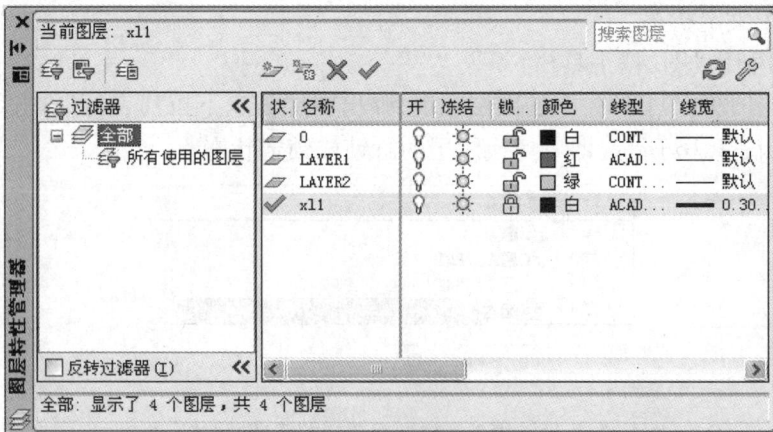

图 4.17　设置"xl1"图层为当前图层

"xl1",然后双击状态栏中的图标,再单击"置为当前"按钮✓,或按"Alt + C"键,使"xl1"图层状态栏的图标变为当前图层图标✓,如图4.17所示。

值得注意的是:在"图层特性管理器"对话框中,对当前图层的特性进行设置后,再建立新图层时,新图层的特性将复制当前选中图层的特性。

（2）利用"图层"工具栏

在绘图区域中不选取任何对象的情况下,可在"图层"工具栏的下拉列表中选择要设置为当前图层的图层,如图4.18所示。

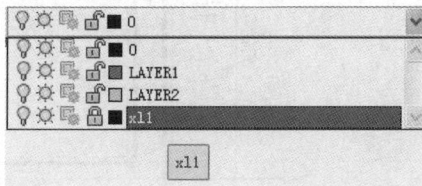

图4.18　利用"图层"工具栏设置当前图层

2) 设置对象图层为当前图层

在绘图区域中选择已经设置图层的对象,然后在"图层"工具栏中单击"将对象的图层置为当前"按钮,使该对象所在图层成为当前图层。

首先单击"图层"工具栏上的"将对象的图层置为当前"按钮,命令提示窗口中出现"选择将使其图层成为当前图层的对象:"的信息,此时选择相应的图形对象,即可将该对象所在的图层设置为当前图层。

3) 返回上一个图层

在"图层"工具栏中单击"上一个图层"按钮,系统会按照设置的顺序自动重置上一次的设置为当前图层。

任务实施:

本制图任务是要求编辑结果如图4.19所示的值班室基础平面图。编辑过程中,需要特意指定一个图形对象的颜色、线型及线宽时,则应单独设置该图形对象的颜色、线型及线宽。

用户可以通过系统提供的"特性"工具栏,方便地设置对象的颜色、线型及线宽等特性。在默认情况下,工具栏中的"颜色控制""线别控制"和"线宽控制"3个下拉列表中都显示"ByLayer"（随层）,如图4.20所示。"ByLayer"表示所绘制对象的颜色、线型和线宽等特性与当前图层完全相同。

经验告诉我们,在不需要特意指定某一图形对象的颜色、线型及线宽的情况下,不要随意设置对象的颜色、线型和线宽,否则不利于管理和修改图层。

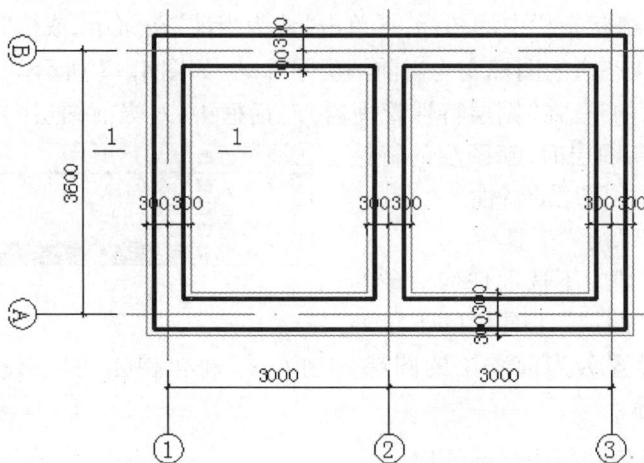

图 4.19　基础平面图

图 4.20　"特性"工具栏

1. 设置图形对象颜色

打开"基础平面图.dwg",图形如图 4.21 所示,图中各对象颜色设置过程如下:

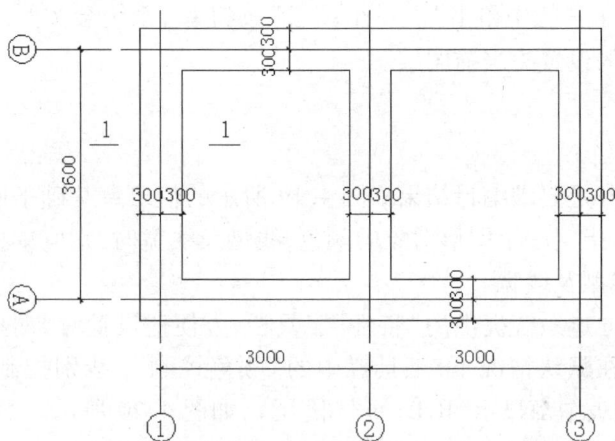

基础平面图

图 4.21　基础平面图

①点选基础轮廓线。在图 4.22 中任意选择一条基础边线,以备改变颜色。

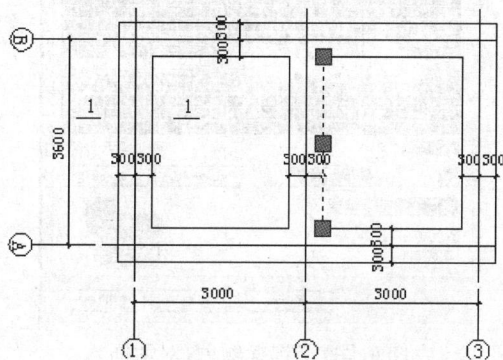

图 4.22　选取一个对象改变颜色

②单击"特性"工具栏的"颜色控制"列表框右侧的 ▼ 钮,打开"颜色控制"下拉列表,从中选择需要的颜色"洋红"|▇洋红,直线的颜色被修改。

③选择洋红色轮廓线,单击标准工具栏的"特性匹配"按钮▇,光标变成刷子形状,用其单击其他轮廓线,使其全改为洋红色,结果如图 4.23 所示。

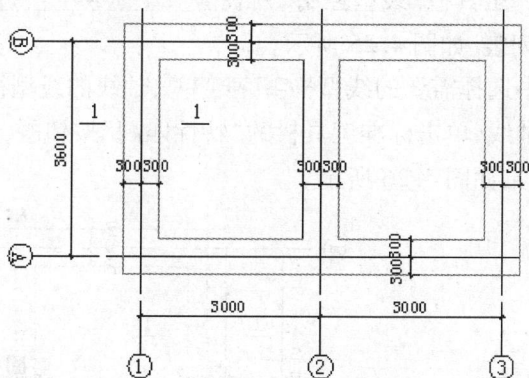

图 4.23　改变基础轮廓线颜色

如果需要选择其他的颜色,可以选择"颜色控制"下拉列表中的"选择颜色"选项,弹出"选择颜色"对话框,如图 4.24 所示。在对话框中可以选择一种需要的颜色,单击 确定 按钮,新选择的颜色出现在"颜色控制"下拉列表中。

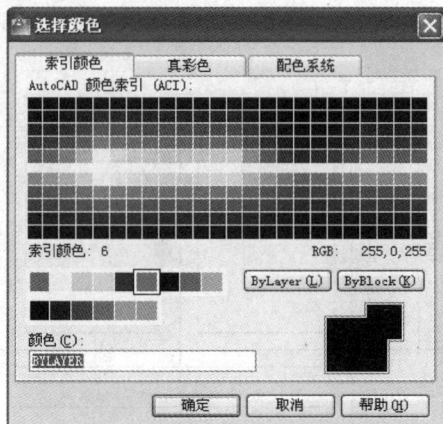

图4.24　"选择颜色"对话框

2. 设置图形对象线型

操作过程如下：

①点选轴线。在图4.23中任意选择一轴线，本例中选择竖向中间轴线。

②单击"特性"工具栏的"颜色控制"列表框，轴线的颜色改为红色。

③单击"特性"工具栏"线型控制"列表框————ByLayer————右侧的▾钮，打开"线型控制"下拉列表，如图4.25所示。

④从该列表中选择需要的线型 ACAD_ISO04W100，轴线的线型被改变。

⑤选择红色轴线，单击标准工具栏的"特性匹配"按钮，点刷其余轴线，使其全改为红色，结果如图4.26所示。

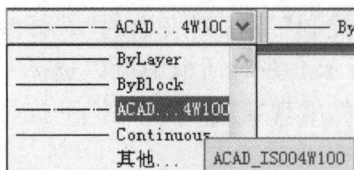

图4.25　"线型控制"下拉列表

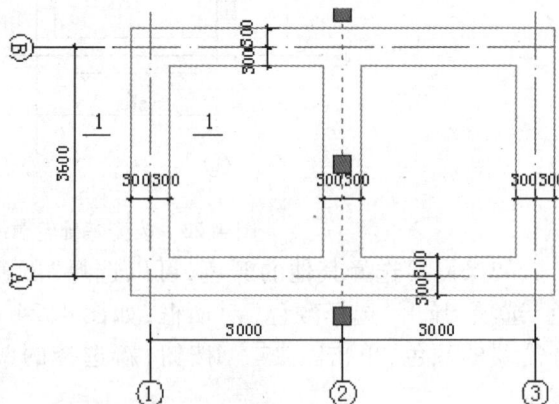

图4.26　轴线线型全部改变

如果需要选择其他的线型,可选择"线型控制"下拉列表中的"其他"选项,弹出"线型管理器"对话框。单击对话框中的 加载(L)… 按钮,弹出"加载或重载线型"对话框,如图4.27所示。在"可用线型"下拉列表中可以选中一个或多个线型,单击 确定 按钮,返回"线型管理器"对话框,选中的线型会出现在"线型管理器"对话框的列表中,如图4.28所示。再一次将其选中,单击 确定 按钮,新选择的线型会出现在"线型控制"下拉列表中。

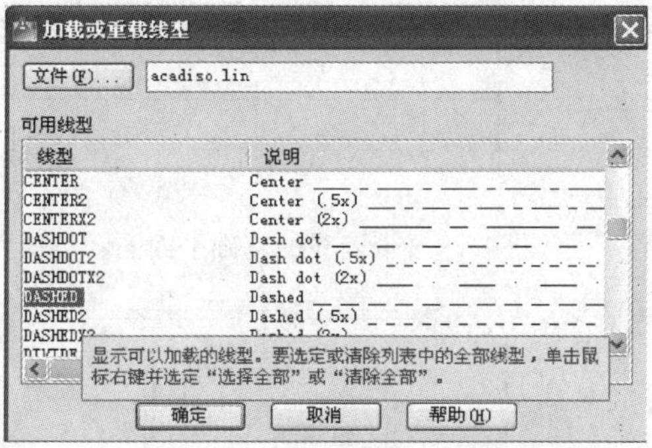

图4.27 "加载或重载线型"对话框

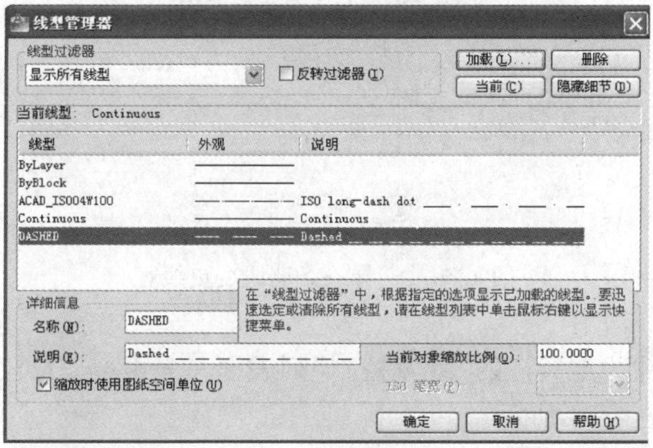

图4.28 "线型管理器"对话框

3.设置图形对象线宽

操作过程如下:

①单击"图层控制"栏中"wall"(墙轮廓线层)图层的开关切换成,让图层处于可见状态,图形如图4.29所示。

②点选墙线。在图4.29中可以任意选择一墙线,本例中选择左边墙线,如

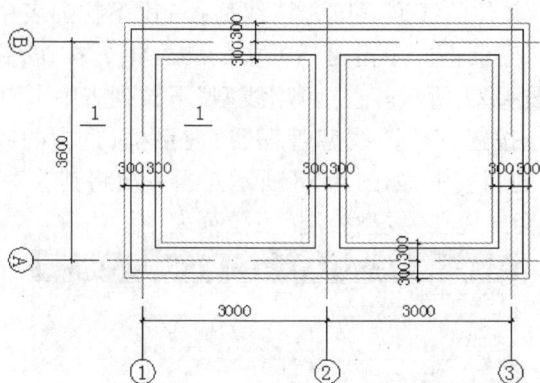

图 4.29　带墙线的基础平面图

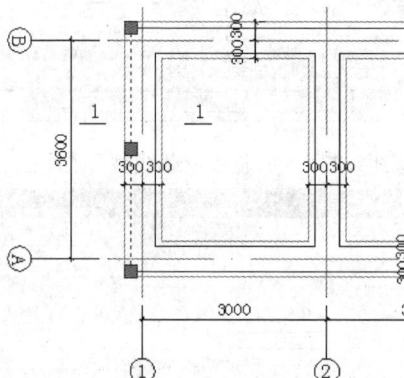

图 4.30　选择一条墙线变更线宽

图 4.30 所示。

③单击"特性"工具栏的"线宽控制"列表框 ── ByLayer ⌄，选择墙线的宽度为 0.3 mm，如图 4.31 所示。

④单击状态栏按钮➕使线宽可视。

⑤单击按钮▣进行特性匹配。选择变粗的墙线，单击标准工具栏的"特性匹配"按钮▣，点刷其余墙线，使其线宽全改为 0.3 mm，结果如图 4.32 所示。

提示：单击"状态"栏中的"显示/隐藏线宽"按钮➕，使其处于高亮显示状态，则打开线宽显示开关，显示出新设置的图形对象的线宽；再次单击➕按钮，使其处于灰暗状态➕，则关闭线宽显示开关。

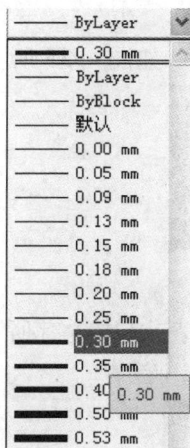

图 4.31 "线宽控制"列表框

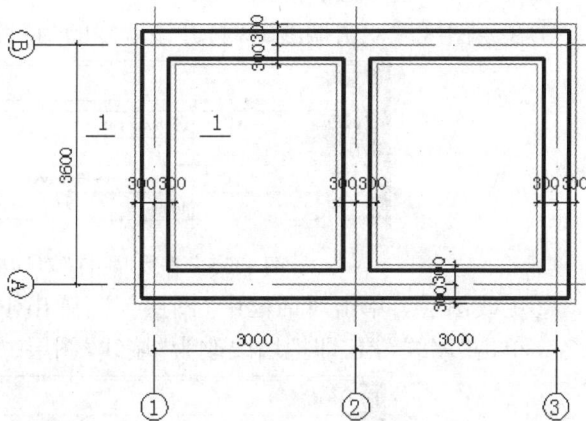

图 4.32 改变线宽后的图形

4. 修改图形对象所在的图层

在 AutoCAD 中可以对图形对象所在的图层进行更改,主要有以下两种:

(1)利用"图层"工具栏

步骤如下:

①创造新图层"墙线"层。单击标准工具栏中 ■ 按钮,创造新图层"墙线"。

②图层关闭。只打开"墙线""wall"图层,其余图层全部关闭,如图 4.33 所示。

③更改为"墙线"图层。窗选图 4.33 中所有图形对象,然后单击"图层控制"栏,在下拉选项表中选择"墙线"图层,如图 4.34 所示,所有墙线就落在名为"墙线"的图层上了。

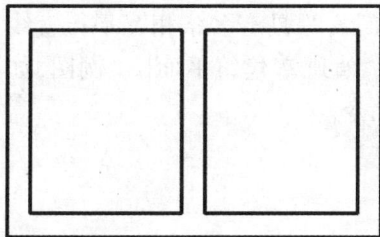

图 4.33 只显示"wall"图层

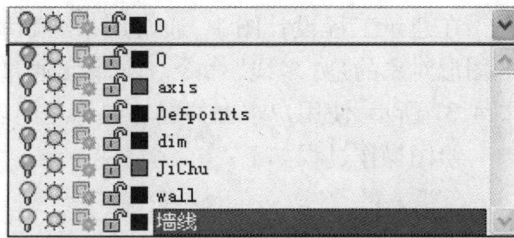

图 4.34 所有墙线更改为"墙线"图层

（2）利用"特性"对话框

①在绘图区域双击墙线，即打开该墙线的"特性"对话框，如图 4.35 所示。

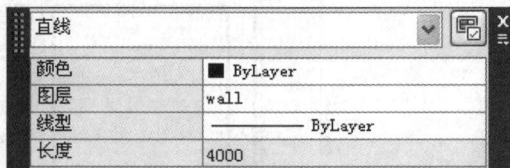

图 4.35　直线"特性"对话框

②更改图层。单击对话框中"图层"栏，弹出下拉选项表，其中含有所有图层名。单击"墙线"层，即把墙线改为"墙线"图层，如图 4.36 所示。

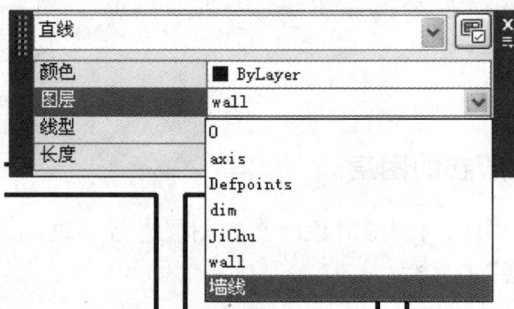

图 4.36　图层名选项表

任务2　绘制值班室建筑平面图

任务实施：

在建筑工程设计图中，通常用来绘制墙体、门窗等具有多条相互平行直线的图形对象的是"多线"命令。本单元通过绘制"值班室建筑平面图"例图，如图 4.37 所示，使用户掌握并能够熟练运用多线命令。

绘图操作过程如下：

1. 设置绘图环境

命令：qnew 并回车　注：或单击标准工具栏"新建"按钮，或选择"文件"→"新建"命令，弹出"选择样板"对话框，单击 打开⑩ 按钮，创建新的图形文件。

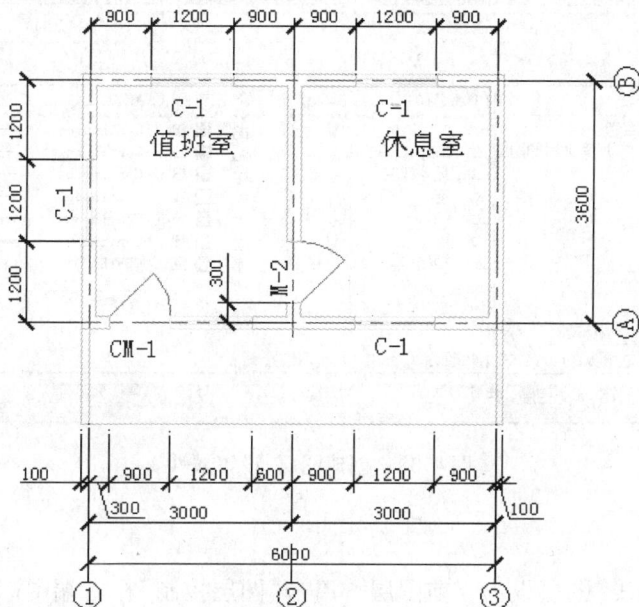

图 4.37　值班室平面图

命令:limits 并回车　注:或选择菜单栏"格式"→"绘图界限"命令,设置图幅范围,大小为 12000 × 12000。

重新设置模型空间界限:

指定左下角点或[开(ON)/关(OFF)] < 0.0000,0.0000 >:并回车　注:回车,确认原点为左下角点;

指定右上角点 < 420.0000,297.0000 >:12000,12000 并回车　注:输入右上角点并回车;

命令:ZOOM 并回车　注:或单击标准工具栏"实时缩放"按钮 🔍;

指定窗口的角点,输入比例因子(nX 或 nXP),或者

[全部(A)/中心(C)/动态(D)/范围(E)/上一个(P)/比例(S)/窗口(W)/对象(O)] < 实时 >:e 并回车　注:令图幅范围成为绘画区域;

命令:units 并回车　注:或选择菜单栏"格式"→"单位"命令,在弹出的对话框中设置长度精度为 0;

命令:Layer 并回车　注:或单击图层工具栏图标 🔲 进行图层设置,弹出"图层特性管理器"对话框,在该对话框中依次创建"墙""窗""门""轴线""尺寸标注"5 个图层,设线型的全局比例因子为 25,其余图层特性如图 4.38 所示。

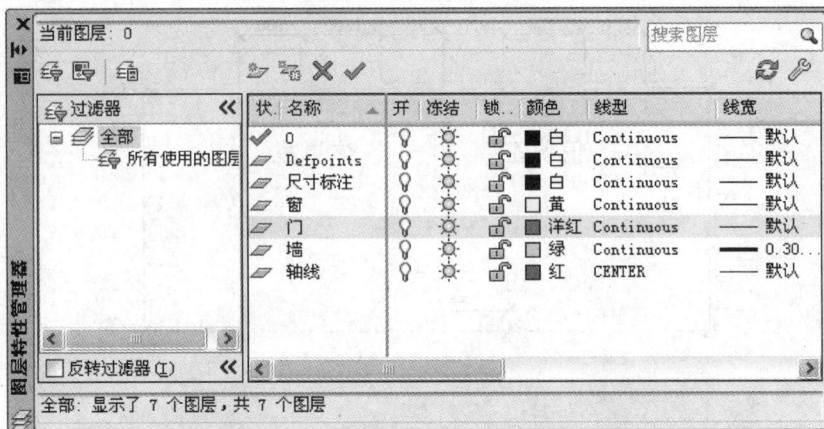

图 4.38　创建图层、设置属性

2.绘制轴线

①把"轴线"图层设为当前图层。单击"图层控制"栏右端图标按钮▼,展开下拉列表,点选"轴线"图层,该图层即为当前图层。

②绘制轴线。在绘图区域中合适的位置,纵向绘制 3 条轴线、横向绘制 2 条轴线,结果如图 4.39 所示。

图 4.39　轴线图形

3.设置多线样式

首先设置用于绘墙的多线样式,多线名称为"wall",宽为 200,多线两端封口。

①输入命令:mlstyle 并回车。或选择菜单栏"格式"→"多线样式"命令,弹出"多线样式"对话框,如图 4.40 所示。

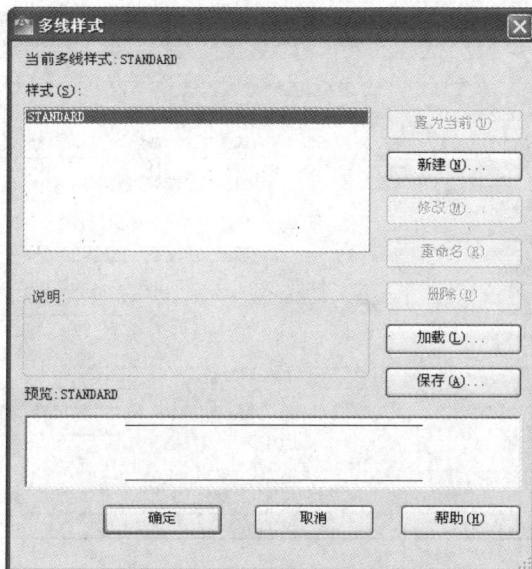

图 4.40　"多线样式"对话框

②单击 新建(N)... 按钮,弹出"创建新的多线样式"对话框。

③在"新样式名"文本框中输入多线样式名"wall",如图 4.41 所示,单击 继续 按钮,弹出"新建多线样式"对话框。

图 4.41　在"新样式名"栏中输入多线名

④设置多线样式。多线"wall"设置具体如图 4.42 所示,然后单击 确定 按钮,返回到"多线样式"对话框。

⑤预览多线样式。用户在对话框中可以预览"wall"的多线样式如图 4.43 所示;如果已确认,单击 确定 按钮即完成多线"wall"的设置;如果有误,单击对话框中的 修改(M)... 按钮,返回上一级对话框进行修改。

图 4.44 多线的宽度设置是以中间线为基准的,100、-100 两值既表示该多线由 2 条线构成,各从不同方向偏离 100,故多线的宽度为 200。

按照上述步骤设置窗户"windows"多线样式。该多线由等距离的 4 条线组

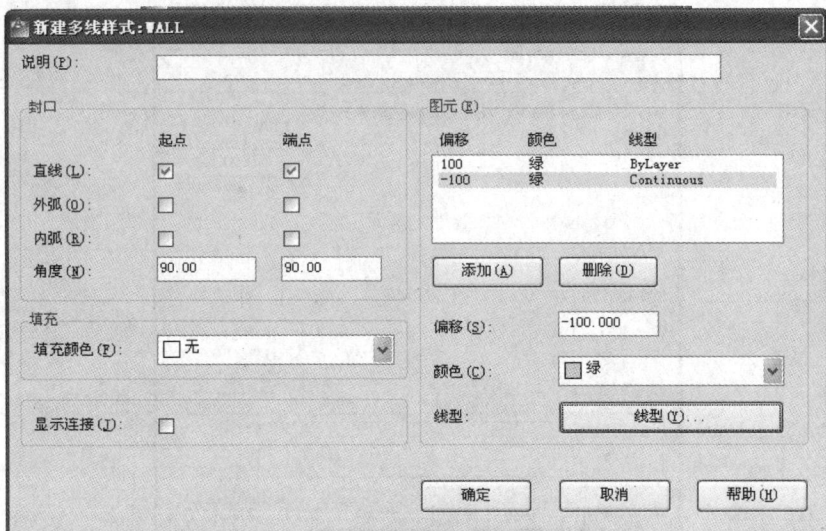

图 4.42　多线"wall"的具体设置

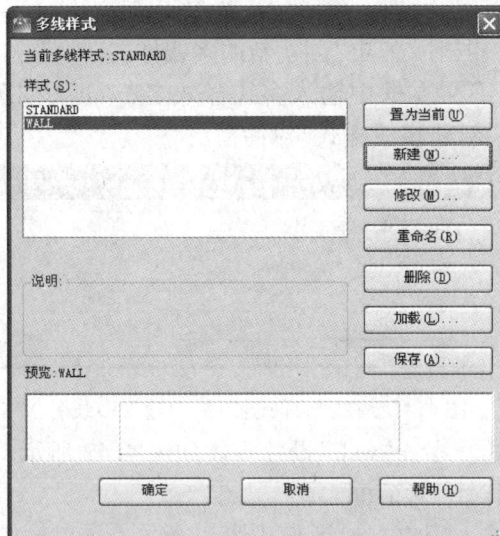

图 4.43　预览多线设置的结果

成(表示推拉窗),多线宽为 1,各线与中间位置距离分别为 0.5、0.17、-0.17、
-0.5,线的颜色为黄色,线型为 continuous,两端封口;其设置对话框如图 4.44
所示。

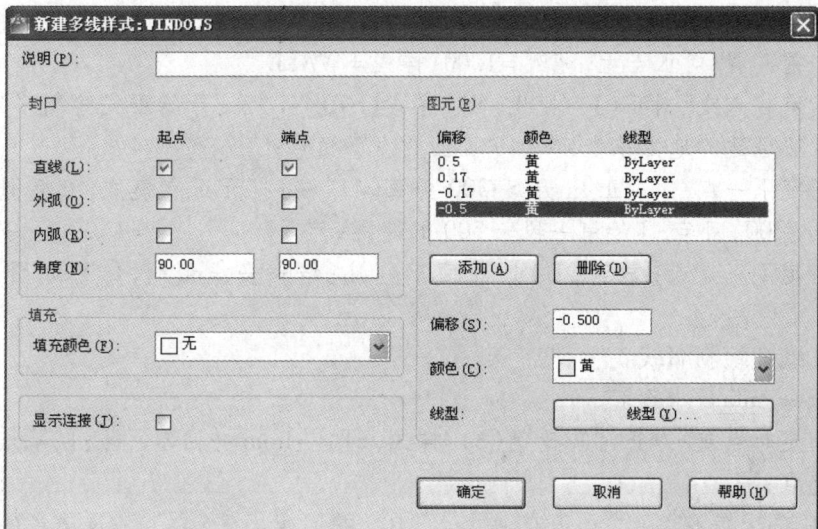

图 4.44 多线"windows"的具体设置

4.利用多线绘制墙轮廓线

①单击"图层控制"工具栏右端按钮![],点选"wall"图层,该层即为当前层;

②绘制墙线。

命令:<u>mline</u> 并回车 注:或选择菜单栏"绘图"→"多线"命令,开始绘制墙线;

当前设置:对正 = 上,比例 =20.00,样式 = STANDARD 注:显示原默认的多线对齐方式、比例值、多线样式名;

指定起点或[对正(J)/比例(S)/样式(ST)]:<u>j</u>并回车 注:设置多线的"对正"方式;

输入对正类型[上(T)/无(Z)/下(B)] <上>:<u>z</u> 并回车 注:设置为对中方式;

当前设置:对正 = 无,比例 =20.00,样式 = STANDARD

指定起点或[对正(J)/比例(S)/样式(ST)]:<u>s</u> 并回车 注:设置多线的"比例"值;

输入多线比例 <20.00>:<u>1</u> 并回车 注:比例值为1,即为多线原宽度;

当前设置:对正 = 无,比例 =1.00,样式 = STANDARD

指定起点或[对正(J)/比例(S)/样式(ST)]:<u>st</u> 并回车 注:设定多线样式;

输入多线样式名或[?]:wall 并回车　注:选择多线样式为"wall";

当前设置:对正 = 无,比例 = 1.00,样式 = WALL

指定起点或[对正(J)/比例(S)/样式(ST)]:　注:开始正式绘制多线,在绘图区域合适的地方单击,作为平面图的左下角点;

指定下一点:　<正交 开> 300 并回车　注:打开正交模式,光标向右移动,输入300,回车,即绘制一段长300的墙线;

指定下一点或[放弃(U)]:并回车　注:结束多线绘制,结果如图 4.45 所示。

③继续绘制墙线。

命令:mline 并回车。

指定起点或[对正(J)/比例(S)/样式(ST)]:from 并回车　注:以基点方式确定起点;

基点:<偏移>:　<正交 关> 2100 并回车　注:以上一段墙线的端点为基点,光标向右移动,输入数值2100,即为本段墙线新起点;

指定下一点:1500 并回车　注:光标向可移动,输入数值1500;

指定下一点或[放弃(U)]:并回车　注:结束本次多线绘制。

用同样的方法画出所有的墙线,结果如图 4.46 所示。

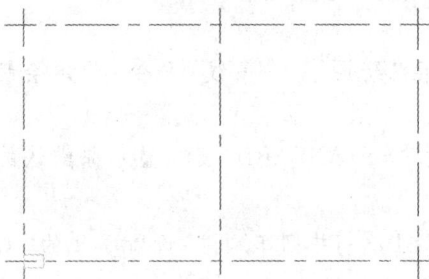

图 4.45　初始墙线图形　　　　　　　图 4.46　墙线图形

5. 编辑多线

①输入命令:mledit 并回车。或选择菜单栏"修改"→"对象"→"多线"命令,或直接双击图 4.46 左下角的墙线,弹出"多线编辑工具"对话框,如图 4.47 所示。

②对多线进行编辑。选择对话框中的"角点结合"选项,然后在图 4.46 中分别点选左下角的两节墙线,即把两节墙线连接成 L 形,如图 4.48 所示。

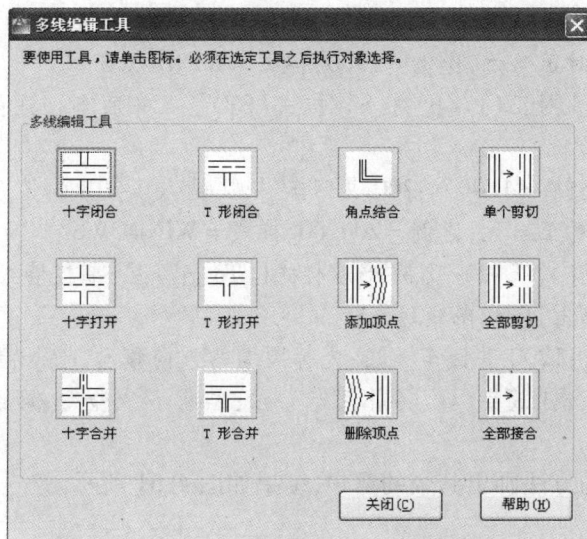

图 4.47 "多线编辑工具"对话框

③编辑其他的多线节点。用同样方法,在"多线编辑工具"对话框选"T 型合并"选项,编辑其余的多线节点。得到图形如图 4.49 所示。

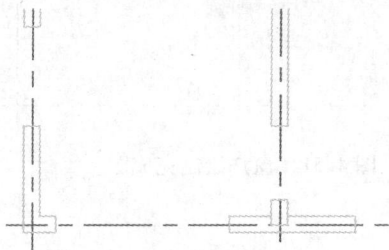

图 4.48 由 2 节多线编辑成 L 形

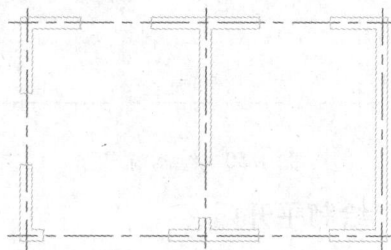

图 4.49 经过编辑的墙线图

6.绘制窗户轮廓线

①单击"图层控制"工具栏右端按钮 <u>▼</u>,点选"windows"图层,即为当前层。

②绘制窗户。

命令:<u>mline</u> 并回车 注:或选择菜单栏"绘图"→"多线"命令,开始绘制窗户;

当前设置:对正 = 无,比例 = 1.00,样式 = WALL

指定起点或[对正(J)/比例(S)/样式(ST)]:<u>st</u> 并回车 注:准备更改多线为墙户;

输入多线样式名或[?]:windows 并回车　注:输入多线样式为"windows";

当前设置:对正=无,比例=1.00,样式=WINDOWS

指定起点或[对正(J)/比例(S)/样式(ST)]:s 并回车　注:准备更改多线比例值;

输入多线比例 <1.00>:200 并回车　注:输入多线比例值为200;

当前设置:对正=无,比例=200.00,样式=WINDOWS

指定起点或[对正(J)/比例(S)/样式(ST)]:　注:捕捉墙线上窗户所在位置的任一端并单击,即为多线起点;

指定下一点:1200 并回车　注:光标顺墙的方向移动,输入窗户宽度1200;

指定下一点或[放弃(U)]:并回车　注:结束多线命令,即绘得一樘窗户,如图4.50所示。

③用同样的方法画出其余的窗户,结果如图4.51所示。

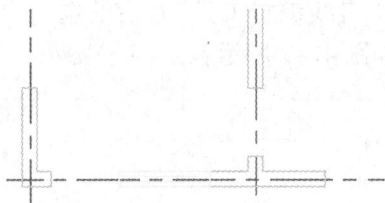

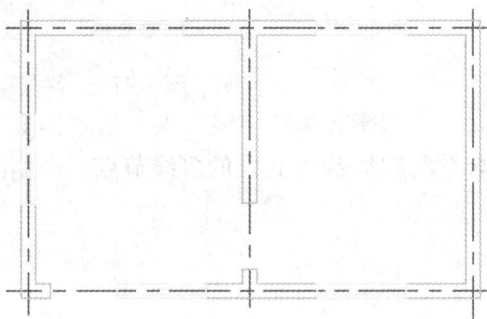

图4.50　绘制窗户　　　　　　　　　　图4.51　窗户绘制完成图

7.绘制平开门

①单击"图层控制"工具栏右端按钮，点选"door"图层,设其为当前层。

②绘制平面图左下角之门。

命令:line 并回车　注:绘制平面图左下角之门;

指定第一点:　注:捕捉并点击门框上的点,作为门线的起点,如图4.52所示;

指定下一点或[放弃(U)]: <正交 关> @900<45 并回车　注:关闭正交模式,极坐标相对位移@900<45,回车,即绘出一段斜线;

指定下一点或[放弃(U)]:并回车　注:结束绘制门线,结果如图4.53所示。

③绘制门的开启轨迹弧线。

命令:arc 并回车　注:绘制圆弧;

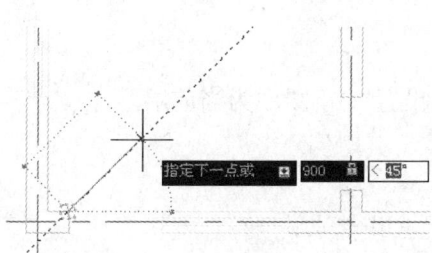

图 4.52　用极坐标相对位移画门线　　　　　　　　图 4.53　绘制完成门线

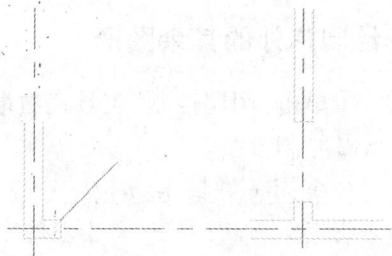

　　指定圆弧的起点或［圆心（C）］:c 并回车　注:选择指定圆心选项;

　　指定圆弧的圆心：　注:捕捉并点击圆心位置,如图 4.54 所示;

　　指定圆弧的起点：　注:捕捉并点击圆弧起点位置,如图 4.55 所示。

　　指定圆弧的端点或［角度（A）/弦长（L）］：　注:逆时针捕捉并单击圆弧终点位置,弧线绘制完成。

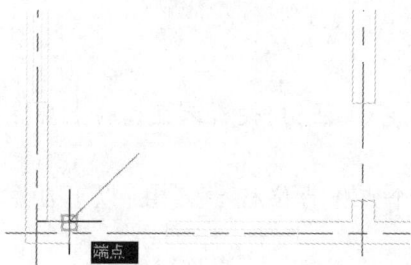

图 4.54　捕捉弧线圆心　　　　　　　　　　图 4.55　绘制弧线

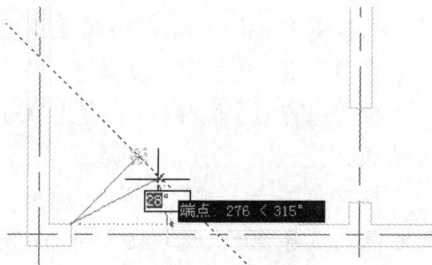

④用同样方法绘制另一樘门,完成的墙、门、窗平面图形,如图 4.56 所示。

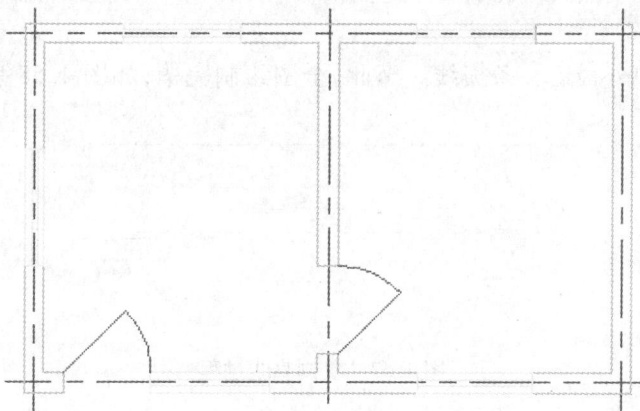

图 4.56　墙、门、窗平面图

8. 绘制户外的其余图形

①单击"图层控制"工具栏右端按钮![图标]，设置"墙"图层为当前层。

②绘制直线。

命令:line 并回车。

指定第一点: 注:单击墙的左下角点为直线起点;

指定下一点或[放弃(U)]:<正交 开> 1400 并回车 注:光标垂直向下,输入1400;

指定下一点或[放弃(U)]:并回车 注:结束绘制直线。

③复制直线。

命令:copy 并回车。

选择对象:l 并回车 注:输入字母 l(即 last)选择刚才绘制的直线;

找到 1 个

选择对象:并回车 注:结束选择;

当前设置: 复制模式 = 多个

指定基点或[位移(D)/模式(O)]<位移>: 注:捕捉所选直线的上端点为基点;

指定第二个点或[阵列(A)]<使用第一个点作为位移>: 注:以下自左至右复制3条直线,过程如图4.57所示;

指定第二个点或[阵列(A)/退出(E)/放弃(U)]<退出>:

指定第二个点或[阵列(A)/退出(E)/放弃(U)]<退出>:

指定第二个点或[阵列(A)/退出(E)/放弃(U)]<退出>:并回车 注:结束复制。

④绘制户外最后一条横线。至此,全图绘制完毕,如图4.58所示,全图绘制完成。

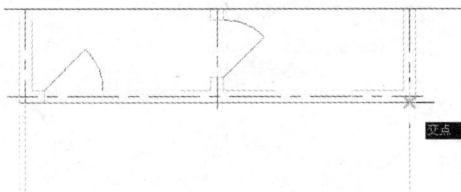

图4.57 复制直线过程

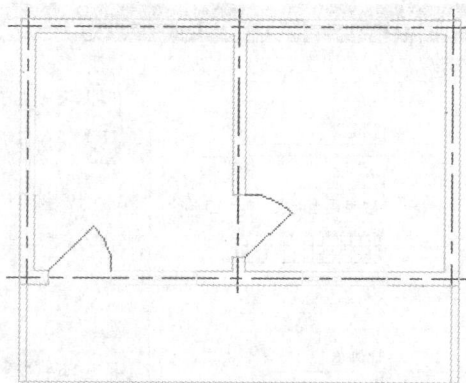

图 4.58　全图绘制完成

任务3　图形的图案填充

知识准备：

为了提高用户的绘图工作效率，AutoCAD 提供了图案填充功能，用以绘制诸如工程图中的剖面线、材质示意图案等图形。

图案填充的施加对象，必须是图形中封闭区域。AutoCAD 提供多种标准的填充图案，另外用户还可根据需要自定义图案。在填充过程中，用户可以通过填充工具来控制图案的疏密、剖面线条及倾角角度。AutoCAD 提供了"图案填充"命令来创建图案填充，绘制剖面线。

执行命令过程如下：

输入命令：hatch 并回车。或选择菜单栏"绘图"→"图案填充"命令，或单击绘图工具栏"图案填充"按钮图标▨，都将弹出"图案填充和渐变色"对话框，如图 4.59 所示。

在此对话框里，可以定义图案填充和渐变填充对象的边界、图案类型、图案特性和其他特性。

任务实施：

案例如图 4.60 所示。五角星由红、黄二色填充，背景由青色填充，圆环由洋红色填充。

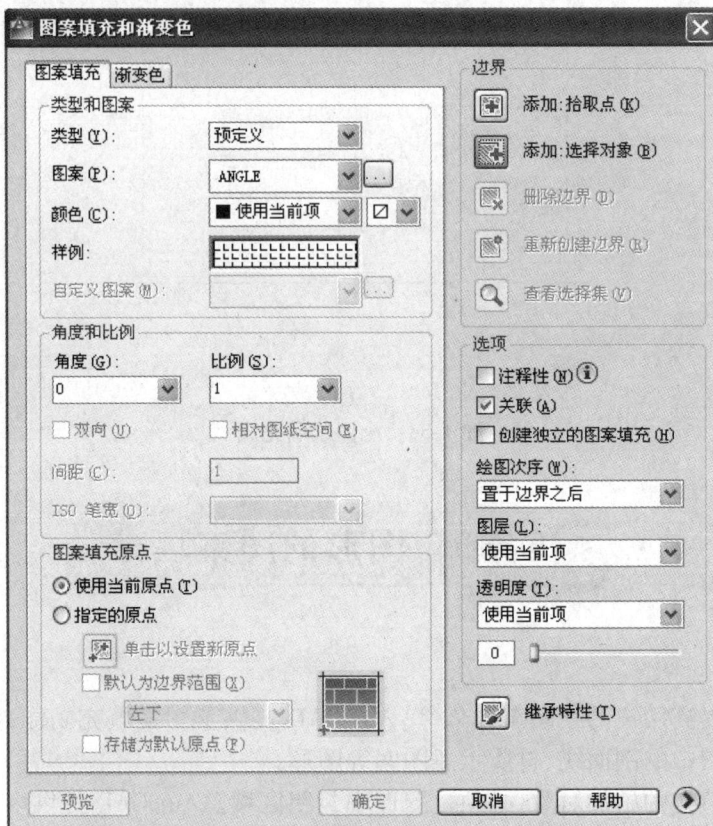

图 4.59   "图案填充和渐变色"对话框

图 4.60   带环五角星图案

1.填充圆环

操作过程如下：

①输入命令：open 并回车。或选择菜单栏"文件"→"打开"命令，或单击标准工具栏中"打开"按钮 ，弹出"选择文件"对话框，选择"带环五角星－1.dwg"即打开图形。

②让"带环五角星－1"图形充分显示在绘图区域。

命令：ZOOM 并回车。

指定窗口的角点，输入比例因子（nX 或nXP），或者

[全部（A）/中心（C）/动态（D）/范围（E）/上一个（P）/比例（S）/窗口（W）/对象（O）]＜实时＞：e 并回车 注：选择 E 选项，让图形完全显示在绘图区域，如图 4.61所示。

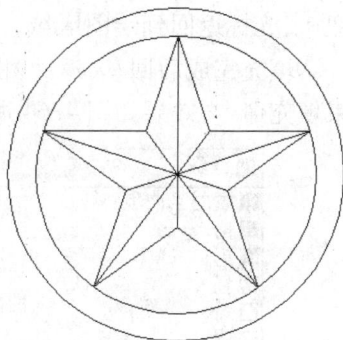

③输入命令：hatch 并回车。或执行绘图工具栏"图案填充"命令，弹出"图案填充和渐变色"对话框，如图 4.62 所示。

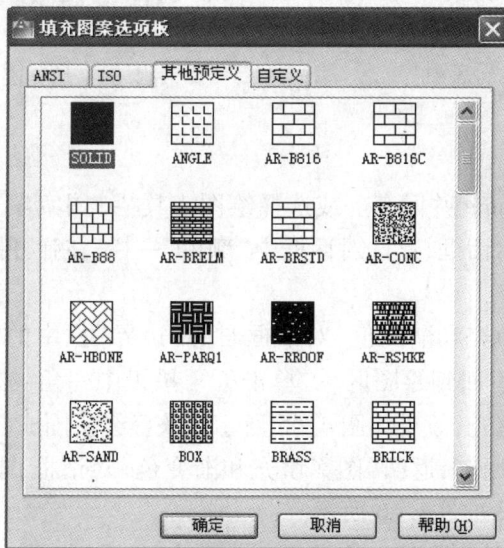

图4.61 原始五角星图案

图4.62 "图案填充选项板"对话框

133

④单击"图案填充和渐变色"对话框中"图案"一栏的右边按钮[...],弹出"填充图案选项板",如图 4.62 所示。点选左上角的"solid"图案,单击[确定]按钮,返回"图案填充和渐变色"对话框。

⑤选择"图案填充和渐变色"对话框中"颜色"一栏,在弹开的下拉表单中选择"洋红",如图 4.63 所示,然后自动返回"图案填充和渐变色"对话框。

⑥单击"图案填充和渐变色"对话框右部"边界"栏中的"拾取一个内部点"按钮[圆],光标返回到绘图区域,再单击圆环内部任意处,圆环即被填充。

⑦填充完成后回车,返回"图案填充和渐变色"对话框,单击[确定]按钮,结束填充命令,效果如图 4.64 所示。

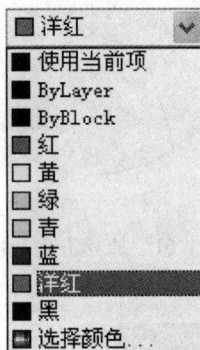

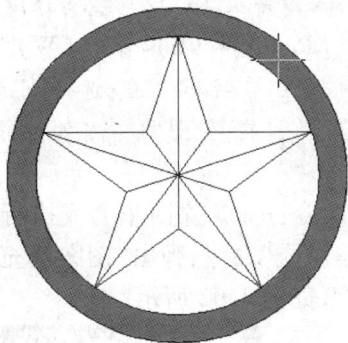

图 4.63　下拉表单　　　　　　　　　图 4.64　　填充圆环

2.填充五角星

①输入命令:hatch 并回车。或选择绘图工具栏"图案填充"命令,弹出"图案填充和渐变色"对话框,点选对话框中"颜色"一栏,在弹开的下拉表单中点选择"红"色。

②单击"图案填充和渐变色"对话框右部"边界"栏中的"添加:选择对象"选项按钮[圆],光标返回到绘图区域,单击五角星正中一角的左半部分区域之 3 条边,该区域即被填充,效果如图 4.65 所示 3 条虚线所围成的区域。

③填充完成后回车,返回"图案填充和渐变色"对话框,单击[确定]按钮,结束填充命令,效果如图 4.66 所示。

④用同样的方法,填充五角星中的同类红色区域,填充后结果图形如图 4.67所示。

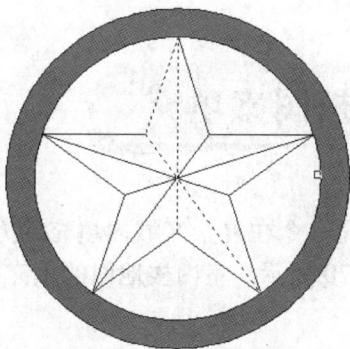

图4.65　3条虚线围成区域

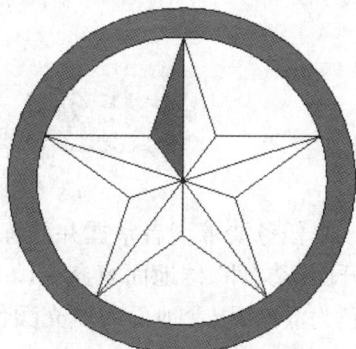

图4.66　选择对象法填充

⑤用同样的方法,填充五角星中的另外5个黄色区域,结果图形如图4.68所示。

图4.67　填充效果图

图4.68　黄色部分填充完成

3.填充其他着色区域

用与填充五角星同样的方法,填充五角星背景中的5个青色区域,结果图形如图4.69所示。

至此,带环五角星的填充操作完毕。

图4.69　青色背景填充完成

任务4　住宅楼板图案填充

　　本任务要求读者掌握并熟练应用图案填充命令在复杂区域内填充的方法。打开图形文件"楼地面填充 – 1. dwg",如图 4.70 所示。室内楼地面的填充图案颜色为洋红,阳台地面的填充颜色为绿色。

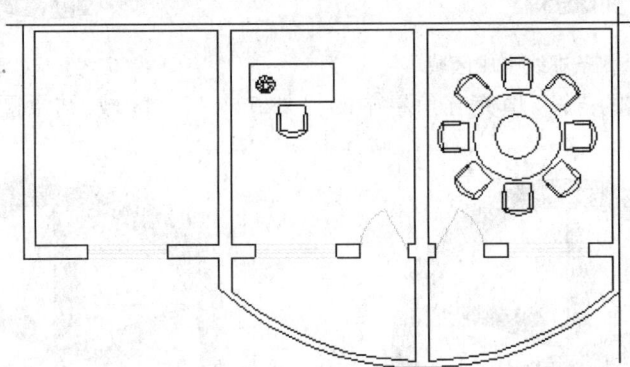

图 4.70　室内平面图

任务实施:

1. 添加分隔线

　　在室内通向阳台门的地方,添加横线,因此要关闭阳台门所在的图层,以便完全区分室内与阳台的各自区域。该横线为辅助线,填充操作完成后,可以关闭或删除辅助线。操作过程如下:

　　①创建图层。

　　输入命令:Layer 并回车。或单击"图层状态管理器"按钮 <u>　</u>,在弹出的对话框中创建"直线""室内地面""阳台地面"3 个图层,"室内地面"图层颜色为洋红色,"阳台地面"图层颜色为绿色;将"直线"图层设置为当前层。

　　②绘制辅助直线。

　　命令:<u>line</u> 并回车　注:或点击绘图工具栏"直线"命令,在阳台门处绘制用于分隔区域的辅助直线;

　　指定第一点:　注:光标捕捉并单击左边阳台门的左点,如图 4.71 所示;

指定下一点或[放弃(U)]: 注:光标捕捉并单击左边阳台门的右点;

指定下一点或[放弃(U)]:并回车 注:结束绘制直线。

③用同样的方法绘制右边阳台门的直线。

④单击"图层控制"栏,展开下拉列表,将其中的"door"图层 ⑨☼🗔 🔓□ DOOR 关闭,结果如图4.72所示。

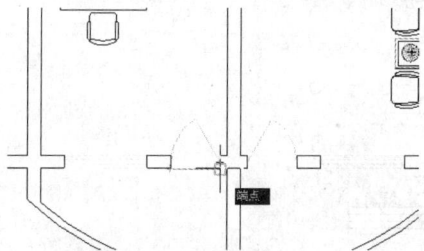

图4.71 阳台门处添加直线

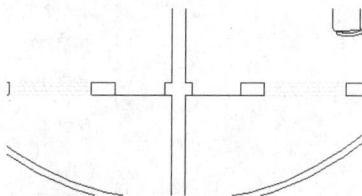

图4.72 关闭阳台门图层

2. 填充图案

①单击"图层控制"栏,将"室内地面"图层设置为当前层。

②输入命令:hatch并回车。或单击绘图工具栏"图案填充"命令按钮🔲,弹出"图案填充和渐变色"对话框;单击"图案"按钮🔲,弹出"填充图案选项板"。

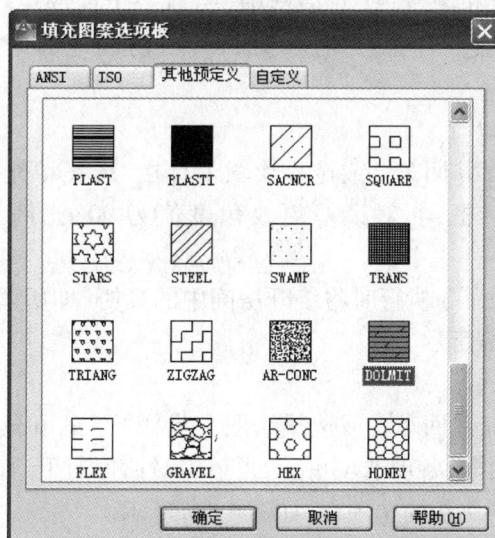

图4.73 选择填充图案

选择"其他预定义"选项卡按钮 其他预定义 ，点选其中的"dolmit"图案 ，如图 4.73 所示，然后单击"确定"按钮，退回到"图案填充和渐变色"对话框，从中可了解图案选择的结果。

③在图 4.74 所示对话框的"比例"栏中输入图案比例值 1000。

图 4.74　确定图案比例值

④用"拾取点"法选择填充的范围边界。

单击"图案填充和渐变色"对话框中"拾取一个内部点"按钮 ，光标返回到绘图区域，单击左边房间内部任一处，回车，房间地面即被图案填充，如图 4.75 所示。

⑤填充中间房间。

输入命令:hatch 并回车。或选择绘图工具栏"图案填充"命令，弹出"图案填充和渐变色"对话框；在对话框更改角度值为 90、比例为 1000，其余选项不变。

单击中间房间，命令执行时将绕开房间中的桌椅（即所谓的孤岛现象）进行图案填充，如图 4.76 所示。

⑥填充右边房间。

输入命令:hatch 并回车。或选择绘图工具栏"图案填充"命令，弹出"图案填充和渐变色"对话框，各项选项不变，再单击对话框右下角的"更多选项…"按钮 ，向右拓展出一块新的选项板，如图 4.77 所示。

在"孤岛显示样式"的 3 个选项中，选择"普通"，即 普通 项；单击"图案填充和渐变色"对话框中"添加:拾取点"按钮 ，回到绘图区域；单击右边房间桌

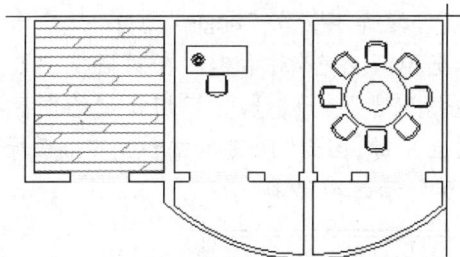

图 4.75　左边房间地面填充

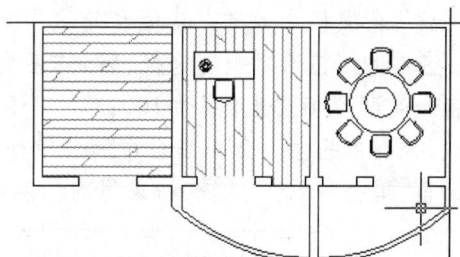

图 4.76　中间房间地面填充

椅外围的空白处,回车,并在"图案填充和渐变色"对话框单击"确定"按钮,即得到如图 4.78 所示的填充效果。圆桌中空部分也被图案填充,并且房间内的这两片填充区块,逻辑上是一个整体。

图 4.77　拓展的选项板

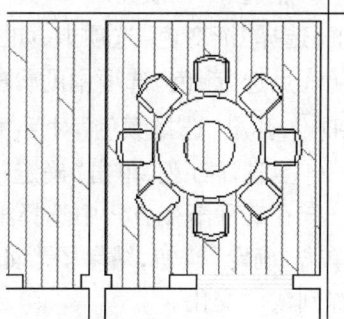

图 4.78　填充右房间

⑦填充阳台。单击"图层控制"栏,将"阳台地面"图层设置为当前层。

输入命令:hatch 并回车。或选择绘图工具栏"图案填充"命令,弹出"图案填充和渐变色"对话框。单击对话框中"图案"栏右边按钮，在弹出的"填充图案"选项板中点选"其他预定义"选项卡,选择其中的"angle"图案▦;单击 确定 按钮予以确定选择,回到"图案填充和渐变色"对话框。在对话框中设置"角度"为0,"比例"为100;单击"添加:拾取点"按钮▣,光标切换到绘图区域,分别单击左右2个阳台中的任意处,按回车键,回到"图案填充和渐变色"对话框,单击"确定"按钮,结果得到如图4.79所示之图形。

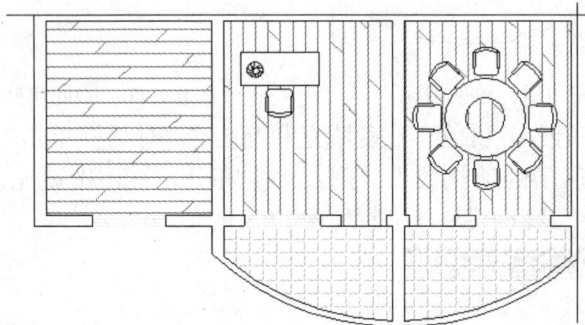

图4.79　阳台填充效果图

3.编辑填充图案

在图4.69"带环五星"图中,对圆环与背景设置渐变效果,操作过程如下:

①先对圆环进行渐变填充。单击圆环中的填充图案,再右击,弹出图案编辑快捷菜单,如图4.80所示。

②点选"图案填充编辑"选项▨ 图案填充编辑...,即弹出"图案填充和渐变色"对话框,选择"渐变色"选项卡,如图4.81所示。

③点选"颜色"选项中的◉单色(O),再单击"指定渐变填充颜色的"栏右端的按钮...,弹出"选择颜色"对话框,如图4.82所示。

④点选洋红色,单击"确定"按钮,回到上一级的"渐变色"选项卡。

⑤在9种渐变方式中选择第1种,即左上角示意按钮,如图4.83所示。然后单击"确定"按钮,结果图形如图4.84所示,圆环上的洋红色从左至右发生了由深到浅的变化。

⑥先单击背景中的填充图案,再右击,弹出图案编辑快捷菜单。

⑦点选"图案填充编辑"选项▨ 图案填充编辑...,即弹出"图案填充和渐变色"对话框,选择"渐变色"选项卡。

⑧点选"颜色"选项中的◉双色(T),再先后单击左右2个"指定渐变填充颜色的"栏的按钮...,弹出"选择颜色"对话框进行选择颜色。本例中,左框选黄

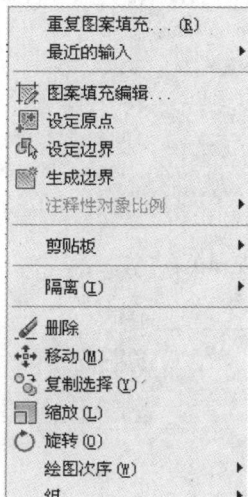

图 4.80　图案编辑快捷菜单(截选)　　　　图 4.81　渐变色选项卡

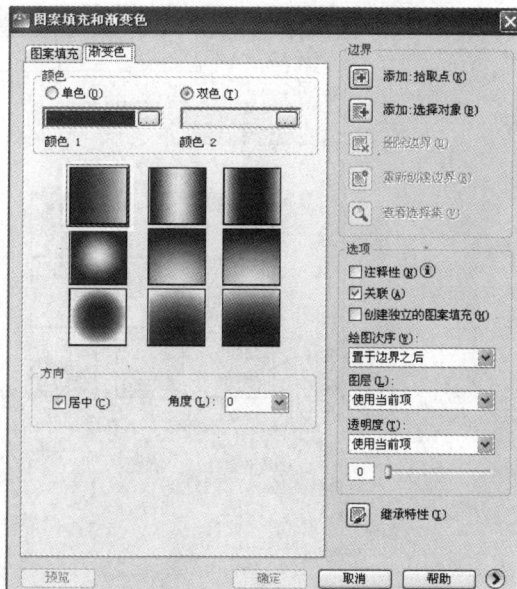

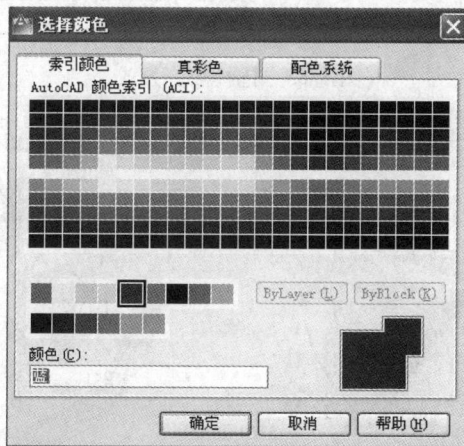

图 4.82　选择颜色对话框

色,右框选蓝色,再选定第4种渐变方式(即左中按钮),单击"确定"按钮,结果如图 4.85 所示。

⑨图 4.79 中,需要把左房间的填充旋转 90°,操作过程如下:

a. 单击"图层控制"栏,将"房间地面"图层设置为当前层。

b. 单击左房间的填充图案,使其显示成虚线状态,并有蓝色夹点出现。光

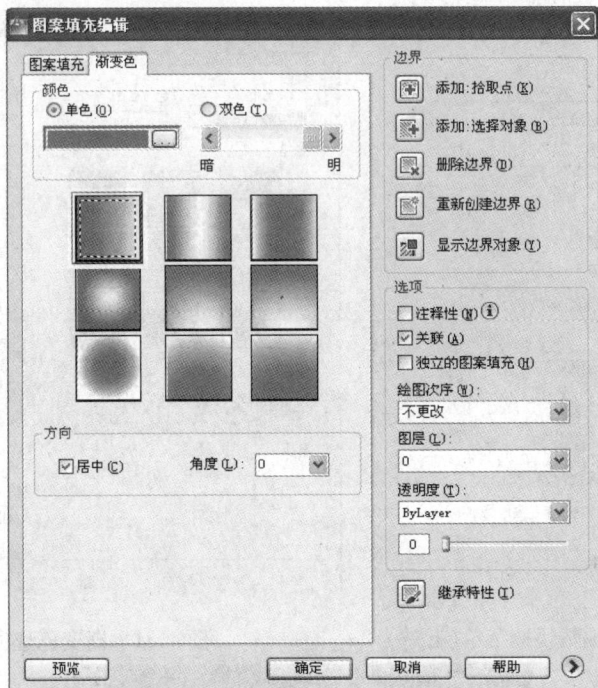

图4.83　选择渐变方式

图4.84　圆环的单渐变色效果图　　　　图4.85　背景的双渐变色效果图

标停留填充图案并右击,弹出快捷菜单(因菜单太长,此处截选其上半部),如图
4.86所示。

　　c.点选"图案填充编辑"选项 图案填充编辑... ,即弹出"图案填充和渐变色"对
话框,其中显示的内容为该图案的信息,如图4.87所示(因图形过大,此处截
选)。

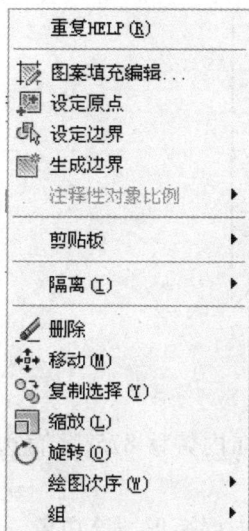

图4.86 快捷菜单(截选)　　　　图4.87 原图案属性信息(截选)

d.在"角度"一栏输入90,回车,单击选项框上的"确定"按钮,填充图案即旋转90°。

e.单击"图层控制"栏,将"door"图层打开。结果图形如图4.88所示。

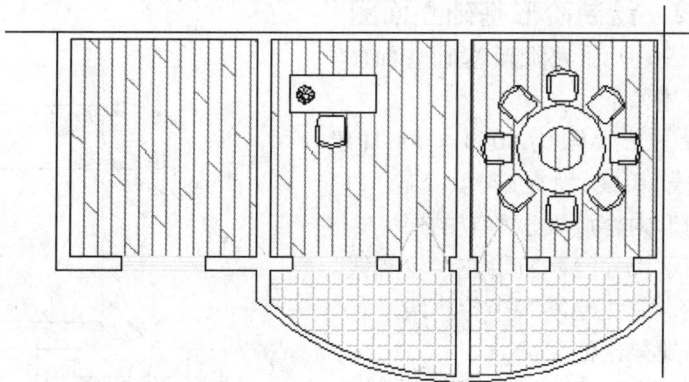

图4.88 填充图案编辑结果

拓展训练1　绘制独立基础平面图

如图4.89所示为某独立基础平面图,绘制过程简述如下:

①设置图形界限为6000×5000;建立图层(细线、粗线、填充),把所绘制的

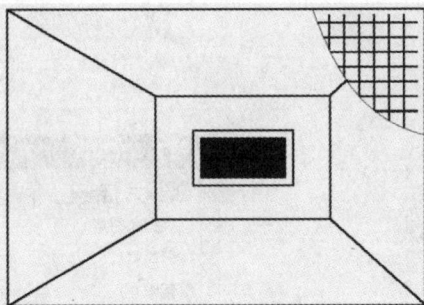

图 4.89   独立基础平面图

图形内容放置相应的层。

②绘制 4200×3000 的矩形；分解矩形，将其水平边向内偏移 875，竖直边向内偏移 1500 和 950；连接相应顶点，并修剪去多余的线。

③利用偏移边的方法可以得到内层的两个矩形，最内层矩形填充白色。

④绘制右上角：用 pl 命令画水平及竖直的平行线，水平线线宽＝14，距离＝150；竖直线线宽＝10，距离＝150；画样条曲线，修剪去多余的线条。

⑤保存文件。

拓展训练 2   绘制阶形基础立面图

如图 4.90 所示为阶形基础立面图，绘制过程简述如下：

①设置图形界限为 8000×6000；建立图层（细线、粗线、填充砖、填充砼），把所绘制的图形内容放置于相应的层。

②按图示尺寸绘制阶形左半轮廓线。

③用镜像方法绘制右半轮廓线。

④绘制地梁剖面。

⑤基础下部矩形填充，图案＝AR－CONC，比例＝1.4；

⑥基础上部填充，图案＝ANSI31，比例＝60；

⑦保存文件。

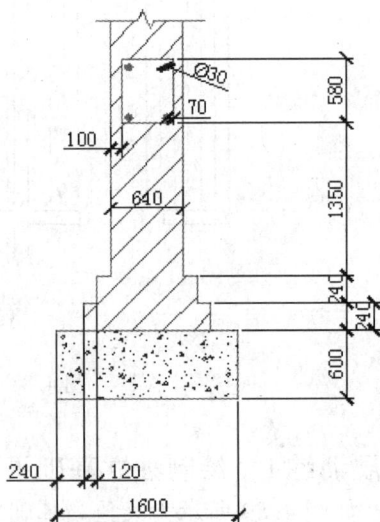

图 4.90   阶形基础立面图

学习情境5 绘制建筑类图形

知识目标：

    1.了解建筑类制图的简要知识；

    2.掌握建筑平面图的绘制方法；

    3.掌握建筑立面图的绘制方法；

    4.掌握绘制建筑详图的绘制方法；

    5.通过拓展训练绘制建筑剖面图以检验技巧的掌握程度。

技能目标：

    1.能够识读一般的建筑工程施工图或建筑装饰工程图；

    2.能够运用绘图命令与技巧绘制建筑平面图的图形部分；

    3.能够运用绘图命令与技巧绘制建筑立面图的图形部分；

    4.能够运用绘图命令与技巧绘制建筑详图；

    5.能够独立运用绘图命令与技巧绘制建筑剖面图。

情境再现与任务分析：

    本环节在前面学习实践的基础上，向读者专题介绍绘制建筑类图形的方法和技巧，为此引入3个典型绘图任务以及1项拓展训练。本环节首先对建筑平面图、建筑立面图、建筑剖面图以及建筑详图的一般性知识，向用户作简要概述，继而通过对典型的建筑平、立、剖图形，以及楼梯大样图的绘制与详细演示、阐述，让用户了解一般的建筑施工图绘图流程，综合运用前面所介绍的绘图命令与技巧，高效率地绘制出符合标准要求的图形。

学习情境教学场景设计：

学习领域	AutoCAD 2012 中文版	
学习情境	AutoCAD 2012 中文版之绘制建筑类图形	
行动环境	场景设计	工具、设备、教件
①工程设计机构。 ②校内实训基地。	①分组(每组 2 ~ 4 人)。 ②教师讲解建筑工程图知识,阐述绘图流程及绘图方法与技巧。 ③学生动手完成绘图任务,领会并交流绘图技巧。 ④学生开展拓展训练,教师抽查学生完成情况,并加以评点。	①带独立显卡、联成局域网的PC机。 ②投影仪或多媒体网络广播教学软件。 ③多媒体课件、操作过程屏幕视频录像。 ④建筑工程实际图纸。

任务 1　绘制建筑平面图

知识准备：

建筑平面图是表示建筑物在水平方向上房屋各部分的组合关系,图纸一般由墙体、柱、门、窗、楼梯、阳台、尺寸标注、轴线和说明文字等组成。绘制建筑平面图的目的在于直观反映出建筑的内部使用功能、建筑内外空间关系、装饰布置及建筑结构形式等。

要绘制建筑平面图,首先要学会读图,读图可分以下几个步骤进行：

①了解图名和比例,对照总平面图确定房屋朝向和出入口的位置。

②了解平面形式、房间的数量及用途、建筑物的外形尺寸(即外墙轮廓尺寸),以及轴线尺寸、门窗洞口间尺寸等。轴线间尺寸横向称为开间,纵向称为进深。楼梯平面图中带长箭头的细线被称为行走线,用来指明上、下楼梯的行走方向。

③了解门窗的类型、数量与设置情况。门的编号以 M 开头,用 M1、M2 等表示;窗的编号以 C 开头,用 C1、C2 等表示。通过编号可查找各种类型门窗的位置和数量,通过对照平面图中的分段尺寸可查找出各类门窗洞口尺寸。门窗具体构造还要参照门窗明细表中所用的标准图集(门窗表的绘制将在学习情境10

介绍)。

　　④深入了解各类房间内的固定设施,以及细部尺寸。

　　⑤掌握以上所有内容后便可逐层识读,读图时应注意着重查看房间的布置、用途及门窗设置等,以及它们之间的不同之处,尤其应注意各种尺寸及楼地面标高等问题。

任务实施:

　　本任务将综合运用前面所学习的知识与技巧(除尺寸标注外),绘制如图5.1所示的住宅楼建筑平面图。通过本例中对绘制住宅楼建筑平面图的解析,读者应该掌握绘制建筑平面图的流程与技巧。

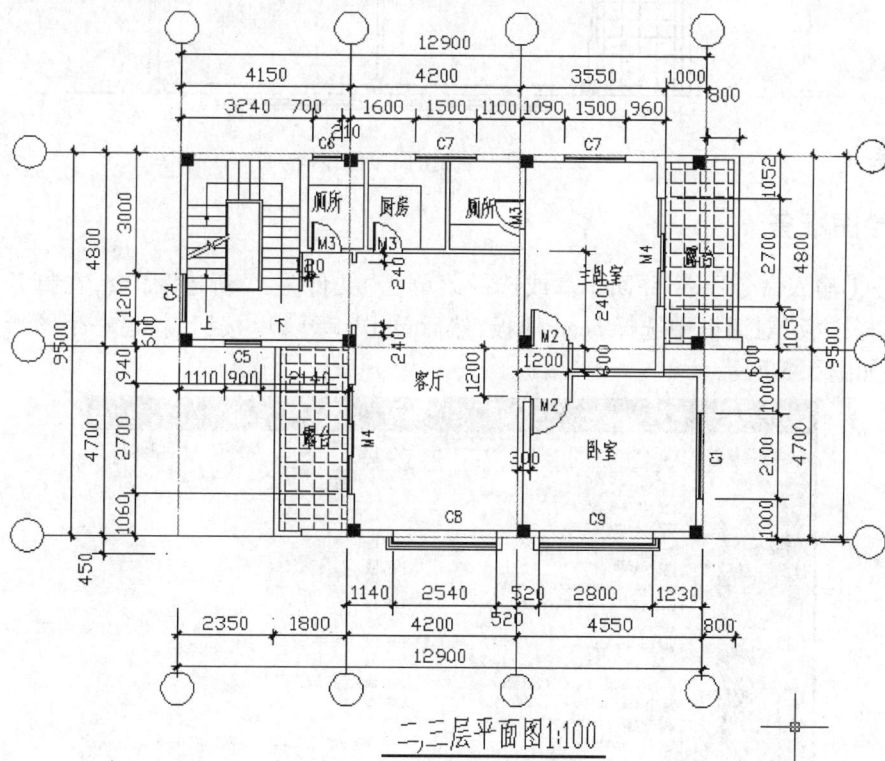

二、三层平面图1:100

图5.1　住宅平面图

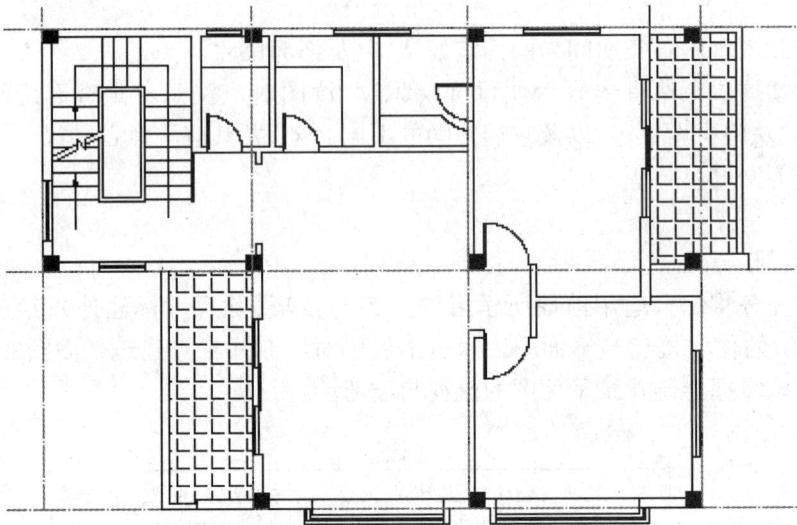

图5.2 要求绘制的平面图内容

1. 绘图准备

①输入命令：new 并回车。或选择菜单栏"文件"→"新建"命令,在打开的
"选择样板"对话框中选择 acad 样板,然后单击 打开⑩ 按钮,新建一个图形文
件,如图 5.3 所示。

图5.3 创建一个新的图形文件

②输入命令:Layer 并回车。或单击"图层特性管理器"按钮 🖫,在弹出的对话框中分别创建"轴线""墙线""门""窗"等图层,其参数设置如图5.4所示。

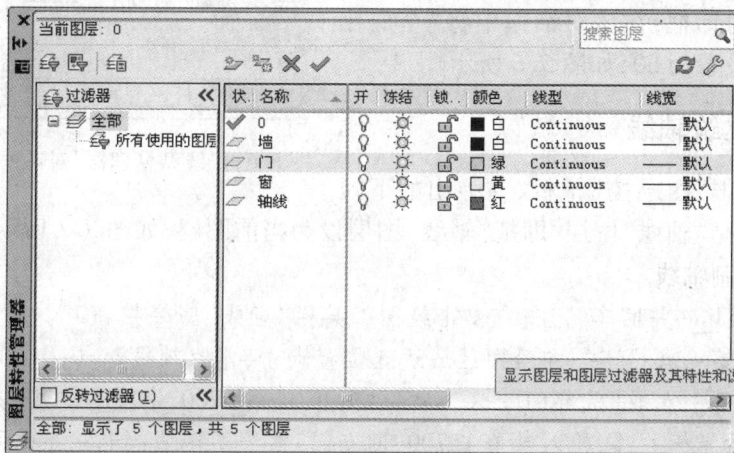

图5.4　"图层特性管理器"对话框

③输入命令:units 并回车。或选择菜单栏"格式"→"单位"命令,打开"图形单位"对话框,在对话框中将长度单位设置成"小数",将"精度"设置成"0",将单位设置为毫米,如图5.5所示。

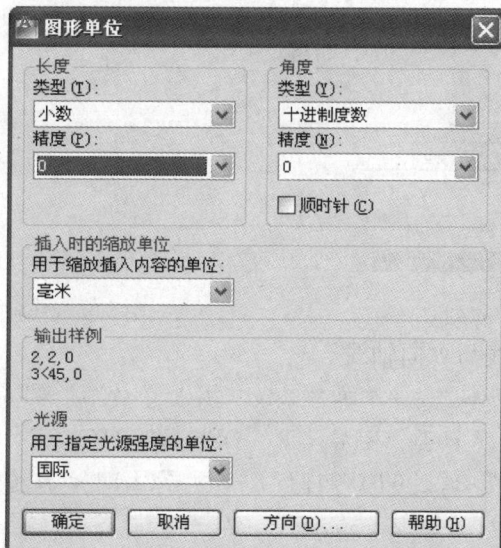

图5.5　设置图形单位

④输入命令：linetype 并回车。或选择菜单栏"格式"→"线型"命令，打开"线型管理器"对话框，在该对话框中将"全局比例因子"设置为60，如图5.6所示。

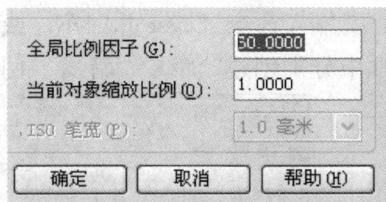

全局比例因子 (G):	60.0000
当前对象缩放比例 (O):	1.0000
.ISO 笔宽 (P):	1.0 毫米

确定　　取消　　帮助(H)

图5.6　"线型管理器"对话框（局部）

2.绘制建筑轴线

①单击"图层控制"栏，在弹出的下拉列表中选择"轴线"图层，即把"轴线"图层设为当前图层，如图5.7所示。

②绘制轴线。

命令：line 并回车　注：或单击绘图工具栏"直线"命令按钮。

指定第一点：　注：在绘图区域适宜位置点击，作为轴线起点；

指定下一点或[放弃(U)]：　＜正交 开＞　15700 并回车　注：打开正交模式，然后光标右移，输入数值15700，回车，即在绘图区域绘制一条水平轴线；

指定下一点或[放弃(U)]：并回车　注：结束绘制轴线。

用同样的方法绘制一条长度为115000的垂直轴线，二轴线如图5.8所示。

图5.7　图层下拉列表　　　　　　图5.8　绘制轴线

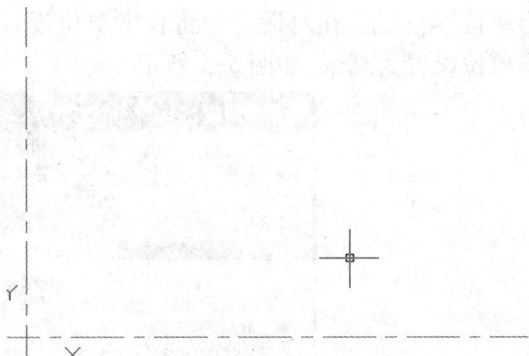

③绘制水平轴线与纵向轴线。

命令：offset 并回车　注：或单击修改工具栏中的"偏移"命令按钮；

当前设置：删除源＝否　图层＝源　OFFSETGAPTYPE＝0

指定偏移距离或[通过(T)/删除(E)/图层(L)]＜通过＞:4700 并回车

注：输入偏移量4700；

选择要偏移的对象，或[退出(E)/放弃(U)]＜退出＞：　注：点选水平轴线；

指定要偏移的那一侧上的点,或[退出(E)/多个(M)/放弃(U)]<退出>:　注:光标移动到水平轴线上方的任一处单击,即在轴线上方绘出新一轴线,如图5.9所示;

选择要偏移的对象,或[退出(E)/放弃(U)]<退出>:　注:结束偏移操作。

用同样的办法画出第三条水平轴线,与邻边偏移量为4800;继续用该方法,绘制垂直方向的其余轴线,间距分别为4150、4200、4550,完成轴线的绘制,结果如图5.10所示。

| 图5.9　绘制水平轴线 | 图5.10　绘制纵向轴线 |

3.绘制墙线

①单击"图层控制"栏,在弹出的下拉列表中单击"轴线"图层的"锁定"图标🔓,锁定"轴线"图层,如图5.11所示。

②单击"图层控制"栏,在弹出的下拉列表中选择"墙"图层,即把"墙"图层设为当前图层,如图5.12所示。

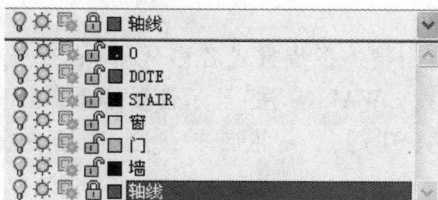

| 图5.11　锁定轴线图层 | 图5.12　设置墙为当前图层 |

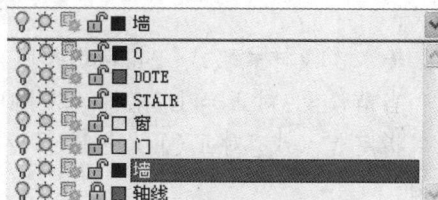

③输入命令:mlstyle并回车。或选择菜单栏"格式"→"多线样式"命令,打开"多线样式"对话框,如图5.13所示,创建多线"WALL"。

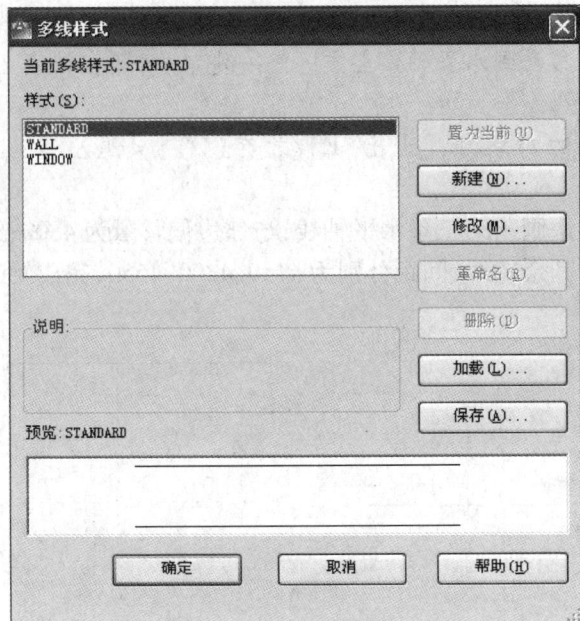

图5.13 创建名为"WALL"的多线

④在命令提示行中执行"多线"命令,通过轴线的端点和交点绘制外墙线,操作过程如下:

命令:<u>mline</u> 并回车 注:或选择菜单栏"绘图"→"多线"命令,从轴线左下角交点开始,顺轴线向右,以逆时针方向绘制外墙线;

当前设置:对正 = 上,比例 = 20.00,样式 = STANDARD 注:系统默认参数,必须通过用户按需选取;

指定起点或[对正{J)/比例(s)/样式(st)]:<u>ST</u> 并回车 注:选择多线样式;

输入多线样式名或[?]:<u>wall</u> 并回车 注:输入多线样式名称 WALL;

当前设置:对正 = 上,比例 = 20.00,样式 = WALL 注:显示设置结果;

指定起点或[对正(J)/比例(S)/样式(ST)]: <u>s</u> 并回车 注:选择多线比例;

输入多线比例 <20.00 >:<u>200</u> 并回车 注:输入多线的比例值;

当前设置:对正 = 上,比例 = 200.00,样式 = WALL 注:显示设置结果;

指定起点或[对正(J)/比例(S)/样式(ST)]: <u>j</u>并回车 注:选择多线的对正方式;

输入对正类型[上(T)/无(Z)/下(B)]<上>：<u>b</u>并回车　注:选择下对齐方式；

当前设置:对正=下,比例=200.00,样式=WALL　注:显示设置结果,然后结合按照图例给出的要求,用多线绘制出一圈外墙,如图5.14所示。

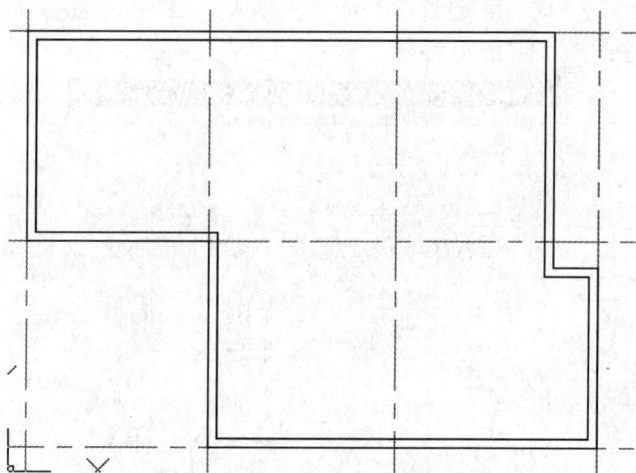

图5.14　用多线绘制外墙线

⑤用同样的方法绘制室内墙厚为200和120的内墙线,如图5.15所示。

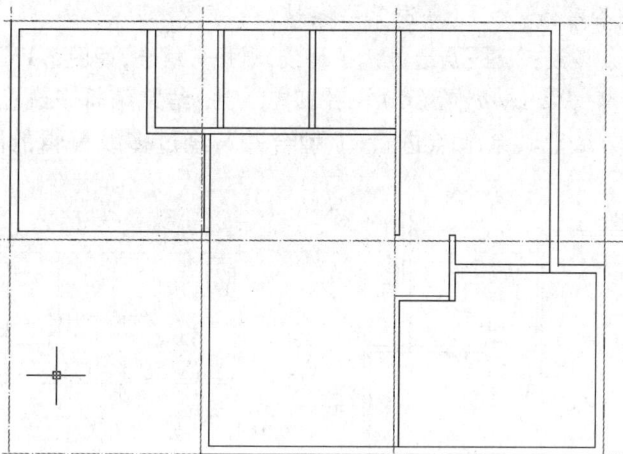

图5.15　用多线绘制内墙线

4.编辑墙线

命令:<u>mledit</u> 并回车　注:或选择菜单栏"修改"→"对象"→"多线"命令,或直接双击绘图区域的多线,弹出"多线编辑工具"选择框,如图 5.16 所示,对墙线进行"T 型合并"或"角点结合"处理。如要对图中的墙拐角进行"角点结合",即可单击选择框中的 ⌐ 按钮。

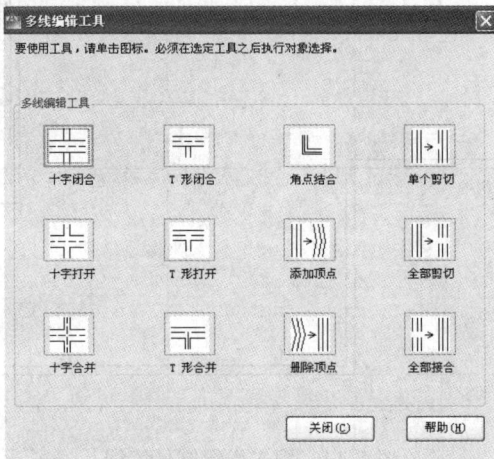

图 5.16　多线编辑工具

选择第一条多线:　注:点选第一条墙线;

选择第二条多线:　注:点选另一条墙线,则拐角结合,如图5.17 中圆圈处所示;

选择第一条多线或[放弃(U)]:并回车　注:结束编辑多线;

用同样的方法把其余节点进行"T 型合并",经过多线编辑的图形如图 5.18 所示。

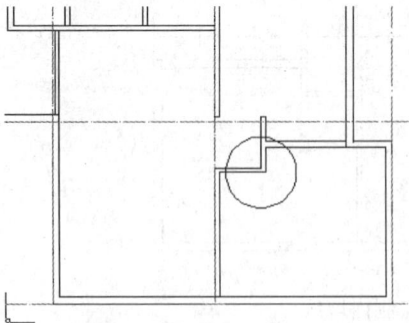

图 5.17　L 型角点结合

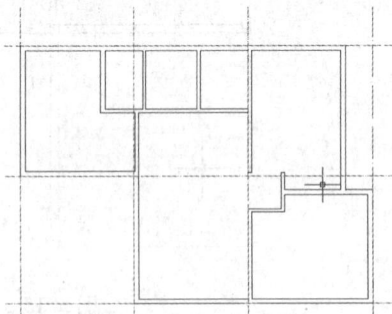

图 5.18　处理多线结点后图形

5. 在墙上开出门窗的洞

①绘制墙线的窗洞截断小线段。

命令:<u>LINE</u> 并回车　注:或单击绘图工具栏"直线"命令按钮 ✎ ,如图 5.19所示;

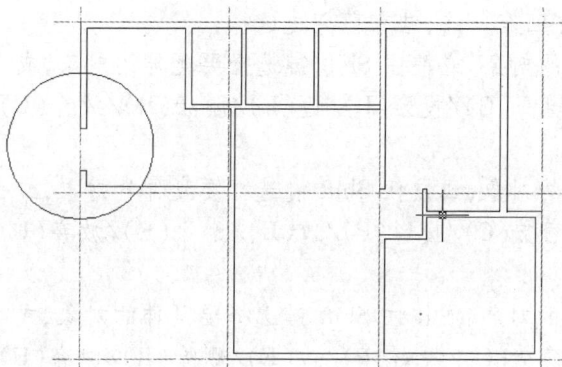

图5.19　修剪窗洞(圆圈中)

指定第一点:<u>from</u> 并回车　注:用基点作为参照点输入起点;

基点:<偏移>:<正交 开>600 并回车　注:点取左下角点基点,然后打开正交模式,光标上移,输入数值600,回车,即在墙线的左边给定了线段起点;

指定下一点或[放弃(U)]:　注:光标右移,捕捉墙线右侧的"垂点",点选,即为线段终点;

指定下一点或[放弃(U)]:并回车　注:结束短线段绘制。

②绘制窗洞的另一边短线段。

命令:<u>offset</u> 并回车　注:或单击修改工具栏"偏移"命令按钮 ⬚ ;

当前设置:删除源=否　图层=源　OFFSETGAPTYPE=0

指定偏移距离或[通过(T)/删除(E)/图层(L)]<通过>:<u>1200</u> 并回车注:输入窗洞宽度值;

选择要偏移的对象,或[退出(E)/放弃(U)]<退出>:　注:点选短线段;

指定要偏移的那一侧上的点,或[退出(E)/多个(M)/放弃(U)]<退出>:　注:在小线段的上方区域任意单击,即绘制出另一条短线段;

选择要偏移的对象,或[退出(E)/放弃(U)]<退出>:并回车　注:结束偏移命令。

③剪出窗洞。

命令:trim 并回车　注:或单击修改工具栏"修剪"命令按钮 ；

当前设置:投影 = UCS,边 = 无

选择剪切边…

选择对象或 <全部选择>：　找到 1 个　注:点选短线段,作为剪切边;

选择对象:指定对角点:找到 1 个,总计 2 个　注:点选另一短线段;

选择对象:并回车　注:结束剪切边选择;

选择要修剪的对象,或按住 Shift 键选择要延伸的对象,或

［栏选(F)/窗交(C)/投影(P)/边(E)/删除(R)/放弃(U)］：　注:点取被修剪的对象墙线;

选择要修剪的对象,或按住 Shift 键选择要延伸的对象,或

［栏选(F)/窗交(C)/投影(P)/边(E)/删除(R)/放弃(U)］：　注:点取另一对象墙线;

选择要修剪的对象,或按住 Shift 键选择要延伸的对象,或

［栏选(F)/窗交(C)/投影(P)/边(E)/删除(R)/放弃(U)］:并回车　注:结束被修剪的对象选择,修剪命令结束,结果如图 5.19 所示。

用同样的方法对墙线上进行"修剪",修剪出其余的窗洞、门洞,得到的结果图形如图 5.20 所示。

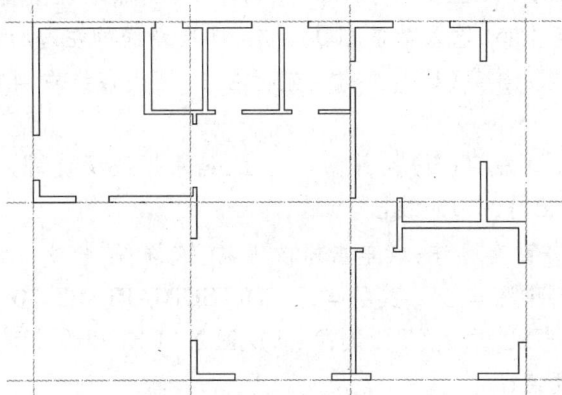

图 5.20　修剪门、窗洞后的效果图

6. 绘制窗户

①单击"图层控制"栏,在弹出的下拉列表中点击"窗"图层,即把"窗"图层设为当前图层。

②绘制"窗"的多线。

命令:<u>MLINE</u> 并回车　注:或选择菜单栏"绘图"→"多线"命令;

当前设置:对正 = 上,比例 = 20.00,样式 = STANDARD

指定起点或[对正(J)/比例(S)/样式(ST)]:<u>j</u>并回车　注:更改多线对正方式;

输入对正类型[上(T)/无(Z)/下(B)]<上>:　<u>z</u>并回车　注:方式改为对中;

当前设置:对正 = 无,比例 = 20.00,样式 = STANDARD

指定起点或[对正(J)/比例(S)/样式(ST)]:　<u>s</u>并回车　注:更改多线的比例值;

输入多线比例 <20.00>:　<u>200</u>并回车　注:多线比例更改为200;

当前设置:对正 = 无,比例 = 200.00,样式 = STANDARD

指定起点或[对正(J)/比例(S)/样式(ST)]:<u>st</u>并回车　注:更改多线的样式;

输入多线样式名或[?]:　<u>window</u>并回车　注:多线的样式更改为 window;

当前设置:对正 = 无,比例 = 200.00,样式 = WINDOW

指定起点或[对正(J)/比例(S)/样式(ST)]:　注:点取窗洞的一个端点;

指定下一点:　注:点取窗洞的另一端点;

指定下一点或[放弃(U)]:并回车　注:结束多线的绘制,结果如图 5.21 圆圈中所示。

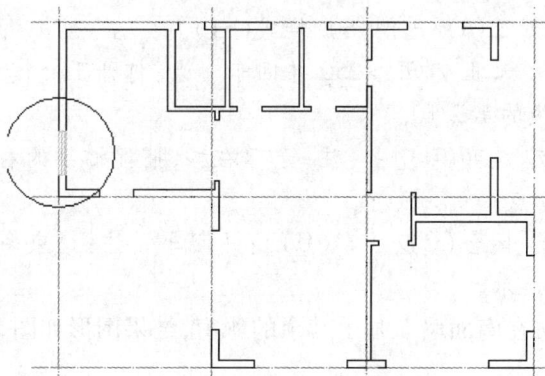

图 5.21　绘制窗线(圆圈中)

用同样的方法在墙上窗洞进行"窗"的多线绘制,画出其余的窗户,结果图形如图 5.22 所示。

③绘制飘窗。平面图南面的二个飘窗图形与众不同,需另外绘制:

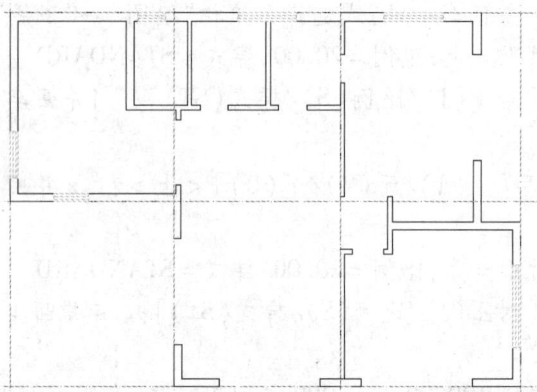

图5.22　绘制全部窗线

命令:<u>mline</u> 并回车　　注:或选择菜单栏"绘图"→"多线"命令,绘制"飘窗";

当前设置:对正=无,比例=200.00,样式=WINDOW

指定起点或[对正(J)/比例(S)/样式(ST)]:<u>j</u>并回车　　注:更改多线对正方式;

输入对正类型[上(T)/无(Z)/下(B)]<无>:　<u>t</u>并回车　　注:对正方式改为向上向右对齐方式;

当前设置:对正=上,比例=200.00,样式=WINDOW

指定起点或[对正(J)/比例(S)/样式(ST)]:　注:点取窗洞的一个端点;

指定下一点:　<正交 开><u>250</u>并回车　　注:打开正交模式,光标下移,输入250,即给定多线的第2点;

指定下一点或[放弃(U)]:　注:光标右移,捕捉墙线的右端垂点并单击,即给定多线的第3点;

指定下一点或[闭合(C)/放弃(U)]:并回车　　注:结束多线的绘制,结果如图5.23圆圈中所示。

用同样的方法在南面墙上画出其余的飘窗,结果图形如图5.24所示。

7. 绘制门

①绘制普通平开门。单击"图层控制"栏,在弹出的下拉列表中单击"门"图层,将其设为当前图层。

命令:<u>rectang</u> 并回车　　注:或单击绘图工具栏"矩形"命令按钮▭,用以绘

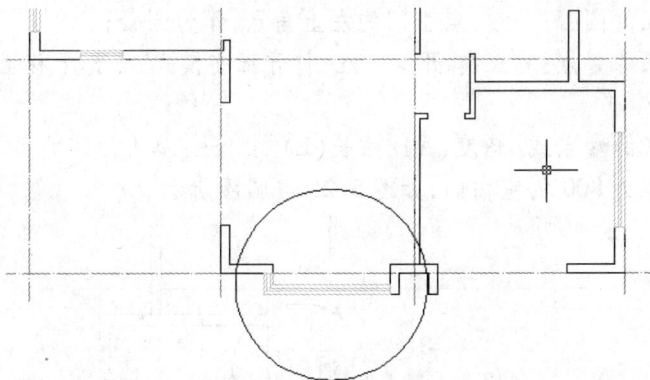

图5.23 用多线绘制飘窗(圆圈中)

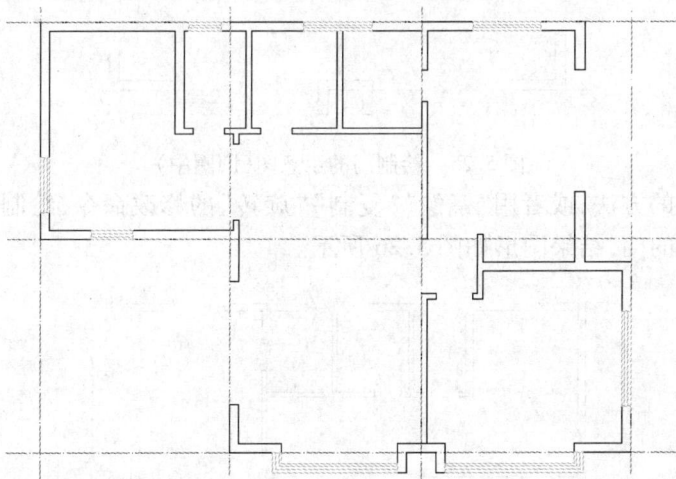

图5.24 用多线绘制飘窗

制门,如图5.25所示;

　　指定第一个角点或[倒角(C)/标高(E)/圆角(F)/厚度(T)/宽度(W)]:

　注:捕捉墙的端点,作为矩形的上角点;

　　指定另一个角点或[面积(A)/尺寸(D)/旋转(R)]:@50,-800并回车

　注:以相对坐标的方式输入门的厚度50和宽度800,绘制出门的平面示意图;

　　命令:arc并回车　注:或单击绘图工具栏"圆弧"命令按钮⌒,绘制门的开关轨迹圆弧线段;

　　指定圆弧的起点或[圆心(C)]:c并回车。　注:选择C选项,以圆心、起点、终点方式绘制圆弧轨迹段;

指定圆弧的圆心： 注:点击门的左上角点,作为圆心;

指定圆弧的起点:＜正交 开＞ 注:打开正交模式、光标下移至门的下端点并单击;

指定圆弧的端点或[角度(A)/弦长(L)]： 注:单击门洞的另一边墙线,即绘制出一樘宽为800的室内门,如图5.25中圆圈所示。

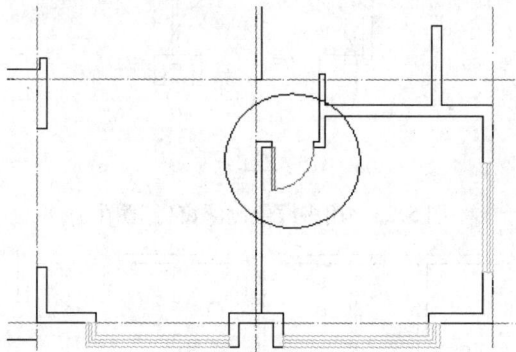

图5.25 绘制门的示意图(圆圈中)

用同样的方法,或者用"镜像""复制""旋转"的修改命令,绘制出其余800宽和700宽的门,结果图形如图5.26所示。

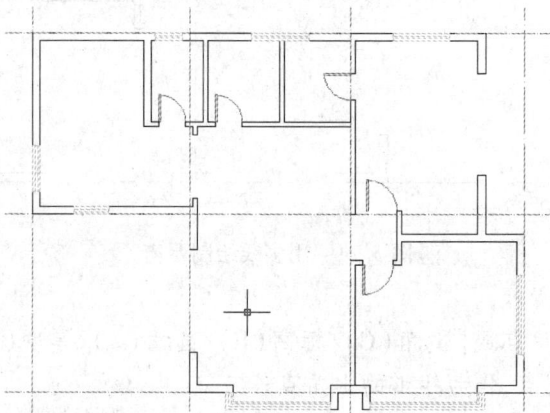

图5.26 绘制门的示意图

②绘制阳台门。阳台门为3个细长矩形成品字形叠拼构成的推拉门图形,每块矩形为60 * 950,拼合重叠处长度为75,如图5.27所示。可以在绘图区域的空白处预先绘制,装配完好后,移动到住宅平面图的阳台门所在之处。操作过程如下:

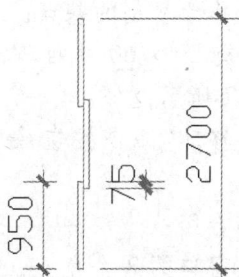

图 5.27　推拉门图形　　　　　　　　　　图 5.28　安装阳台推拉门

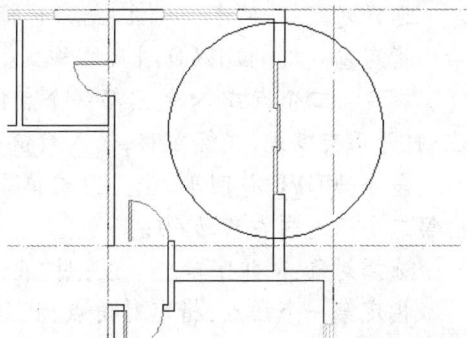

命令:<u>rectang</u> 并回车　注:或单击绘图工具栏"矩形"命令按钮□,绘制矩形;

指定第一个角点或[倒角(C)/标高(E)/圆角(F)/厚度(T)/宽度(W)]:　注:矩形的角点;

指定另一个角点或[面积(A)/尺寸(D)/旋转(R)]:<u>@60,950</u> 并回车注:矩形的另一角点;

命令:<u>copy</u> 并回车　注:或单击编辑工具栏中"复制"命令按钮⬡,将绘制的矩形向上复制 2 个;

选择对象:找到 1 个　注:点选新绘制的小矩形;

选择对象:并回车　注:选择结束;

当前设置:　复制模式 = 多个

指定基点或[位移(D)/模式(O)]<位移>:　注:单击任一处作为复制的基点;

指定第二个点或[阵列(A)]<使用第一个点作为位移>:<正交 开><u>875</u>并回车　注:打开正交模式,光标向上移动,输入数值 875,回车,即复制了一扇门;

指定第二个点或[阵列(A)/退出(E)/放弃(U)]<退出>:<u>1750</u> 并回车注:复制另一扇门;

指定第二个点或[阵列(A)/退出(E)/放弃(U)]<退出>:并回车　注:结束复制;

命令:<u>move</u> 并回车　注:或单击修改工具栏中"移动"命令按钮✛,将第二个门扇向右移动 60;

选择对象:找到 1 个　注:选择第二个门扇;

选择对象:并回车。　注:结束选择;

指定基点或[位移(D)]<位移>:　注:单击任一处作为复制的基点;

指定第二个点或 <使用第一个点作为位移>:<正交 开> 60 并回车。

注:打开正交模式,光标右移,输入数值60,结果如图5.27所示;

命令:MOVE 并回车。　注:或单击修改工具栏中"移动"命令按钮 ✥,将拼第二个门扇向右移动60;

选择对象:w 并回车。　注:用"窗选"的办法选定阳台门;

指定第一个角点:指定对角点:找到 5 个　注:单击窗口的2个角点,选择整个阳台门;

选择对象:并回车。　注:结束选择;

指定基点或[位移(D)]<位移>:　注:单击阳台门的左下角点,作为移动的基点;

指定第二个点或<使用第一个点作为位移>:<正交 关>　注:捕捉阳台门洞的左下端点并单击,阳台门即"安装"完毕,结果图形如图5.28圆圈中所示。

用同样的"复制"方法,复制出另一个阳台门,结果图形如图5.29所示。

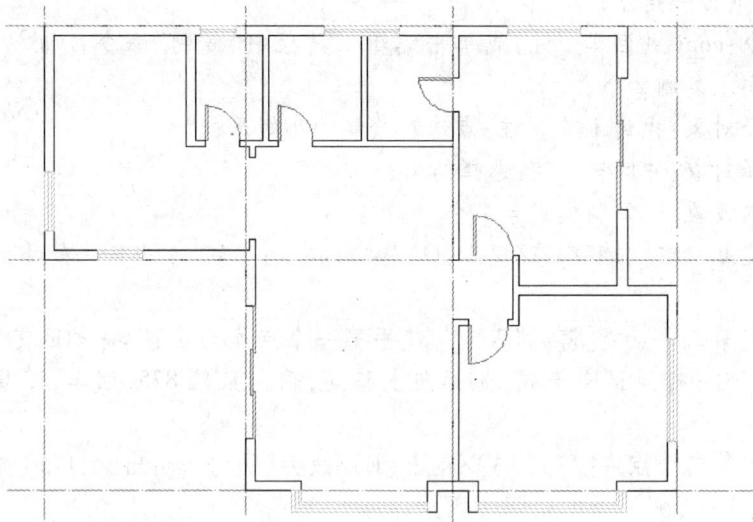

图5.29　安装阳台门

8.绘制楼梯

楼梯的细部尺寸如图5.30所示。先在绘图区域空白处绘制楼梯扶手,即两个嵌套矩形框,之后将其移动安放在要求的位置,然后绘制踏步线,最后绘制剖折线。

①单击"图层控制"栏,在弹出的下拉列表中单击"楼梯"图层,设为当前图层;

②绘制楼梯扶手的外轮廓线。

命令:rectang 并回车 注:或单击绘图工具栏的"矩形"命令按钮 □ ;

指定第一个角点或[倒角(C)/标高(E)/圆角(F)/厚度(T)/宽度(W)]: 注:在绘图区域空白处单击,作为矩形的第一角点;

图 5.30 楼梯尺寸图

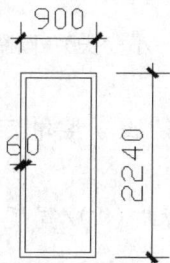

指定另一个角点或[面积(A)/尺寸(D)/旋转(R)]:@900,2240 并回车。注:用相对坐标输入另一角点。

③绘制楼梯扶手的内轮廓线。

命令:offset 并回车 注:或单击编辑工具栏的"偏移"命令 ⌐ ;

当前设置:删除源=否 图层=源 OFFSETGAPTYPE=0

指定偏移距离或[通过(T)/删除(E)/图层(L)]<20.0000>:60 并回车注:输入偏移量为60,为扶手宽度;

选择要偏移的对象,或[退出(E)/放弃(U)]<退出>: 注:点选矩形为偏移对象;

指定要偏移的那一侧上的点,或[退出(E)/多个(M)/放弃(U)]<退出>: 注:单击矩形内任一点处,偏移完成;

选择要偏移的对象,或[退出(E)/放弃(U)]<退出>:并回车。注:结束偏移操作,绘制的结果图形如图 5.31 所示。

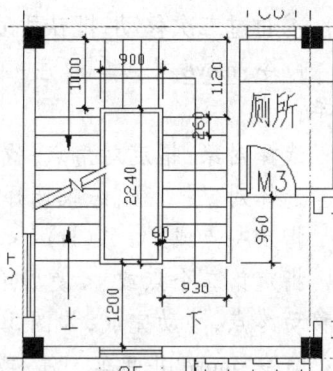

图 5.31 单独绘制扶手

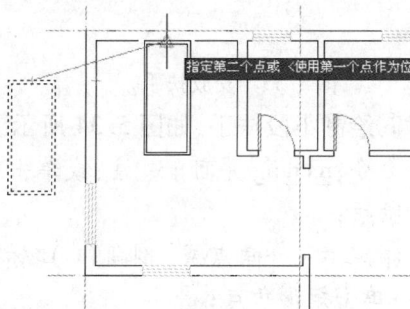

图 5.32 移动扶手

④通过二次移动,把扶手安放在住宅平面的合适之处:

命令:<u>move</u> 并回车　注:或单击修改工具栏中"移动"命令按钮 ✛,移动扶手;

选择对象:指定对角点:找到 2 个　注:窗选扶手;

选择对象:　注:结束选择;

指定基点或[位移(D)]<位移>:　注:捕捉选定扶手上边的中点为基点;

指定第二个点或 <使用第一个点作为位移>:　注:捕捉楼梯间北墙的中点移动终点,移动完成,如图 5.32 所示;

命令:<u>move</u> 并回车　注:或单击修改工具栏中"移动"命令按钮 ✛,继续移动扶手;

选择对象:指定对角点:找到 2 个

选择对象:

指定基点或[位移(D)]<位移>:

指定第二个点或 <使用第一个点作为位移>:<正交 开><u>1000</u> 并回车。
注:打开正交模式,光标向下移动,输入数值 1000,移动扶手到正确位置,如图 5.33 所示。

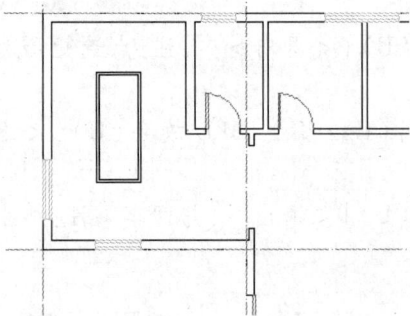

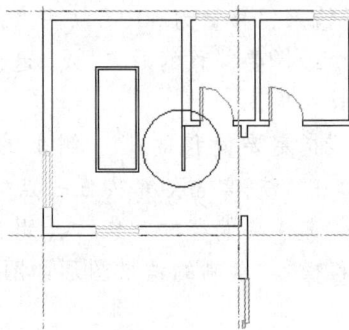

图 5.33　安放扶手　　　　　　　　图 5.34　小段扶手(圆圈中)

⑤绘制小段扶手,如图 5.34 所示。

命令:<u>rectang</u> 并回车　注:或单击绘图工具栏中"矩形"命令按钮 ▭,绘制小段扶手;

指定第一个角点或[倒角(C)/标高(E)/圆角(F)/厚度(T)/宽度(W)]:
注:单击矩形角点;

指定另一个角点或[面积(A)/尺寸(D)/旋转(R)]:<u>@60,-960</u> 并回车
注:给出矩形另一角点,结果如图 5.34 所示。

⑥绘制楼梯踏步。

命令:<u>line</u> 并回车　注:或单击绘图工具栏中"直线"命令按钮，绘制第一条踏步线;

指定第一点:<u>from</u> 并回车　注:用参照点的方法输入直线的起点;

基点:<偏移>:<正交　开>60 并回车　注:参照四边形扶手的左上角端点,光标向右移动,输入距离值60,该处即为直线起点;

指定下一点或[放弃(U)]:　注:光标向上移动,到达墙线,捕捉垂点并单击;

指定下一点或[放弃(U)]:并回车　注:结束直线绘制,结果如图5.35所示。

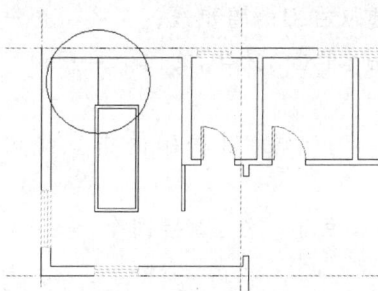

图5.35　绘制踏步线(圆圈中)	图5.36　绘制其余横向踏步线

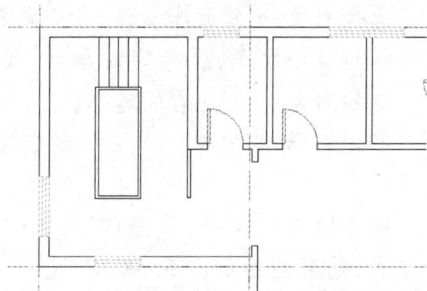

用"阵列"命令绘制另外的楼梯线:

命令:<u>arrayrect</u> 并回车　注:或单击编辑工具栏中"矩形阵列"命令按钮;

选择对象:找到 1 个　注:点选踏步线;

选择对象:并回车　注:结束选择;

类型 = 矩形　关联 = 是

为项目数指定对角点或[基点(B)/角度(A)/计数(C)]<计数>:4 并回车　注:"阵列"数为4个;

指定对角点以间隔项目或[间距(S)]<间距>:780 并回车　注:260×3个踏步的总宽度;

按回车键接受或[关联(AS)/基点(B)/行(R)/列(C)/层(L)/退出(X)]<退出>:并回车　注:结束阵列命令,即得如图5.36所示的结果图形。

用同样的方法绘制竖向的楼梯踏步,如图5.37所示。

用"镜像"的办法绘制其余的楼梯踏步线:

命令:<u>mirror</u> 并回车　注:或单击编辑工具栏中"镜像"命令按钮,绘制左

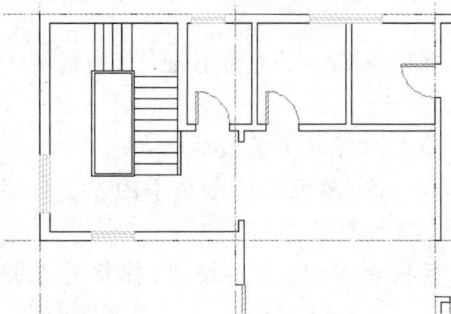

图 5.37　绘制纵向踏步线　　　　　　图 5.38　镜像其余踏步线

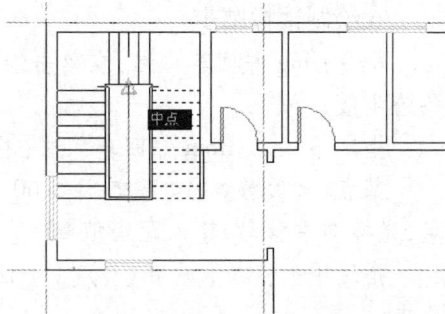

部的楼梯踏步线;

　　选择对象:c 并回车　注:用"窗交"的方式选取右部的踏步线;

　　指定第一个角点:指定对角点:找到 1 个　注:单击"窗口"的两个角点;

　　选择对象:　注:结束选择;

　　指定镜像线的第一点:指定镜像线的第二点:　注:以扶手的中直线为镜线;

　　要删除源对象吗?［是(Y)/否(N)］<N>:并回车　注:直接回车,命令执行完成,结果图形如图 5.38 所示。

　　⑦绘制楼梯剖折线,用到的命令有"直线""修剪",方法与前述类似,不再重述,结果图形如图 5.39 所示。

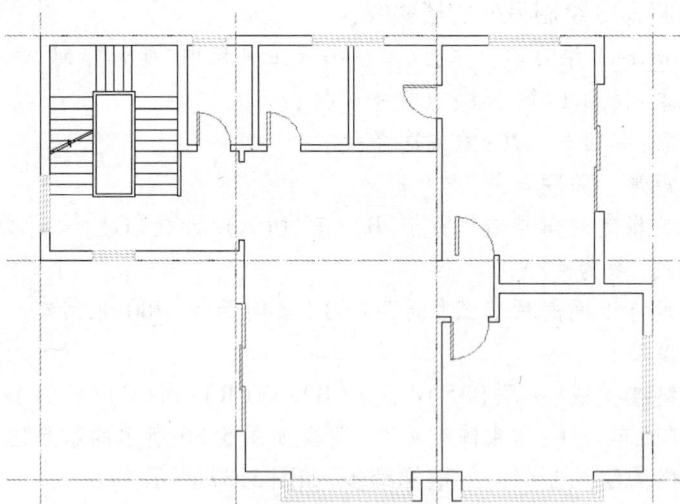

图 5.39　绘制楼梯剖折线

⑧绘制上下楼行走箭头。

命令:<u>pline</u> 并回车　　注:或单击绘图工具栏中"多段线"命令按钮 ⌐ ,绘制箭头;

指定起点:　注:在楼梯间适宜处单击,作为多段线起点;

当前线宽为 0.0000

指定下一个点或[圆弧(A)/半宽(H)/长度(L)/放弃(U)/宽度(W)]:<正交 开>　注:光标上移,在如图5.40所示第2级踏步处单击,画出箭头细线部分;

指定下一点或[圆弧(A)/闭合(C)/半宽(H)/长度(L)/放弃(U)/宽度(W)]:<u>w</u> 并回车　注:选择 W 选项,准备改变多段线的线宽;

指定起点宽度 <0.0000>:<u>60</u> 并回车　注:输入起点宽度60,即箭头粗端宽度;

指定端点宽度 <60.0000>:<u>0</u> 并回车　注:输入箭头尖端宽度,即0;

指定下一点或[圆弧(A)/闭合(C)/半宽(H)/长度(L)/放弃(U)/宽度(W)]:　注:光标上移,至如图5.40所示合适之处单击,绘出箭头;

指定下一点或[圆弧(A)/闭合(C)/半宽(H)/长度(L)/放弃(U)/宽度(W)]:并回车　注:结束多段线绘制,得到的图形如图5.40所示。

用同样的方法绘制另一条箭头,得到的结果图形如图5.41所示。

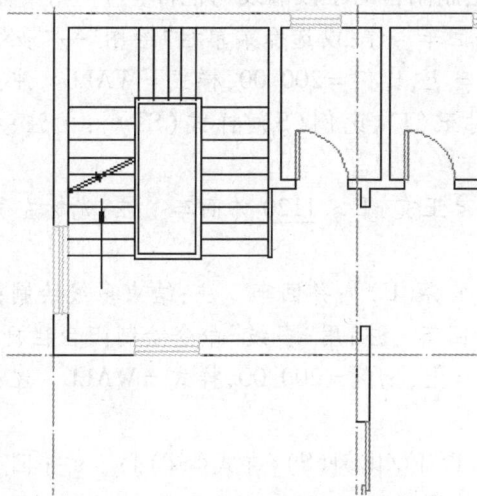

图5.40　用"多段线"绘制箭头

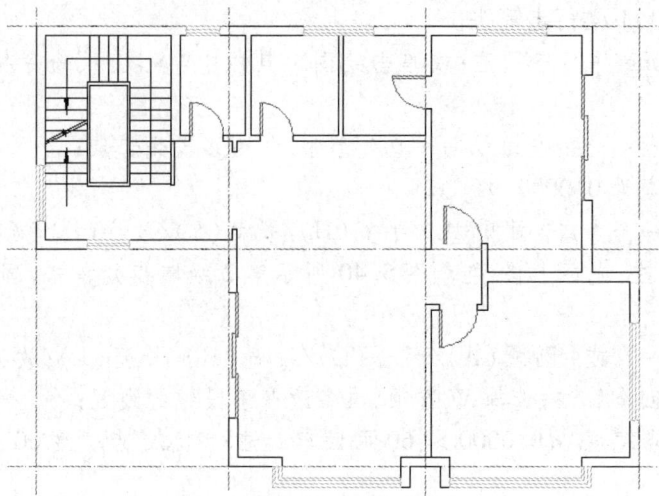

图5.41　绘制上下楼方向箭头

9. 绘制阳台

先绘制阳台栏杆,然后绘制阳台的地面图案。

①把"阳台"图层设置为当前层。

②用多线命令绘制阳台的小段墙线与栏杆:

命令:<u>MLINE</u> 并回车　注:或选择菜单栏"绘图"→"多线"命令,绘制墙线;

当前设置:对正=上,比例=200.00,样式=WALL　注:各个选项的设置;

指定起点或[对正(J)/比例(S)/样式(ST)]:　注:捕捉并单击多线的起点;

指定下一点:　<正交 开> <u>1120</u> 并回车　注:光标左移,输入墙长1120并回车;

指定下一点或[放弃(U)]:并回车　注:结束多线绘制;

命令:<u>MLINE</u> 并回车　注:用"多线"命令绘制阳台栏杆线;

当前设置:对正=上,比例=200.00,样式=WALL　注:用wall多线绘制阳台栏杆;

指定起点或[对正(J)/比例(S)/样式(ST)]:　<u>s</u> 并回车　注:重新输入比例值,使之成为栏杆的宽度;

输入多线比例 <200.00>:　<u>120</u> 并回车　注:输入值120,即栏杆宽度;

当前设置:对正=上,比例=120.00,样式=WALL

指定起点或［对正（J）/比例（S）/样式（ST）］：　注:墙线的终点即栏杆起点;

指定下一点:　<正交 开>　680 并回车　注:光标左移,输入数值680,回车;

指定下一点或［放弃（U）］:　注:光标上移,直达墙线并单击;

指定下一点或［闭合（C）/放弃（U）］:并回车　注:结束栏杆绘制,结果图形如5.42所示。

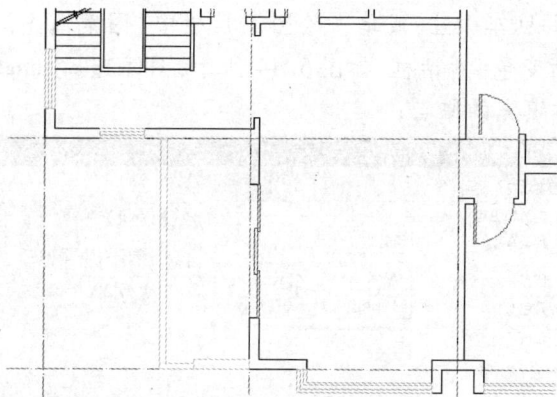

图5.42　阳台栏杆

③阳台地面填充。先于"直线命令"在阳台内绘制一条闭合折线,作为填充用的辅助线。

命令:line 并回车。注:单击绘图工具栏"直线"命令按钮✎,绘制辅助线;

指定第一点:　注:捕捉并单击A点,如图5.43所示;

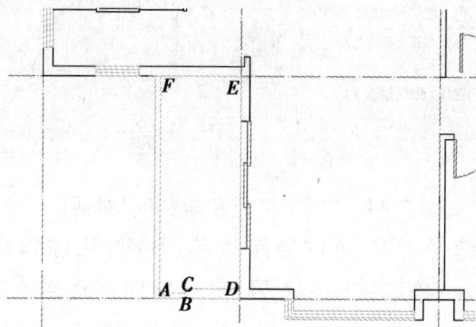

图5.43　设定阳台填充区域

指定下一点或[放弃(U)]: 注:捕捉并单击 B 点；

指定下一点或[放弃(U)]: 注:捕捉并单击 C 点；

指定下一点或[闭合(C)/放弃(U)]: 注:捕捉并单击 D 点；

指定下一点或[闭合(C)/放弃(U)]: 注:捕捉并单击 E 点；

指定下一点或[闭合(C)/放弃(U)]: 注:捕捉并单击 F 点；

指定下一点或[闭合(C)/放弃(U)]:c 并回车 注:输入 C 选项,令折线闭合；

命令:hatch 并回车 注:或单击绘图工具栏中"图案填充"命令按钮，弹出"图案填充和渐变色"对话框,如图 5.44 所示,图案选择"angle",比例更改为50,需要指定图案填充的原点；

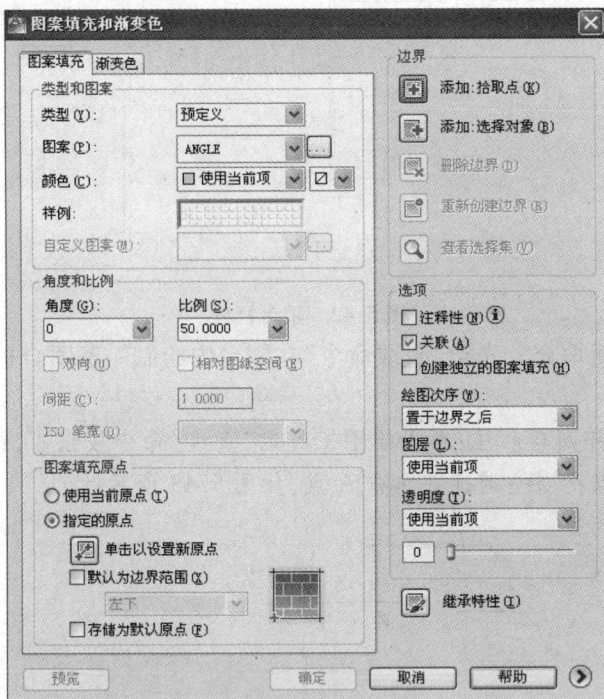

图5.44 "图案填充和渐变色"对话框

拾取内部点或[选择对象(S)/删除边界(B)]:正在选择所有对象… 注:单击边界栏中的"添加:拾取点"按钮，回到绘图区域单击阳台中空的地方；

正在选择所有可见对象…

正在分析所选数据…

正在分析内部孤岛…

拾取内部点或[选择对象(S)/删除边界(B)]:并回车。注:结束"拾取点"操作,返回到对话框;

指定原点:　注:勾选对话框中的"填充图案原点"一栏的选项 ⊙指定的原点 ,再单击其下部的按钮 🔲 以设置新原点,系统返回绘图区域;光标点选 D 点,完成填充,删除辅助线,结果如图 5.45 所示。

用同样的方法绘制另一个阳台,细部尺寸如图 5.46 所示;然后填充阳台的地面,最终结果如图 5.47 所示。

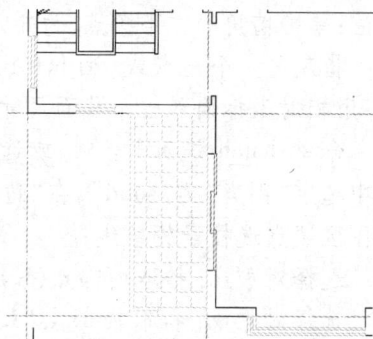

图 5.45　填充阳台

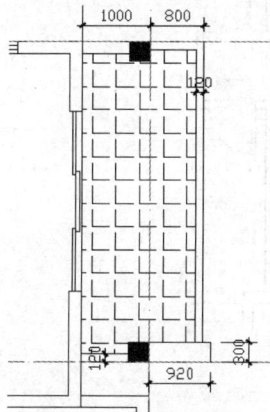

图 5.46　阳台尺寸

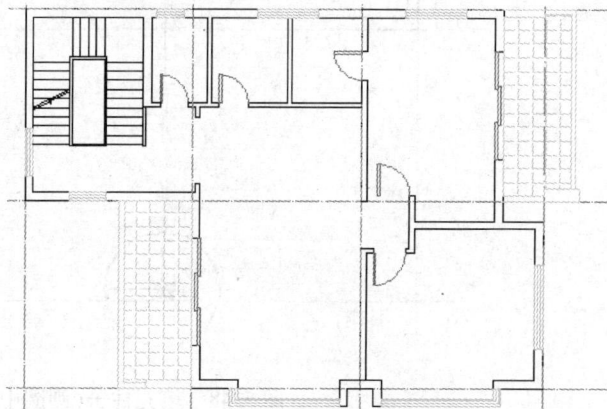

图 5.47　填充其余阳台

10. 绘制柱

工程上通常将横向若干列、纵向若干行的柱称为柱网。本例中柱子截面尺寸均为 300×300。因柱子位置与轴线交点之间关系有几种,因此可先于一处绘制柱子,其他位置上的柱子可由其复制再经移动而获得。

①设置"柱"图层为当前层。

②绘制下排靠左的柱子。

命令:rectang 并回车　注:或选择绘制工具栏"矩形"命令,绘制柱子轮廓线;

指定第一个角点或[倒角(C)/标高(E)/圆角(F)/厚度(T)/宽度(W)]:

注:单击墙角的左下角点,为矩形角点;

指定另一个角点或[面积(A)/尺寸(D)/旋转(R)]:<u>@300,300</u> 并回车

注:用相对坐标输入柱子截面尺寸值;

命令:<u>hatch</u> 并回车　注:或选择绘图工具栏"填充图案"命令,弹出对话框,其中选定"图案"为"solid",在"边界"栏中选"添加:选择对象"按钮,切换到绘图区域点选柱子轮廓线;

选择对象或[拾取内部点(K)/删除边界(B)]:找到 1 个

选择对象或[拾取内部点(K)/删除边界(B)]:并回车　注:结束边界选择,回到对话框,直接单击 确定 按钮,柱子填充完成,如图 5.48 所示。

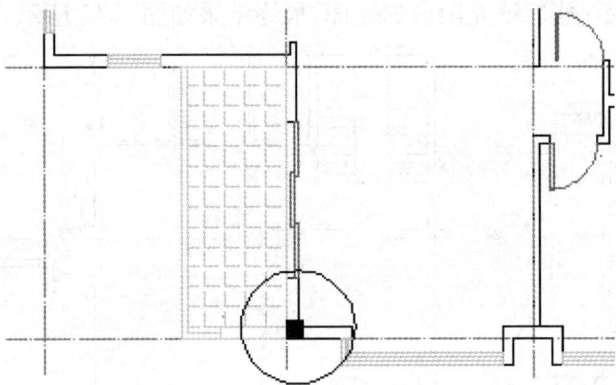

图 5.48　填充柱子(圆圈中)

③复制柱子。

命令:<u>copy</u> 并回车　注:或单击编辑工具栏中"复制"命令按钮,复制柱子;

选择对象:找到 1 个　注:点选柱子为被复制对象;

选择对象:找到 1 个,总计 2 个

选择对象:并回车　注:结束选择;

当前设置:　复制模式=多个

指定基点或[位移(D)/模式(O)]<位移>:　注:捕捉并点取柱子左下角为基点;

指定第二个点或[阵列(A)]<使用第一个点作为位移>:　注:复制同类方位柱子;

指定第二个点或［阵列(A)/退出(E)/放弃(U)］<退出>:

指定第二个点或［阵列(A)/退出(E)/放弃(U)］<退出>:

指定第二个点或［阵列(A)/退出(E)/放弃(U)］<退出>:并回车　注:结束复制,得到的图形如图5.49所示。

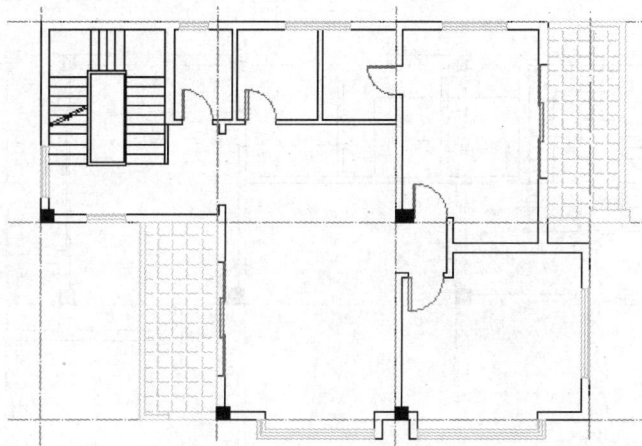

图5.49　复制柱子

用同样的方法,复制其余的柱子,最终结果如图5.50所示。

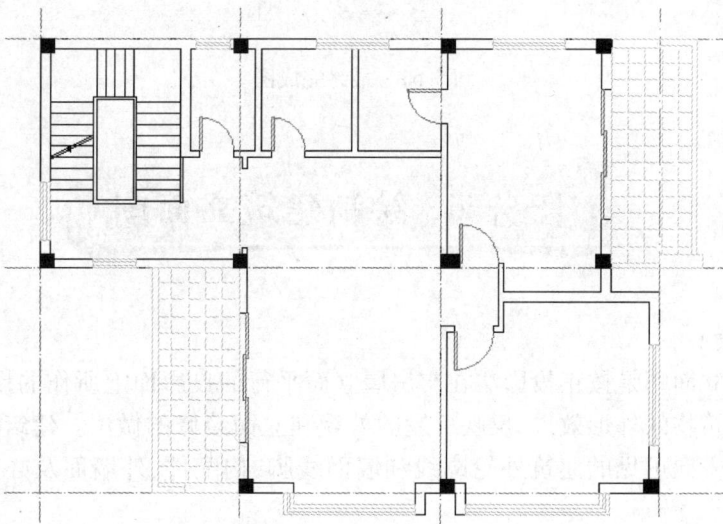

图5.50　绘制其余柱子

11. 拾遗补漏

补齐图中厨房、厕所门口的线段(该线段表示门里门外地面有高差)和厨房厕所内的台面线条,如图 5.51 所示,全图绘制完毕。

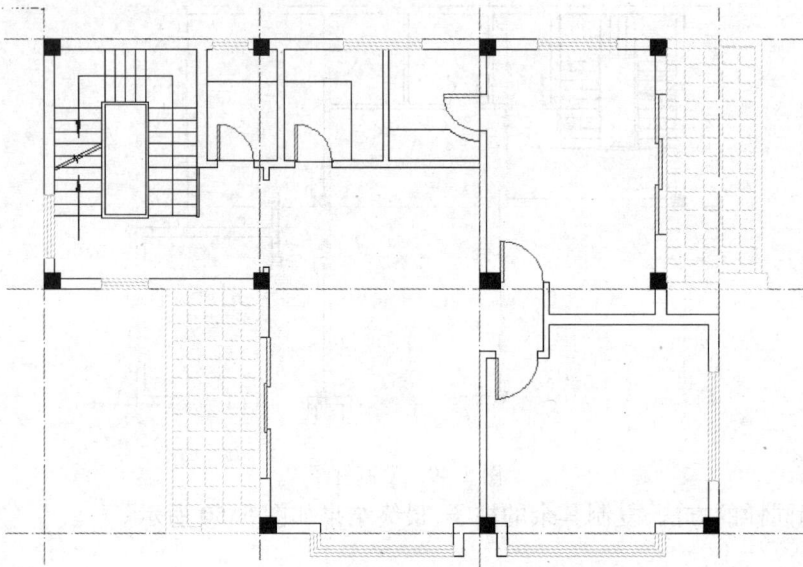

图 5.51　最终完成图

任务 2　绘制建筑立面图

知识准备:

建筑立面图是按正投影法在与房屋立面平行的投影面上所作的投影图,用来表达建筑物的外形效果,反映房屋的外貌和立面装修的做法。建筑立面图应包括投影方向可见的建筑外轮廓线和墙面线脚、构配件、外墙面及必要的尺寸与标高等。

建筑立面图用来表现建筑物立面处理方式,各类门窗的位置、形式,以及外墙面各种做法等内容。建筑立面图包括以下几类:

①按建筑的朝向来命名,如南立面图、北立面图、东立面图、西立面图。

②按立面图中首尾轴线编号来命名,如"1—9 立面图""A—E 立面图"。

③按建筑立面的主次(建筑主要出入口所在的墙面为正面)来命名,如正立面图、北立面图、左侧立面图、右侧立面图。

任务实施:

如图 5.52 所示,是与上一制图任务的建筑平面图同属一幢住宅的立面图之一。由图可知,该建筑是一座四层住宅,自下而上各层高度分别是 4.5 m、3.3 m、3.3 m、2.9 m,全程高度为 14.4 m、宽 9.5 m。粗的轮廓线表示对象离视点近,轮廓线越细,则表示对象距视点越远。

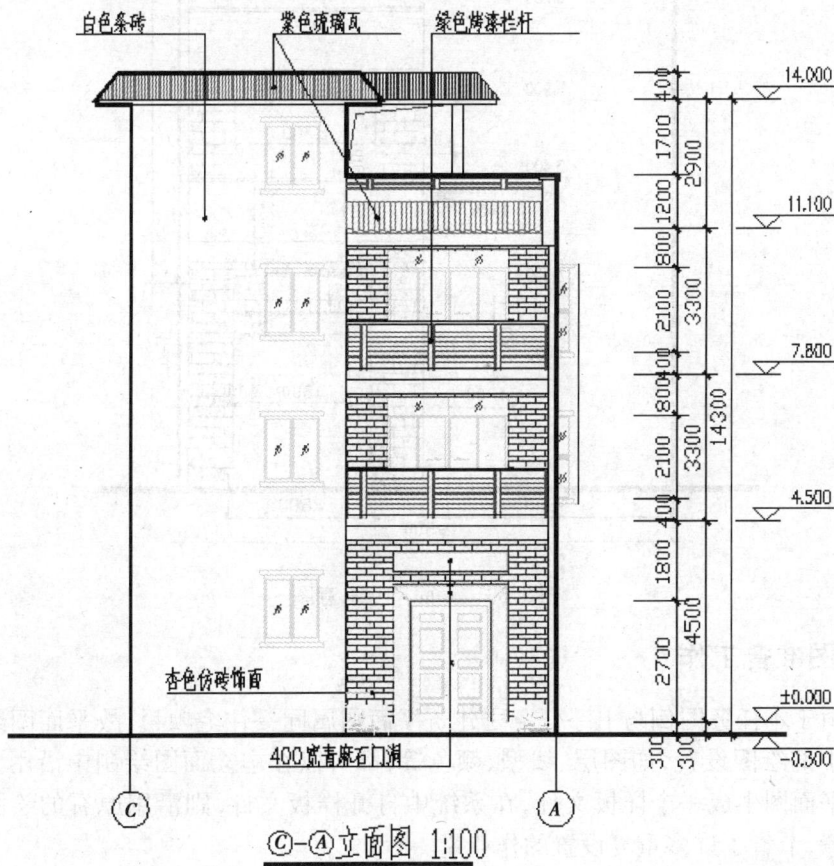

图 5.52 建筑立面图

如图 5.53 所示是本案例所要绘制的内容,请运用之前所学习的知识,练习绘制如图 5.54 所示的建筑立面图。

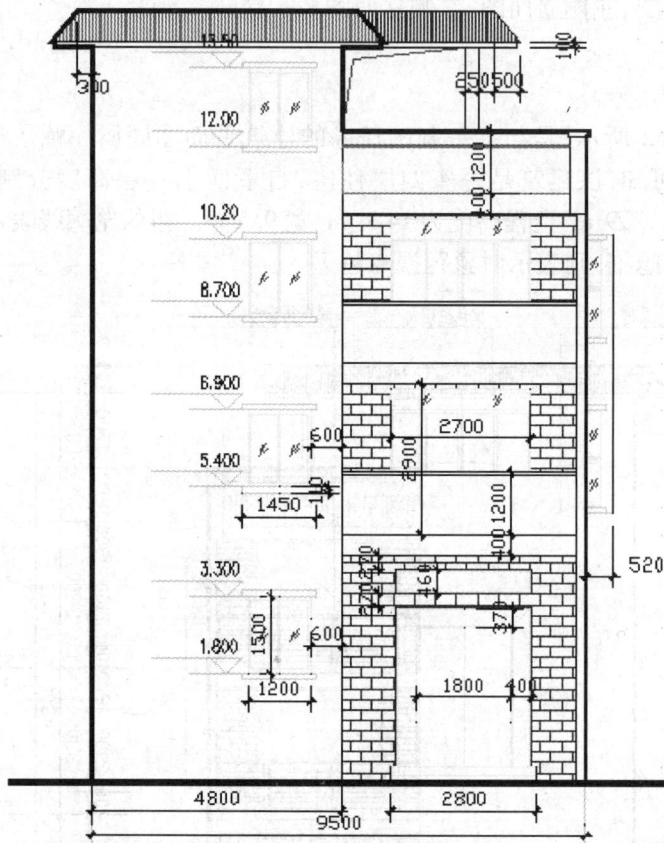

图 5.53 立面尺寸示意图

1.绘图准备工作

由于本任务图例与上一任务之建筑平面图属同一住宅项目,故平面图绘制过程中的绘图设置,如图层、线型、颜色等,都可以在本立面图绘制中沿用。故可以平面图生成一个样板文件,在系统中打开样板文件,则沿用原有的绘图环境设置,节省了许多重复设置的作业量。

操作过程如下:

命令:open 并回车 注:打开一个已经存在的图形文件"平面图.dwg";

命令:Layer 并回车 注:打开"图层特性管理器",打开、解冻、解锁所有图层;

命令:ai_selall 并回车　注:或选择菜单栏"编辑"→"全选"命令,选择全图内容;

命令:erase 并回车　注:选择"删除"命令,删除图中所有内容;

命令:erase 并回车　注:选择下拉菜单"文件"→"另存为"命令,弹出对话框如图 5.54 所示;选择"文件类型"为"图形样板(*.dwt)",给定文件名,单击"保存"按钮,即生成了一个名为"平面图样板.dwt"的文件,文件保留了所有的设置,但内容为空。

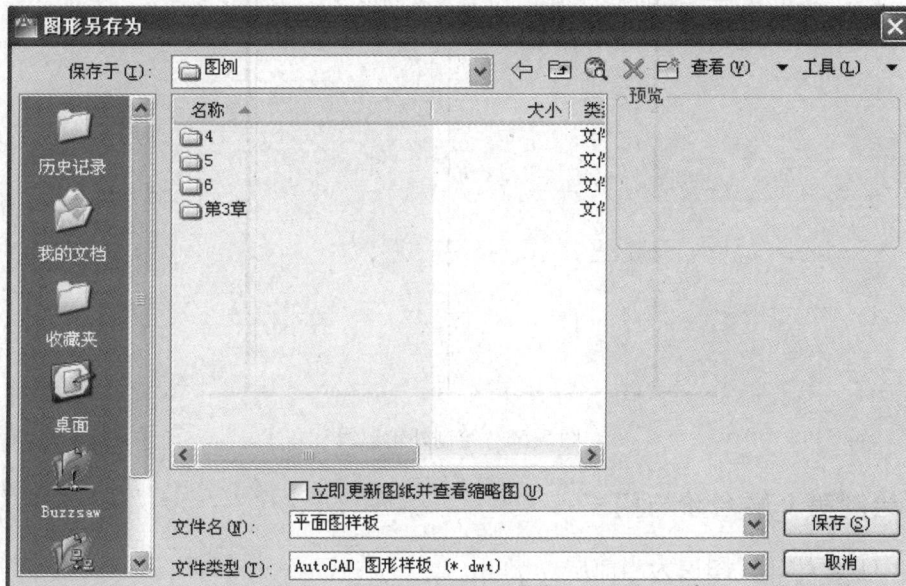

图 5.54　制作样板图形文件

2.使用绘图样板

在绘制立面图时,打开"平面图样板.dwt"就完成了绘图环境设置。

3.绘制外轮廓框架线

①根据需要,创建一个新图层,名为"外轮廓线",设为黑色实线,线宽为0.3,并将其设置为当前层。

②根据如图 5.53 所示,用"直线"命令绘制粗轮廓线。

③设置"墙"为当前层,继续绘制细轮廓线。绘制的结果如图 5.55 所示。

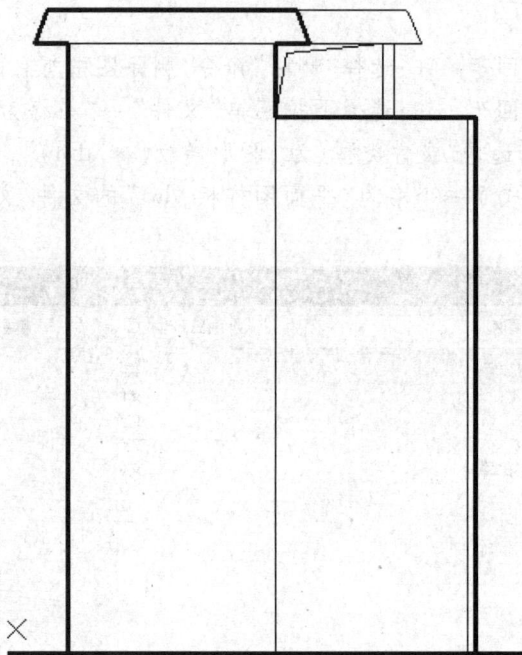

图 5.55　绘制外轮廓线

4. 绘制第 1 层台阶与门

①设置"门"图层为当前层。

②绘制台阶。在任意处绘制矩形 2800×300,中间添加一条横线,构成 2 级台阶。

③在台阶上绘制矩形 2600×2700。利用此矩形进行向矩形内偏移,偏移量分别是 30、370、400,添加 2 根斜线,绘制成如图 5.56 所示的图形。

④将 4 个嵌套矩形分解。

命令:explode 并回车　注:或单击修改工具栏中的"分解"命令按钮 ；

选择对象:c 并回车　注:用"窗交"的方法选取需要分解的对象;

指定第一个角点:指定对角点:找到 4 个　注:在合适之处用"窗口"选定 4 个矩形;

选择对象:并回车　注:结束选择,即予分解。

⑤删除 4 个矩形的下部线段。

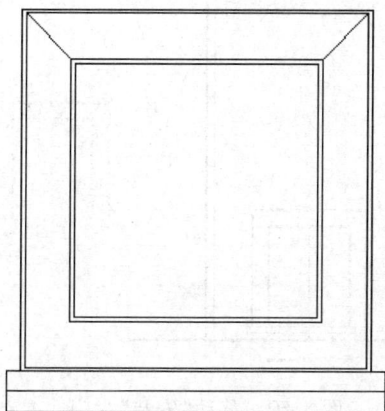

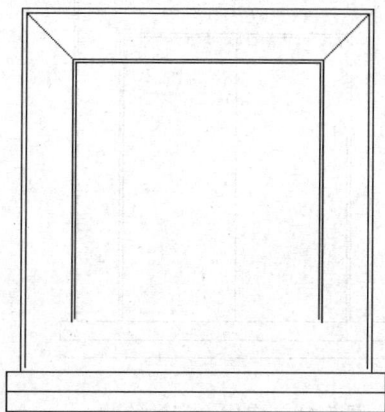

图 5.56　绘制矩形　　　　　　　图 5.57　用矩形编辑成门图形

命令:<u>erase</u> 并回车　注:或单击修改工具栏中的"删除"命令按钮 ✐;

选择对象:找到 1 个　注:以下逐个点选要删除的直线段;

选择对象:找到 1 个,总计 2 个

选择对象:找到 1 个,总计 3 个

选择对象:找到 1 个,总计 4 个

选择对象:并回车　注:结束选取,得到图形如图 5.57 所示。

⑥将门框线向台阶上面延伸。

命令:<u>extend</u> 并回车　注:或单击修改工具栏"延伸"命令按钮 ⟶⁄;

当前设置:投影 = UCS,边 = 无

选择边界的边…　注:点选台阶为延伸边界;

选择对象或 < 全部选择 >:　找到 1 个

选择对象:并回车　注:结束选择;

选择要延伸的对象,或按住 Shift 键选择要修剪的对象,或

[栏选(F)/窗交(C)/投影(P)/边(E)/放弃(U)]:<u>c</u> 并回车　注:用窗交方法选定需要延伸的 6 条直线,进行延伸;

[栏选(F)/窗交(C)/投影(P)/边(E)/放弃(U)]:并回车　注:结束延伸命令;

　　再于门的中间绘制一条直线,得到的结果图形如图 5.58 所示。

⑦移动台阶放置在 1 层地坪右半部分的中间,如图 5.59 所示。

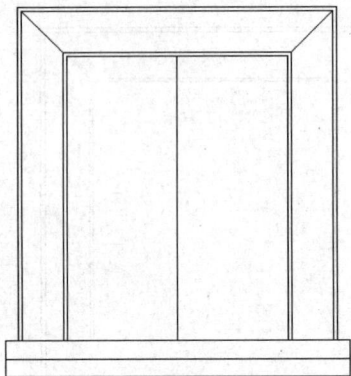

图 5.58　完成大门的绘制

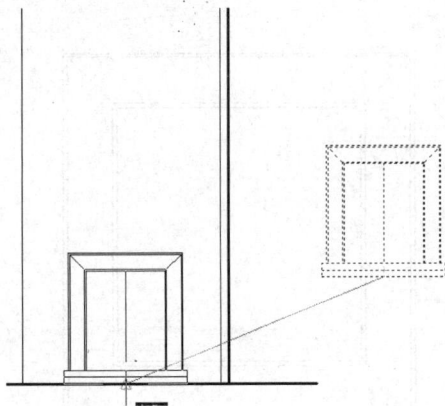

图 5.59　移动"安装"大门

5. 绘制阳台

①设置"阳台"图层为当前层。

②绘制 2 楼阳台。

a.用"直线"命令在楼层标高 4.5 m 处画一条横向阳台线；

b.用"偏移"命令将该直线向下偏移 400、向上偏移 1200,并将阳台扶手线改为粗线、宽 0.3,即得到 2 楼阳台全貌。

③绘制 3、4 楼层阳台。将 2 楼阳台全体向上复制,间距为 3300、6600,成为 3、4 楼的阳台,再将 4 楼阳台作细部修改,结果如图 5.60 所示。

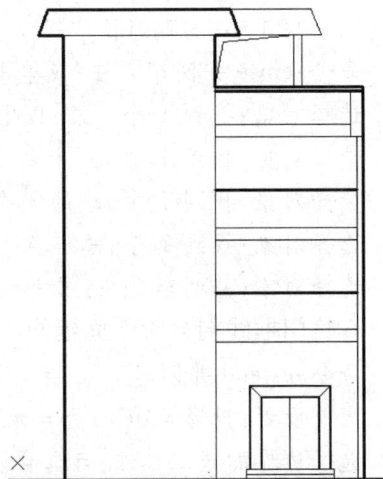

图 5.60　绘制阳台立面图形

6. 绘制 2、3 层的阳台门

用户所能看到的阳台门上半部分图形,尺寸如图 5.61 所示。可在绘图区域空白处绘制样图,然后复制阳台正上方。

①将图层"门"设定为当前图层。

②绘制矩形。

命令:_rectang 并回车

指定第一个角点或[倒角(C)/标高(E)/圆角(F)/厚度(T)/宽度(W)]:

指定另一个角点或[面积(A)/尺寸(D)/旋转(R)]:@2700,1600 并回车

注:用相对坐标输入矩形尺寸;

③分解矩形。

命令:explode 并回车　注:分解矩形;

选择对象:找到 1 个　注:点选矩形;

选择对象:并回车　注:结束分解命令;

④用偏移方法绘制横线。

命令:offset 并回车

当前设置:删除源=否　图层=源　OFFSETGAPTYPE=0

指定偏移距离或[通过(T)/删除(E)/图层(L)]<通过>:400 并回车

注:输入偏移量;

选择要偏移的对象,或[退出(E)/放弃(U)]<退出>:　注:点选矩形上边线;

指定要偏移的那一侧上的点,或[退出(E)/多个(M)/放弃(U)]<退出>:　注:光标单击矩形区域中任一处,绘出中部横线;

选择要偏移的对象,或[退出(E)/放弃(U)]<退出>:并回车　注:结束偏移操作。

⑤用"偏移""修剪"命令绘出其余的纵向线条,得到样图如图5.62所示。

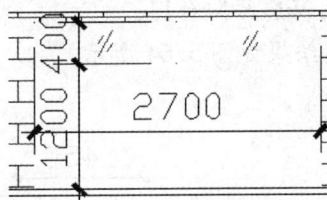

图5.61　阳台门尺寸　　　　图5.62　单独绘制阳台门

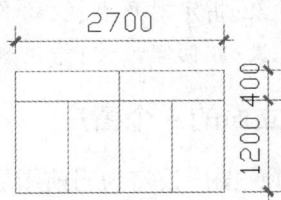

⑥复制阳台门。

命令:copy 并回车　注:或单击编辑工具栏中"复制"命令按钮;

选择对象:指定对角点:找到 8 个　注:用窗选方法选取阳台门;

选择对象:　注:结束选择;

当前设置:　复制模式=多个

指定基点或[位移(D)/模式(O)]<位移>:　注:单击窗户中下点,作为基点;

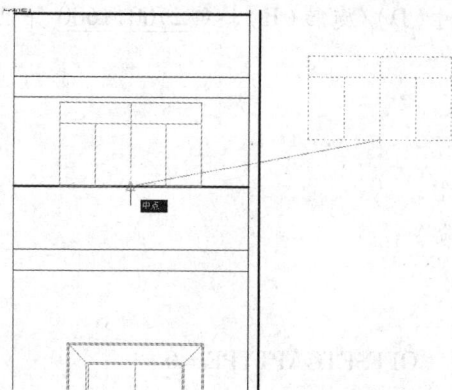

图 5.63　复制阳台门　　　　　　　图 5.64　复制其余阳台门

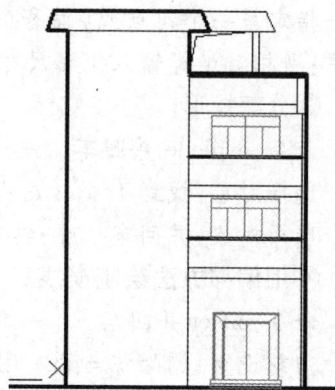

指定第二个点或[阵列(A)]<使用第一个点作为位移>:<正交 关>
注:单击 2 楼栏杆的中点,即复制成一个阳台门,如图 5.63 所示;

指定第二个点或[阵列(A)]<使用第一个点作为位移>:　注:同法单击 3 楼栏杆的中点;

指定第二个点或[阵列(A)/退出(E)/放弃(U)]<退出>并回车　注:结束复制;

命令:erase 并回车　注:或单击修改工具栏中"删除"命令按钮 ✐;

选择对象:指定对角点:找到 8 个　注:窗选原阳台门;

选择对象:并回车　注:结束删除命令,结果如图 5.64 所示。

7. 绘制左立面的 4 个窗户

①将"窗"图层设定为当前图层。

②在绘图区域空白处按给出的窗户尺寸绘制窗户样图,如图 5.65 所示。

③移动窗户至 1 楼确切的位置。绘制定位辅助线,如图 5.66 圆圈中所示,线段顶端为窗户移动的结合点;

利用辅助线作参照,移动窗户到 1 楼确切位置上,如图 5.67 所示。

④将窗户向正上方复制 3 个,两两间距均为 3300;删除辅助线,即得结果图形如图 5.68 所示。

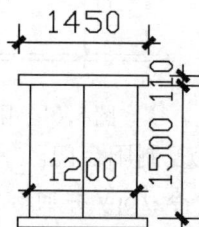

图 5.65　窗户细部尺寸

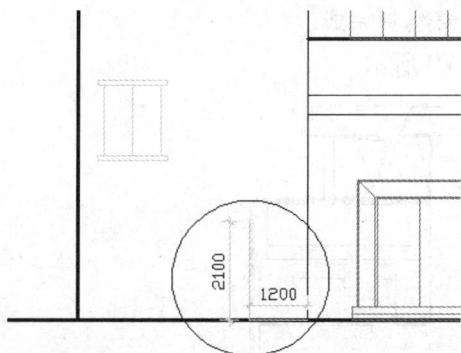

图5.66　设置窗户的安装参照点

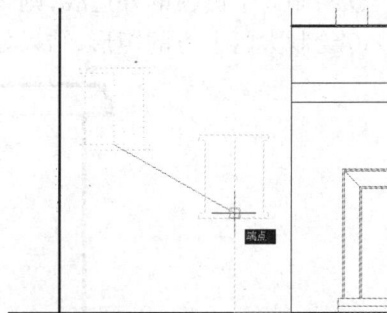

图5.67　移动"安装"窗户

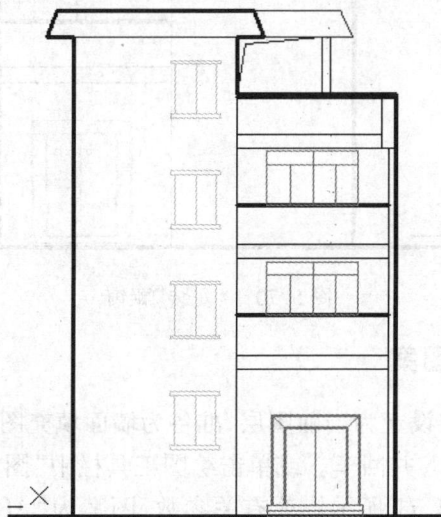

图5.68　"安装"其余窗户

8.绘制右边的2个侧窗及1楼大门上方的矩形

①将"窗"图层设定为当前图层。

②按如图5.69所示的侧窗细部尺寸,绘制出如图5.69所示的侧窗样图。

③将侧窗移动到右墙根,然后再向正上方移动5100,即为2楼的飘窗侧面图。

④将侧窗向正上方复制,间距为3300。

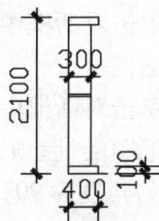

图5.69　单独绘制飘窗

⑤绘制 2 个侧窗的外边线,则 2 个侧窗绘制完成。

⑥绘制大门上方的矩形,结果如图 5.70 所示。

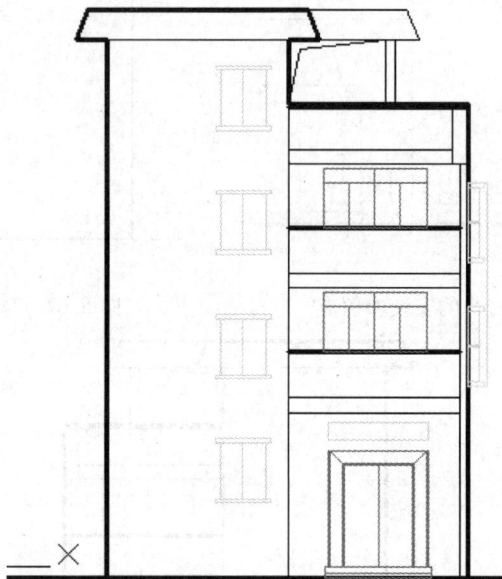

图 5.70 "安装"飘窗

9.填充墙面、屋顶图案

①将"墙面"图层设定为当前图层,准备为墙面填充图案。

②输入命令:hatch 并回车。或单击绘图工具栏中"图案填充"命令按钮，弹出对话框,按如图 5.71 所示修改有关参数:图案为"AR-B816",比例为 1,角度为 0,点选"指定的原点"。

③单击对话框中的"拾取点"按钮,在图形的 3 个墙面区域单击,即将 3 个区域同时选定作为整体来填充,如图 5.72 所示。点选完毕回到对话框。

④单击对话框中"单击以设置新原点"按钮,捕捉图形中右墙根角点,然后回到对话框。

⑤单击对话框中的"确定"按钮,即得到如图 5.73 所示的效果图。

⑥把图层"屋顶"设置为当前层,用同样的方法在对话框中选定"图案"名为"line",角度为 90,比例为 100,在图中点选屋顶的 2 个区域,即产生如图 5.74 所示的填充效果。

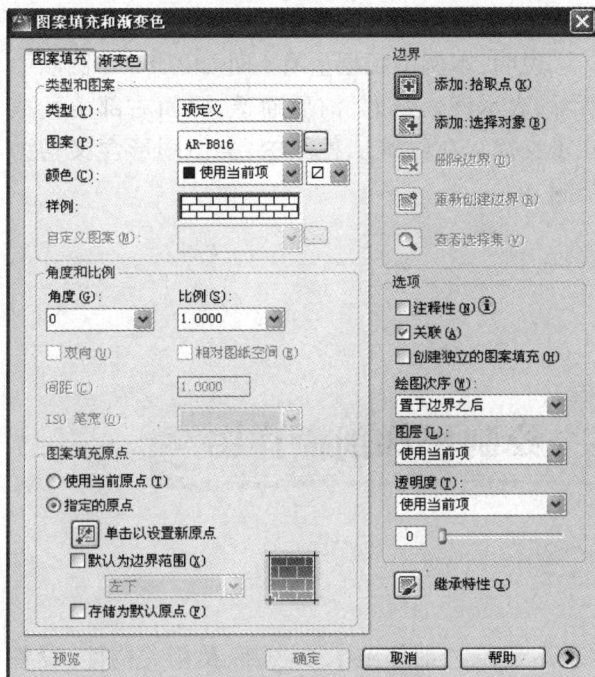

图 5.71 图案填充和渐变色对话框参数设置

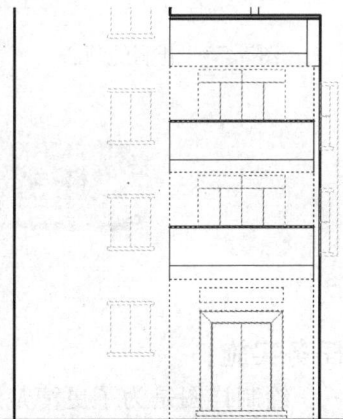

图 5.72 选择墙面填充区域

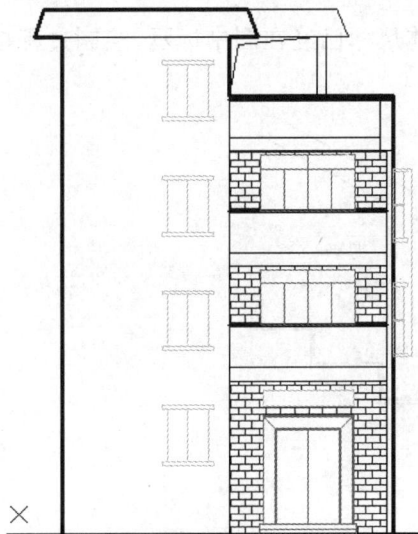

图 5.73 墙面填充效果

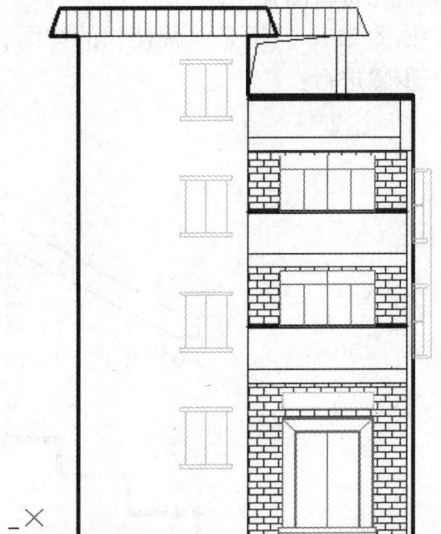

图 5.74 屋顶填充效果

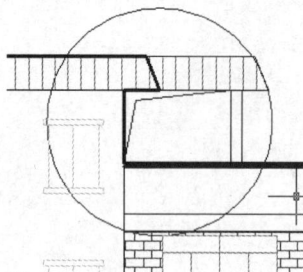

图 5.75　开洞的画法

至此,立面图绘制完毕。

说明:本例中顶层上有一处如图 5.75 圆圈中所示,表示该处开洞,前后通透,屋面右部由一根柱子支撑。在建筑工程图中,类似图形含义均为开洞。

任务3　绘制楼梯剖面详图

任务实施:

　　绘制详图是为了更清楚地表达建筑物细部施工方法,以及相关构件、设备的定位尺寸。通常图形比例较大,尤其是剖切部位如墙、柱、构造柱、空心板等,需要填充材料图案。

　　如图 5.76 所示是一幅楼梯的详图,具体尺寸已经在图中标示,绘制过程按如下步骤进行:

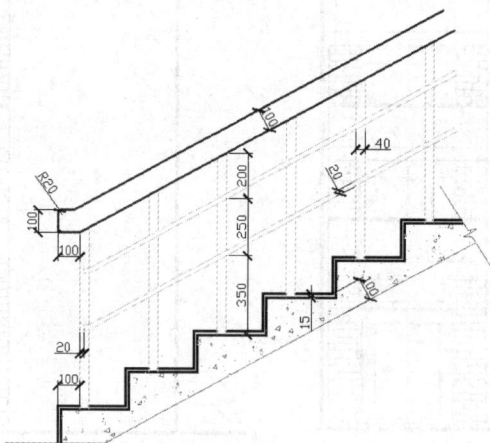

图 5.76　楼梯详图

1. 设置绘图环境

①设置图层:"踏步"层,黑色,线宽0.3;"栏杆"层,绿色,细线;"扶手"层,蓝色,线宽0.3;"填充"层,洋红色,细线;"梯梁"层,红色,细线。

②图幅范围:3000×2000。

2. 绘制踏步

①把"踏步"层设置为当前图层。

②绘制第1级踏步:

命令:pline 并回车 注:或单击绘图工具栏中"多段线"命令 ,绘制踏步;

指定起点: 注:在绘图区域适宜处单击,作为起步踏步的起点;

当前线宽为0.0000

指定下一个点或[圆弧(A)/半宽(H)/长度(L)/放弃(U)/宽度(W)]:<正交开>165 并回车 注:打开正交模式,光标上移,输入踏步高度值165,回车;

指定下一点或[圆弧(A)/闭合(C)/半宽(H)/长度(L)/放弃(U)/宽度(W)]:300 并回车 注:光标右移,输入踏步宽度值300,回车;

指定下一点或[圆弧(A)/闭合(C)/半宽(H)/长度(L)/放弃(U)/宽度(W)]:并回车 注:结束多段线命令,绘出第1级踏步。

③复制其余5个踏步。

命令:copy 并回车 注:或单击修改工具栏中"复制"命令按钮 ,绘制其余踏步;

选择对象:找到1个 注:点取第1级踏步;

选择对象:并回车 注:结束被复制对象的选择;

当前设置: 复制模式=多个

指定基点或[位移(D)/模式(O)]<位移>:

注:以第1级踏步的左下端点为基点;

图5.77 复制踏步

指定第二个点或[阵列(A)]<使用第一个点作为位移>: 注:单击第1级踏步的右上端点,如图5.77所示;

指定第二个点或[阵列(A)/退出(E)/放弃(U)]<退出>: 注:单击第2级踏步的右上端点;

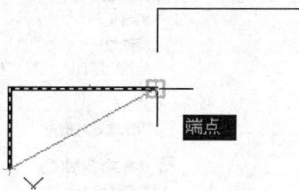

指定第二个点或[阵列(A)/退出(E)/放弃(U)]<退出>:

指定第二个点或[阵列(A)/退出(E)/放弃(U)]<退出>:

指定第二个点或[阵列(A)/退出(E)/放弃(U)]<退出>: 注:单击第5级踏步的右上端点;

指定第二个点或[阵列(A)/退出(E)/放弃(U)]<退出>:并回车 注:结束复制,得到如图5.78所示的楼梯上轮廓图形。

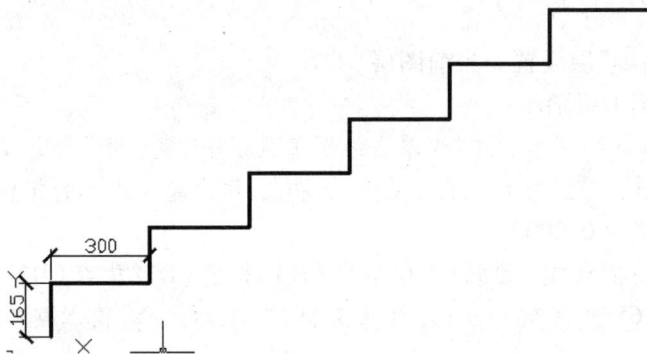

图5.78　6个踏步形成楼梯上轮廓线

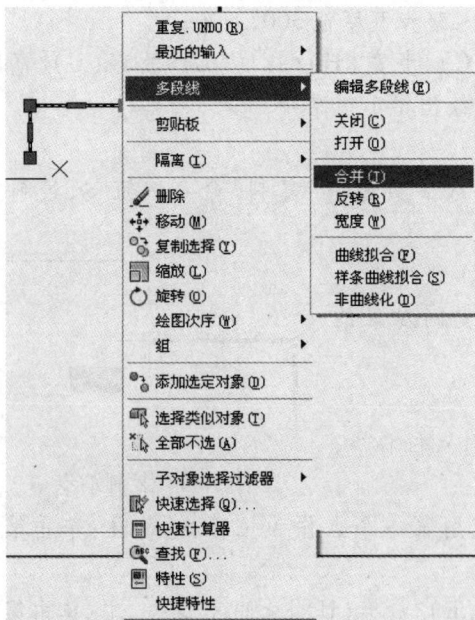

图5.79　点选合并命令

④将6个多段线合并成一个整体。

命令:PEDIT 并回车 注:或选择菜单栏"修改"→"对象"→"多段线"命令,或单击第1级踏步,再右击鼠标,弹出快捷菜单,光标移到菜单中的"多段线"这项时,立即又弹出次级快捷菜单,如图5.79所示,单击其中的"合并(J)"项;

选择多段线或[多条(M)]:m 并回车 注:选择M选项,准备选取多条多段线;

选择对象:指定对角点:找到6个 注:窗选6条多段线(即6个踏步);

选择对象:并回车 注:结束选择;

输入选项[闭合(C)/打开(O)/合并(J)/宽度(W)/拟合(F)/样条曲线(S)/非曲线化(D)/线型生成(L)/反转(R)/放弃(U)]:j并回车 注:选择"合并(J)"选项;

　合并类型=延伸

输入模糊距离或[合并类型(J)]<0.0000>:并回车 注:回车表示只选取"窗选"线段中相邻两段零距离者进行"合并"(稍有缝隙,即不予选择而弃置);

　多段线已增加10条线段

输入选项[闭合(C)/打开(O)/合并(J)/宽度(W)/拟合(F)/样条曲线(S)/非曲线化(D)/线型生成(L)/反转(R)/放弃(U)]:并回车 注:结束多段线"合并"操作,6条线段合并成一体的楼梯外轮廓线。

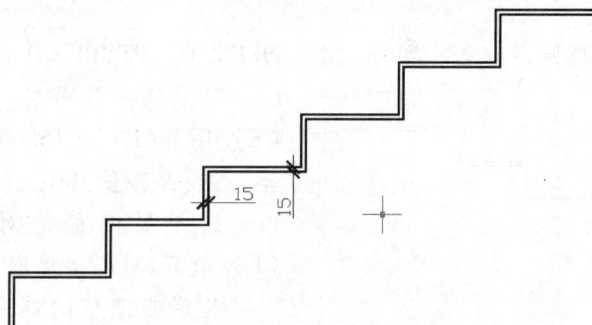

图5.80 绘制楼梯内轮廓线

⑤用"偏移"方法绘制踏步的内轮廓线。

命令:offset 并回车 注:或单击编辑工具栏中"偏移"命令按钮；

当前设置:删除源=否 图层=源 OFFSETGAPTYPE=0

指定偏移距离或[通过(T)/删除(E)/图层(L)]<1.0000>:15 并回车 注:输入偏移量；

选择要偏移的对象,或[退出(E)/放弃(U)]<退出>: 注:点选被复制对象；

指定要偏移的那一侧上的点,或[退出(E)/多个(M)/放弃(U)]<退出>: 注:在踏步线的下方任意处单击,即实现偏移；

选择要偏移的对象,或[退出(E)/放弃(U)]<退出>:并回车 注:结束偏移操作,即获得如图5.80所示的楼梯内轮廓线。

3. 绘制梯梁

①把"梯梁"图层设置为当前图层。

②绘制辅助线。

命令:<u>line</u> 并回车　注:或单击绘图工具栏中"直线"命令按钮✐,绘制辅助线;

指定第一点:　注:单击楼梯外轮廓线左下端;

指定下一点或[放弃(U)]:　注:单击楼梯外轮廓线右上端;

指定下一点或[放弃(U)]:并回车　注:结束直线命令。

③绘制梯梁。

命令:<u>offset</u> 并回车　注:或单击修改工具栏"偏移"命令按钮❏,偏移辅助线;

当前设置:删除源=否　图层=源　OFFSETGAPTYPE=0

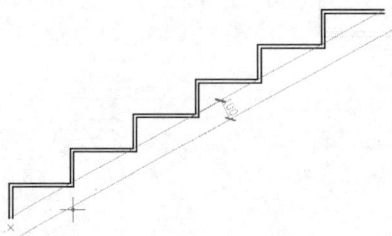

指定偏移距离或[通过(T)/删除(E)/图层(L)]<15.0000>:<u>100</u>并回车　注:偏移量100;

选择要偏移的对象,或[退出(E)/放弃(U)]<退出>:

指定要偏移的那一侧上的点,或[退出(E)/多个(M)/放弃(U)]<退出>:

图 5.81　偏移直线

选择要偏移的对象,或[退出(E)/放弃(U)]<退出>:并回车　注:结束偏移操作,完成的图形如图 5.81 所示;删除辅助线,结果如图 5.82 所示。

④绘制梯梁其余的直线,结果如图 5.83 所示。

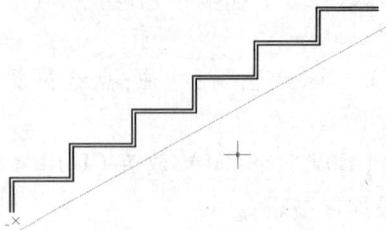

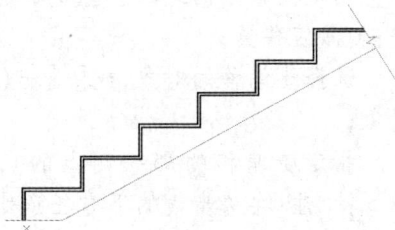

图 5.82　绘制梯梁　　　　图 5.83　绘制梯梁其余的直线

4.绘制栏杆

①把"栏杆"图层设置为当前图层。

②绘制左边的竖向直杆。

命令:line 并回车 注:或单击绘图工具栏中"直线"命令按钮╱,绘制栏杆线;

指定第一点:from 并回车 注:用"基点"的办法确定起点;

基点:<正交 开> <偏移>:100 并回车 注:光标右移,输入数值100;

指定下一点或[放弃(U)]: <正交 开> 800 并回车 注:光标上移,输入栏杆高度800;

指定下一点或[放弃(U)]:并回车 注:结束绘图,结果如图5.84所示。

③用"偏移""复制"等方法画出其余的竖向栏杆,结果如图5.85所示。

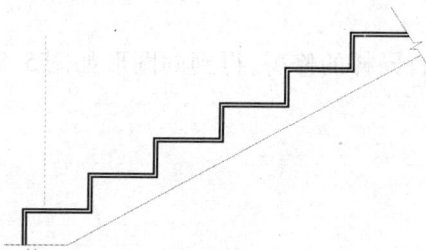

图5.84 绘制竖向栏杆线　　　　图5.85 绘制其余纵向栏杆线

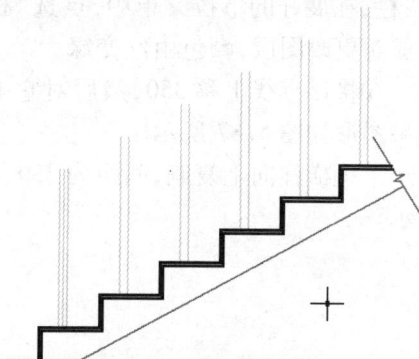

④"偏移"梯梁底线绘制斜向栏杆。

命令:offset 并回车 注:或单击修改工具栏"偏移"命令按钮；

当前设置:删除源=否 图层=源 OFFSETGAPTYPE=0

指定偏移距离或[通过(T)/删除(E)/图层(L)]<20.0000>:t 并回车 注:选择"通过(T)"选项;

选择要偏移的对象,或[退出(E)/放弃(U)]<退出>: 注:选择梯梁底线为偏移对象;

指定通过点或[退出(E)/多个(M)/放弃(U)]<退出>: 注:选择偏移线所经过的点,如图5.86所示;

选择要偏移的对象,或[退出(E)/放弃(U)]<退出>:并回车 注:结束偏移命令。

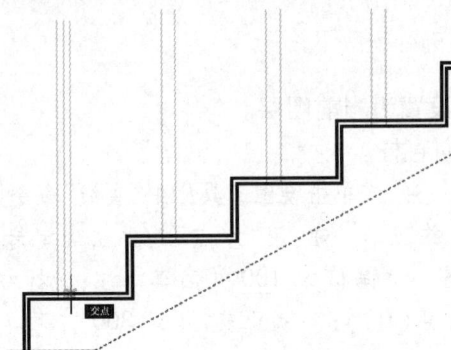

图 5.86　执行偏移命令过程

⑤将线段从"梯梁"图层改变至"栏杆"图层。单击线段,再单击"图层控制"栏,在展开的下拉菜单中,点选"栏杆"图层,最后按键盘左上角的 ESC 键,即成功更改图层,颜色由红变绿。

⑥将该直线上移350,然后对它上偏移,偏移量为20,再做一些细部修剪,结果图形如图 5.87 所示。

⑦将横杆向上复制,间距为250,再进行同样的修剪,得到的图形如图 5.88所示。

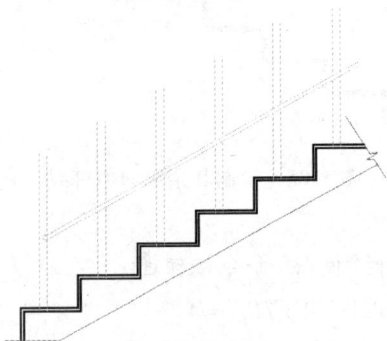

图 5.87　栏杆细部修剪

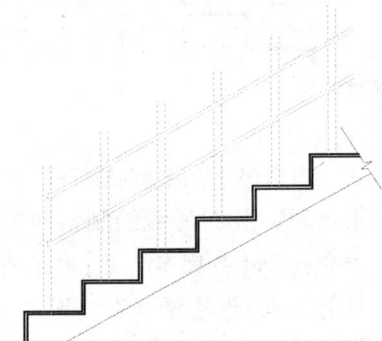

图 5.88　绘制其余栏杆

5. 绘制扶手

①把"扶手"图层设置为当前图层。

②复制一条斜栏杆线到扶手位置,并且把其图层改为"扶手"层,此线即为扶手的下边线,颜色由绿色变成蓝色;向上偏移100,即获得扶手上边线,如图 5.89 所示。

③在图 5.89 的基础上,进行"延伸""修剪""直线"以及"圆角"(圆角半径为20)等操作,完成扶手绘制,如图 5.90 所示。

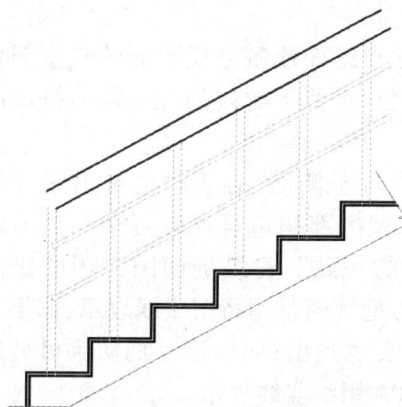

图 5.89　绘制扶手

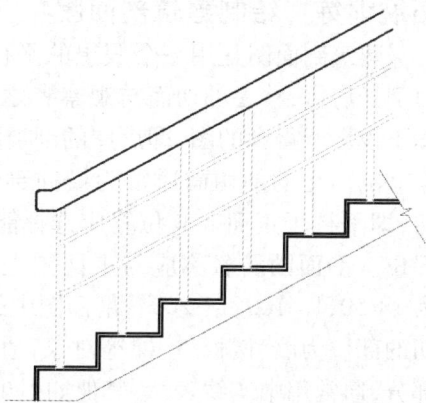

图 5.90　编辑栏杆扶手细部

6.绘制楼梯填充

①把"填充"图层设置为当前图层。

②单击"填充图案"工具,弹出对话框,选择填充图案名为"AR-CONC",比例为1,其余选项默认,即可将楼梯剖面进行图案填充,得到楼梯样图最终结果图,如图5.91所示。

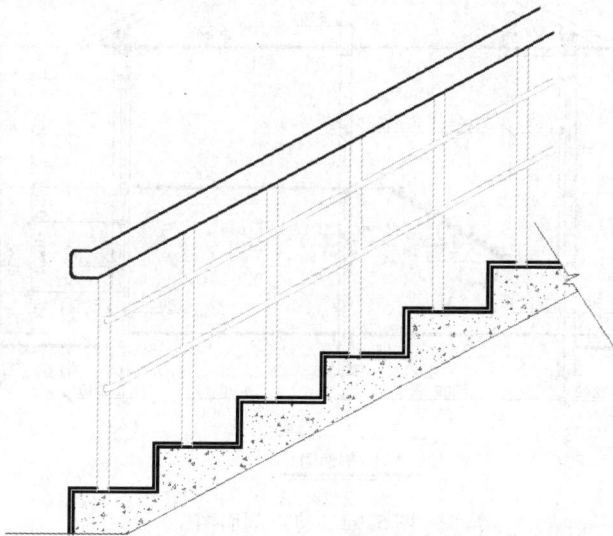

图 5.91　填充梯梁

拓展训练 绘制建筑剖面图

建筑剖面图是用一个假想的平行于正立投影面或侧立投影面的竖直剖切面剖开房屋,移去剖切面与观察者之间的部分,将留下的按剖视方向向投影面作正投影所得到的图,即房屋的剖视图。

剖面图的剖切面通常为横向剖切,即平行于侧面,必要时也可由纵向剖切,即平行于正面。其位置应选择能反映房屋内部构造且比较复杂与典型的部位。剖面图的名称应与平面图上所标注的一致。建筑剖面图常用的比例为1:50,1:100,1:200。剖面图中的室内外地坪通常用特粗实线表示;如果剖切的部位为墙、楼板、楼梯等对象,通常用粗实线画出;如果没有剖切到可见的部分,通常用中实线表示;其他如引出线等通常用细实线表示。

如图5.92所示的是一幢2层、坡屋顶的建筑,上下层之间有两段楼梯。绘制该建筑剖面图,重点要将墙体、柱、梁、楼板、楼梯之间的关系交代清楚。梁、楼板、楼梯的剖面,作填充处理;未作填充处理的楼梯,应说明未被剖到,故图形表示的是楼梯外轮廓线。

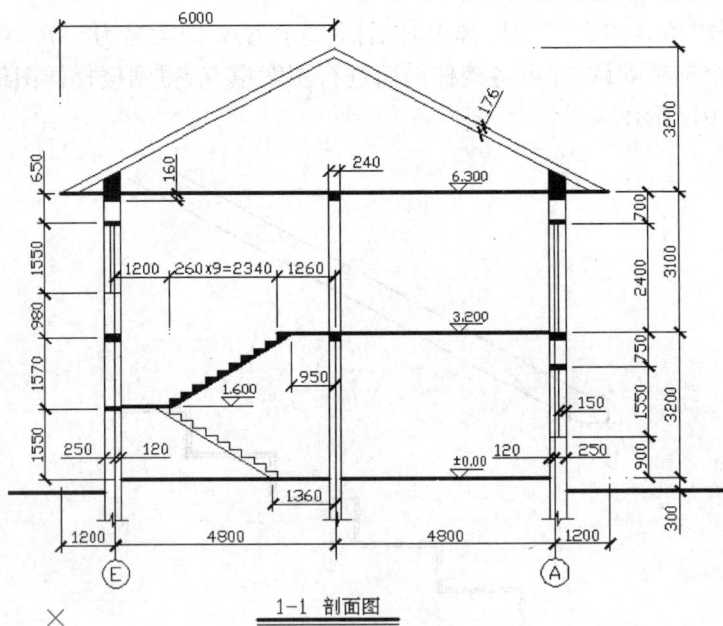

图 5.92 建筑剖面图

学习情境6 绘制机械类图形

知识目标：

1. 了解机械制图的简要知识；
2. 掌握绘制机械零件图基本方法；
3. 掌握机械三视图的绘制方法；
4. 通过实例掌握机械装配图绘制方法；
5. 通过课后练习检验机械制图学习效果。

技能目标：

1. 能够识读机械类一般图形，重点熟悉机械零件图、三视图、装配图；
2. 掌握机械零件图的基本绘制方法与技巧；
3. 掌握机械三视图的基本绘制方法与技巧；
4. 掌握机械装配图绘制方法与技巧；
5. 能够独立绘制完成较为复杂的机械三视图。

情境再现与任务分析：

本环节在用户此前对机械制图有所了解的基础上，为加深用户对 AutoCAD 制图功能的理解，较为概括地介绍机械制图中简单零件图、三视图、装配图的简要知识，进而引入 3 个典型绘图任务和 1 个课后练习。在任务逐个实施的过程中，交替重温所学过的绘图命令、方法与技巧，拓展用户的绘图意识与视野，同时经过反复操作练习，达到灵活运用所掌握的绘图知识与技巧之目的，提高绘图效率，绘制出完全符合专业要求的机械图形。

学习情境教学场景设计：

学习领域	AutoCAD 2012 中文版	
学习情境	AutoCAD 2012 中文版之绘制机械类图形	
行动环境	场景设计	工具、设备、教件
①机械设计机构。 ②校内实训基地。	①分组(每组 2~4 人)。 ②教师讲解机械类图形知识,阐述并演示绘图流程及绘图方法与技巧。 ③学生动手完成绘图任务,领会并交流绘图技巧。 ④学生课后练习题,教师抽查学生完成情况,并加以评点。	①带独立显卡、联成局域网的PC 机。 ②投影仪或多媒体网络广播教学软件。 ③多媒体课件、操作过程屏幕视频录像。 ④机械实际图纸。

任务1　绘制机械零件图

知识准备：

1. 零件图的构成

零件图是加工和检验零件的依据,通常包括以下内容:

①视图:表达零件的内外形状。

②尺寸:正确、完整、清晰、合理地标注出制造、检验零件的全部尺寸(尺寸标注在学习情境 9、10 中介绍)。

③技术要求:标出零件制造与装配中所应达到的各项要求,如表面粗糙度、尺寸公差、形位公差、热处理、表面处理等。

2. 绘制零件图的一般步骤

使用 AutoCAD 绘制零件图之要点及主要操作过程如下:

①分析零件特点,确定表达方案,即确定表达零件形状的视图和剖视图。

②调用模板图或设置绘图环境。绘图环境包括建立模板图时介绍的全部内容。

③对零件进行形体分析。根据零件的结构特点,将其分为若干个部分,确定各部分的绘图顺序。

④绘制布局线。在 AutoCAD 中打开正交工具,用 line(直线)或 xline(构造线)等命令绘制布局线。

⑤绘制各视图的主要轮廓线及定位线。与手工画图相同,要先画主要轮廓线,后画细节。

⑥绘制细节。细节包括凸台、小孔、圆角、倒角等。凸台、小孔主要用偏移和修剪命令绘制;圆角、倒角处可用圆角和倒角命令来完成。

⑦绘制波浪线、剖面线。绘制剖面线之前可以先关闭无关的图层,以免干扰选择填充边界。

⑧标注尺寸,填写技术要求。

任务实施:

以如图 6.1 所示的支座零件图为例,说明用 AutoCAD 绘制一般机械零件图的过程。该图右下部分为轮廓图,左上部分为剖面图。

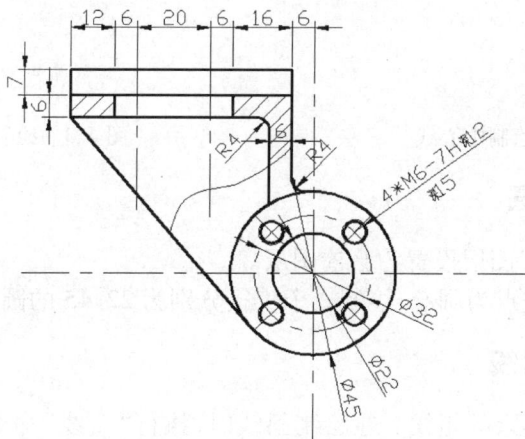

图 6.1　支座零件图

1. 设置绘图环境

①设置图层。"中心线"图层:红色,细线,"center"线型;"轮廓线"图层:黑色,线宽 0.3,实线;"细实线"图层:绿色,细线;"剖面线":青色,细线。

②设置图幅范围:400×300;

③单位精度:0。

④在状态栏中的"草图设置"对话框的"对象捕捉"选项卡中设定所有的捕捉方式为有效。

2.绘制中心线

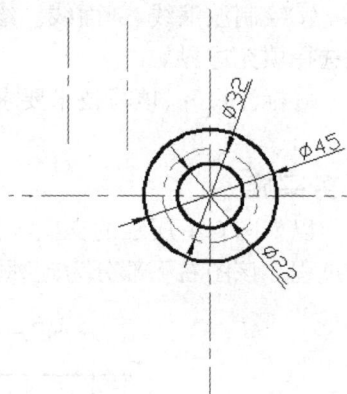

①将"轴线层"图层设置为当前图层。

②绘制中心线。绘制圆的水平、垂直中心线,再用"偏移"命令向左偏移,间距为28、20;用夹点直接把左边2条中心线缩短到横向中心线以上,如图6.2所示。

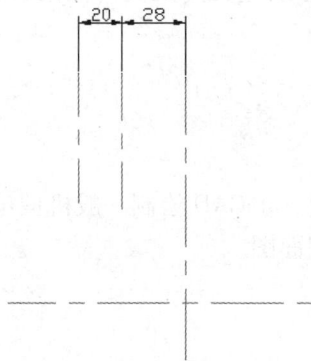

图6.2　绘制中心线　　　　　　　图6.3　绘制大、中圆形

3.绘制大圆、中圆

①将"轮廓层"图层设置为当前图层。

②以中心线交点为圆心,绘制2个直径分别为22、45的圆,如图6.3所示。

4.绘制其余的粗线

按尺寸绘制其余的粗线。在绘制斜线时,执行"直线"命令并单击起点后,光标向大圆左下部靠近,接触圆时,系统会提示"切点",此时可捕捉并单击它,即可绘出斜线,如图6.4所示。

5.倒圆角

对图中的2个直角倒圆角,结果如图6.5所示。

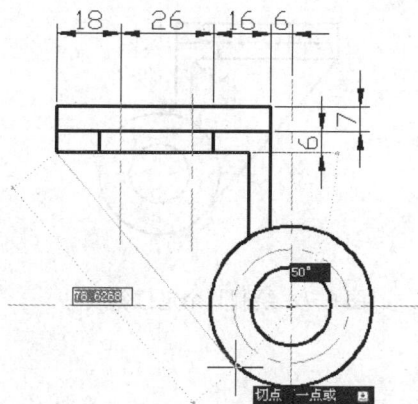

图 6.4 绘制切线

图 6.5 倒圆角

6. 绘制大圆与中圆之间的 4 条斜线,用于小圆定位

①将"细线层"图层设置为当前图层。

②有 4 种方法绘制斜线:

a. 直接用极坐标方式基于圆心绘制 45°长斜线,经修剪即可。

b. 设置"极轴追踪"角度为 45°,并使"极轴追踪"功能处于打开状态,即可从圆心画出 45°长斜线,经修剪即可。

c. 可以在大圆、中圆之间上下左右各画 1 条线段,将 4 条线段绕圆心旋转 45°即可。

d. 利用构造线命令功能,操作过程如下:

命令:<u>xline</u> 并回车 注:或单击绘图工具栏"构造线"命令按钮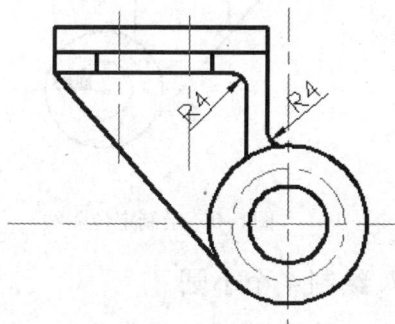;

指定点或[水平(H)/垂直(V)/角度(A)/二等分(B)/偏移(O)]:<u>b</u> 并回车 注:选择 B 选项,直接画出角等分线;

指定角的顶点: 注:单击角的顶点,即圆心点;

指定角的起点: 注:单击角的起始边上的一点;

指定角的端点: 注:单击角的另一边上的点;

指定角的端点:回车 注:结束"构造线"命令,结果如图 6.6 所示。

用同样的方法绘制另一条斜线,经过修剪得到的图形如图 6.7 所示。

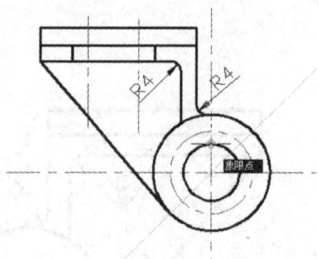

图 6.6　绘制定位斜线　　　　　　　　图 6.7　绘制其余定位斜线

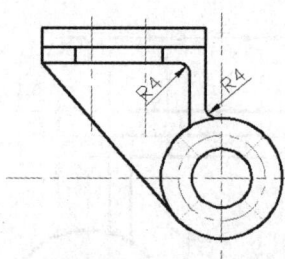

7. 绘制 4 个小圆

①在"轮廓层"图层上绘制 4 个小圆,直径为 7。

②在"细线层"图层上绘制 4 个小圆,直径为 6,得到的图形如图 6.8(a)所示;样图中的标识为"4×M6-7H 深 12/孔深 15",表示 4 个孔直径为 6,螺纹公差等级为 7,孔的深度为 15,螺纹深度为 12。

③利用中心线与斜线对细线小圆进行修剪,得到的图形如图 6.8(b)所示。

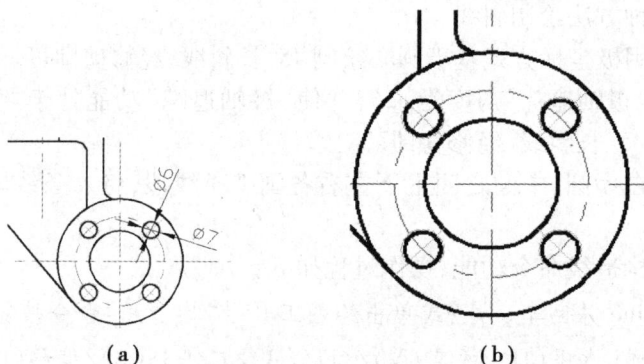

(a)　　　　　　　　　　　　　　(b)

图 6.8　绘制小圆并加以"修剪"

8. 绘制剖面填充

①将"剖面层"图层设置为当前图层。

②绘制分界线。先用"多段线"命令随手绘制一条折线,然后用多段线编辑命令修改成一条拟合线。

命令:<u>PEDIT</u> 并回车　注:或选择菜单栏"修改"→"对象"→"多线"命令,编辑多段线;

选择多段线或[多条(M)]:　注:点选多段线;

输入选项[闭合(C)/合并(J)/宽度(W)/编辑顶点(E)/拟合(F)/样条曲线(S)/非曲线化(D)/线型生成(L)/反转(R)/放弃(U)]:f并回车   注:对多段线进行拟合;

输入选项[闭合(C)/合并(J)/宽度(W)/编辑顶点(E)/拟合(F)/样条曲线(S)/非曲线化(D)/线型生成(L)/反转(R)/放弃(U)]:并回车   注:拟合结束,结果如图6.9所示。

③绘制填充图案。暂时关闭"中心线"图层,为填充作准备;执行"图案填充"命令,在弹出的对话框中,选择图案名称为"ANSI31",角度为0,比例为1,转回到绘图区域,两个区域同时单击填充,即得到图形如图6.10所示。

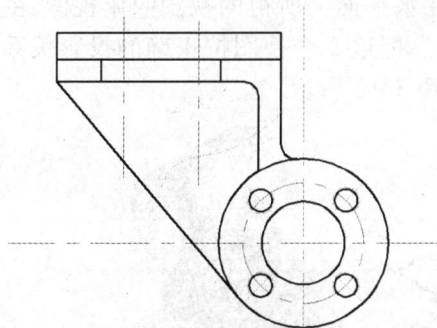

图6.9   多段线拟合

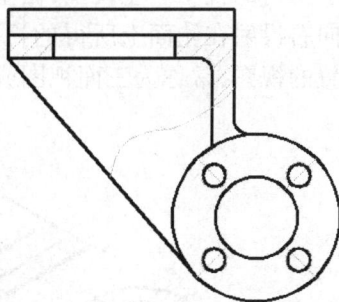

图6.10   剖面图案填充

9. 打开关闭的图层

将原关闭的图层全部打开,绘图全程结束,最终得到的图形如图6.11所示。

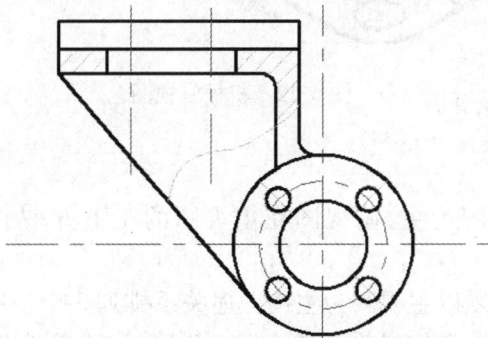

图6.11   完整的机械零件图

任务2 绘制机械三视图

知识准备:

物体的一个投影不能确定物体的形状,必须将组成此物体的各几何要素分别向 3 个投影面投射,就可在 3 个投影面上画出 3 个视图。由前向后投射在正面上所得的视图叫主视图,由上向下投射在水平面上所得的视图叫俯视图,由左向右投射在侧面上所得的视图叫左视图。把这 3 个视图按正确的投影关系配置的视图,常称为三面视图或三视图,如图 6.12 所示。

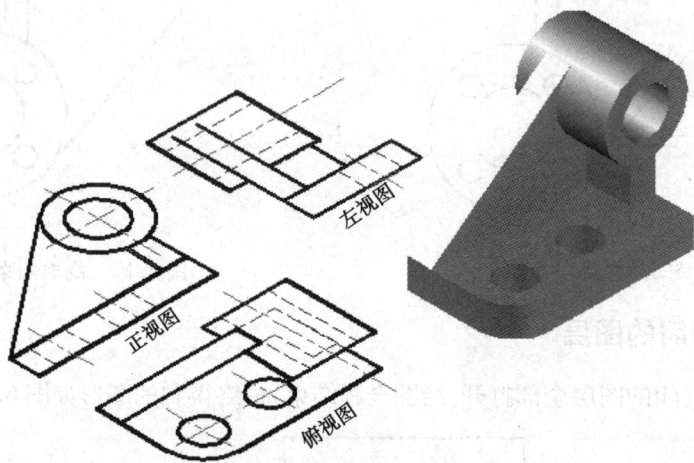

图 6.12 机械三视图

1. 位置关系

三视图以主视图为主;俯视图在主视图的正下方;左视图在主视图的正右方。

画三视图时必须以主视图为主按上述关系排列 3 个视图的位置,叫做按投影关系配置视图。这个位置关系是不能变动的,并且视图之间要对齐、对正,不能错开,如图 6.13 所示。

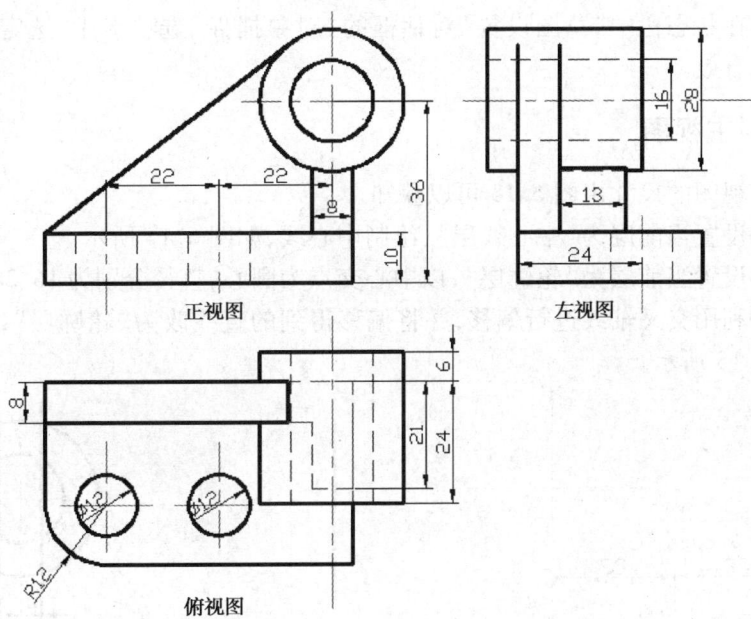

正视图　　左视图　　俯视图

图 6.13　主视图、俯视图和左视图之间关系

2.尺寸关系

　　每对相邻视图同一方向上尺寸相等,即:主视图和俯视图中的相应投影长度相等,并且对正;主视图和左视图中的相应投影高度相等,并且平齐;俯视图和左视图中的相应投影宽度相等。上述是物体上的长、宽、高尺寸在三视图间的对于三视图的总体或局部都是如此,在画图、读图、度量及标注尺寸时都要注意。

任务实施:

1.设置绘图环境

　　①设置图层。"中心线"图层:红色,细线,"center"线型;"轮廓线"图层:黑色,线宽 0.3,实线;"虚线层"图层:蓝色,虚线,"dashed"线型。
　　②设置图幅范围:300×200。
　　③单位精度设为:0。

④线型比例为:0.35。

⑤在状态栏中"草图设置"对话框的"对象捕捉"选项卡中,选定所有的捕捉方式有效。

2. 绘制主视图

主视图的尺寸由图 6.13 可以获知。

①设置当前层为"中心线层",绘制中心线,如图 6.14 所示。

②设置当前层为"轮廓层",以中心交点为圆心、直径分别为 16、28 绘制圆。

③利用交叉轴线进行偏移,并将偏移得到的直线改为"轮廓层",得到图形如图 6.15 所示。

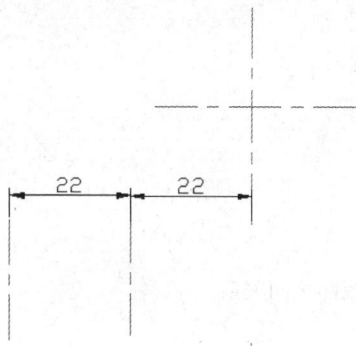

图 6.14　绘制定位中心线

图 6.15　捕捉定位绘制圆

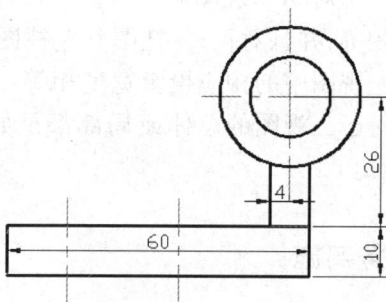

④通过各线段的夹点,对线段的起、止点进行调整,并利用"延伸""修剪"命令,整理出如图 6.16 所示的图形。

⑤由下部矩形的角点向大圆外轮廓引伸直线,捕捉并单击圆上"切点",即绘制斜线如图 6.17 所示。

⑥绘制固定孔线。设置当前层为"虚线层",利用固定孔的轴线为基准,采用偏移、修剪的方法绘制固定孔的虚线,结果如图 6.18 所示,完成主视图绘制。

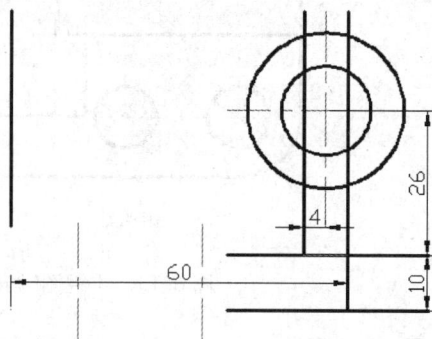

图 6.16　绘制直线

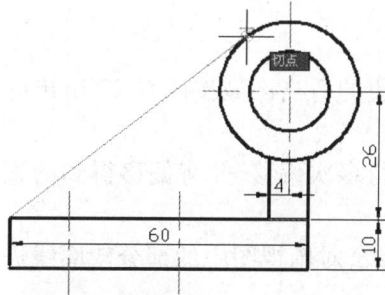

图6.17 捕捉切点绘制切线

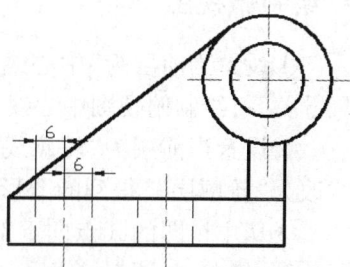

图6.18 绘制虚线

3. 绘制左视图

①设置当前层为"中心线层",在主视图右边适当区域按图6.19给出的尺寸关系绘制左视图中心线。

②设置当前层为"轮廓线层",利用轴线进行多次偏移,并将偏移得到的直线改为"轮廓层"。

③从主视图的 A、B 两点向右边的左视图画水平线,对左视图中的部分轮廓线进行绘制、修剪,如图6.20所示。

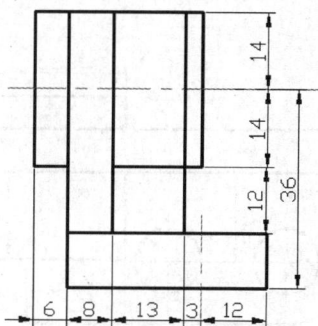

图6.19 零件左视图

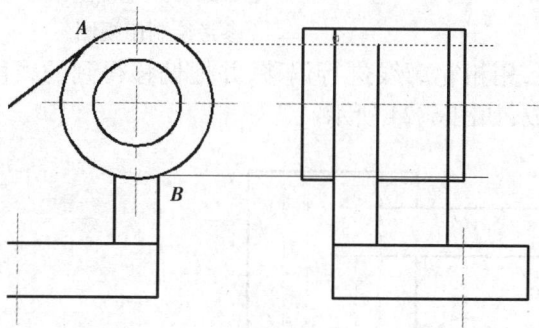

图6.20 以正视图作参考绘制左视图

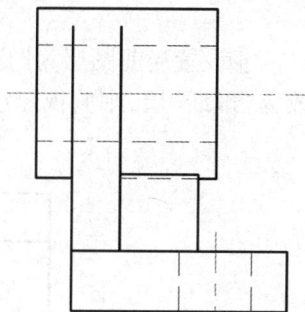

图6.21 完善左视图

④设置当前图层为"虚线"层,用粗轮廓线进行偏移,并把偏移得到的线段改为"虚线"层,则左视图绘制完成,如图6.21所示。

4. 绘制俯视图

①设置当前层为"中心线层",在主视图下边的适当区域按图 6.22 给出的尺寸关系,绘制俯视图中心线。

②设置当前层为"轮廓线层",利用轴线进行多次偏移,并将偏移得到的直线改为"轮廓层",得到的图形如图 6.22 所示。

③从主视图的 A 点向下部的俯视图画纵向线,对俯视图中的部分轮廓线进行绘制、修剪,如图 6.23 所示。

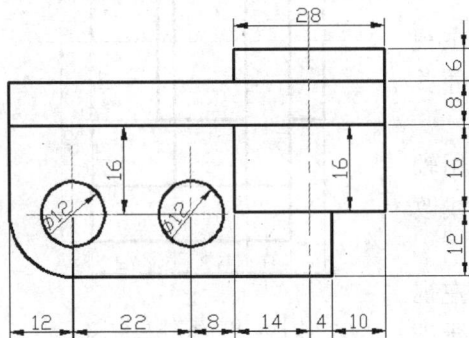

图 6.22　俯视图

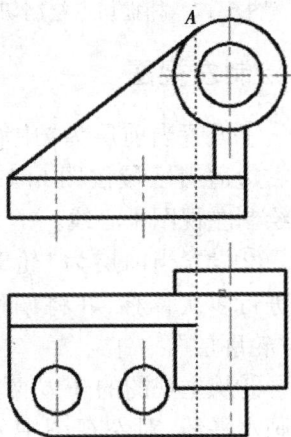

图 6.23　以正视图作
参考绘制俯视图

④设置当前图层为"虚线"层,用粗轮廓线进行偏移,并把偏移得到的线段改为"虚线"层,则俯视图绘制完成,如图 6.24 所示。

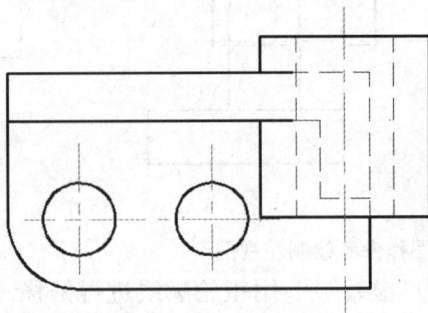

图 6.24　绘制虚线

完成支座三视图的图形绘制,全图如 6.25 所示。

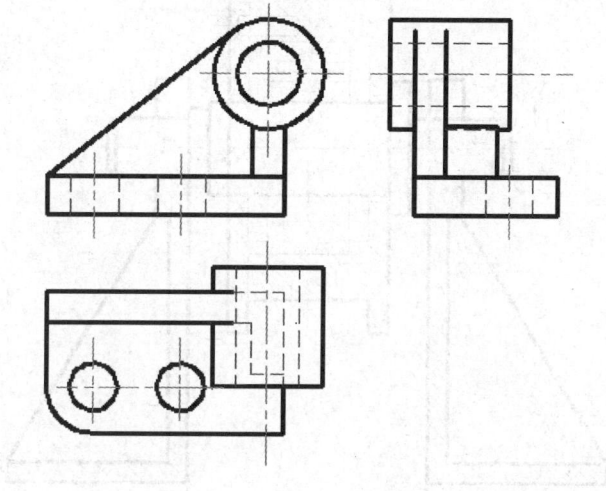

图 6.25　完成的三视图

任务3　绘制机械装配图

知识准备:

为了加深理解,进一步提高制图技能,高效绘制各种复杂机械图,本环节将以专题案例的形式,系统介绍如何综合利用所掌握的绘图知识与技巧,绘制出完全符合生产要求的机械部件装配图形。

绘制如图 6.26 所示的机械组合图形,它由架座、轴、滚轮 3 个部分构成。

任务实施:

如图 6.27 所示为架座图形,绘制过程简述如下:

在 AutoCAD 系统下打开一个新图,图形文件名为"架座.dwg"。

1.设置绘图环境

①设置图层。"轴线"层:"center"线型,红色;"轮廓线"层:线宽 0.3,黑色细实线;"细线"层:黑色,细实线。把"轮廓线"层设为当前层。

②按图 6.27 所给出的尺寸绘制图形,要求把轴线置于"轴线"层,把粗线置

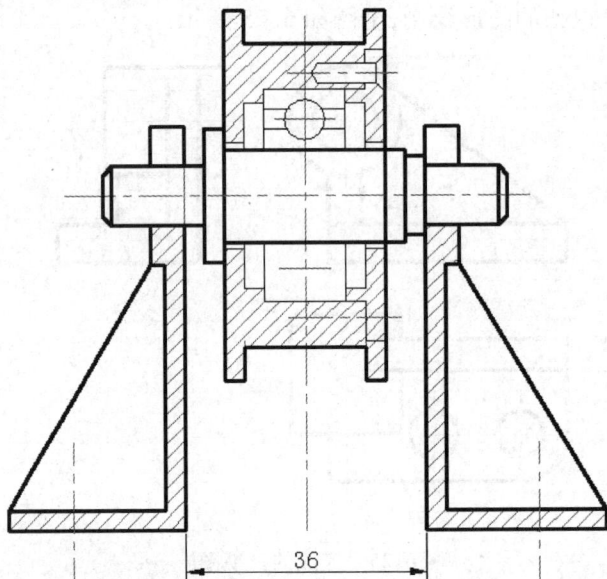

图 6.26   机械组合图形

于"轮廓线"层;用"镜像"命令绘制图 6.26 中的右边架座,左右相距为 36,结果如图 6.28 所示。绘制完成后存盘。

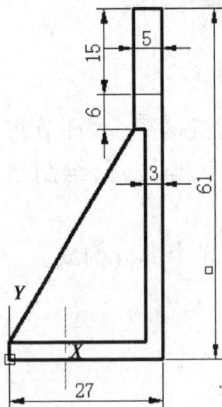

图 6.27   左架座

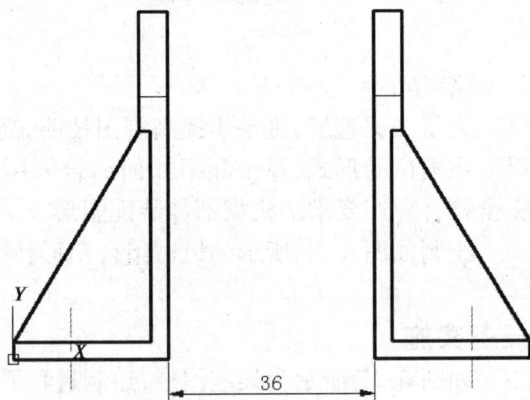

图 6.28   左右一对架座

2. 绘制轴

如图 6.26 所示为架座图形,绘制过程简述如下:

①在 AutoCAD 系统下打开一个新图,图形文件名为"轴.dwg"。

②同上述方法设置绘图环境,把"轮廓线"层设为当前层。

③按图6.29所给出的尺寸绘制图形,同样把轴线置于"轴线"层,存盘。

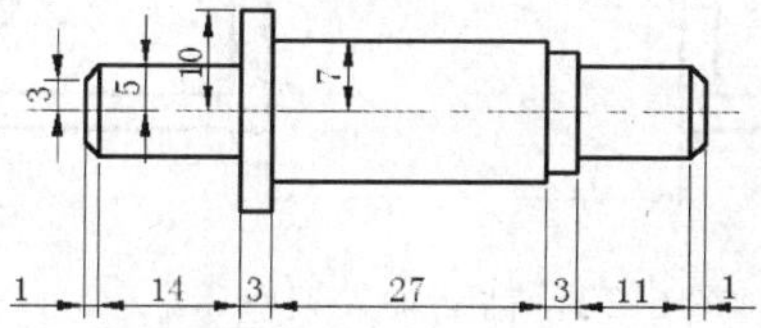

图6.29 轴

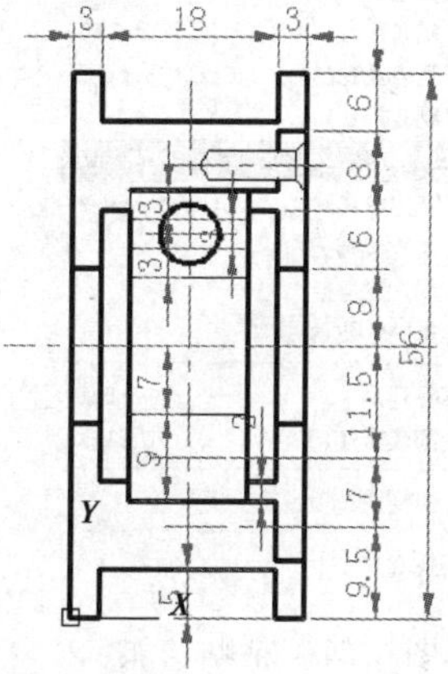

图6.30 滚轮

3.绘制滚轮

如图6.30所示为滚轮图形,绘制过程简述如下:

①在 AutoCAD 系统下打开一个新图,图形文件名为"滚轮.dwg"。

②同上述方法设置绘图环境,把"轮廓线"层设为当前层。

③按图6.30所给出的尺寸绘制图形,同样把轴线置于"轴线"层、把细线置于"细线层",存盘。

4.进行图形组合

①将"轴"图复制到"架座"图形中。

a.单击"轴"图把它作为当前活动视窗,选择菜单栏"编辑"→"全部选择"命令,选择"轴"图全图。

b.选择菜单栏"编辑"→"复制"命令,把所选内容置于系统的"剪贴板"。

c.单击"架座"图将其作为当前活动窗口,选择菜单栏"编辑"→"粘贴"命令,如图6.31所示,命令提示行会提示用户输入插入点坐标,此时用户可在绘图区域直接捕捉参照点,把图形插入,另命名为"装配图.dwg"并存盘,结果如图6.32所示。

②将"滚轮"图形复制到图6.32图形中。

a.单击"滚轮"图把它作为当前活动视窗,选择菜单栏"编辑"→"全部选

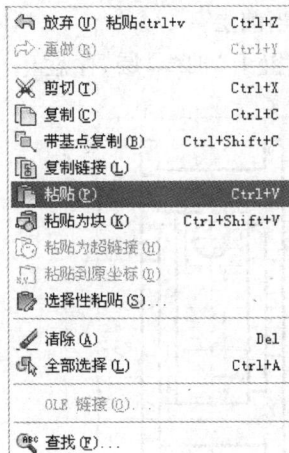

图 6.31　粘贴功能

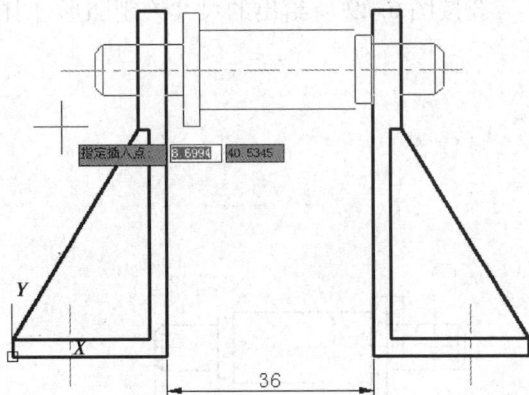

图 6.32　粘贴轴入架座

择"命令,选择"滚轮"图全图。

　　b.选择菜单栏"编辑"→"复制"命令,把所选内容置于系统的"剪贴板"。

　　c.单击"装配图.dwg",将其作为当前活动窗口,选择菜单栏"编辑"→"粘贴"命令,则命令提示行会提示用户输入插入点坐标,此时用户可在绘图区域直接捕捉参照点,把图形插入,结果如图 6.33 所示。

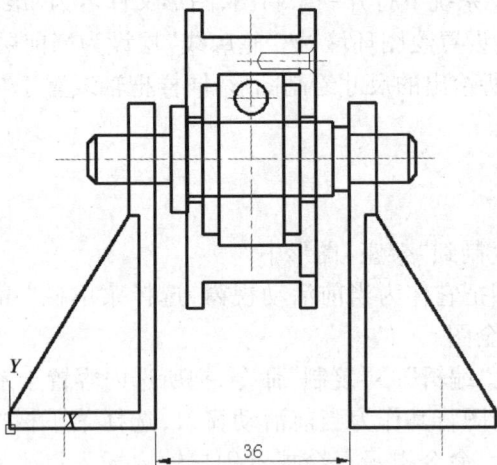

图 6.33　粘贴滚轮

　　③运用"修剪"等命令,去除多余的线段,结果如图 6.34 所示。

　　④暂时关闭"轴线"图层,创建新图层名为"填充",并设为当前图层。单击

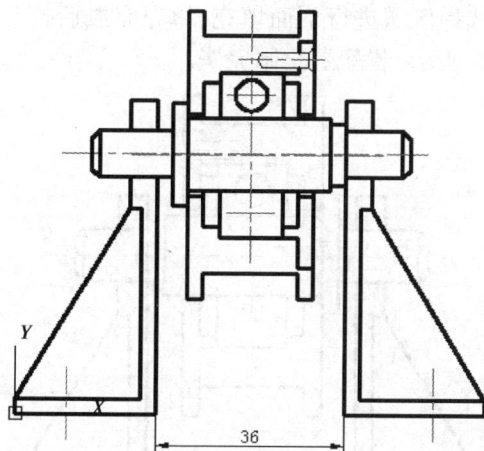

图 6.34 图形修剪

绘图工具栏中"图案填充"按钮,弹出"图案填充和渐变色"对话框,如图 6.35 所示,进行填充参数设置。

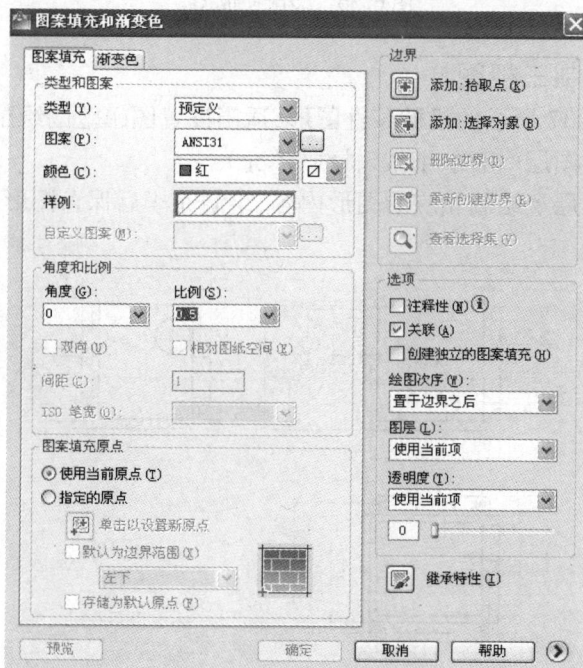

图 6.35 图案填充参数

按图 6.26 所示选择区域进行剖面填充,填充完成后打开"轴线"图层,得到的结果图形如图 6.36 所示,装配图绘制完毕。

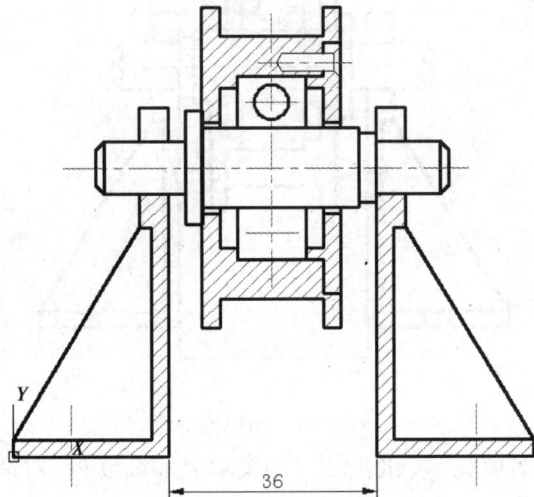

图 6.36　装配完成图

课后练习　绘制三视图

①依如图 6.37 所示的机械零件图形,适当设置图幅范围绘制三视图。

②适当设置图层(粗线、细线、轴线、填充)。

③在不同图层上绘制相应的图形内容,绘制完毕后保存图形。

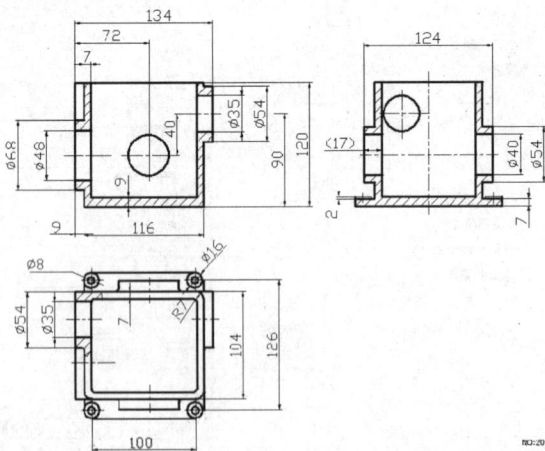

图 6.37　机械零件三视图

学习情境7　利用图块功能绘图

知识目标：

1. 了解图块的概念并能熟练使用图块；
2. 熟练掌握外部图块创建与使用；
3. 熟悉并掌握动态图块的建立与使用；
4. 通过课后练习检验对"块"的使用技巧的掌握程度。

技能目标：

1. 能够分析图纸，进行图块设计；
2. 掌握并熟练使用内、外部图块的方法与技巧；
3. 掌握并使用动态图块的方法与技巧；
4. 独立完成课后练习，巩固对"块"这一概念的认识和应用技巧。

情境再现与任务分析：

在工程建设实践中，人们在很多情况下使用的结构或造型采取的是相同或相似的几何外形结构。为提高制图速度与质量，AutoCAD 引进了"图块"的概念。使用"图块"命令可以重复调用相同或相似的图形以提高绘图效率，使用"动态块"命令可以实现"块"的实时调整功能，使用"外部参照"命令还可共享设计数据资源。为此本环节引入 2 个绘图任务以及 1 个课后练习，分别向用户介绍"图块""外部块"和"动态块"的创建与使用，以及使用"外部参照"的各种方法，使用户熟练运用"图块"的命令及相关技巧，从而大幅提升绘图效率，提高工程设计能力。

学习情境教学场景设计：

学习领域	AutoCAD 2012 中文版	
学习情境	以 AutoCAD 2012 中文版之利用图块功能绘图	
行动环境	场景设计	工具、设备、教件
校内实训基地	①分组（每组 2～4 人）。 ②教师讲解图块的概念、使用方法与技巧，演绎任务的同时传递良好的绘图习惯。 ③学生动手按要求完成绘图任务。 ④学生课后独立完成课后练习题，教师评点学生课后习题。	①带独立显卡、联成局域网的PC 机。 ②投影仪或多媒体网络广播教学软件。 ③多媒体课件、操作过程屏幕视频录像。 ④实际建筑工程施工图。

任务 1　在住宅单元房中插入餐桌椅

知识准备：

在工程图设计过程中，块的应用是很广泛的。如在建筑工程图中，存在着很多相似甚至是相同的图形，像门、桌椅、床等，利用绘制及编辑命令重复地绘制将是一件很麻烦的事。在 AutoCAD 中，利用块命令可以将这些相似的图形定义成块，定义完成后就可以根据需要在图形文件中插入这些块。

1."创建块"与"插入块"

AutoCAD 2012 提供了以下两种方法来创建图块，以下以图 7.1 所示的柱子剖面来介绍图块的基本命令用法。

（1）以"块"命令创建图块

利用"块"命令创建的图块将保存于当前的图形文件中，此时该图块只能应用到当前的图形文件，而不能应用到其他的图形文件。

操作过程如下：

输入命令：block 并回车。或选择菜单栏"绘图"→"块"→"创建块"命令，或单击工具栏"创建块"命令按钮，弹出"块定义"对话框，如图 7.2 所示，用户在该对话框中对图形进行块的定义。

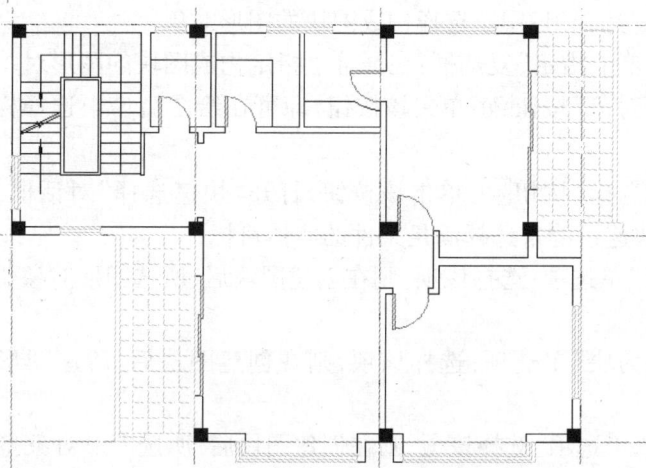

图 7.1　柱子平面位置图

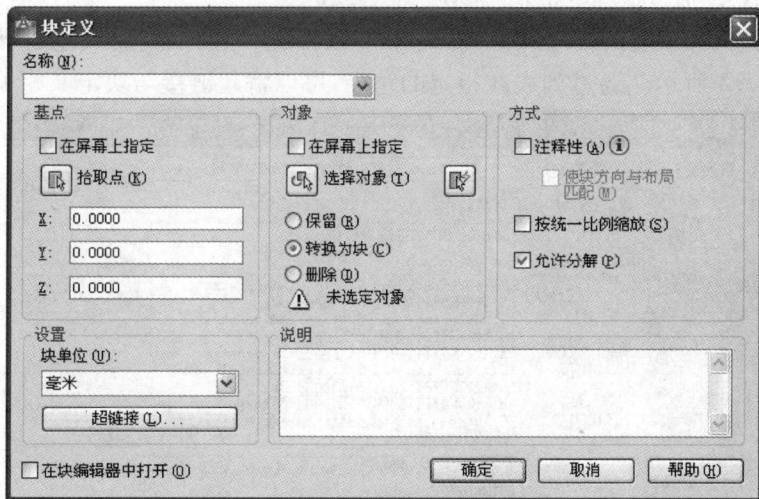

图 7.2　"块定义"对话框

下面是对对话框选项的解释。

①"名称"列表框:用于输入或选择图块的名称。

②"基点"选项组:用于确定图块插入基点的位置。

a."在屏幕上指定"复选框:在屏幕上指定块的基点;

b."X""Y""Z"数值框:可以输入插入基点的 x、y、z 坐标;

c."拾取点"按钮⬛:在绘图窗口中选取插入基点的位置。

③"对象"选项组:用于选择构成图块的图形对象。

a."在屏幕上指定"复选框:在屏幕上指定构成图块的图形对象;

b."选择对象"按钮⬛:单击该按钮,即可在绘图窗口中选择构成图块的图形对象;

c."快速选择"按钮⬛:单击该按钮,打开"快速选择"对话框,即可通过该对话框进行快速过滤来选择满足条件的实体目标;

d."保留"单选项:选择该项,则在创建图块后,所选图形对象仍保留并且属性不变;

e."转换为块"单选项:选择该项,则在创建图块后,所选图形对象转换为图块;

f."删除"单选项:选择该项,则在创建图块后,所选图形对象将被删除。

④"设置"选项组:用于指定块的设置。

a."块单位"列表框:指定块参照插入单位;

b."超链接"按钮⬛⬛⬛:单击该按钮,会弹出"插入超链接"对话框,如图7.3所示。通过列表或指定的路径,可以将超链接与块定义相关联。

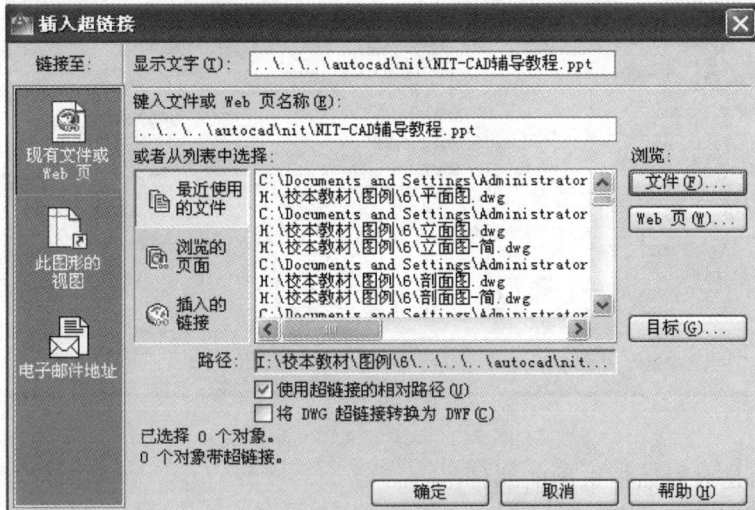

图7.3 "插入超链接"对话框

⑤"方式"选项组:用于指定图块的插入方式。

a."注释性"复选框:指定块为注释性;

b."使块方向与布局匹配"复选框:指定在图纸空间视口中的块参照的方向

216

与布局的方向匹配。如果未选择"注释性"选项,则该选项不可用;

　　c."按统一比例缩放"复选框:指定块参照是否按统一比例缩放;

　　d."允许分解"复选框:指定块参照是否可以被分解;

　　e."说明"文本框:用于输入图块的说明文字;

　　f."在块编辑器中打开"复选框:用于在块编辑器中打开当前的块定义(块编辑器用来创建动态块,将在下一个任务中介绍)。

　　对于本例中的块"柱子",图7.2对话框中数据内容按图7.4进行填选:

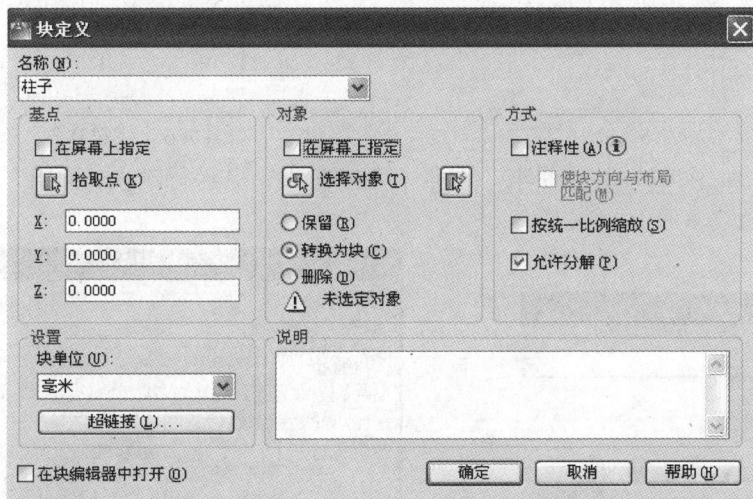

图7.4　填写块定义

　　①单击对话框中"对象"之"选择对象"按钮，系统即回到绘图区域,用"窗选"的方法选定一个400×400的柱子,如图7.5所示。选择完毕后,按回车键,回到对话框。

　　②单击对话框中"基点"之"选择对象"按钮，系统即回到绘图区域,把光标捕捉定位在柱子的左下角并单击,如图7.6所示。单击后,系统回到对话框。

　　③单击对话框"确定"按钮,名为"柱子"的块创建完成,在"名称"选项框中能看到名为"柱子"的块,如图7.7所示。

　　(2)以"写块"命令创建图块

　　利用"块"命令创建的图块,只能在该图形文件内使用而不能应用于其他图形文件,因此有一定的局限性。若想在其他图形文件使用已创建的图块,则需利用"写块"命令创建图块,并将其保存到用户计算机的硬盘中。操作过程为:

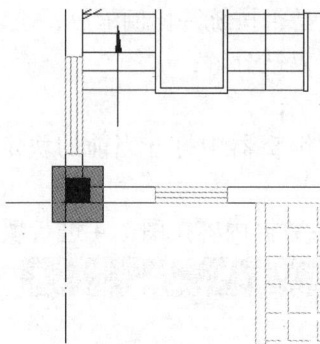

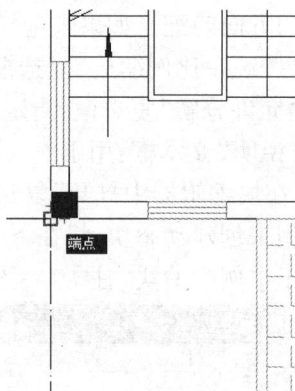

图 7.5　选择柱子　　　　　　　　　　图 7.6　选定基点

　　输入命令:wblock 并回车。该命令直接在命令提示行输入,弹出"写块"对话框,如图 7.8 所示。

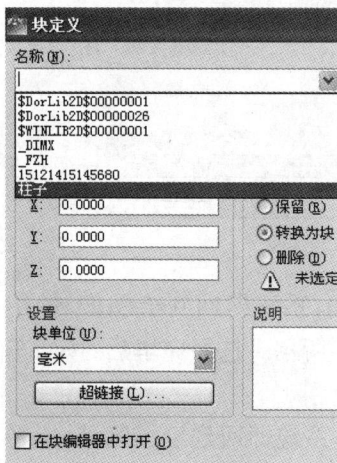

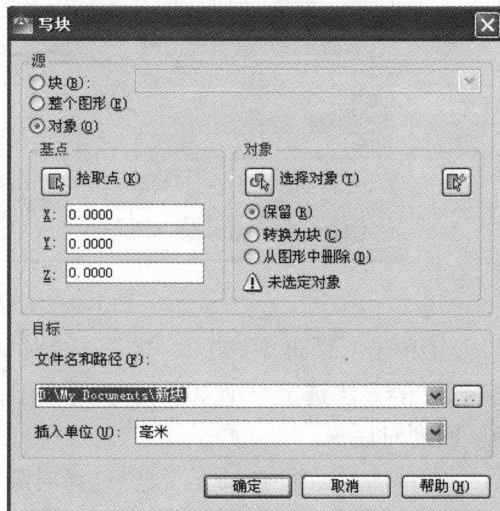

图 7.7　创建"柱子"块　　　　　　　　图 7.8　"写块"对话框

下面对该对话框选项进行解释。

①"源"选项组:用于选择图块和图形对象,将其保存为文件并为其指定插入点。

　　a."块"单选项:用于从列表中选择要保存为图形文件的现有图块;

　　b."整个图形"单选项:将当前图形作为一个图块,并作为一个图形文件保存;

c.“对象”单选项:用于从绘图窗口中选择构成图块的图形对象。

②“基点”选项组:用于确定图块插入基点的位置。

a.“X”“Y”“Z”数值框:可以输入插入基点的 x、y、z 坐标;

b.“拾取点”按钮：在绘图窗口中选取插入基点的位置。

③“对象”选项组:用于选择构成图块的图形对象。

a.“选择对象”按钮：单击该按钮,在绘图窗口中选择构成图块的图形对象;

b.“快速选择”按钮：单击该按钮,打开“快速选择”对话框,通过该对话框进行快速过滤来选择满足条件的实体目标;

c.“保留”单选项:选择该项,则在创建图块后,所选图形对象仍保留并且属性不变;

d.“转换为块”单选项:选择该项,则在创建图块后,所选图形对象转换为图块;

e.“从图形中删除”单选项:选择该项,则在创建图块后,所选图形对象将被删除。

④“目标”选项组:用于指定图块文件的名称、位置和插入图块时使用的测量单位。

a.“文件名和路径”列表框:用于输入或选择图块文件的名称和保存位置。单击右侧的按钮,弹出“浏览图形文件”对话框,指定图块的保存位置,并指定图块的名称;

b.“插入单位”下拉列表:用于选择插入图块时使用的测量单位。

2.“写块”的两种主要方法

（1）把绘图区域中的门“写块”

命令:**WBLOCK** 并回车　注:执行“写块”命令,在弹出的对话框中单击“选择对象”按钮,到绘图区域选取门,如图7.9所示;

选择对象:找到 1 个　注:点选门示意图;

选择对象:找到 1 个,总计 2 个　注:点选门的开关轨迹线;

选择对象:并回车　注:结束选择,返回对话框,单击“拾取点”按钮,回到绘图窗口中;

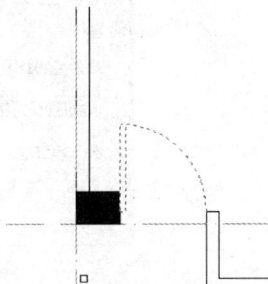

图7.9　选取门

指定插入基点: 注:选取插入基点的位置,如图 7.10 所示,然后返回对话框,在对话框中"文件名与路径"选项框中选择"桌面",单击"确定"按钮,就在电脑桌面创建一个图形文件:"新块.dwg",如图 7.11 所示。

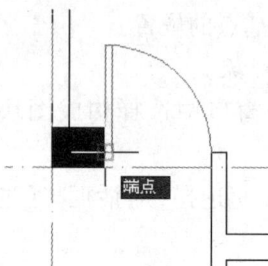

图 7.10 选定基点 图 7.11 文件存于桌面

(2)将图形中已有的"块"进行"写块"

命令:**WBLOCK** 并回车 注:执行"写块"命令,在弹出的对话框中"源"栏下点选"块"选项 ⦿块(B),再单击选项框,在下拉列表中选择"柱子",如图 7.12 所示。在对话框中"文件名与路径"选项框中选择"桌面",然后单击"确定"按钮,就在电脑桌面创建一个图形文件:"柱子.dwg",如图 7.13 所示。

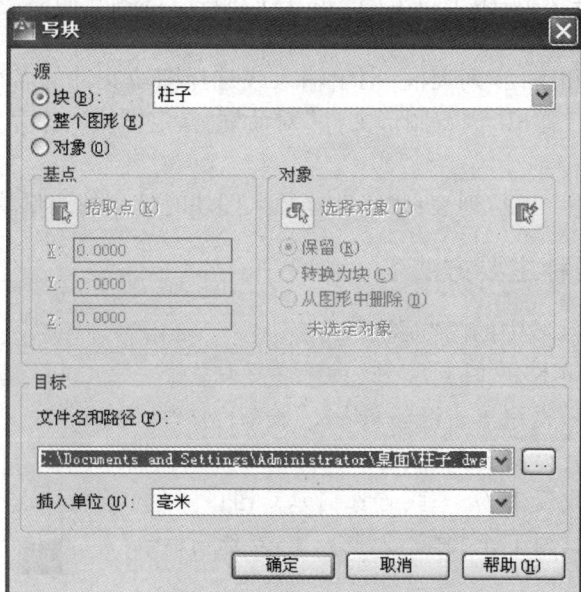

图 7.12 选择"柱子"块

3. 图块属性

图块属性是附加在图块上的文字信息（文字的输入将在下一学习情境中详细介绍）。在AutoCAD中经常会利用图块属性来预定义文字的位置、内容或默认值等。在插入图块时，输入不同的文字信息，可以使相同的图块表达不同的信息，如标高和索引符号就是利用图块属性设置的。

图 7.13 文件存于桌面

1）创建和应用图块属性

定义带有属性的图块时，需要将作为图块的图形和标记图块属性的信息两个部分定义为图块。操作过程如下：

输入命令：attdef 并回车。或选择菜单栏"绘图"→"块"→"定义属性"命令，弹出"属性定义"对话框，如图 7.14 所示。

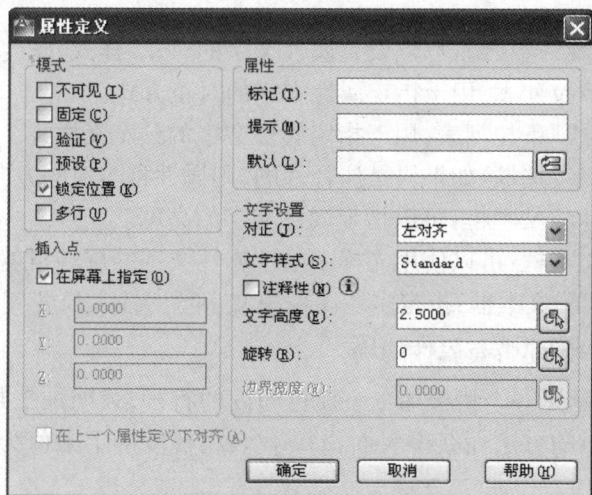

图 7.14 "属性定义"对话框

通过该对话框可定义块的模式、属性标注、属性提示、属性值、插入点和属性的文字选项等。

①"模式"选项组：用于设置在图形中插入块时与块关联的属性值选项。细述如下：

a. "不可见"复选框：指定插入块时不显示或打印属性值。

b. "固定"复选框：在插入块时赋予属性固定值。

c."验证"复选框:在插入块时提示验证属性值是否正确。

d."预设"复选框:插入包含预设属性值的块时,将属性设置为默认值。

e."锁定位置"复选框:锁定块参照中属性的位置。解锁状态下,属性可以相对于使用夹点编辑的块的其他部分移动,并且可以调整多行属性的大小。

f."多行"复选框:指定属性值可以包含多行文字。选定此选项后,可指定属性的边界宽度。

②"属性"选项组:用于设置属性数据。

a."标记"文本框:标识图形中每次出现的属性。

b."提示"文本框:指定在插入包含该属性定义的块时的显示提示。

c."默认"数值框:指定默认属性值。

③"插入点"选项组:可以指定属性位置。用户可以输入坐标值,或者选择"在屏幕上指定"复选框,然后根据与属性关联的对象,使用光标指定属性的位置。

④"文字设置"选项组:可以设置属性文字的对正、样式、高度和旋转。

a."对正"下拉列表:用于指定属性文字的对正方式。

b."文字样式"下拉列表:用于指定属性文字的预定义样式。

c."注释性"复选框:如果块是注释性的,则属性将与块的方向相匹配。

d."文字高度"文本框:可以指定属性文字的高度。

e."旋转"文本框:可以使用光标来确定属性文字的旋转角度。

f."边界宽度"文本框:指定多线属性中文字行的最大长度。

2)在图形中创建带有属性的块

图 7.15 所示是一个机械加工表面粗糙度的符号,表明加工是用车、刨、磨、抛光等去除材料的方法而获得表面,3.2 代表粗糙度的上限值为 3.2 mm,是一个可变的值。

操作步骤如下:

①利用"多边形"命令按钮 绘制一个正三角形图形,分解后用夹点延长其中一边,即得到如图 7.16 所示图形,作为"块"的基础图形。

②输入命令:attdef 并回车。或选择菜单栏"绘图"→"块"→"定义属性"命令,在弹出"属性定义"对话框中作如图 7.16 所示的设置。

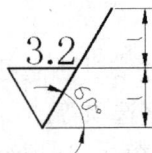

图 7.15　表面粗糙度符号

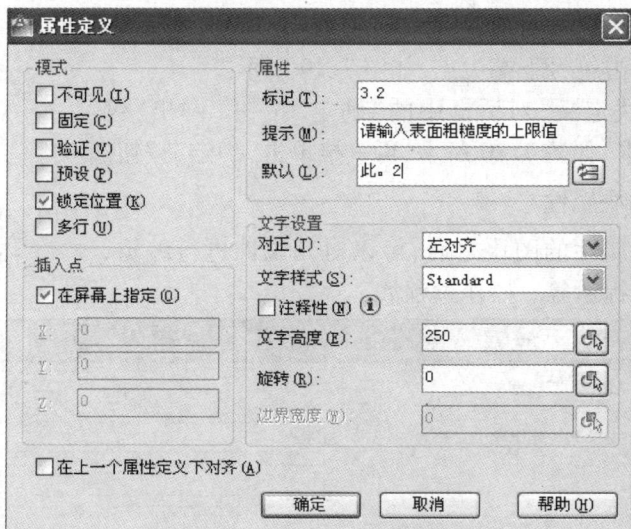

图 7.16 "属性定义"对话框

③单击"确定"按钮,返回绘图区域,在绘制好的粗糙度图形上适当位置单击,确定块属性文字"3.2"的位置,如图 7.17 所示。

④单击"创建块"命令按钮 🔲,弹出"块定义"对话框,如图 7.18 所示。单击"选择对象"按钮 🔲,返回

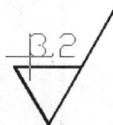

图 7.17 表面粗糙度

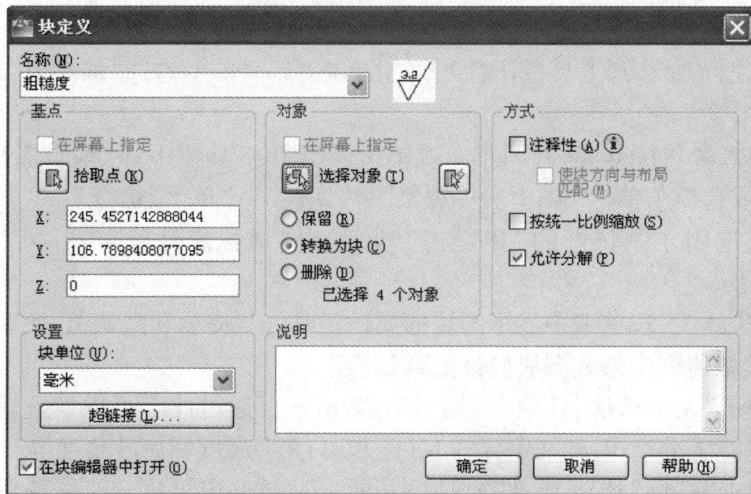

图 7.18 粗糙度"块定义"对话框

绘图区域窗选粗糙度符号;再单击"拾取点"按钮，返回到绘图区域单击符号下端尖点,如图7.19所示。

⑤单击"块定义"对话框中的"确定"按钮,弹出"编辑属性"对话框,如图7.20所示,再直接单击"确定"按钮。

图 7.19　确定块
插入基点

3)编辑图块属性

创建带有属性的图块之后,可以对其属性进行编辑,如编辑属性和提示等。操作过程如下:

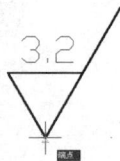

图 7.20　编辑块属性对话框

①先把光标移到工具栏任意处,右击,在工具清单中勾选"修改 II"工具,置于桌面。

②输入命令:eattedit 并回车。或单击修改 II 工具栏中的"编辑属性"命令按钮，或选择菜单栏"修改"→"对象"→"属性"→"单个"命令。

③点选刚才制作好的"粗糙度"块,弹出"增强属性编辑器"对话框,如图7.21所示。

④在"属性"选项卡中显示图块的属性,如标记、提示和默认值,此时用户可以在"值"数值框中修改图块属性的默认值。

⑤单击"文字选项"选项卡,如图7.22所示。通过此卡可以设置属性文字在图形中的显示方式,如文字样式、对正方式、文字高度和旋转角度等。

⑥单击"特性"选项卡,如图7.23所示。通过此卡可以定义图块属性所在的图层以及线型、颜色和线宽等。

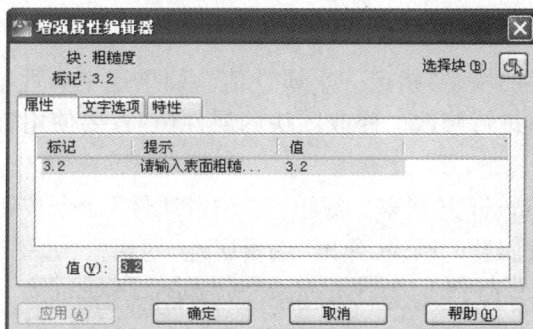

图 7.21 "增强属性编辑器"对话框

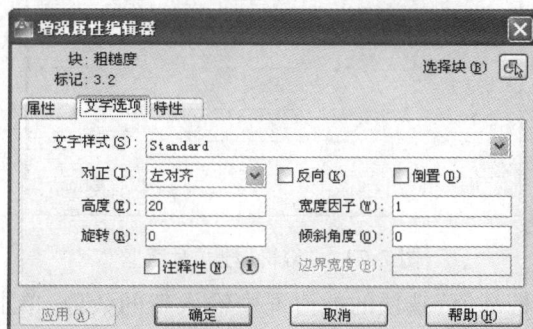

图 7.22 "增强属性编辑器"之"文字选项"

图 7.23 增强属性编辑器

　　设置完成后,若单击"应用"按钮,可修改图块属性。若单击"确定"按钮,可修改图块属性并关闭对话框。

4)修改图块的属性值

创建带有属性的块,要指定一个属性值。如果这个属性不符合需要,可以在图块中对属性值进行修改。修改图块的属性值时,要使用"编辑属性"命令。操作过程如下:

①输入命令:attedit 并回车。或单击"编辑属性"命令按钮🔲,光标变为拾取框。单击要修改属性的图块,弹出"编辑属性"对话框,如图 7.24 所示。

图 7.24　"编辑属性"对话框

②在"请输入标高值"选项的数值框中输入新的数值,单击"确定"按钮,退出对话框,完成对图块属性值的修改。

5)块属性管理器

图形中存在多种图块时,可以通过"块属性管理器"来管理图形中所有图块的属性。

(1)操作过程:

输入命令:battman 并回车。或选择菜单栏"修改"→"对象"→"属性"→"块属性管理器"命令,弹出"块属性管理器"对话框,如图 7.25 所示。在对话框中可以对选择的块进行属性编辑。

(2)对话框选项含义:

①"选择块"按钮🔲:单击后即返回图形区域,选中要进行编辑的图块后,即可又返回到"块属性管理器"对话框中进行编辑。

②"块"下拉列表:可以指定要编辑的块,列表中将显示块所具有的属性定义。

③"设置"按钮 设置(S)… :单击该按钮,即弹出"块属性设置"对话框,可以

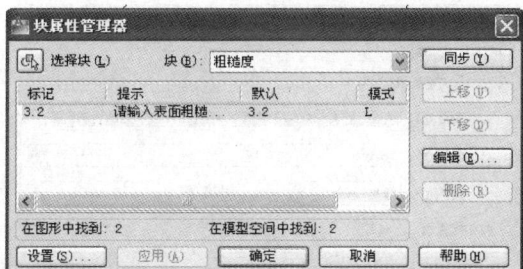

图 7.25　"块属性管理器"对话框

在这里设置"块属性管理器"中属性信息的列出方式,如图 7.26 所示。设置完成后,单击"确定"按钮即可。

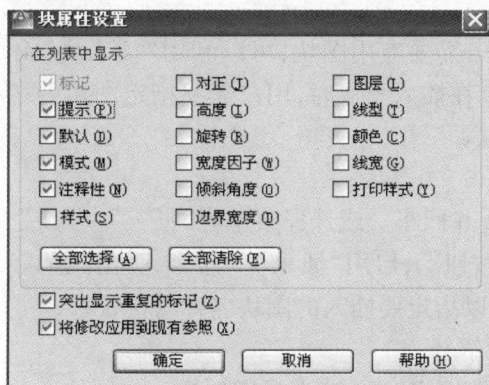

图 7.26　"块属性设置"对话框

④"同步"按钮 同步(Y)：当修改块的某一属性定义后,单击该按钮,会更新所有具有当前定义属性特性的选定块的全部实例。

⑤"上移"按钮 上移(U)：在提示序列中,向上一行移动选定的属性标签。

⑥"下移"按钮 下移(D)：在提示序列中,向下一行移动选定的属性标签。选定固定属性时,上移 上移(U) 或下移 下移(D) 按钮为不可用状态。

⑦"编辑"按钮 编辑(E)...：单击该按钮,会弹出"编辑属性"对话框。在"属性""文字选项""特性"选项卡中,可以对块的各项属性进行修改,如图 7.27 所示。

⑧"删除"按钮 删除(R)：可以删除列表中所选的定义。

⑨"应用"按钮 应用(A)：将设置应用到图块中。

⑩"确定"按钮 确定：保存并关闭对话框。

图 7.27 "编辑属性"对话框

4. 使用图块

在绘图过程中,若需要应用图块,可以利用"插入块"命令将已创建的图块插入到当前图形中。在插入图块时,用户需要指定图块的名称、插入点、缩放比例和旋转角度等信息。

（1）操作过程

输入命令:insert 并回车。或选择菜单栏"插入"→"块"命令,或单击绘图工具栏"插入块"命令按钮，启用"插入块"命令,弹出"插入"对话框,如图 7.27 所示,通过对话框可以指定要插入的图块名称与位置。

（2）对话框选项解释

①"名称"列表框:用于输入或选择需要插入的图块名称。

若需要使用外部文件（即利用"写块"命令创建的图块）,可以单击 浏览(B)... 按钮,在弹出的"选择图形文件"对话框中选择相应的图块文件。比如要选择桌面上的"柱子.dwg"插入图中,单击"浏览"按钮,在弹出的"选择图形文件"对话框中选择桌面的所指图形文件后单击"确定"按钮,就可以取得该图形作为"块"引入到当前图形中,成为"块"以备用。

②"插入点"选项组:用于指定块的插入点的位置。可以利用鼠标在绘图窗口中指定插入点的位置,也可以输入插入点的 x、y、z 坐标;

③"比例"选项组:用于指定块的缩放比例。可以直接输入块的 x、y、z 方向的比例因子,也可以利用鼠标在绘图窗口中指定块的缩放比例。

④"旋转"选项组:用于指定块的旋转角度。在插入块时,可以按照设置的角度旋转图块。

⑤"分解"复选框:若选择该项,则插入的块不是一个整体,而是被分解为各个单独的图形对象。

5. 重新命名图块

创建图块后,可以根据实际需要对图块重新命名。操作过程如下:

输入命令:<u>rename</u> 并回车,弹出"重命名"对话框。

①在"命名对象"列表中选中"块"选项,"项目"列表中将列出图形中所有内部块的名称。选中需要重命名的块,"旧名称"文本框中会显示所选块的名称,如图 7.28 所示。

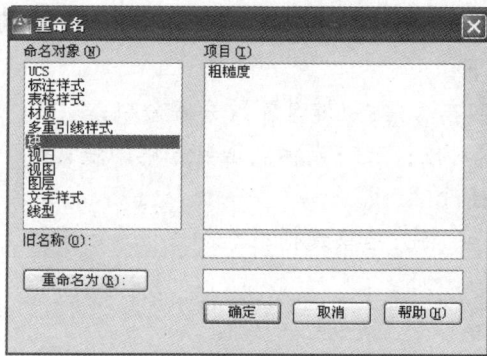

图 7.28　"重命名"对话框

②在下面的文本框中输入新名称,如"表面粗糙度",单击"确定"按钮,"项目"列表中将显示新名称"表面粗糙度",如图 7.29 所示。

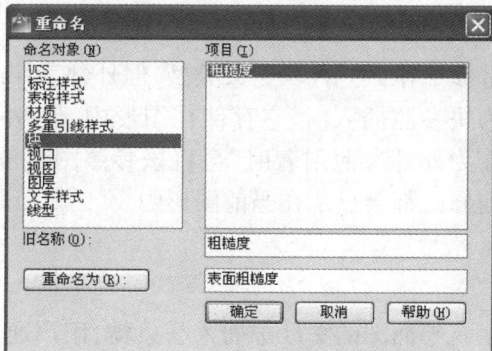

图 7.29　新名换旧名

③单击"确定"按钮,完成对当前图形内部图块名称的修改。

6. 分解图块

当在图形中使用块时,AutoCAD 会将块作为单个对象处理,用户只能对整

个块进行编辑;如果用户需要编辑组成块的某个对象时,需要将块的组成对象分解为单一个体。分解图块有以下3种方法:

①插入图块时,在"插入"对话框中选择"分解"复选框,再单击"确定"按钮,插入的图形仍保持原来的形式,但用户可以对其中某个对象进行修改。

②插入图块对象后,利用"分解"命令按钮 将图块分解为多个对象。分解后的对象将还原为原始的图层属性设置状态;如果分解带有属性的块,属性值将会丢失,并重新显示其属性定义。

③在命令提示行输入命令"xplode",分解块时可以指定所在层、颜色和线型等选项,操作过程如下:

命令:xplode 并回车　注:从键盘输入分解命令;

请选择要分解的对象:　注:光标点击要分解的块;

选择对象:找到 1 个

选择对象:并回车　注:结束选择;

找到 1 个对象。

输入选项

(全部(A)颜色{c)/图层(LA)线型(LT)线宽(LW)/从父块继承(I)/分解(E)}＜分解＞选项:E 并回车　注:选择 E 选项进行分解操作;

对象 C 分解。

7. 外部参照

AutoCAD 将外部参照作为一种块定义类型,但外部参照与块有一些重要区别。比如将图形作为块参照插入时,它存储在图形中,但并不随原始图形的改变而更新。将图形作为外部参照附着时,会将该参照图形链接到当前图形,对参照图形所作的任何修改都会显示在当前图形中。

任务实施:

绘图任务是在建筑平面图的餐厅中插入餐桌椅,用户通过本例可以掌握块与外部参照命令的运用方法。

1. 利用图块布置住宅餐桌

1)打开住宅平面图形文件

输入命令:open 并回车。或选择"文件"→"打开"命令,或单击"打开"按钮

📂,打开已有的"住宅平面图"文件,如图7.30所示。

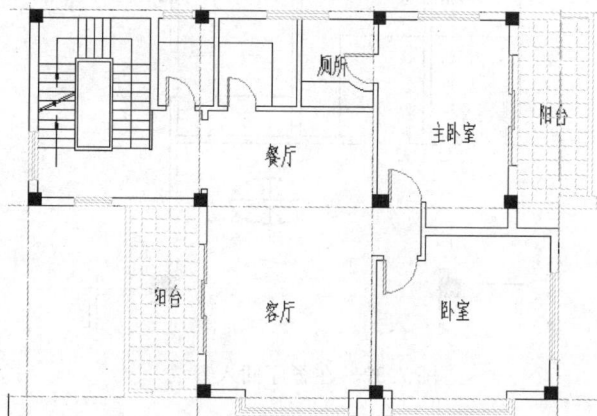

图7.30　住宅平面图

2)增加新图层

"餐桌"层为蓝色,"椅"层为绿色,操作过程如下:

输入命令:Layer并回车。或单击图层管理工具栏中 按钮,在弹出的"图层特性管理器"中创建新图层。

3)插入块图形

将当前层设置为"餐桌"图层,操作如下:

输入命令:insert并回车。或选择菜单栏"插入"→"块"命令,或单击绘图工具栏"插入块"按钮 ,弹出"插入"对话框,在"名称"下拉列表中选择"餐桌",如图7.31所示。单击 确定 按钮,在绘图窗口中单击插入点,如图7.32所示。

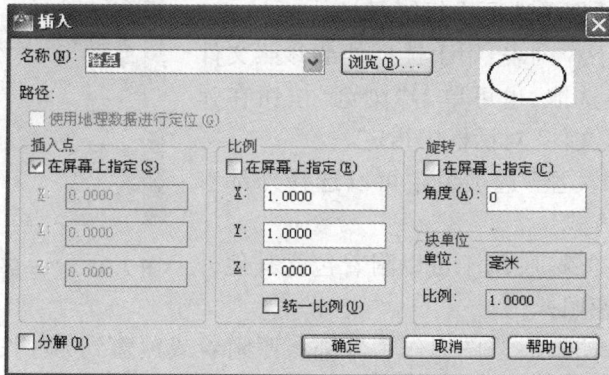

图7.31　在下拉列表中选择"餐桌"

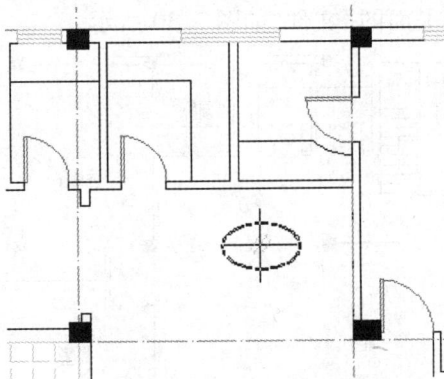

图7.32　在餐厅插入餐桌

2. 用外部参照的方法插入椅子

①当前层设置为"椅"图层。

输入命令：externalreferences 并回车。或选择菜单栏"插入"→"外部参照"命令，弹出"外部参照"对话框，如图7.33所示。

②单击对话框中的"附着 dwg"按钮，即弹出"选择参照文件"对话框，如图7.34所示；查找到"靠背椅"所在的文件夹，选择"靠背椅.dwg"图形文件。

③单击"打开"按钮，弹出"附着外部参照"对话框，如图7.35所示。

下面对对话框各选项进行解释。

a."名称"下拉列表：用于选择外部参照文件的名称，可直接选取，也可单击"浏览"按钮在弹出的"选择参照文件"对话框中指定。

b.在"参照类型"选项组中可以选择外部参照图形的插入方式。

"附着型"单选项：用于可以附着包含其他外部参照的外部参照；

图7.33　"外部参照"对话框

"覆盖型"单选项：当图形作为外部参照附着或覆盖到另一图形中时，通过覆盖外部参照，无需通过附着外部参照来修改图形，便可以查看图形与其他编

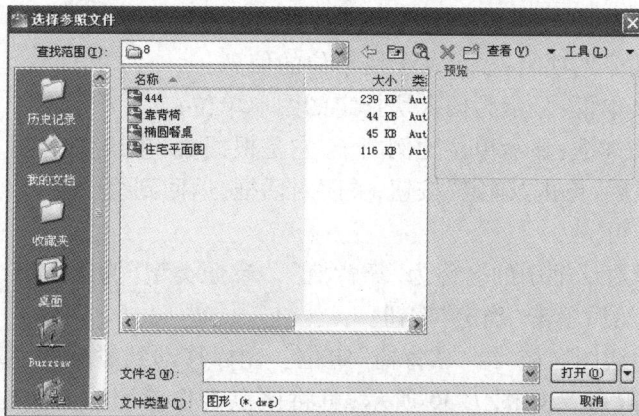

图 7.34 "选择参照文件"对话框

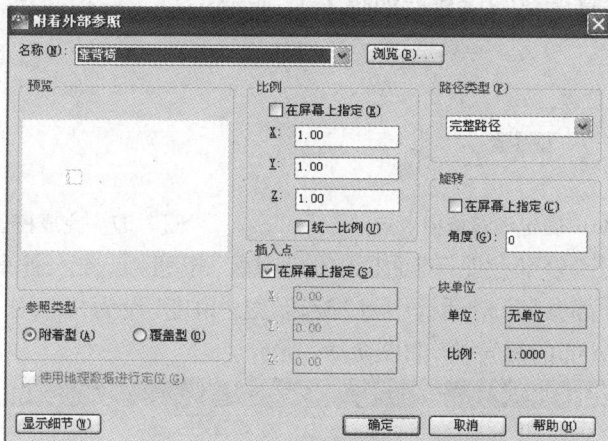

图 7.35 "附着外部参照"对话框

组中图形的相关方式。

  c."路径类型"下拉列表框:指定外部参照的保存路径是完整路径、相对路径还是原路径。

  d."插入点"选项组:指定所选外部参照的插入点。可以直接输入 x、y、z 3个方向的坐标,或是选中"在屏幕上指定"复选框,在插入图形的时候指定外部参照的位置。

  e."比例"选项组:指定所选外部参照的比例因子。可以直接输入 x、y、z 3个方向的比例因子,或是选中"在屏幕上指定"复选框,在插入图形的时候指定外部参照的比例。

f."旋转"选项组：可以指定插入外部参照时图形的旋转角度。

g."块单位"选项组：显示关于块单位的信息。

"单位"文本框：显示为插入块指定的图形单位；

"比例"文本框：显示单位比例因子，它是根据块和图形计算出来的。

设置完成后，单击"确定"按钮，关闭对话框，返回到绘图窗口。在图形需要的位置单击即可。

本例选择对话框中的名称为"靠背椅"，"参照类型"为附着型，比例均1，旋转角度为0°，然后单击"确定"按钮。

④切换回绘图区域，给"靠背椅"定位。光标移动到餐桌的左端点，系统捕捉显示为"象限点"，如图7.36所示；可将该点看作参照输入法中的"from"的"基点"；由"中点"向正左方向谨慎移动光标，然后输入100，则在桌子左端外距离100处插入"靠背椅"，完成后如图7.37所示。

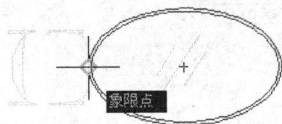

图7.36　确定靠背椅插入点　　　　　　图7.37　完成椅子插入

⑤继续单击"外部参照"对话框中的"附着"按钮，插入餐桌下面的椅子，在弹出"附着外部参照"对话框中将"旋转"之"角度"设为90°，如图7.38所示，即可画得餐桌下部的靠背椅，如图7.39所示。

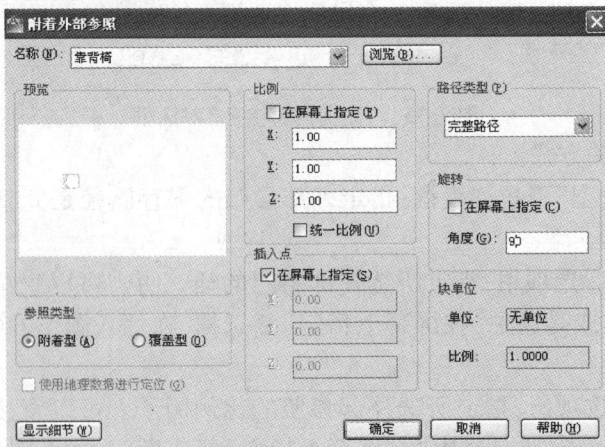

图7.38　填写"附着外部参照"对话框

⑥用"复制""镜像""移动"等编辑修改命令,可以绘制出其他4把椅子,最后得到桌子与6把椅子的平面布置图,如图7.40所示。

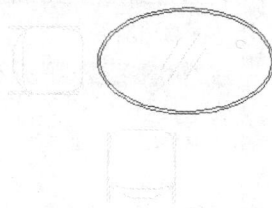

3.编辑外部参照

由于外部引用文件不属于当前文件的内容,因此在外部引用的内容比较烦琐时,只能进行少

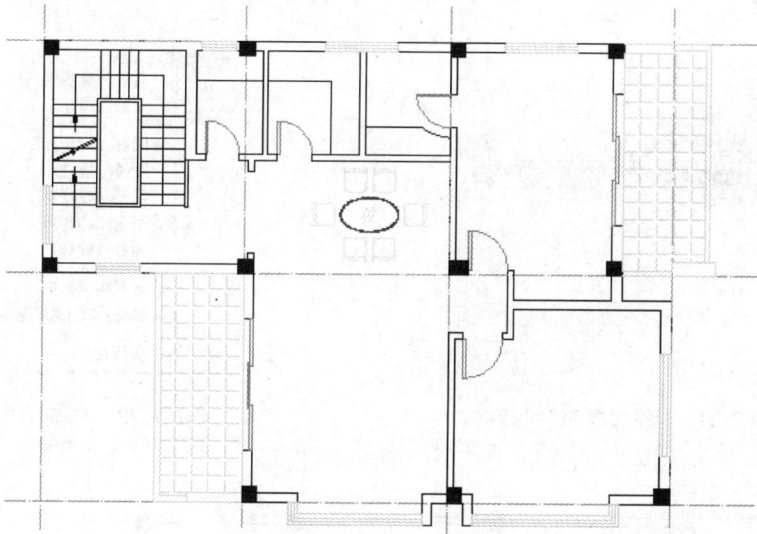

图 7.39　旋转 90°插入椅子

图 7.40　餐厅桌椅平面布置图

量的编辑工作。如果想要对外部引用文件进行大量修改,用户可以打开原始图形进行修改。如本例中因椅子颜色为绿色偏浅,要将它改为黑色,操作过程如下:

①输入命令:xopen 并回车。或选择菜单栏"工具"→"外部参照和块在位编辑"→"打开参照"命令。

②光标返回绘图区域,单击靠背椅,系统把外部图形"靠背椅.dwg"打开,将图形所有对象改为黑色,保存并关闭。

③选择菜单栏"插入"→"外部参照"命令,弹出"外部参照"对话框,如图7.41所示。在块列表中有一个黄色惊叹号⚠ 需要…,光标移到"需要…"处右击,弹出快捷菜单如图7.42所示,点选其中的"重载所有参照",即可令所有椅子转变为黑色,全图如图7.43所示。

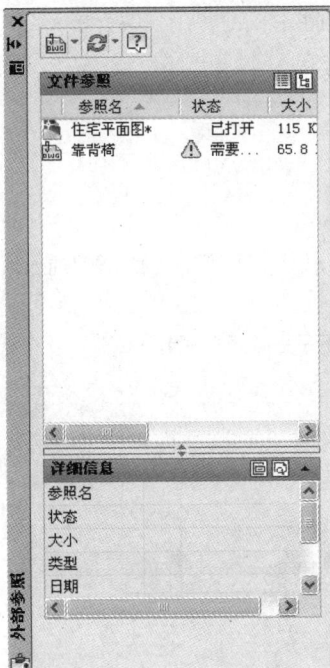

图 7.41 "外部参照"对话框   图 7.42 快捷菜单

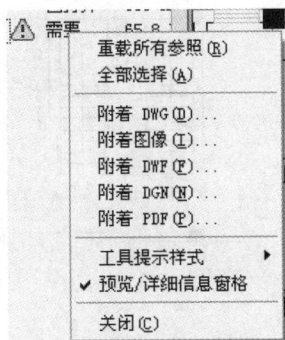

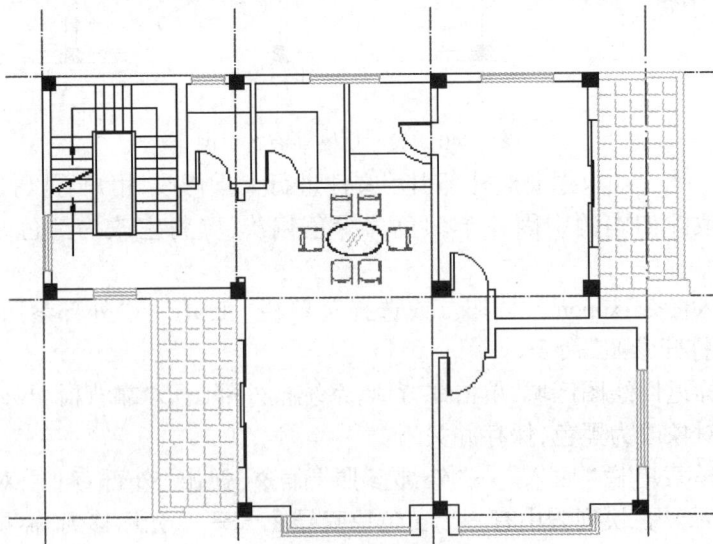

图 7.43 椅子变为黑色图形

任务2 以动态图块技巧绘制箭头

任务实施：

AutoCAD 2012 中提供了创建动态块的功能，用户可以通过自定义夹点或自定义特性来操作块参照中的几何图形。这使得用户可以根据需要在位调整图块，而不用搜索另一个图块以重定义现有的图块。以下以工程制图中比较常见的箭头为例加以介绍，要求掌握动态块并能够灵活运用。

1. 制作图块

①在绘图区域打开"住宅平面图"图形文件，如图 7.44 所示，把楼梯间的行走线箭头作成块。

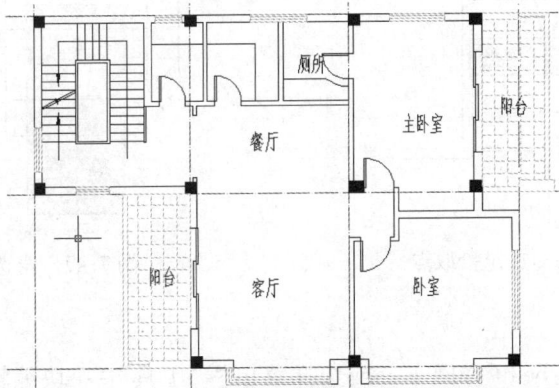

图 7.44 住宅平面图

②输入命令：block 并回车。或单击绘图工具栏"制作块"命令按钮 ⬚。

③在弹出的"块定义"对话框中，按图 7.45 所示填写。单击 ⬚ 按钮选择"拾取点"时，在绘图区域中按图 7.46 所示选点；单击 ⬚ 按钮进行"选择对象"时，在绘图区域中按图 7.47 所示窗选图形对象。

④单击"确定"按钮，即制作完成"楼梯箭头"块。

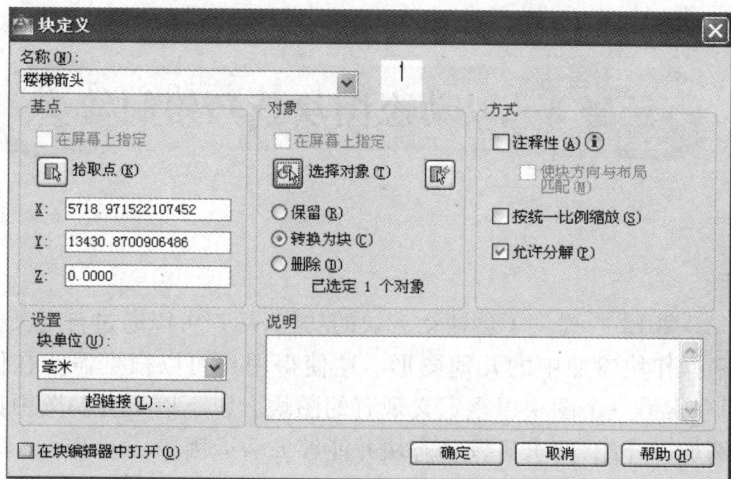

图 7.45　填写"块定义"对话框

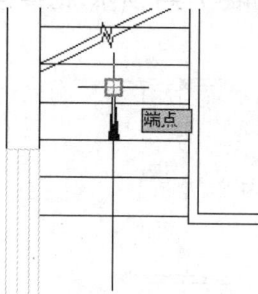

图 7.46　选定拾取点

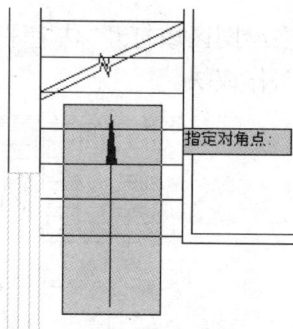

图 7.47　窗选箭头

2. 制作动态块

①输入命令:bedit 并回车。或选择菜单栏"工具"→"块编辑器"命令,弹出 "编辑块定义"对话框,如图 7.48 所示。

②点选其中的块"楼梯箭头"并单击"确定"按钮,进入"块编辑器"界面,如 图 7.49 所示。

③对箭头作阵列绘制:单击编辑工具栏"环形阵列"项 🔣,设置项目总数为 4,填充角度为 90°,得到的效果如图 7.50 所示。

④定义动态块的可见性参数。在"块编写选项板"的"参数"选项卡下单击 选择"可见性参数"命令按钮 📋可见性,在绘图区域中的四个箭头旁边合适位置单 击,如图 7.51 所示(注:图中出现的黄色警告图标,表示目前还没有定义动作)。

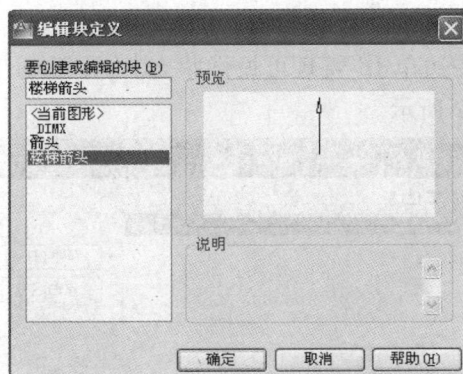

图 7.48　"编辑块定义"对话框

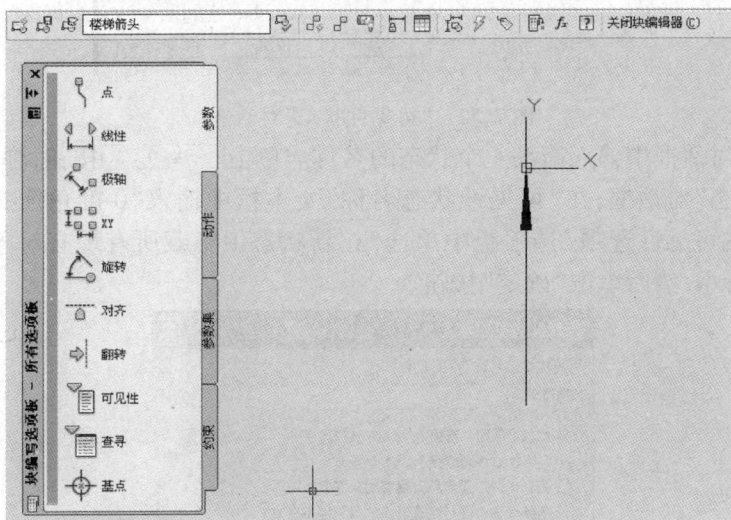

图 7.49　"块编辑器"界面

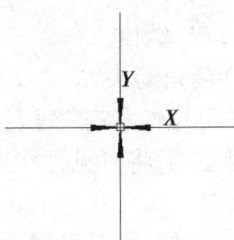

图 7.50　箭头环形阵列　　　　　图 7.51　定义可见性

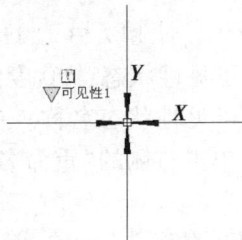

⑤创建可见性状态。在"块编辑器"中的"工具栏"上，在"可见性状态"栏 [可见性状态0] 的左边单击"管理可见性状态"命令按钮 ，弹出"可见性状态"对话框，如图7.52所示。

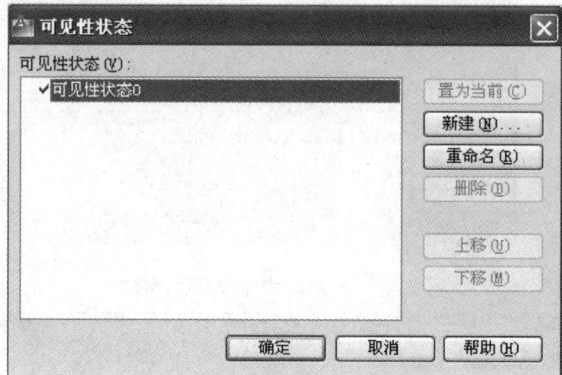

图7.52 "可见性状态"对话框

⑥在对话框中输入箭头4个状态的名称。单击 新建(N)... 按钮，弹出"新建可见性状态"对话框；在"可见性状态名称"文本框中输入"0度角箭头"，且在"新状态的可见性选项"选项组中单选"在新状态中隐藏所有现有对象"项，如图7.53所示，然后单击"确定"按钮。

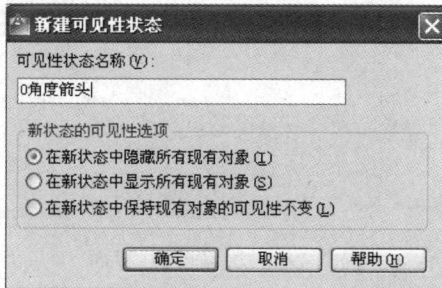

图7.53 "新状态的可见性选项"选项组

依次新建可见性状态："90度角箭头""180度角箭头"。

⑦重命名可见性状态名称。在图7.54的"可见性状态"列表中选择"可见性状态"选项，单击右侧的"重命名"按钮 重命名(R) ，将可见性状态名称更改为"270度角箭头"。

⑧选择"0度角箭头"选项，单击 置为当前(C) 按钮，将其设置为当前状态，单击"确定"按钮，返回"块编辑器"的绘图区域中。

⑨定义可见性状态的动作。在"绘图区域"中选择所有的图形，选择"块编

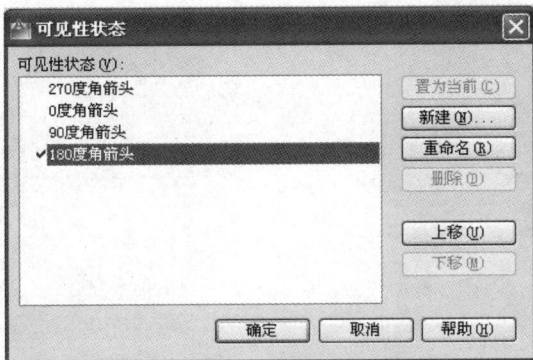

图 7.54 重命名可见性状态名称

辑器"中的"使不可见"按钮 ,使"绘图区域"中的图形 4 个箭头不可见。

⑩将具体的图形赋予对应的状态。选择"块编辑器"工具栏中的"使可见"命令 ,则 4 个箭头图形呈浅颜色显现在"绘图区域"中。

选择需要可见的图形对象,与 4 个可见状态名对应起来,以"180 度角箭头"为例,操作过程说明如下:

a.将状态"180 度角箭头"置于当前状态,如图 7.55 所示。

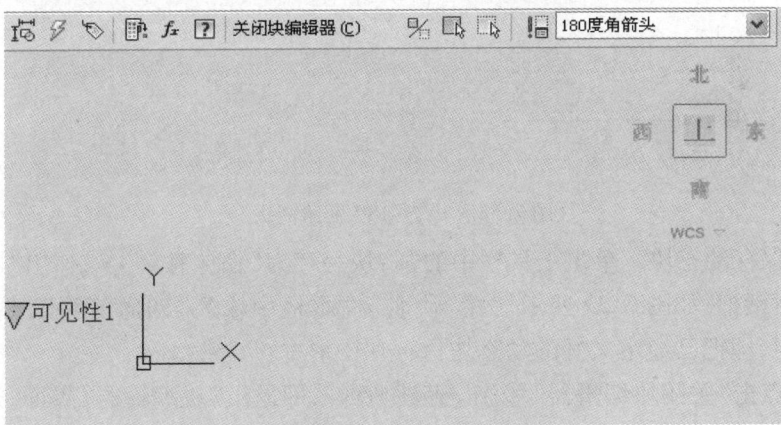

图 7.55 "180 度角箭头"设为当前状态

b.单击图 7.56 视窗中的"使可见"按钮 ,箭头淡色显现于绘图区域,如图 7.57 所示。

c.单击"180 度角箭头",箭头呈虚线处于被选择状态,如图 7.58 所示;按回车键,该箭头就赋予状态"180 度角箭头"了,结果如图 7.59 所示。

⑪用同样的方法把其余三个箭头赋予对应的状态。

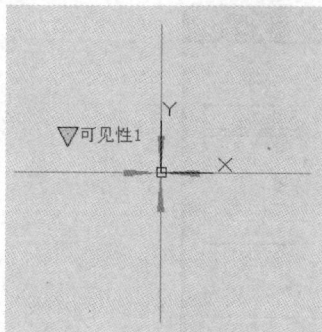

图 7.56　显现淡色箭头

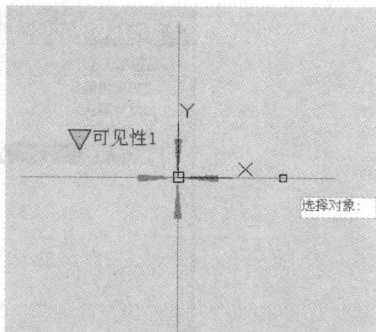

图 7.57　箭头处于被选择状态

图 7.58　状态"180 度角箭头"

⑫保存动态块。单击工具栏中的"将块另存为"命令按钮 ，弹出"将块另存为"对话框，如图 7.59 所示。在"块名"文本框中输入"四向箭头"，单击"确定"按钮，即把已经定义好的动态块保存在图形中。

⑬点击"关闭块编辑器"按钮 关闭块编辑器(C) ，即退出"块编辑器"界面，返回绘图区域。

3. 动态块的使用

1)在图形中插入动态块

①输入命令：insert 并回车。或单击绘图工具栏中的"插入块"命令按钮 ，弹出"插入"对话框，如图 7.60 所示。

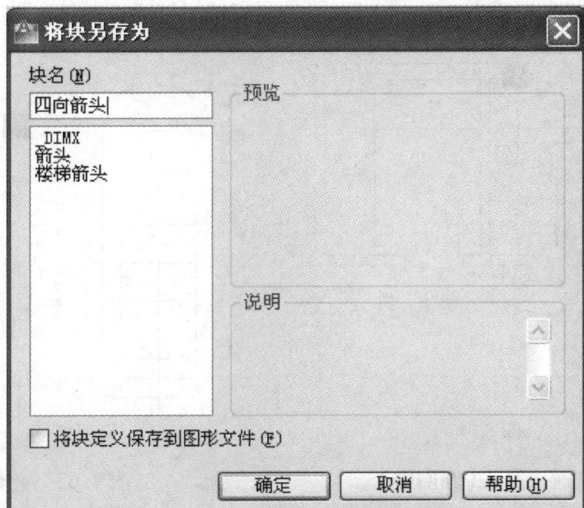

图 7.59 另存动态图块名

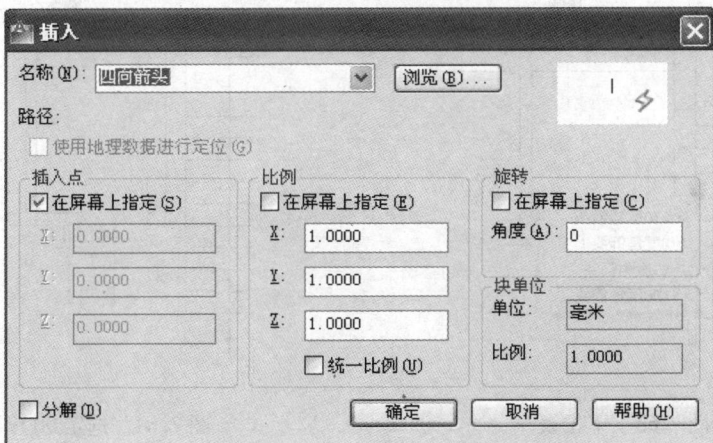

图 7.60 "插入"对话框

②单击"确定"按钮,返回绘图区域,按图 7.61 所示,在需要之处点击,插入箭头。

2)改变箭头方向

①单击图 7.61 中的箭头,出现如图 7.62 中所示的蓝色三角。单击蓝色三角,即展开下拉表,如图 7.63 所示,选其中的"90 度角箭头",即把箭头方向改为朝上(90°)方向了,按 Esc 键确认,结果如图 7.64 中所示。

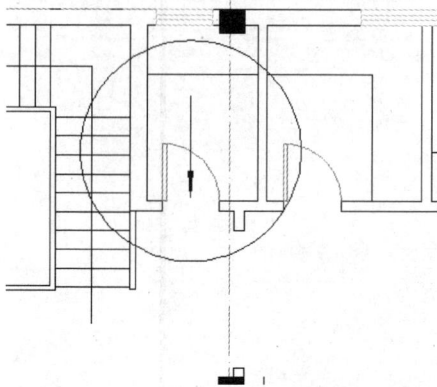

图 7.61　插入箭头(圆圈中)

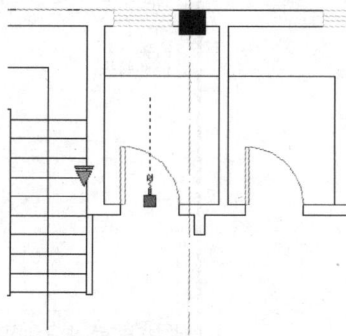

图 7.62　蓝色三角

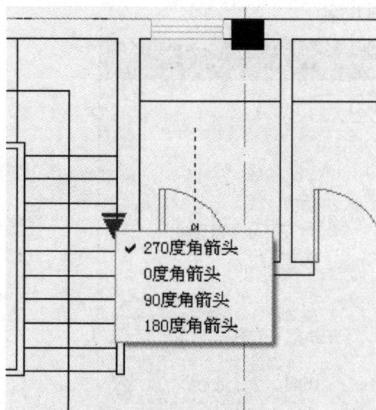

图 7.63　下拉表

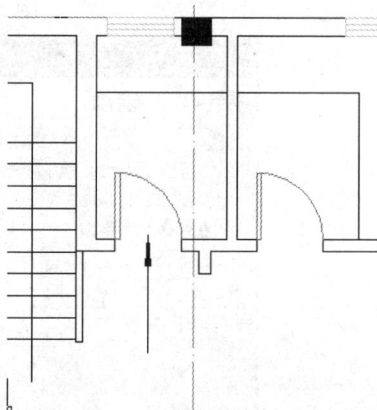

图 7.64　选定 90 度箭头

②用同样的动态块方法,在其余门口插入前进方向的箭头。

课后作业　绘制室内平面布置图

如图 7.65 所示为空住宅平面图,以及室内家具、电器、绿化及车辆等外部图块,要求按图 7.66 所示,在空图中设置若干图层,然后把图块插入图 7.65 中,并放置在各自的图层中,最后存盘。

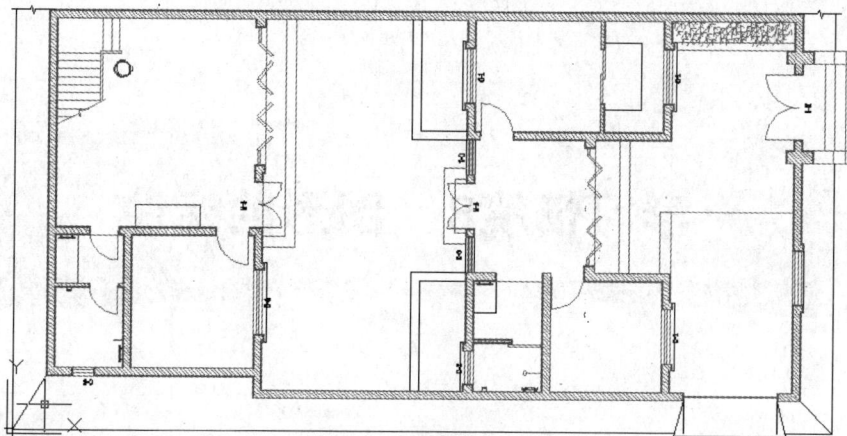

图 7.65　空住宅平面图

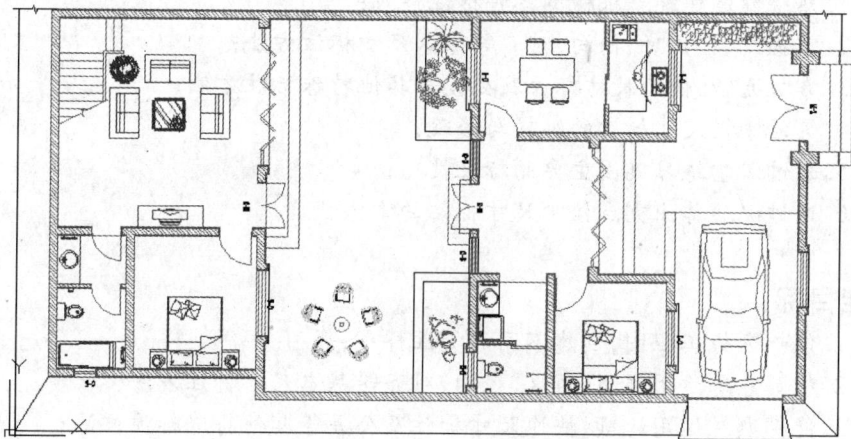

图 7.66　住宅平面布置图

学习情境8　图形的标注

知识目标：

　　1. 熟练创建建筑或机械类各种标注样式；

　　2. 掌握线型、角度、径向、对齐等基本尺寸标注方法；

　　3. 掌握连续、快速尺寸标注及公差等其他特殊标注方法；

　　4. 灵活掌握尺寸标注的编辑与修改；

　　5. 通过课堂练习巩固主要的标注技巧；

　　6. 通过课后作业重点检验尺寸标注的掌握程度。

技能目标：

　　1. 能够分析工程图，创建不同的标注样式；

　　2. 能够熟练运用线型、角度、径向、对齐等基本尺寸标注方法；

　　3. 能够熟练运用连续、快速尺寸标注及公差等其他特殊标注方法；

　　4. 能够对标注进行灵活的编辑和修改。

情境再现与任务分析：

　　工程图纸中不仅对图形的几何尺寸精准度有很高的要求，尺寸的标注和文字的注释也是必不可少的，以明确形体的实际大小和各部分相对位置。在标注形体的尺寸时，要解决图形上应标注哪些尺寸，标注不要冗余但必须完整；其次是尺寸应标注在图形的什么位置，不因标注而影响图形的表达。

　　本环节首先对标注的样式的创建与使用问题进行系统阐述，引入 3 项标注任务和 1 项拓展训练，区分建筑类与机械类，全面介绍尺寸、注释的标注形式、方法及技巧。

学习情境教学场景设计：

学习领域	AutoCAD 2012 中文版	
学习情境	AutoCAD 2012 中文版之图形的标注	
行动环境	场景设计	工具、设备、教件
①设计机构或图文公司。 ②校内实训基地。	①分组(每组2~4人)。 ②教师讲解尺寸标注的知识及机械与建筑类标注的异同点。 ③教师在任务实施过程中讲授标注的方法与技巧。 ④学生动手完成标注任务。 ⑤学生独立完成课堂练习与课后作业,教师进行评点。	①联成局域网的 PC 机,带独立显卡。 ②投影仪或多媒体网络广播教学软件。 ③多媒体课件、操作过程屏幕视频录像。 ④实际工程图纸。

任务1 机械零件尺寸标注

知识准备：

1. 标注样式的创建

标注样式是标注设置的命名集合,用来控制标注的外观,如箭头样式、文字位置和尺寸公差等。用户可以按具体工程设计的标注标准创建标注样式,以快速指定标注的格式,并确保标注符合行业或项目要求。

1)尺寸标注概念

标注包含标注文字、尺寸线、箭头和尺寸界线等,如图8.1所示。

①标注文字:用于指示测量值的字符串。文字还可以包含前缀、后缀和公差,用户可对其进行编辑。

②尺寸线:用于指示标注的方向和范围。尺寸线通常为直线。对于角度和弧长标注,尺寸线是一段圆弧。

③尺寸界线:是指从被标注的对象延伸到尺寸线的线段,它指定了尺寸线的起始点与结束点。一般情况下,尺寸界线应从图形的轮廓线、轴线、对称中心

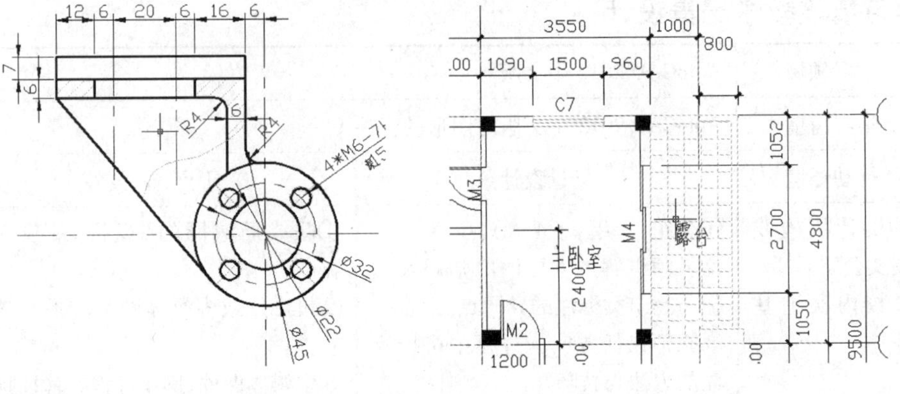

图 8.1　左为机械类标注、右为建筑类标注

线引出,也可以从其他参照物引出。

④箭头:用于标明尺寸线的两端点。箭头可以是不同的形状,通常在建筑制图中采用如 ⊢1000⊣ 斜线形式,在机械制图中采用如 ⊢ 20 ⊣ 箭头形式。

⑤圆心标记:是指标记圆或圆弧中心的小"十"字。

⑥中心线:是指标记圆或圆弧中心的虚线。

2)创建标注样式

标注尺寸必须基于某一种标注样式。在默认情况下,AutoCAD 中创建尺寸标注时使用的尺寸标注样式是"ISO-25",用户可以根据需要修改它或创建一种新的尺寸标注样式。

"标注样式"命令是 AutoCAD 提供用以创建尺寸的。执行该命令后,系统将弹出"标注样式管理器"对话框,用户借此可以创建或调用已有的尺寸标注样式。在创建新的尺寸标注样式时,用户需要设置尺寸标注样式的名称,并选择该标注样式相应的各项属性。

操作过程如下:

①输入命令:dimstyle 并回车。或选择菜单栏"格式"→"标样式"命令,或选择菜单栏"标注"→"标样式"命令,即弹出"标注样式管理器"对话框,如图 8.2 所示。

②单击 新建(N)... 按钮,弹出"创建新标注样式"对话框。在"新样式名"文本框中输入新的样式名称;在"基础样式"下拉列表中选择新标注样式是基于哪一种标注样式创建的;在"用于"下拉列表中选择标注的应用范围,如应用于所有标注、半径标注和对齐标注等,如图 8.3 所示,创建一个名为"机械"的标注样式。

③单击 继续 按钮,弹出"新建标注样式:机械"对话框,可以对该对话框中

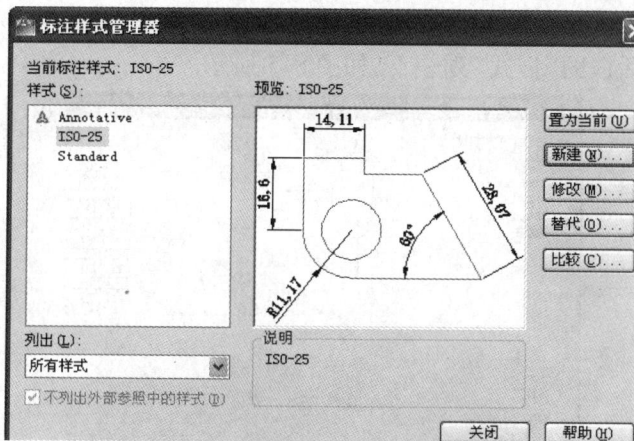

图 8.2 "标注样式管理器"对话框

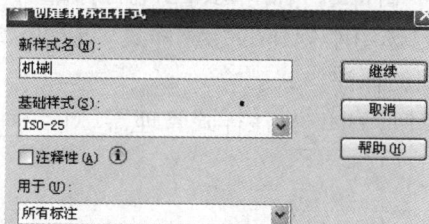

图 8.3 "创建新标注样式"对话框

的 7 个选项卡进行设置,如图 8.4 所示。

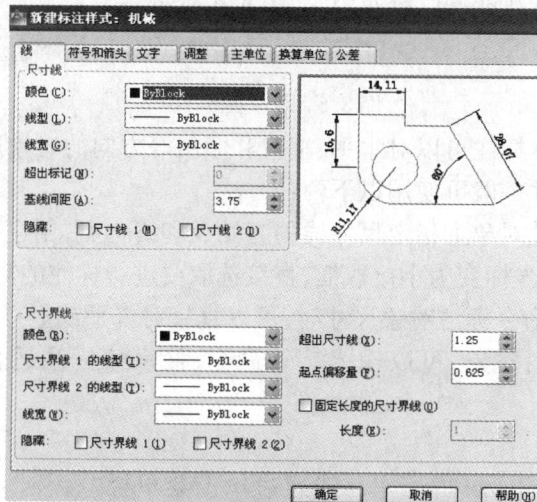

图 8.4 "新建标注样式:机械"对话框

④单击 确定 按钮,建立新的标注样式,其名称"机械"显示在"标注样式管理器"对话框的"样式"列表下,如图8.5所示。

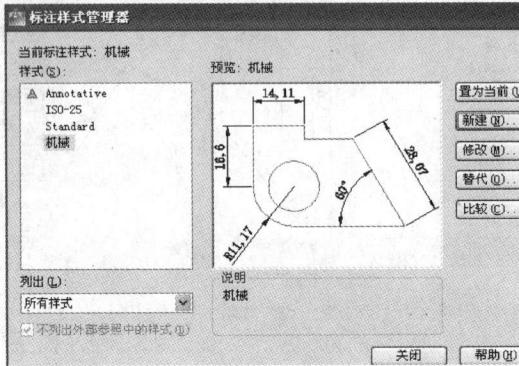

图8.5 "标注样式管理器"对话框

⑤在"样式"列表内选中刚创建的标注样式"机械",单击 置为当前(U) 按钮,将该样式设置为当前使用的标注样式。

⑥单击 关闭 按钮,关闭"标注样式管理器"对话框,返回绘图区域。

2.线性尺寸标注

AutoCAD中最普遍使用的尺寸标注是线性标注。为此,首先要将标注工具栏显置,即将光标移到工具栏任一处右击,在弹出的快捷菜单中勾选"标注",则标注工具栏就悬挂在屏幕以供使用,如图8.6所示。

图8.6 标注工具栏

利用线性尺寸标注可以对水平、垂直和倾斜等方向的对象进行标注。

标注线性尺寸一般可使用以下两种方法:

①通过在标注对象上指定尺寸线的起始点和终止点,创建尺寸标注;

②按回车键,光标变为小拾取框,直接选取要进行标注的对象。

利用"线性"命令标注对象尺寸时,可以直接对水平或竖直方向的对象进行标注。如果是倾斜对象,可以输入旋转命令,使尺寸标注适合倾斜对象进行旋转。

操作方法是:

输入命令:dimlinear并回车。或通过单击菜单栏"标注"下之"线性"命令按钮 线性(L) ,或者单击标注工具栏"线性"按钮。

打开图形文件"支座.dwg",让它置于绘图区域的合适地方,如图8.7所示,利用"标注"之"线性"命令,即可执行"线性"命令功能,然后在画面上标注水平的尺寸。操作过程如下:

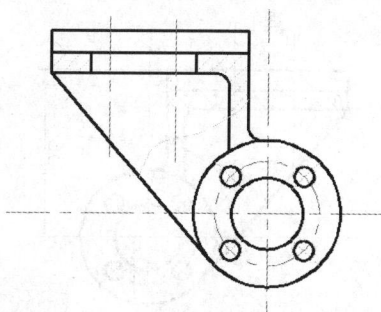

1)建立标注环境

用"图层"工具栏的"图层特性管理器"创建一个名为"标注"的图层,黑色,细实线,并将其设置为当前图层,如图8.8所示。

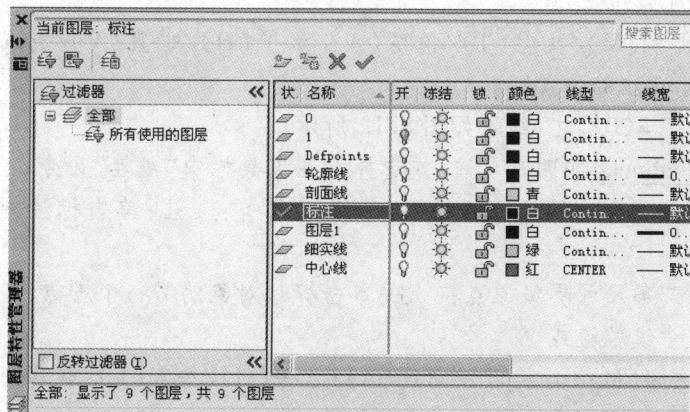

图8.7 待标注机械图形

图8.8 设置标注图层为当前层

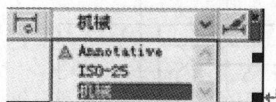

在"样式"工具栏的"标注样式管理器"下拉列表中选择用于标注的标注样式,并将其置为当前样式,如图8.9所示。

图8.9 设置为当前样式

2)标注横向尺寸和纵向尺寸

单击"线性"命令按钮,打开"对象捕捉"命令,捕捉图形的中心线并标注其横向尺寸和纵向尺寸,如图8.10所示。

操作过程如下:

命令:dimlinear 并回车 注:或选择菜单栏"标注"→"线性"命令,或单击标注工具栏"线性"按钮;

指定第一个尺寸界线原点或<选择对象>: 注:单击标注对象的一个端点,如图8.11所示;

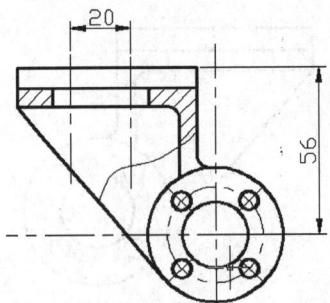

图 8.10　纵、横向尺寸标注　　　　　　图 8.11　确定标注对象

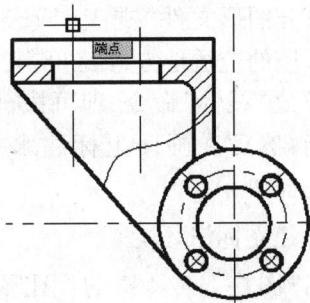

指定第二条尺寸界线原点：　注：单击标注对象的另一个端点；

指定尺寸线位置或

［多行文字（M）/文字（T）/角度（A）/水平（H）/垂直（V）/旋转（R）］：

注：单击尺寸标注的位置；

标注文字 =20　注：结果如图 8.12 所示。

命令：dimlinear 并回车　注：或选择标注工具栏中"线性"命令；

指定第一个尺寸界线原点或 ＜选择对象＞：　注：单击标注对象的一个端点；

指定第二条尺寸界线原点：　注：单击标注对象的另一个端点；

指定尺寸线位置或

［多行文字（M）/文字（T）/角度（A）/水平（H）/垂直（V）/旋转（R）］：

标注文字 =56　注：结果如图 8.13 所示。

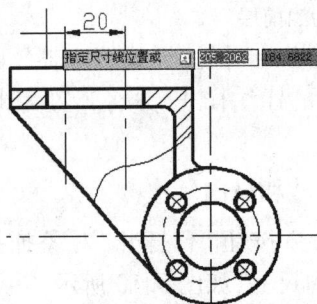

图 8.12　完成水平标注　　　　　　　　图 8.13　完成垂直标注

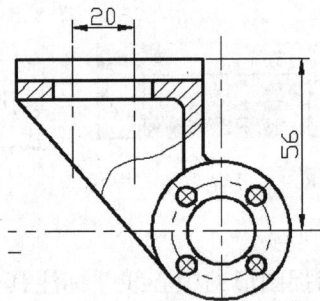

命令执行过程的提示选项解释如下：

a. 多行文字（M）：用于打开"在位文字编辑器"的"文字格式"工具栏和"文字输入"框，如图 8.14 所示，标注的文字属性为"标注样式"中所设定。（有关文

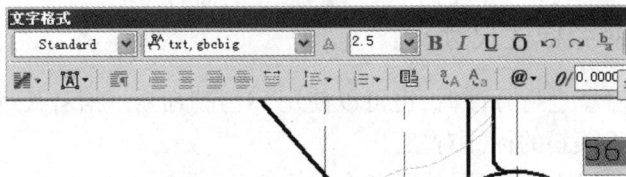

图 8.14　"文字格式"工具栏

字的样式与输入,将在下一个学习情境中介绍）如需要在生成的测量值添加前缀或后缀,可在测量值前后输入前缀或后缀;若想要编辑或替换生成的测量值,可先删除测量值,再输入新的标注文字,完成后单击 确定 按钮。

b.文字(T):用于设置尺寸标注中的文本值;

c.角度(A):用于设置尺寸标注中文本数字的倾斜角度;

d.水平(n):用于创建水平线性标注;

e.垂直(v):用于创建垂直线性标注;

f.旋转(R):用于创建旋转一定角度的尺寸标注。

3)用"线性"命令标注倾斜对象

命令:DIMLINEAR 并回车　注:或单击标注工具栏中"线性"命令按钮 ⊢;

指定第一个尺寸界线原点或 <选择对象>:　注:单击标注对象的一个端点;

指定第二条尺寸界线原点:　注:单击标注对象的另一个端点;

指定尺寸线位置或

[多行文字(M)/文字(T)/角度(A)/水平(H)/垂直(V)/旋转(R)]:r 并回车　注:选择"旋转";

指定尺寸线的角度 <0>:130 并回车　注:输入斜线与水平线的夹角值130°;

指定尺寸线位置或

[多行文字(M)/文字(T)/角度(A)/水平(H)/垂直(V)/旋转(R)]:

注:单击尺寸标注的位置;

标注文字 =75.49　注:系统测算给出的斜线长度值,标注结果如图 8.15所示。

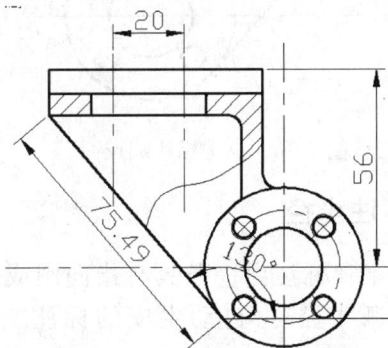

图 8.15　标注倾斜对象

3. 用"对齐"命令标注尺寸

对倾斜的对象进行标注时,也可以使用"对齐"命令。对齐尺寸标注的特点是尺寸线平行于倾斜的标注对象。

对上述的斜线重新标注,执行命令过程如下:

命令:<u>DIMALIGNED</u> 并回车   注:或选择菜单栏"标注"→"对齐"命令,或单击标注工具栏"对齐"按钮；

指定第一个尺寸界线原点或 <选择对象>:   注:单击标注对象的一个端点；

指定第二条尺寸界线原点: 注:直接单击标注对象另一个端点,如图 8.16 所示；

指定尺寸线位置或

[多行文字(M)/文字(T)/角度(A)]:   注:单击尺寸标注的位置；

标注文字 =75.49   注:完成标注,结果如图 8.17 所示；

利用"对齐"命令标注图形尺寸,命令提示行的提示选项意义与之前而在"线性"标注命令中所介绍的选项意义相同。

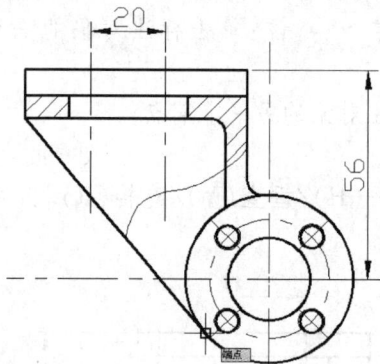

图 8.16   点选标注端点

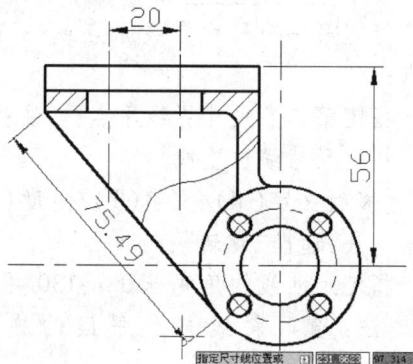

图 8.17   完成对齐标注

4. 标注半径

半径标注由一条具有指向圆或圆弧的箭头的半径尺寸线组成。测量圆或圆弧半径时,自动生成的标注文字前将显示一个表示半径长度的字母"R"。

执行命令过程如下:

命令:dimradius 并回车 注:或单击标注工具栏上的"半径"命令按钮⊘,对支座的大圆进行半径标注;

选择圆弧或圆: 注:单击支座中的大圆;

标注文字 = 23

指定尺寸线位置或[多行文字(M)/文字(T)/角度(A)]: 注:用光标指定半径标注内容的定位于圆内,如图 8.18 所示;

命令:回车 注:回车,重复标注"半径"命令;

选择圆弧或圆: 注:单击支座中的倒圆角;

标注文字 = 4

指定尺寸线位置或[多行文字(M)/文字(T)/角度(A)]: 注:用光标指定半径标注置,如图 8.18 所示。

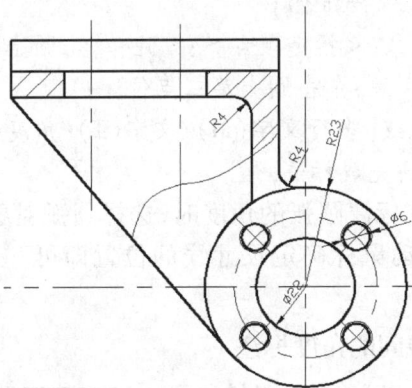

图 8.18 半径尺寸标注

5. 标注角度

角度尺寸标注用于标注圆或圆弧的角度、两条非平行直线间的角度和三点之间的角度等。

AutoCAD 提供了用于角度尺寸标注的"角度"命令 dimangular,其应用分别介绍如下:

1) 圆或圆弧的角度标注

执行"角度"命令,在圆上单击,选中圆的同时,确定角度第一端点位置,再单击确定角度的第二端点,在圆上测量出角度的大小,标注效果如图 8.19 所示。操作过程如下:

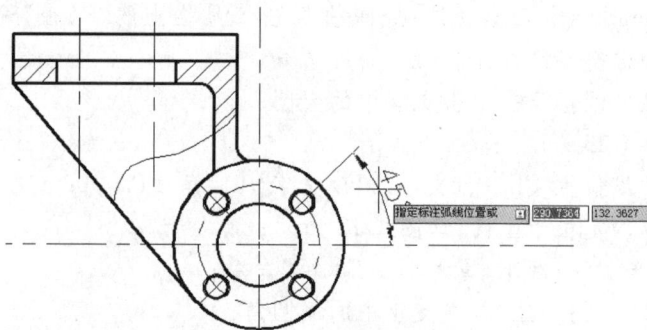

图 8.19　角度标注

　　命令:dimangular 并回车　注:或选择菜单栏"标注"→"角度"命令,或单击标注工具栏中"角度"命令按钮△;

　　选择圆弧、圆、直线或 <指定顶点>:　注:单击圆上第一点位置;

　　选择第二条直线:　注:单击圆上第二点位置;

　　指定标注弧线位置或[多行文字(M)/文字(T)/角度(A)/象限点(Q)]:

　　标注文字 =45　注:完成标注。

　　执行"角度"命令在标注圆弧的角度时,选择圆弧对象后,系统会自动生成角度标注,用户只需移动鼠标确定尺寸线的位置即可,效果如图 8.19 所示的45°角标注。

　　2)两条非平行直线间的角度标注

　　执行"标注"→"角度"命令,测量非平行直线间夹角的角度时,AutoCAD 会将两条直线作为角的边,将直线之间的交点作为角度顶点以测定角度。

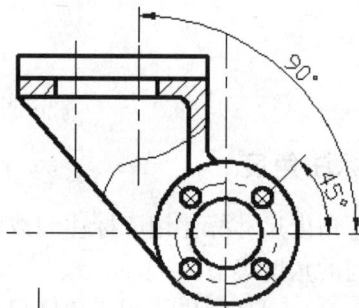

图 8.20　角度标注

　　如果尺寸线不与被标注的直线相交,AutoCAD 2012 将根据需要通过延长一条或两条直线来添加尺寸界线。该尺寸线的张角始终小于180°,角度标注的位置由鼠标移动、单击来确定,如图 8.20 所示。

　　3)三点之间的角度标注

　　执行"标注"→"角度"命令,测量自定义顶点及两个端点组成的角度时,角度顶点可以同时为一个角度端点。如果需要尺寸界线,那么角度端点可用作尺

寸界线的起点,尺寸界线会从角度端点绘制到尺寸线交点,尺寸界线之间绘制的圆弧为尺寸线,操作过程如下:

命令:dimangular 并回车　注:或单击标注工具栏中"角度"命令按钮 ;

选择圆弧、圆、直线或 <指定顶点>:并回车　注:回车表示选择顶点;

指定角的顶点:　注:捕捉并单击顶点;

指定角的第一个端点:　注:单击第一点位置,如图 8.21 所示;

指定角的第二个端点:　注:单击第二点位置;

指定标注弧线位置或[多行文字(M)/文字(T)/角度(A)/象限点(Q)]:

标注文字 =90　注:结果如图 8.22 所示。

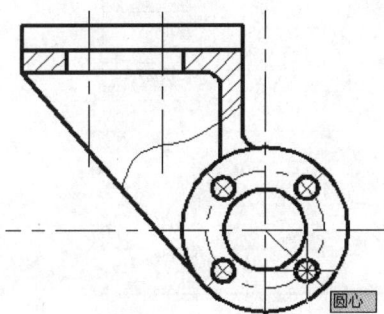

图 8.21　角度标注步骤一　　　　　图 8.22　角度标注步骤二

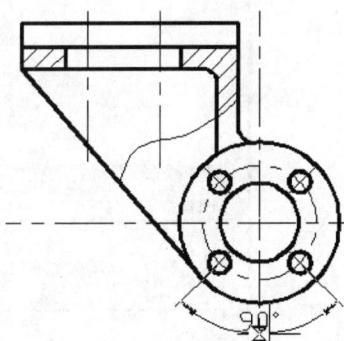

任务实施:

在上述所涉及的标注类型中,径向尺寸占据比较大的部分,如直径和半径尺寸标注是 AutoCAD 提供用于测量圆和圆弧的直径或半径长度的工具,以下通过支座标注的完整过程,介绍这些命令的功能与使用方法。

1.支座的径向尺寸标注

①打开"支座.dwg"图形文件。

②设置图层。

a.输入命令:Layer 并回车。或选择"格式"→"图层"命令,或直接单击格式工具栏的"图层特性管理器"按钮 ,弹出相应对话框。

b.单击"新建图层"选项按钮 ,建立新图层"标注"图层,并设置图层颜色为"绿色",细实线。

c.单击"置为当前"按钮✔,即设置"标注"图层为当前图层;单击"确定"按钮,完成图层的设置。

③设置标注样式。

a.输入命令:dimstyle 并回车。或选择菜单栏"样式"→"标注样式"命令,弹出"标注样式管理器"对话框,如图 8.23 所示。

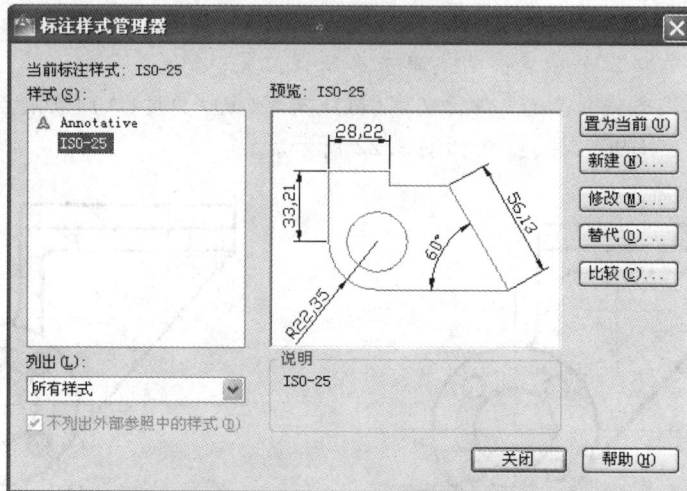

图 8.23　"标注样式管理器"对话框

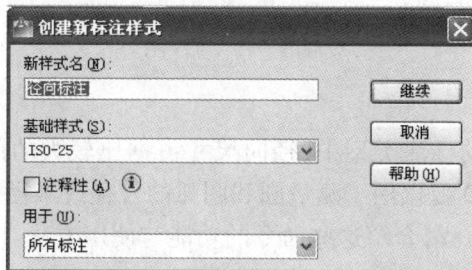

图 8.24　"创建新标注样式"对话框

b.单击新建按钮 [新建(N)...],弹出"创建新标注样式"对话框,在"新样式名"文本框中输入新样式名"径向标注",如图 8.24 所示。单击 [继续] 按钮,弹出"新建标注样式:径向标注"对话框,设置标注样式参数,如图 8.25 所示。单击 [确定] 按钮,返回"标注样式管理器"对话框,在"样式"列表中选择"径向标注"选项,单击"置为当前"按钮 [置为当前(U)],将其置为当前标注样式,再单击 [关闭] 按钮,返回绘图区域。

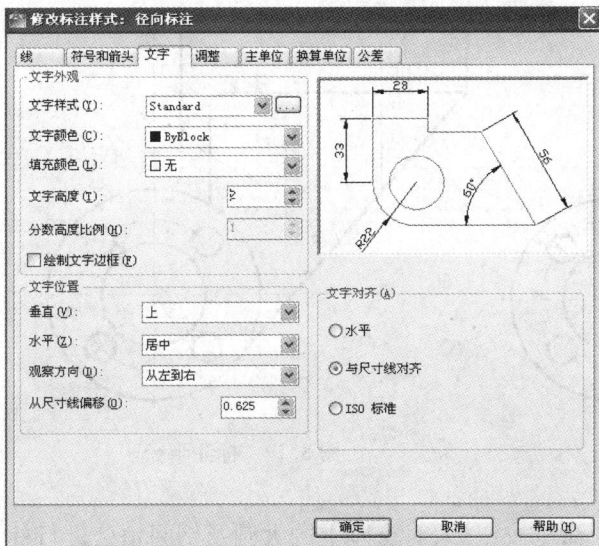

图 8.25　"新建标注样式:径向标注"对话框　　图 8.26　勾选"标注"项

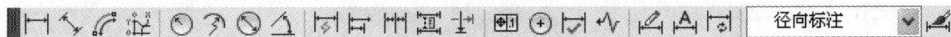

④打开标注工具栏。

在任一工具栏上右击鼠标,弹出快捷菜单,勾选"标注"菜单命令,如图8.26所示。弹出"标注"工具栏,如图8.27所示。

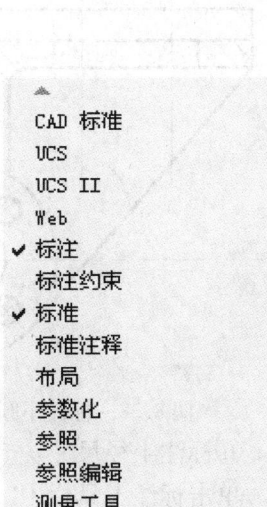

图 8.27　"标注"工具栏

⑤标注直径尺寸。

操作过程如下:

命令:<u>dimdiameter</u> 并回车　注:或单击标注工具栏中"直径"命令按钮◎,对支座的小孔进行标注;

选择圆弧或圆:　注:单击支座中的小圆;

标注文字 =6

指定尺寸线位置或[多行文字(M)/文字(T)/角度(A)]:　注:用光标指定直径标注内容的位置,本例指定于圆外,如图8.28所示;

命令:并回车　注:回车,重复标注;

选择圆弧或圆:　注:单击支座中的中圆;

标注文字 =22

指定尺寸线位置或[多行文字(M)/文字(T)/角度(A)]:　注:用光标指定直径标注内容的位置,本例指定于圆内,如图8.29所示。

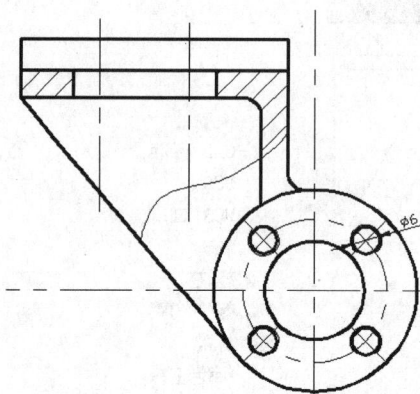

图8.28 标注小圆直径

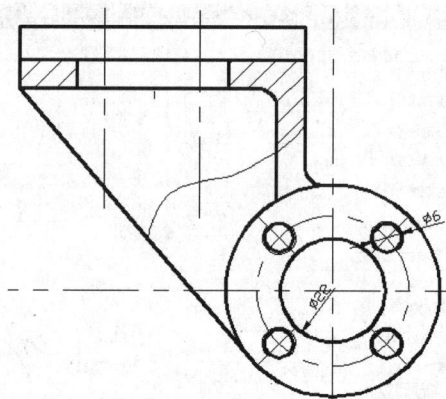

图8.29 标注半径

⑥标注半径尺寸。

单击标注工具栏中"半径"命令按钮，对支座上的大圆及倒圆角处进行标注,完成后效果如图8.30所示。操作过程如下:

命令:dimradius 并回车 注:或单击标注工具栏上的"半径"命令按钮，对支座的大圆进行半径标注;

选择圆弧或圆: 注:单击支座中的大圆;

标注文字 = 23

指定尺寸线位置或[多行文字(M)/文字(T)/角度(A)]: 注:用光标指定半径标注内容定位于圆内,如图8.30所示;

命令:并回车 注:直接回车,重复标注;

选择圆弧或圆: 注:单击支座中的倒圆角;

标注文字 = 4

指定尺寸线位置或[多行文字(M)/文字(T)/角度(A)]: 注:用光标指定半径标注位置,如图8.30所示。

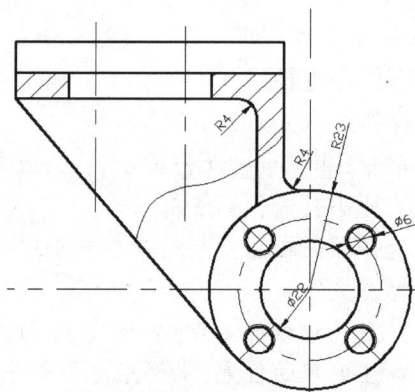

图8.30 标注其余的圆半径

2. 标注直径尺寸

直径标注是由一条指向圆或圆弧的箭头的直径尺寸线组成。测量圆或圆弧直径时,自动生成的标注文字前将显示一个表示直径长度的字母"φ"。

执行命令过程如下:

命令: <u>dimdiameter</u> 并回车　注:或单击标注工具栏上的"直径"命令按钮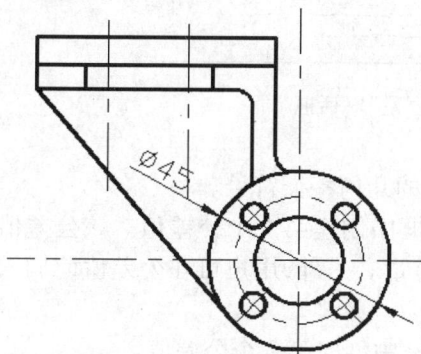;

选择圆弧或圆:　注:用鼠标单击圆边上一点,系统将通过圆心和指定的点在圆中绘制一条代表直径的线段,移动鼠标可以控制直径标注中标注文字的位置;

标注文字 = 24

指定尺寸线位置或[多行文字(M)/文字(T)/角度(A)]:　注:结果如图8.31所示。

当命令提示输入行提示指定尺寸线位置时,在圆内部单击,尺寸线的位置可以放置在圆的内部,标注的形式如图8.32所示。

输入命令:dimstyle 并回车。或选择菜单栏"格式"→"标注样式"命令,弹出"标注样式管理器"对话框。选择标注样式为"径向标注",然后单击 修改(M)... 按钮,弹出"修改标注样式:径向标注"对话框。

再单击"文字"选项卡,选择"文字对齐"选项组中的"ISO 标准"单选项。单击 确定 按钮,返回"标注样式管理器"对话框,单击 关闭 按钮,标注样式修改完成。

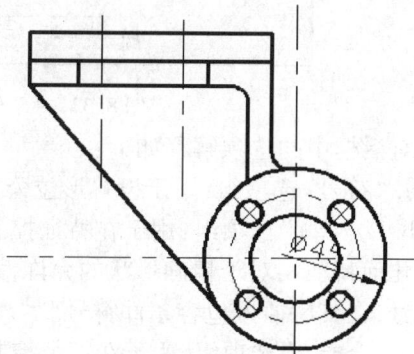

图8.31　直径标注方式1　　　　图8.32　直径标注方式2

3.公差标注

公差标注主要针对机械设计图而言,包括尺寸公差标注和形位公差标注。

①标注形位公差。

在使用公差标注图形时,可以使用替代标注样式的方法。打开"标注样式管理器"对话框,选择当前使用的标注样式,单击 替代(O)... 按钮,在弹出的"替代当前样式"对话框中设置公差标注样式,单击 确定 按钮,返回到"标注样式管理器"对话框;单击 关闭 按钮,退出对话框,在绘图区域进行标注,系统标注的尺寸变为所设置的公差样式。

形位公差包括形状公差和位置公差。形位公差表示零件的形状、轮廓、方向、位置和跳动的允许偏差。在 AutoCAD 中,利用"公差"命令可以创建各种形位公差。

执行命令过程如下:

输入命令:tolerance 并回车。或选择菜单栏"标注"→"公差"命令,或单击标注工具栏"公差"命令按钮,弹出"形位公差"对话框,如图 8.33所示。

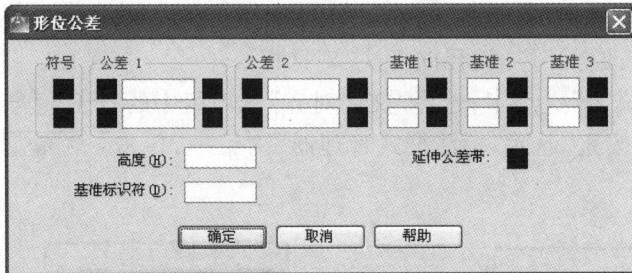

图 8.33 "形位公差"对话框

对话框中的选项解释如下:

a."符号"选项组:用于设置形位公差的几何特征符号。

b."公差 1"选项组:用于在特征控制框中创建第 1 个公差值。该公差值指明了几何特征相对于精确形状的允许偏差量。另外,用户可在公差值前插入直径符号,在其后插入包容条件符号。

c."公差 2"选项组:用于在特征控制框中创建第 2 个公差值。

d."基准 1"选项组:用于在特征控制框中创建第 1 级基准参照。基准参照由值和修饰符号组成。基准是理论上精确的几何参照,用于建立特征的公差带。

e."基准2"选项组:用于在特征控制框中创建第2级基准参照。

f."基准3"选项组:用于在特征控制框中创建第3级基准参照。

g."高度"选项:在特征控制框中创建投影公差带的值,投影公差带会控制固定垂直部分延伸区的高度变化,并以位置公差控制公差精度。

h."延伸公差带"选项:在延伸公差带值的后面插入延伸公差带符号 ⓟ。

I."基准标识符"选项:创建由参照字母组成的基准标志符号。基准是理论上精确的几何参照,用于建立其他特征的位置和公差带。点、直线、平面、圆柱或者其他几何图形都能作为基准。

②单击"符号"选项组中的黑色图标,弹出"特征符号"选择框,如图8.34所示。符号的表示意义列于表8.1中。

图8.34 "特征符号"选择框

表8.1 特征符号释义

分类	特征项目	符号	分类	特征项目	符号
形状公差	直线度	—	定向	平行度	//
	平面度	▱		垂直度	⊥
	圆度	○		倾斜度	∠
	圆柱度	⌭	定位	同轴度	◎
	线轮廓度	⌒		对称度	⩶
				位置度	⊕
	面轮廓度	⌓	跳动	圆跳动	↗
				全跳动	⩘

③单击"特征符号"对话框中相应的符号图标,关闭"特征符号"对话框,同时系统会自动将用户选取的符号图标显示于"形位公差"对话框的"符号"选项组中,如图8.35所示。

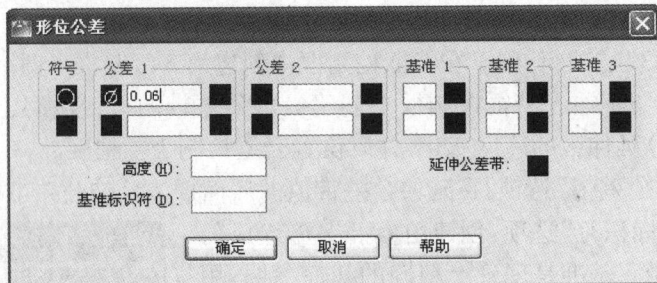

图 8.35   "形位公差"对话框

图 8.36   "附加符号"对话框

④单击"公差 1"选项组左侧的黑色图标可以添加直径符号,再次单击刚添加的直径符号图标则可以将其取消。

⑤在"公差 1"选项组的数值框中可以输入公差 1 的数值。若单击其右侧的黑色图标,会弹出"附加符号"对话框,如图 8.36 所示;

⑥利用同样方法,设置"公差 2"选项组中的各项参数。

⑦"基准 1"选项组是用于设置形位公差的第 1 基准。在该选项组的文本框中输入形位公差的基准代号,单击其右侧的黑色图标会显示"附加符号"对话框,从中可选取相应的符号图标。

⑧利用同样方法,设置形位公差的第 2、第 3 基准。

⑨在"高度"数值框中设置高度值。

⑩单击"延伸公差带"右侧的黑色图标,则可以插入投影公差带的符号图标 ⑫。

⑪在"基准标识符"文本框中可以添加一个基准值。

⑫设置完成后,单击"形位公差"对话框的 **确定** 按钮,返回绘图区域中。系统将提示"输入公差位置:",在适当的位置单击,即可确定公差的标注位置。完成后的形位公差如图 8.37 所示。

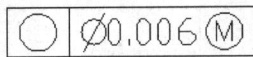

图 8.37   圆度误差标识

⑬利用"公差"命令创建的形位公差不带引线,如图 8.38 所示。因此通常要利用"引线"命令来创建带引线的形位公差。操作过程如下:

a. 输入命令:mleader 并回车。或选择菜单栏"标注"→"引线"命令,按回车键,弹出"引线设置"对话框,在"注释类型"选项组中选择"公差"单选项。

b. 单击"确定"按钮,退出对话框,对图形进行标注。

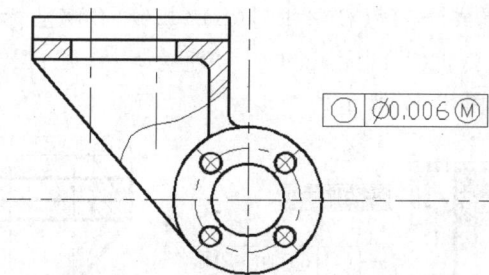

图8.38　放置圆度误差标识

c.确定引线后,弹出"形位公差"对话框,此时用户可设置形位公差的数值。完成后单击"确定"按钮,系统将在引线后自动形成公差形式的标注,如图8.39所示。

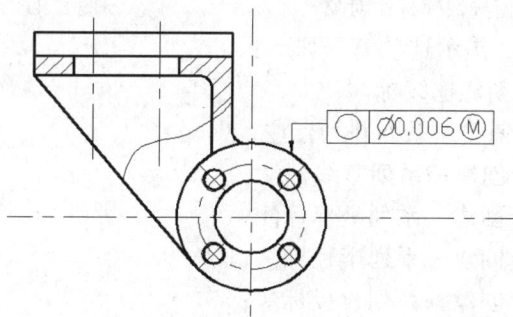

图8.39　绘制引线

4.快速标注

利用"快速标注"命令,可以对线性标注、圆或圆弧进行快捷标注,或对基线标注、连续标注进行编辑。用户可以一次选择多个对象,AutoCAD 将自动完成所选对象的标注。

执行命令过程如下:

命令:qdim 并回车　注:或选择菜单栏"标注"→"快速标注"命令,或单击标注工具栏"快速标注"按钮,执行"快速标注"命令;

联标注优先级 = 端点

择要标注的几何图形:指定对角点:找到 7 个　注:用"交叉窗选"的方法择要标注的几何图形,如图8.40 所示;

选择要标注的几何图形:回车　注:结束选择;

指定尺寸线位置或[连续(C)/并列(S)/基线(B)/坐标(O)/半径(R)/直径(D)/基准点(P)/编辑(E)/设置(T)] <连续>：注：用光标单击确定尺寸线的位置,即生成如图8.41所示的图形。

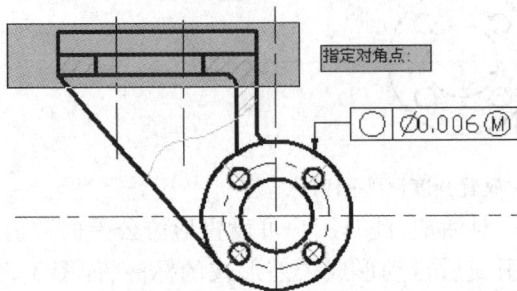

图8.40　窗选快速标注对象　　　　　图8.41　快速标注

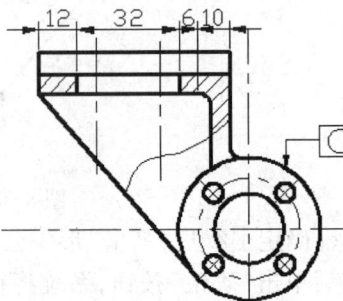

命令执行过程的提示选项解释如下：

连续(c)：用于创建连续标注；

并列(s)：用于创建一系列并列标注；

基线(B)：用于创建一系列基线标注；

坐标(O)：用于创建一系列坐标标注；

半径(R)：用于创建一系列半径标注；

直径(D)：用于创建一系列直径标注；

基准点(P)：为基线和坐标标注设置新的基准点；

编辑(E)：用于显示所有的标注节点,可以在现有标注中添加或删除点；

设置(T)：为指定尺寸界线原点设置默认对象捕捉方式。

5. 编辑尺寸标注

用户可以单独修改图形中现有标注对象的各个部分,也可以利用"标注样式"修改图形中现有标注对象的所有部分。下面将详细介绍如何单独修改图形中现有的标注对象。

通过移动夹点,可以调整标注文字、尺寸线的位置,或改变尺寸界限的长度。移动不同位置的夹点时,尺寸标注有不同的效果。

拖动标注文字上的节点、箭头或尺寸线与尺寸界线的交点时,尺寸线与标注文字的位置会发生变化,尺寸界线的长度也会发生变化,如图8.42所示。

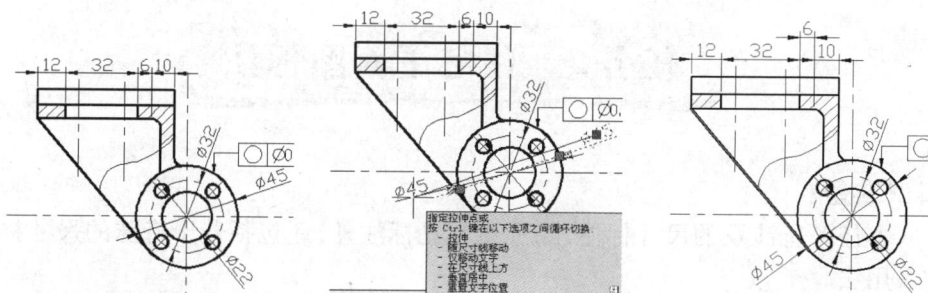

图 8.42 拉伸尺寸标注过程

拖动尺寸界线的端点时,尺寸界线的长度会发生变化,尺寸线及标注文字不会发生变化;若想单独使标注文字的位置发生变化,可在选中尺寸标注后,在弹出的快捷菜单中选择"仅移动文字"命令,如图 8.43 所示。文字将随着光标进行移动,单击确定文字的位置,如图 8.44 所示。

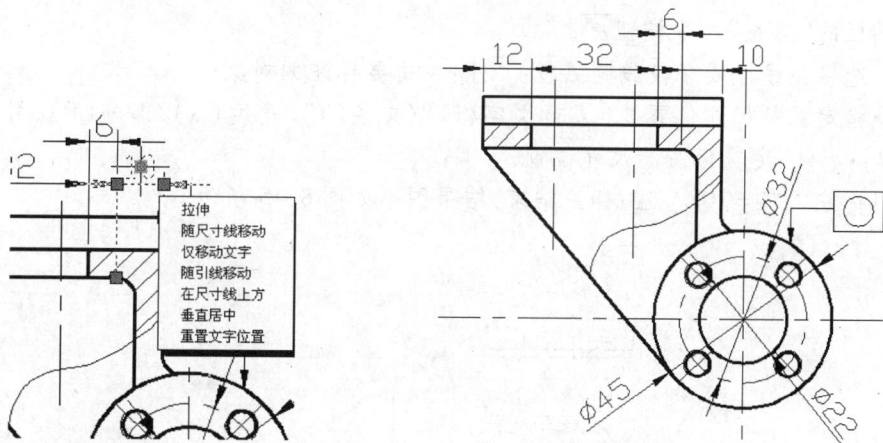

图 8.43 快捷菜单

图 8.44 移动尺寸中文字

可以使用"分解"命令🎲,将构成标注的几部分分解,再单独进行修改。每个部分属于单独的图形或文字对象。

任务2 住宅平面图标注

知识准备：

本任务所涉及的尺寸标注,除上述常见标注外,还包括若干特殊的尺寸标注及用法。

1.弧长标注

它用于测量圆弧或多段线弧线段上的距离,以建筑平面图的局部圆弧之弧长标注加以介绍与说明,如图8.45所示。

执行命令过程如下：

命令：dimarc 并回车　注：或选择菜单栏"标注"→"弧长"命令,或单击标注工具栏的"弧长"命令按钮 🕝 ；

选择弧线段或多段线圆弧段：　注：单击要标注的对象；

指定弧长标注位置或[多行文字(M)/文字(T)/角度(A)/部分(P)/引线(L)]：　注：定位标注的尺寸位置；

标注文字=108　注：标注结束,结果图形如图8.45所示。

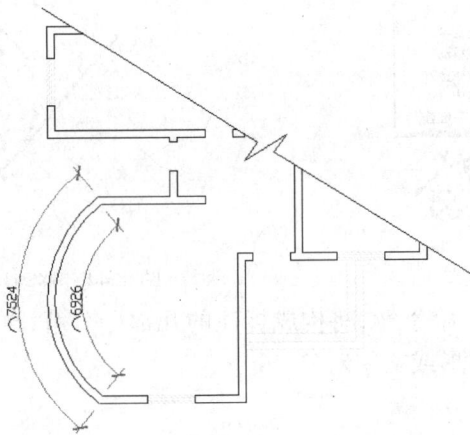

图8.45　标注弧长

2.基线及连续尺寸

连续尺寸标注与基线尺寸标注的标注方法相类似。用户需要先建立一个尺寸标注,再进行连续或基线尺寸标注的操作,如图8.46所示。

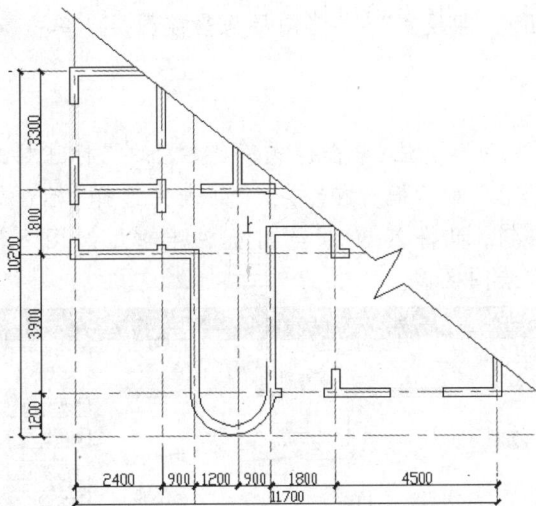

图 8.46

标注连续或基线尺寸,一般可使用以下两种方法:

①直接拾取标注对象上的点,根据已有尺寸标注,建立基线或连续型的尺寸标注;

②按回车键,光标变为拾取框,选择某条尺寸界线作为新尺寸标注的基准线。

任务实施:

为掌握并熟练运用连续标注和基线标注命令,运用"线性"命令、"连续"命令和"基线"命令标注建筑平面图(局部),如图8.46所示。操作过程如下:

1.打开图形文件

命令:open 并回车　注:或选择菜单栏"文件"→"打开"命令,打开已有的图形文件"建筑平面图"文件。

2. 设置图层

命令：Layer 并回车　注：或选择菜单栏"格式"→"图层"命令，或单击格式工具栏的"图层特性管理器"按钮🔳，弹出管理器对话框。选择"标注"图层，单击"置为当前"按钮✔，即设置"标注"图层为当前图层。单击❌按钮退出。

3. 设置标注样式

命令：dimstyle 并回车　注：单击样式工具栏上的"标注样式"命令按钮🖌，弹出"标注样式管理器"对话框。在"样式"列表中选择"标注"标注样式，单击设置为 置为当前(U) 按钮，即将其置为当前标注样式，如图 8.47 所示。单击 关闭 按钮，返回绘图区域。

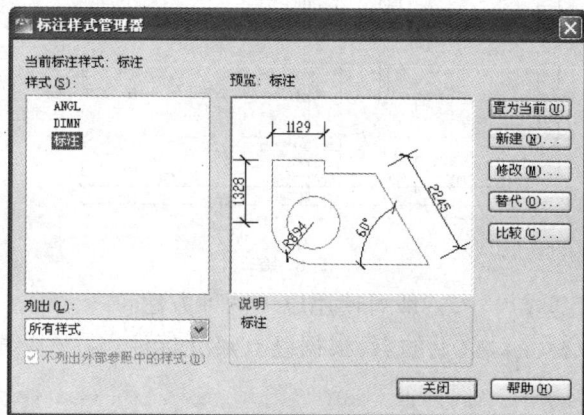

图 8.47　设置当前标注样式

4. 标注线性尺寸

执行"线性"命令🔲，标注建筑物下侧的水平尺寸，如图 8.48 所示。操作过程如下：

命令：dimlinear 并回车　注：或单击标注工具栏中"线性"命令按钮🔲；

指定第一个尺寸界线原点或 <选择对象>：　注：单击选择第一个标注点；

指定第二条尺寸界线原点：　注：单

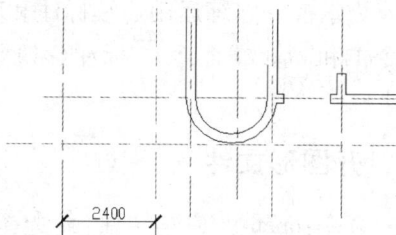

图 8.48　线性标注

击选择另一个标注点；

指定尺寸线位置或[多行文字(M)/文字(T)/角度(A)/水平(H)/垂直(V)/旋转(R)]：　注：单击尺寸标注的位置；

标注文字 =2400

5. 连续标注尺寸

执行"连续"命令，标注住宅下侧水平连续尺寸，如图8.49所示。操作过程如下：

命令：dimcontinue 并回车　注：或单击标注工具栏中"连续"命令按钮；

指定第二条尺寸界线原点或[放弃(U)/选择(S)]<选择>：　注：捕捉左数第三条轴线并单击；

标注文字 =900　注：系统自动显示尺寸值的大小，标注后效果图如图8.49所示。

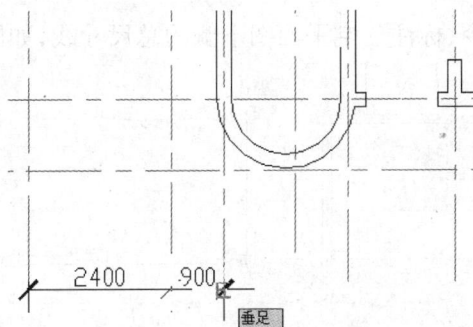

图 8.49　执行连续标注命令

指定第二条尺寸界线原点或[放弃(U)/选择(S)]<选择>：

标注文字 =1200

指定第二条尺寸界线原点或[放弃(U)/选择(S)]<选择>：

标注文字 =900

指定第二条尺寸界线原点或[放弃(U)/选择(S)]<选择>：

标注文字 =1800

指定第二条尺寸界线原点或[放弃(U)/选择(S)]<选择>：

标注文字 =4500

指定第二条尺寸界线原点或[放弃(U)/选择(S)]<选择>：回车　注：结束"连续"标注，结果如图8.50所示。

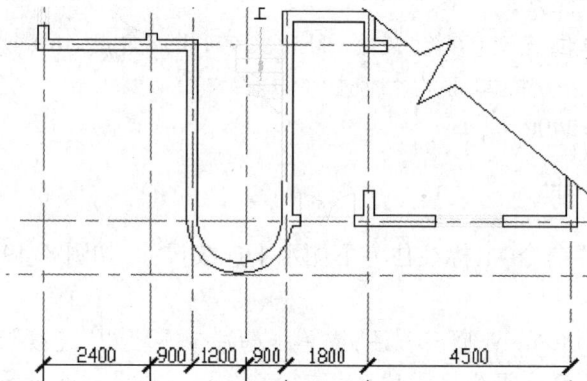

图 8.50   连续标注的结果

6. 标注基线尺寸

选择"基线"命令,标注住宅平面图下侧的总尺寸线,如图 8.51 所示。操作过程如下:

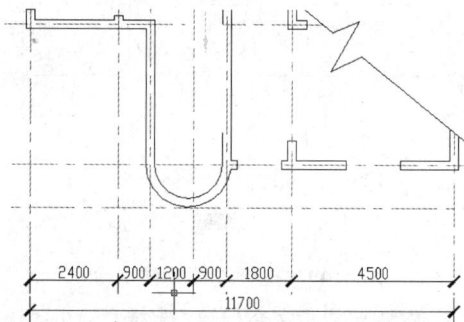

图 8.51   基线标注

命令:<u>dimbaseline</u> 并回车   注:或单击标注工具栏中"基线"命令按钮▢;

指定第二条尺寸界线原点或[放弃(U)/选择(S)]<选择>:回车   注:重新选定标注基准;

选择基准标注: 注:选定标注左侧尺寸界线;

指定第二条尺寸界线原点或[放弃(U)/选择(S)]<选择>:   注:选定右侧尺寸界线;

标注文字 = 11700

指定第二条尺寸界线原点或[放弃(U)/选择(S)]<选择>:回车   注:结

束本次标准注；

选择基准标注：回车　注：结束基线标注，完成后效果如图8.51所示。

利用"线性""连续""基线"等标注命令标柱其他尺寸，结果如图8.52所示，标注任务完成。

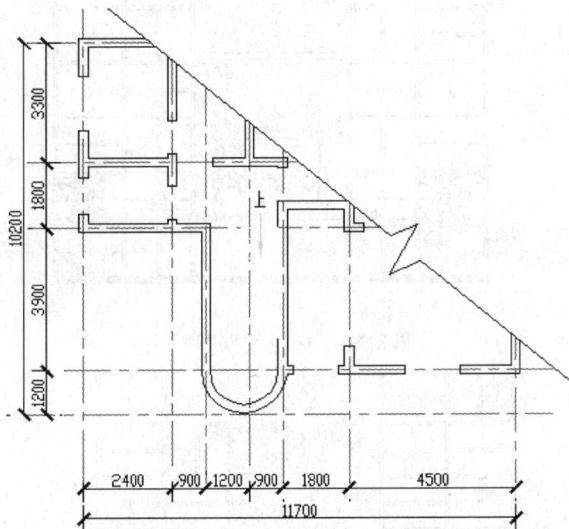

图8.52　标注其余尺寸线

任务3　室内装修立面图标注

任务实施：

本任务以标注装修隔断大样图中的材料名称为例，掌握使用引线标注命令"qleade"标注文字注释类的一种快捷方法，图形效果如图8.53所示。

1.打开图形文件

命令：open 并回车　注：或选择菜单栏"文件"→"打开"命令，或单击标准工具栏中命令按钮📂，打开素材文件"特殊标注.dwg"文件，如图8.54所示。

胡桃实木线条   5 mm磨砂玻璃   胡桃木实夹板
清漆饰面   清漆饰面

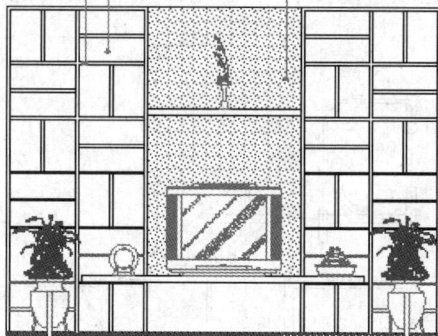

图 8.53   标注效果图

图 8.54   "特殊标注"原图

2. 设置图层

命令:Layer 并回车   注:单击菜单栏"格式"→"图层"命令,或单击图层工具栏命令按钮，弹出"陶层特性管理器"对话框,选择"特殊标注"图层,单击"置为当前"按钮，设置"特殊标注"图层为当前图层,单击"关闭"按钮。

3. 设置标注样式

命令:dimstyle 并回车   注:单击样式工具栏上的"标注样式"命令，弹出"标注样式管理器"对话框,如图 8.55 所示;单击"替代"按钮 替代(D)...，弹出

"替代当前样式"对话框.设置标注样式参数,如图8.56所示。单击"确定"按钮 确定 ,返回"标注样式管理器"对话框,单击"关闭"按钮,返回到绘图区域。

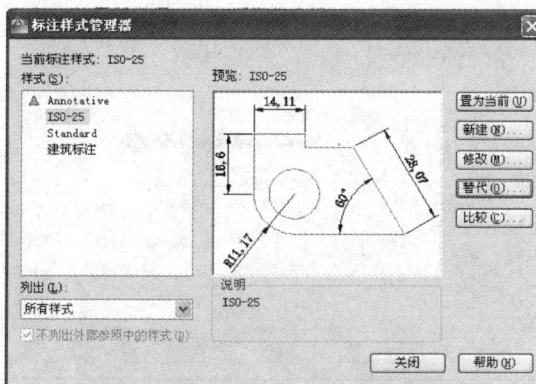

图 8.55 "标注样式管理器"对话框

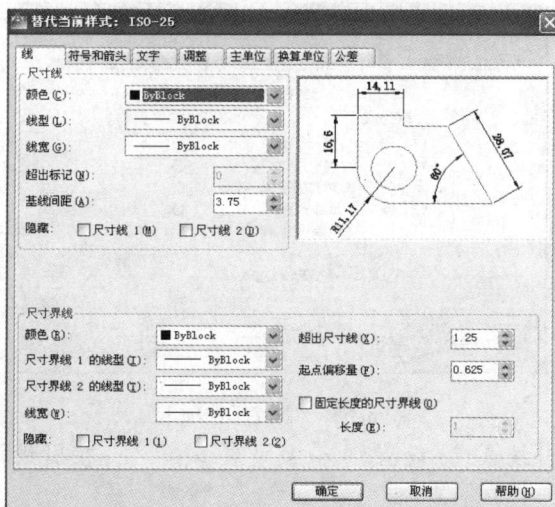

图 8.56 "替代当前样式"对话框

4. 标注材料名称

命令:qleader 并回车 注:输入"qleader"命令;

指定第一个引线点或[设置(S)]<设置>:并回车 注:弹出"引线设置"对话框,选择"引线和箭头"选项卡,在"箭头"选项组的下拉列表中选择"直角"

选项,如图 8.57 所示;选择"附着"选项卡,选择"第一行中间"单选项,如图 8.58所示;单击 确定 按钮,返回绘图区域;在绘图区域中单击确定引线位置并输入材料名称,内容如图 8.59 所示;

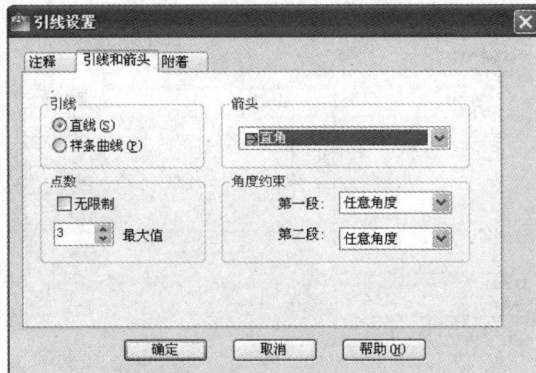

图 8.57 "引线和箭头"选项卡

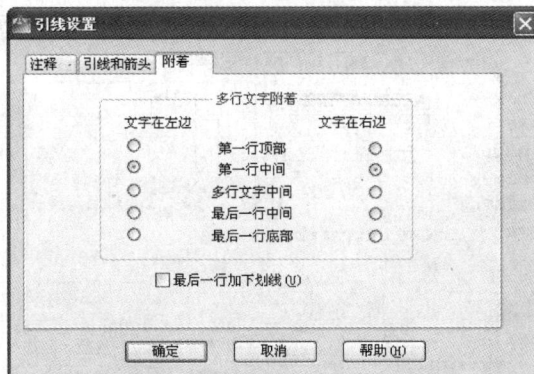

图 8.58 "附着"选项卡

指定第一个引线点或[设置(s)]<设置>: 注:在引线设置窗口中单击"确定"按钮;

指定下一点: 注:绘图窗口中单击确定引线的引出位置;

指定下一点: 注:单击确定第二点;

指定文字宽度<0.0000>:回车

输入注释文字的第一行<多行文字(M)>: 注:输入文字内容(文字输入方法在下一学习情境介绍),如"胡桃实木线条清漆饰面",完成后按回车键;

输入注释文字的下一行:回车 注:结束标注操作,结果如图 8.59 所示。

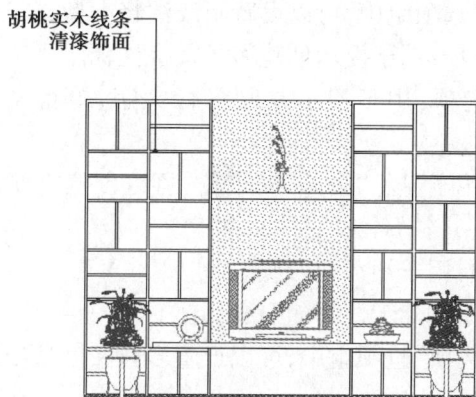

胡桃实木线条
清漆饰面

图8.59　标注材料名称

5. 标注其余材料名称

依上述方法,使用引线标注,在绘图窗口中单击确定引线位置并输入其余两项材料名称,注释完成后效果如图8.60所示。

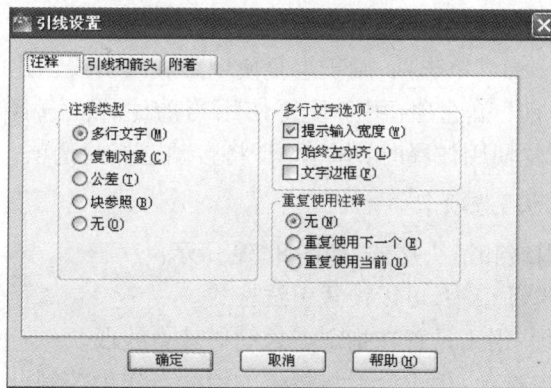

图8.60　"注释"选项卡

6. "引线设置"对话框

对话框包括"注释""引线和箭头""附着"3个选项卡,解释如下:

1)"注释"选项卡

它用于设置引线注释类型,指定多行文字选项,并指明是否需要重复使用注释。

①在"注释类型"选项组中，可以设置引线注释类型，并改变引线注释提示。

"多行文字"单选项：用于提示创建多行文字注释。

"复制对象"单选项：用于提示复制多行文字、单行文字、公差或块参照对象。

"公差"单选项：用于显示"公差"对话框，可以创建将要附着到引线上的特征控制框。

"块参照"单选项：用于插入块参照。

"无"单选项：用于创建无注释的引线标注。

②在"多行文字选项"选项组中，可以设置多行文字选项。选定了多行文字注释类型时，该选项才可用。

"提示输入宽度"复选框：用于指定多行文字注释的宽度。

"始终左对齐"复选框：设置 S1 线位置无论在何处，多行文字注释都将靠左对齐。

"文字边框"复选框：用于在多行文字注释周围放置边框。

③在"重复使用注释"选项组中，可以设置重复使用引线注释的选项。

"无"单选项：用于设置为不重复使用引线注释。

"重复使用下一个"单选项：用于重复使用为后续引线创建的下一个注释。

"重复使用当前"单选项：用于重复使用当前注释。选择"重复使用下一个"单选项之后重复使用注释时，AutoCAD 将自动选择此选项。

2)"引线和箭头"选项卡

它用于设置引线和箭头格式，如图 8.59 所示。

①在"引线"选项组中，可以设置引线格式。

"直线"单选项：用于设置在指定点之间创建直线段。

"样条曲线"单选项：用于设置将指定的引线点作为控制点来创建样条曲线对象。

②在"箭头"选项组中，可以在下拉列表中选择适当的箭头类型，这些箭头与尺寸线中的可用箭头相同。

③在"点数"选项组中，可以设置确定引线形状控制点的数量。

"无限制"复选框：选择"无限制"复选框，系统将一直提示指定引线点，直到按回车键为止。

"点数"数值框：设置为比要创建的引线段数目大 1 的数。

④"角度约束"选项组中,可以设置第一段与第二段引线以固定的角度进行约束。

"第一段"下拉列表框:用于选择设置第一段引线的角度。

"第二段"下拉列表框:用于选择设置第二段引线的角度。

3)"附着"选项卡

在其中可以设置引线和多行文字注释的附着位置。只有在"注释"选项卡选定"多行文字"时,此选项卡才可用,如图8.61所示。

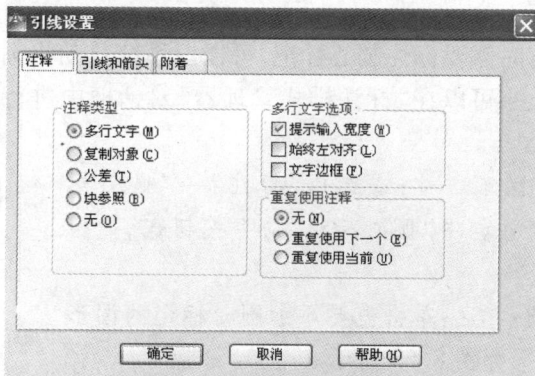

图8.61　引线设置对话框

在"多行文字附着"选项组中,每个选项的文字有"文字在左边"和"文字在右边"两种方式可供选择,用于设置文字附着的位置,如图8.62所示。

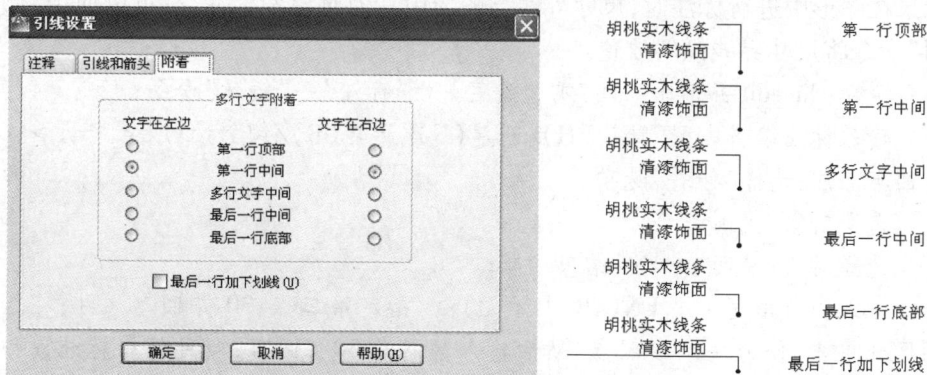

图8.62　左为"附着"选项卡,右为相应图例

"第一行顶部"单选项:将引线附着到多行文字的第一行顶部。

"第一行中间"单选项:将引线附着到多行文字的第一行中间。

"多行文字中间"单选项:将引线附着到多行文字的中间。

"最后一行中间"单选项:将引线附着到多行文字的最后一行中间。

"最后一行底部"单选项:将引线附着到多行文字的最后一行底部。

"最后一行加下划线"复选框:用于给多行文字的最后一行加下划线。

拓展训练　特殊标注

1. 标注圆心标记

工程制图中有时需要标注圆心标记,可以由系统自动将圆或圆弧的圆心标记出来。标记的大小可以在"标注样式管理器"对话框中进行修改。执行命令过程如下:

命令:dimc 并回车　注:或选择"标注"→"圆心标记"命令,或单击标注栏中"圆心标记"命令按钮⊕,光标变为拾取框;

选择圆弧或圆:　注:单击需要添加圆心标记的图形即可,圆心标记效果如图 8.63 所示。

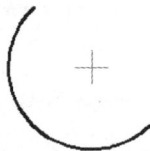

图 8.63　标记圆心

2. 倾斜尺寸标注

在默认的情况下,尺寸界线与尺寸线相垂直,文字水平放置在尺寸线上。如果在图形中进行标注时,尺寸界线与图形中其他对象发生冲突,可以使用"倾斜"命令将尺寸界线倾斜放置。

命令:dimedit 并回车　注:或选择菜单栏"标注"→"编辑"命令;

输入标注编辑类型[默认(H)/新建(N)/旋转(R)/倾斜(O)]＜默认＞:o 并回车　注:选择"倾斜"选项;

选择对象:找到 1 个

选择对象:并回车　注:结束选择;

输入倾斜角度(按 ENTER 表示无):　指定第二点:30 并回车　注:在绘图区域单击,作为一个参照点,然后输入倾斜角 30°,回车,即可将原标注改为 30°倾斜,如图 8.64 所示。

也可以在"标注"工具栏中单击"编辑标注"按钮,并在命令提示窗中指定需要的命令进行倾斜设置。

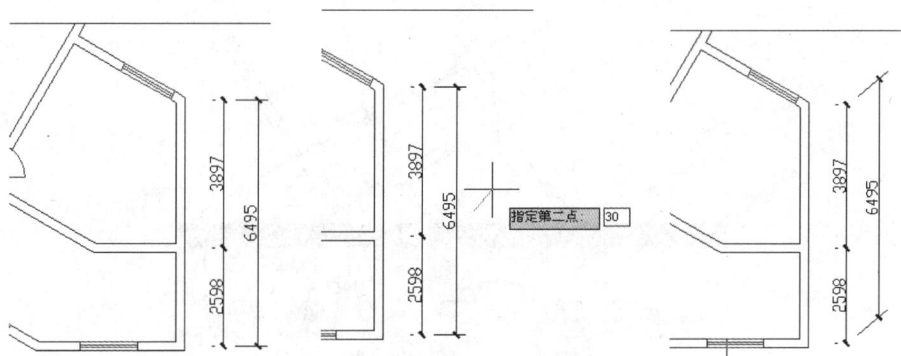

图8.64　修改为倾斜尺寸标注的过程

下面对命令执行过程中的提示项进行解释。

默认(H)：将选中的标注文字移回到由标注样式指定的默认位置和旋转角。

新建(N)：可以打开"多行文字编辑器"对话框,编辑标注文字。

旋转(R)：用于旋转标注文字。

倾斜(O)：用于调整线性标注尺寸界线的倾斜角度。

3.编辑标注文字

进行尺寸标注之后,标注的文字是系统测量值,有时候需要对齐进行编辑以符合标准。对标注文字进行编辑,可以使用以下两种方法。

1)使用"多行文字编辑器"对话框进行编辑

命令:<u>dimaligned</u> 并回车　注:或选择菜单栏"修改"→"对象"→"文字"→"编辑"命令,执行命令后,选中需要修改的尺寸标注,系统将打开"多行文字编辑器", 如图8.65所示;

指定第一个尺寸界线原点或 <选择对象>：　注:单击需要编辑的尺寸标注;

指定第二条尺寸界线原点：

指定尺寸线位置或[多行文字(M)/文字(T)/角度(A)]：

标注文字 =11000　注:直接将尺寸值11000改为11100,回车确认,得到结果如图8.66所示。

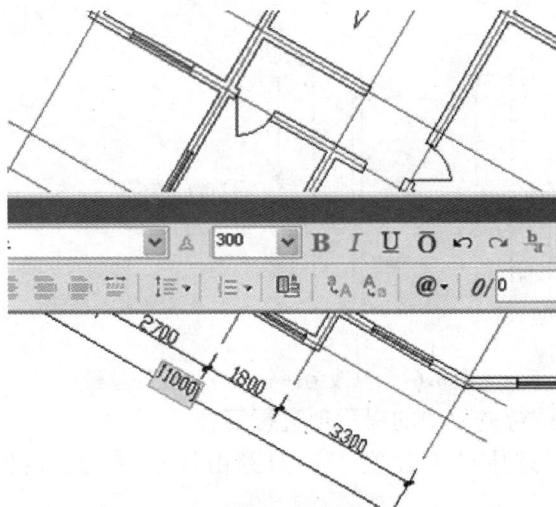

图 8.65　多行文字编辑器(局部)

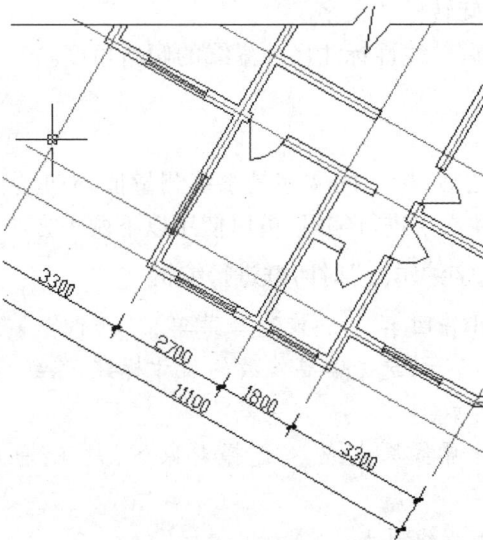

图 8.66　修改尺寸值

2)使用"特性"对话框进行编辑

①单击标准工具栏中"特性"命令按钮，打开"特性"对话框，选择需要修改的标注，并拖动对话框的滑块到文字特性控制区域;单击激活"文字替代"文

本框,输入需要替代的文字,如图 8.67 所示。

图 8.67 "特性"对话框

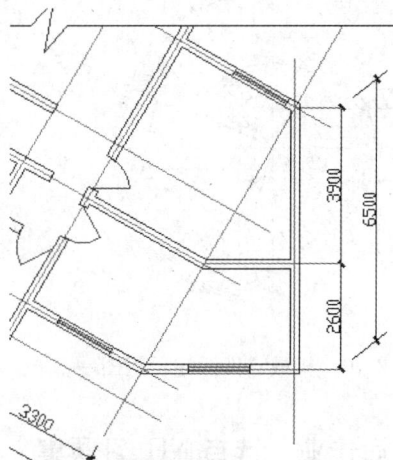

图 8.68 文字替代的效果

②按回车键确认,按退出键退出标注的选择状态,标注的修改效果如图 8.68所示。

若想将标注文字的样式还原为实际测量值,可直接将在"文字替代"文本框中输入的文字删除。

3) 编辑标注特性

使用"特性"对话框,还可以编辑尺寸标注各部分的属性:

①选择需要修改的标注,在"特性"对话框中会显示出所选标注的属性信息,如图 8.69 所示。

②拖动滑块到需要编辑的对象,激活相应的选项进行修改,修改后按回车键确认。

图 8.69 "特性"对话框(局部)

课堂作业 标注机械零件尺寸

打开"课堂作业.dwg"图形,按照图 8.70、图 8.71 所示,对该机械零件进行"线性""半径""连线"尺寸标注。

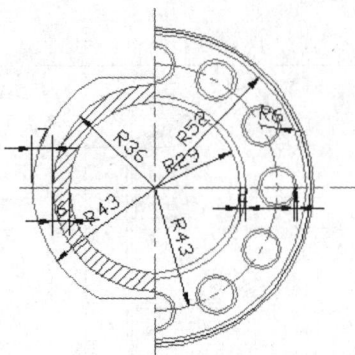

图 8.70　机械零件标注示意图一

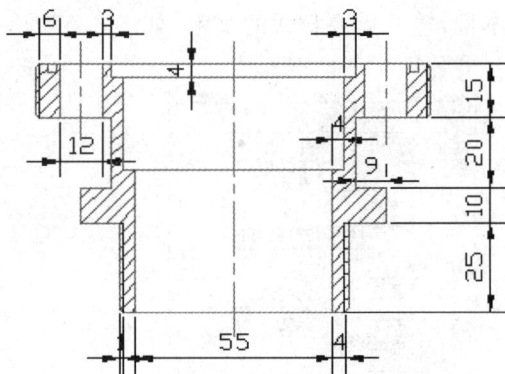

图 8.71　机械零件标注示意图二

课后作业　选自 NIT 习题集

建标注筑平面图尺寸：

①打开"课后作业.dwg"，如图 8.72 所示。

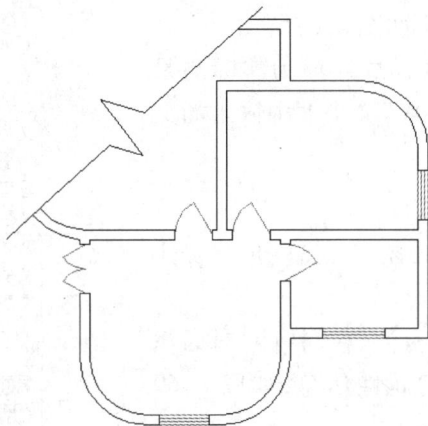

图 8.72　待标注平面图

②建立新图层(图层名:标注,颜色:绿色);调出"标注"工具栏。

③打开轴线层 AXISLINE,显示出所有轴线。

④将标注样式 DIMN 置为当前,在标注层上利用"线性"和"连续"标注做出水平和竖直的标注;要求做三层标注尺寸,用拉伸命令适当调整尺寸线的长短。

⑤将标注样式"ANGL"置为当前,在"标注样式"→"替代"中设置,如

图8.73所示调整选项卡中的参数;利用半径标注标注半径。

　　⑥关闭轴线层,保存文件。

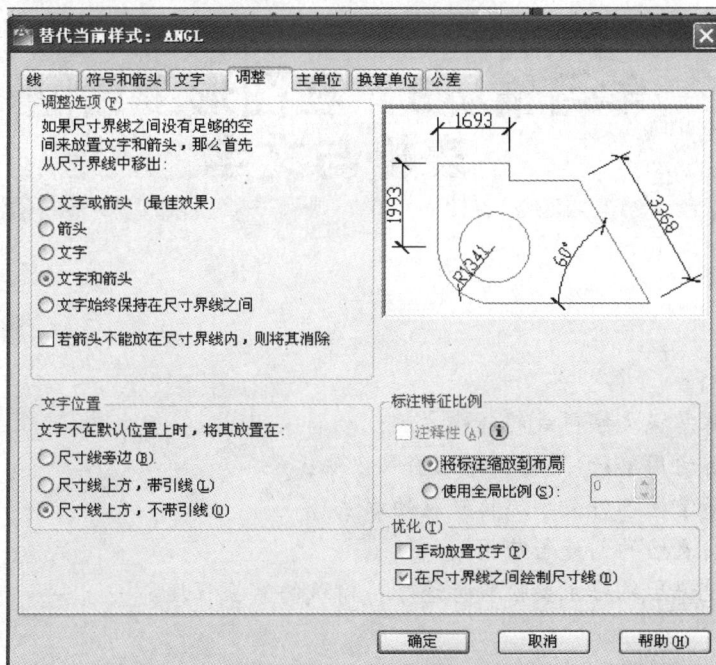

图8.73　选项卡中的参数设定

学习情境9 在图形上绘制表格与文字

知识目标：

　　1. 熟练掌握文字样式的创建方法；

　　2. 熟练运用单行、多行文字的输入方法；

　　3. 灵活掌握各种文字编辑修改的方法；

　　4. 熟悉表格的创建与应用；

　　5. 通过课后练习主要检验特殊字符输入的掌握程度。

技能目标：

　　1. 能通过分析图纸熟练创建适合的文字样式；

　　2. 能够熟练运用各种文字的输入方法在图纸上输入文字内容；

　　3. 能熟练并灵活对文字进行编辑、修改；

　　4. 能够熟练创建表格样式，并能对表格进行编辑、修改；

　　5. 能灵活熟练地对表格添加文字，包括特殊字符的输入。

情景再现与任务分析：

　　一般情况下，绘制好的图形还需要添加文字标注或说明以及必要的表格来表达一些图形所无法描述的信息。本环节引入 2 项任务和 1 项课后练习，包括在工程图纸上的标题栏、建筑工程门窗表，以及建筑工程中结构专业"辩明"的相关文字内容，均为实际工程图的典型例子。这些都是完整的工程设计图纸必须有的内容。本环节通过任务的逐步实施，渐进式地介绍文字和表格命令的使用方法与技巧，让图纸以图文并茂的形式，达到对对象进行详尽描述的目的。

学习情境教学场景设计：

学习领域	AutoCAD 2012 中文版	
学习情境	AutoCAD 2012 中文版之在图形上绘制表格与文字	
行动环境	场景设计	工具、设备、教件
①机械设计机构。 ②校内实训基地。	①分组(每组 2~4 人)。 ②教师讲解文字样式与表格样式的概念，阐述并演示绘制表格、输入文字的方法与技巧。 ③学生动手完成表格与文字的绘制任务，领会并交流绘制技巧。 ④学生独立课后练习题，教师抽查学生完成情况，并加以评点。	①带独立显卡、联成局域网的 PC 机。 ②投影仪或多媒体网络广播教学软件。 ③多媒体课件、操作过程屏幕视频录像。 ④建筑类结构专业施工图纸。

任务1　填写门窗材料表

知识准备：

1. 创建文字样式

与 Word 类似，AutoCAD 中任何文字都从属于某种样式。在图形中输入文字时，当前的文字样式会决定输入文字的字体、字号、角度、方向和其他文字特征。

1) 文字样式

文字样式是用来定义文字的各种参数的，如文字的字体、大小和倾斜角度等。AutoCAD 图形中的所有文字都具有与之相关联的文字样式，默认情况下使用的文字样式是"Standard"，用户可以根据需要进行自定义。文字样式含有以下几个方面内容：

(1)文字的字体

文字的字体是指文字的不同书写格式。在绘制工程图中，汉字的字体通常采用仿宋体格式。

（2）文字的字号

文字的字号即文字的大小高度，在工程图中字号通常采用 20、14、10、7、5、3.5 和 2.5 号这 7 种字号。

（3）文字的效果

在 AutoCAD 中，用户可以控制文字的显示效果，如将文字上下颠倒、左右反向和垂直排列显示等。

（4）文字的倾斜角度

一般情况下，工程图中的阿拉伯数字、罗马数字、拉丁字母和希腊字母常采用斜体字，即将字体倾斜一定的角度，通常是文字的字头向右倾斜，与水平线约成 75°。

（5）文字的对齐方式

为了清晰、美观，文字要尽量对齐，AutoCAD 可以根据需要指定各种文字对齐方式来对齐输入的文字。

（6）文字的位置

在 AutoCAD 中，用户可以指定文字的位置，即文字在工程图中的书写位置。文字通常应该与所描述的图形对象平行，置于外部，尽量不与图形交叉，可以绘制引线将文字引出。

2）创建样式

AutoCAD 图形中的所有文字都必属于某种文字样式。默认情况下使用的文字样式为系统提供的"Standard"样式，用户可以根据绘图的需要修改或创建若干种新的文字样式。

当在图形中输入文字时，AutoCAD 总是使用当前的文字样式来确定文字的字体、高度、旋转角度和方向等参数。如果用户需要使用其他文字样式来输入文字，则需要将其设置为当前文字样式。

AutoCAD 提供的"文字样式"命令可用来创建文字样式。执行"文字样式"命令后，系统将弹出"文字样式"对话框，从中可以创建或调用已有的文字样式。在创建新的文字样式时，可以根据需要来设置文字样式的名称、字体和效果等。

执行命令过程如下：

①输入命令：style 并回车。或选择菜单栏"格式"→"文字样式"命令，命令执行后，系统将弹出"文字样式"对话框，如图 9.1 所示。

②单击"新建"按钮 新建(N)... ，弹出"新建文字样式"对话框，如图 9.2 所示，可以在"样式名"文本框中输入新样式的名称，最多可输入 255 个字符，包括

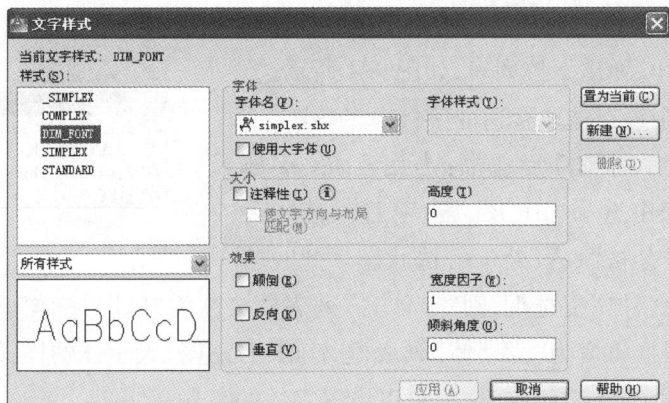

图9.1　"文字样式"对话框

字母、数字及特殊字符,例如美元符号"＄"、下
划线"_"和连字符"－"等。

图9.2　新建文字样式"对话框

　　本例中输入样式名为"仿宋体",单击"确
定"按钮 确定 ,返回"文字样式"对话框,新
样式的名称"仿宋体"即会出现在"样式"列表
框中,此时可设置新样式"仿宋体"的属性,如文字的字体、字号和效果等,完成
后单击"应用"按钮 应用(A) ,可将其设置为当前文字样式。

　　(1)设置字体

　　在"字体"选项组中,用户可以设置字体的各种属性。勾选"使用大字体"
复选框,对字体进行设置,如图9.3所示。

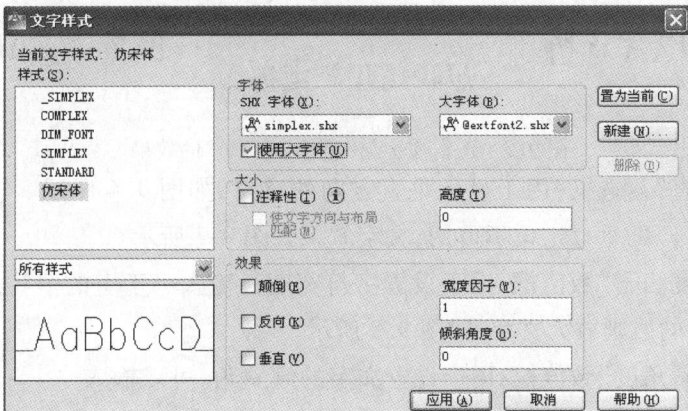

图9.3　勾选"使用大字体"复选框

289

①"字体"列表框:单击"SHX 字体"列表框右侧的 ∨ 按钮,弹出下拉列表,如图9.4 所示,从该下拉列表中可以选取合适的字体。

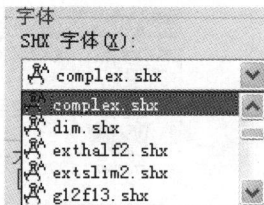

②"使用大字体"复选框:当用户在"字体名"下拉列表中选择"txt. shx"选项后,"使用大字体"复选框会被激活,处于可选状态。此时若

图9.4 字体下拉列表

勾选"使用大字体"复选框,则"字体名"列表框会变为"SHX 字体"列表框,"字体样式"列表框将变为"大字体"列表框,这时可以选择大字体的样式。

③在"大小"选项组中,用户可以设置字体的字号。

④有时用户会遇到输入的汉字会显示为乱码或"?"符号,出现此现象的原因是用户选取的字体不恰当,该字体无法显示中文汉字所致。此时用户可在"字体名"下拉列表中选取合适的字体,如"宋体""楷体-GB2312",即可将其显示出来。

(2)设置效果

"效果"选项组用于控制文字的效果。

①"颠倒"复选框:选择该复选框,可将文字上下颠倒显示,如图9.5 所示。该选项仅作用于单行文字。

②"反向"复选框:选择该复选框,可将文字左右反向显示,如图9.5 所示。该选项仅作用于单行文字。

图9.5 正常文字与"颠倒""反向"的效果

③"垂直"复选框:用于显示垂直方向的字符,如图9.6 所示。"TmeType"字体和"符号"的垂直定位不可用,文字效果如图9.7 所示。

④"宽度因子"数值框:用于设置字符宽度。输入小于1 的值将压缩文字;输入大于1 的值则放大文字,如图9.8 所示。

⑤"倾斜角度"数值框:用于设置文字的倾斜角,可以输入一个 −85 ~ 85 之间的值,如图9.9 所示。

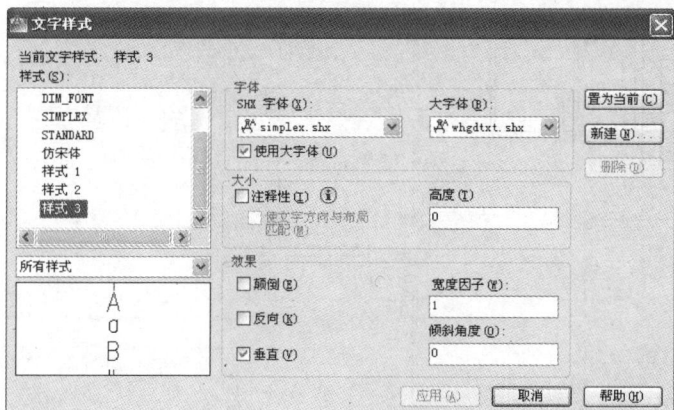

图9.6 勾选"垂直"复选框   图9.7 垂直文字效果

图9.8 宽度因子分别为1、0.6、1.5的文字样式

图9.9 倾斜度分别为 −45°、+45°的文字样式

2. 输入单行文字

单行文本是指 AutoCAD 将输入的每行文字作为一个对象来处理,主要用于一些不需要多种字体的简短文字内容输入。下面以标注建筑平面图房间名称与房间面积来进行具体说明。

①打开图形文件。

输入命令:_open 并回车。或选择菜单栏"文件"→"打开"命令,或单击标准工具栏"打开"命令按钮 📂,打开别墅平面图如图9.10所示。

②光标移到任一工具栏处右击,在弹出的工具列表中勾选"文字"工具。

③输入命令:'_style 并回车。或单击文字工具栏的"文字样式"命令按钮 🅰,在弹出的"文字样式"对话框中,新建样式名:一为"室内文字",不使用大字体,选择仿宋体字,如图9.11所示;另一为"图名文字",不使用大字体,选择黑体字。

④输入单行文字。

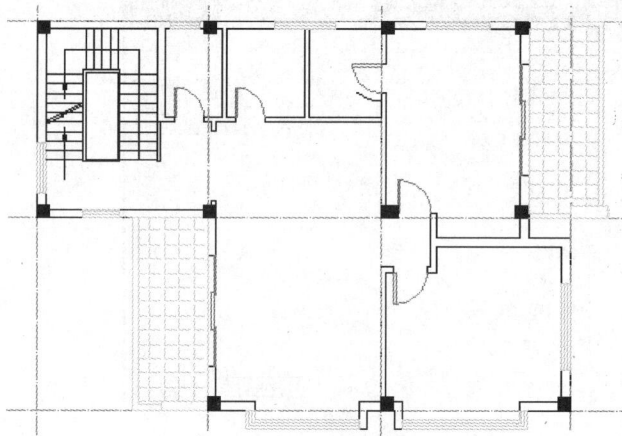

图 9.10　别墅建筑平面图

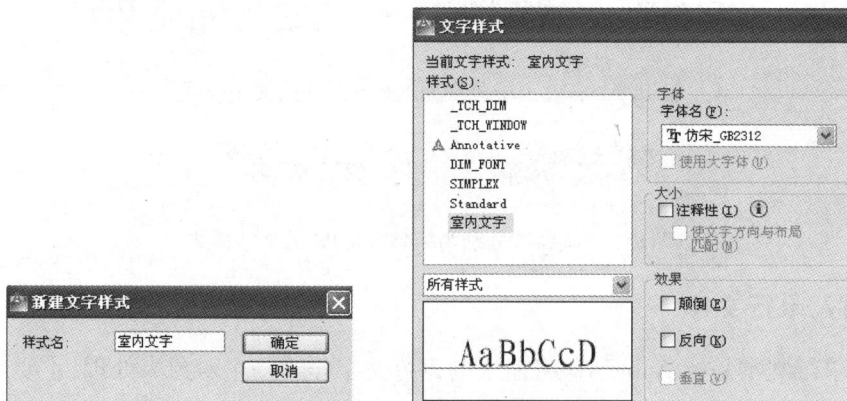

图 9.11　为"室内文字"设置文字样式

命令:_text　注:单击文字工具栏中"单行文字"命令按钮 A;

当前文字样式:"室内文字"　文字高度:100.0000　注释性:否

指定文字的起点或[对正(J)/样式(S)]:　注:在图形上卧室中适宜处单击作为文字起点;

指定高度 <100.0000>:250 并回车　注:输入文字的高度;

指定文字的旋转角度 <0>:并回车　注:输入文字的倾斜角度,默认为0°;输入文字内容"卧室",回车换行,"15.1 平方",按 Ctrl + Enter 键,退出单行文字输入操作,结果如图 9.12 所示。

⑤按上面的方法输入其他房间的名称与面积,得到结果如图 9.13 所示。

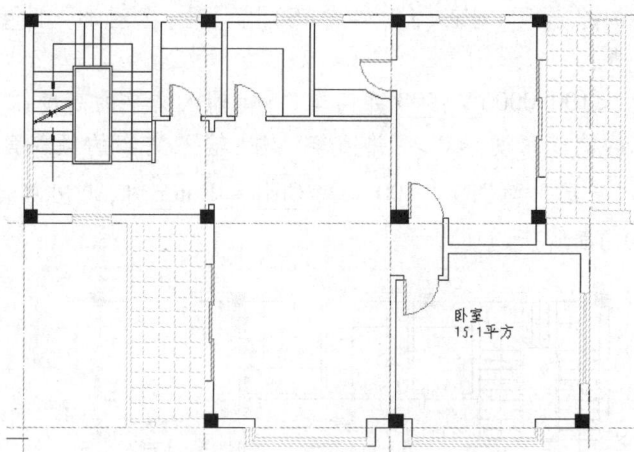

图 9.12　单行文字输入

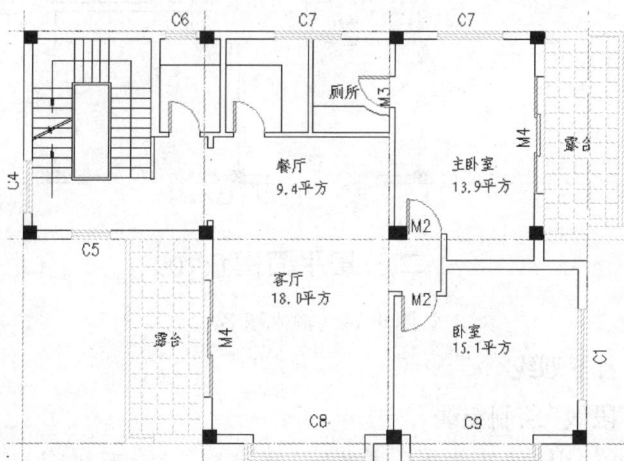

图 9.13　文字输入效果

3.标注图名

1)切换文字样式

命令:′_style　注:单击文字工具栏的"文字样式"命令按钮A，将"图名文字"设置为当前文字样式。

2)输入图名

命令:_text　注:单击文字工具栏"单行文字"命令按钮AI；

当前文字样式:"图名文字"　文字高度:　250.0000　注释性:　否

指定文字的起点或[对正(J)/样式(S)]: 注:在图形上卧室中适宜处单击作为文字起点;

指定高度 <100.0000>:500 并回车 注:输入文字的高度;

指定文字的旋转角度 <0>:并回车 注:输入文字的倾斜角度,默认为0度;内容为"二,三层平面图1∶100",按 Ctrl + Enter 键,退出单行文字输入操作,结果如图9.14所示。

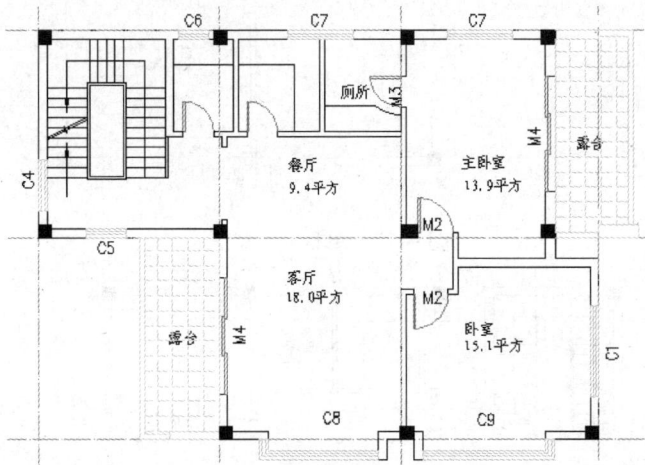

二,三层平面图1:100

图9.14 输入图名

3)绘制图名下划线

(1)用"多段线"绘制粗线

命令:_pline 注:单击绘图工具栏中"多段线"命令按钮；

指定起点: 注:在图名左下方单击,作为下划线起点;

当前线宽为0.0000

指定下一个点或[圆弧(A)/半宽(H)/长度(L)/放弃(U)/宽度(W)]:w 并回车 注:选择"宽度"选项,输入W;

指定起点宽度 <0.0000>:30 并回车 注:输入起点处线宽30;

指定端点宽度 <30.0000>:回车 注:直接回车,表示线段另一端点线宽也为30;

指定下一个点或[圆弧(A)/半宽(H)/长度(L)/放弃(U)/宽度(W)]:
<正交 开> 注:打开正交模式,光标右移,单击线段右端点;

指定下一点或［圆弧（A）/闭合（C）/半宽（H）/长度（L）/放弃（U）/宽度（W）］：并回车　注：结束"多段线"命令。

（2）用"偏移"的方法绘制细线

命令：_offset　注：单击修改工具栏"偏移"命令按钮 ；

当前设置：删除源＝否　图层＝源　OFFSETGAPTYPE＝0

指定偏移距离或［通过（T）/删除（E）/图层（L）］＜通过＞：200 并回车 注：输入偏移值；

选择要偏移的对象，或［退出（E）/放弃（U）］＜退出＞：　注：点选新绘制的多段线粗线；

指定要偏移的那一侧上的点，或［退出（E）/多个（M）/放弃（U）］＜退出＞：　注：单击粗线下方任一处，即获得相同的一条粗线；

选择要偏移的对象，或［退出（E）/放弃（U）］＜退出＞：回车　注：结束偏移命令。

（3）将偏移获得的粗线"分解"为细线

命令：_explode　注：单击修改工具栏"分解"命令按钮 ；

选择对象：找到 1 个　注：点选由偏移生成的粗线；

选择对象：回车　注：结束选择，同时将粗线"分解"成细线，得到结果图形如图 9.15 所示。

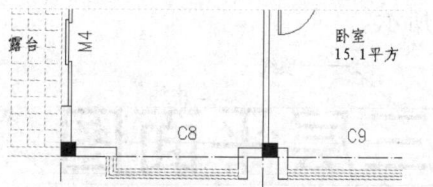

图 9.15　绘制文字下划线

提示：用"分解"命令分解多段线时将丢失宽度信息。

4."单行文字"命令的一般方法

利用"单行文字"命令可创建单行或多行文字，按回车键即可把文字内容按行区分；每行文字都是独立的对象，可以重新定位、调整格式或进行其他修改。也可以用以下命令输入单行文字：

命令:_dtext　注:输入单行文字命令,使用方法与命令按钮 A̲ 相同;

当前文字样式:"图名文字"　文字高度: 250.0000　注释性:　否

指定文字的起点或[对正(J)/样式(S)]:

指定高度 <250.0000>:

指定文字的旋转角度 <0>:

命令执行过程中选项解释如下:

①对正(J):用于控制文字的对齐方式。在命令行中输入字母"J",按回车键,命令输入行会出现多种文字对齐方式,用户可以从中选取合适的一种。下一节将详细讲解文字的对齐方式。

②样式(s):用于控制文字的样式。在命令行中输入字母"s",按回车键,命令输入行会出现"输入样式名或[? I<Standard>:",此时可以输入所要使用的样式名称,或者输入符号"?",列出所有文字样式及其参数,以供选择。

在默认情况下,利用单行文字工具输入文字时使用的文字样式是"Standard",字体是"txt.shx"。若需要其他字体,可先创建或选择适当的文字样式,再进行文字输入的操作。

5. 设置对齐方式

AutoCAD 为文字定义了 4 条定位线:顶线、中线、基线、底线,以便确定文字对齐位置,如图 9.16 所示。

图 9.16　文字对齐方式

在创建单行文字的过程中,当命令行出现"指定文字的起点[对正(J)/样式(S)]:"时,若输入字母"J"(选择"对正"选项),按回车键,则可指定文字的对齐方式,此时命令输入行出现如下信息:

输入选项

[对齐(A)/布满(F)/居中(C)/中间(M)/右对齐(R)/左上(TL)/中上(TC)/右上(TR)/左中(ML)/正中(MC)/右中(MR)/左下(BL)

/中下(BC)/右下(BR)]:

其中的命令选项解释如下：

①对齐(A)：通过指定文字的起始点、结束点来设置文字的高度和方向，文字将均匀地排列于起始点与结束点之间，文字的高度将按比例自动调整，如图9.17所示。

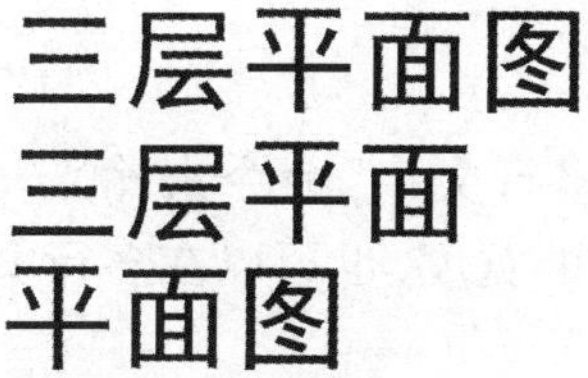

三层平面图

三层平面

平面图

三层平面图

三层平面

平面图

图9.17　正常文字字型 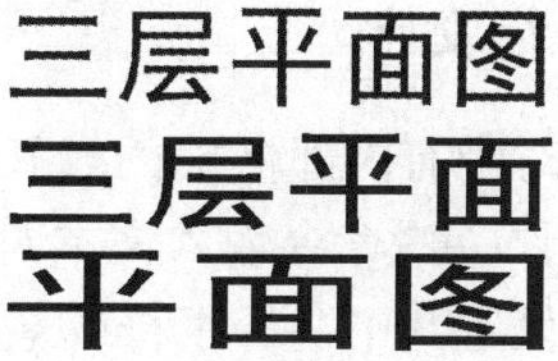　　　　　　　　　图9.18　经过调整的文字

②布满(F)：需要指定文字的起始点、结束点和高度，文字将均匀地排列于起始点与结束点之间，而文字的高度保持不变，如图9.18所示。

③居中(C)：从基线的水平中心对齐文字，此基线是由用户给出的点指定的。

④中间(M)：文字在基线的水平中点和指定高度的垂直中点上对齐，中间对齐的文字不保持在基线上。

⑤右对齐(R)：在由用户给出的点指定的基线上右对正文字。

⑥左上(TL)：以指定为文字顶点的点上左对正文字。

以下各选项只适用于水平方向的文字：

⑦中上(TC)：以指定为文字顶点的点居中对正文字。

⑧右上(TR)：以指定为文字顶点的点右对正文字。

⑨左中(ML)：以指定为文字中间点的点上靠左对正文字。

⑩正中(MC)：在文字的中央水平和垂直居中对正文字。

⑪右中(MR)：以指定为文字中间点的点右对正文字。

⑫左下(BL)：以指定为基线的点左对正文字。

⑬中下(BC)：以指定为基线的点居中对正文字。

⑭右下(BR)：以指定为基线的点靠右对正文字。

6. 输入特殊字符

创建单行文字时，用户还可以在文字中输入特殊字符，例如：

①直径符号ϕ：例如ϕ20，输入形式为％C20；

②百分号%：例如100%，输入形式为100%％％；

③公差符号±：例如±0.01，输入形式为％％p0.001；

④文字上划线：例如<u style="text-decoration:overline">平面图</u>，输入形式为％％O平面图；

⑤文字下划线：例如<u>平面图</u>，输入形式为％％U平面图；

⑥度数符号：例如45°，输入形式为45％％D；

7. 多行文字

对带有内部格式的较长的文字，可以利用"多行文字"命令来输入。利用"多行文字"命令输入文本时，可以指定文字分布的宽度，也可以在多行文字中单独设置其中某个字符或某一部分文字的属性。

1) 设置文字样式

命令：'_style　注：单击文字工具栏的"文字样式"命令按钮 **A**，创建名为"说明文字"的文字样式，仿宋体，并设置为当前文字样式，如图9.19所示。

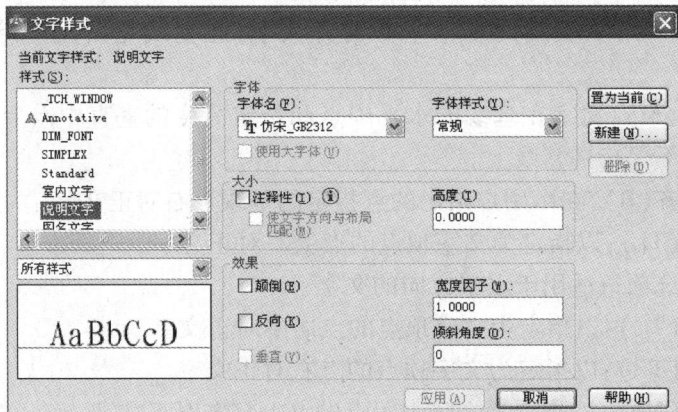

图9.19　设置当前文字样式

2) 输入文字内容

命令：_mtext 当前文字样式："说明文字"　文字高度：250.0000　注释性：否　注：单击文字工具栏"多行文字"命令按钮，或单击绘图工具栏"多行文字"命令按钮**A**；

指定第一角点：　注：单击绘图区域中文字放置区域的角点坐标；

指定对角点或[高度（H）/对正（J）/行距（L）/旋转（R）/样式（S）/宽度（W）/栏（C）]：　注：单击另一角点坐标，在形成的区域中输入说明文本，如图9.20所示；输入结束后单击"确定"按钮 确定，即结束"多行文字"输入命令，文字输入完成。

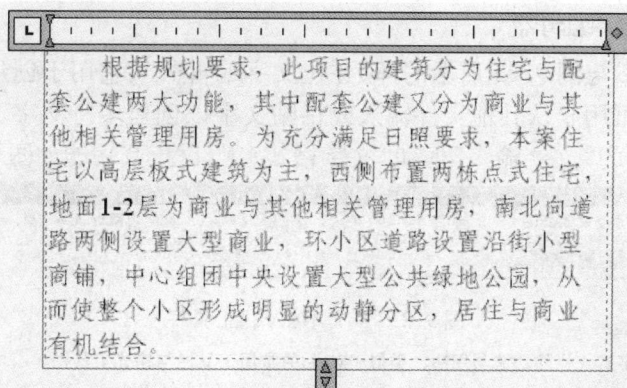

图9.20 输入文字内容

3)"多行文字"命令的一般方法

用户可以在"在位文字编辑器"中或利用命令输入行中的提示,创建一个或多个多行文字段落。执行命令过程如下:

命令:mtext 注:单击文字工具栏"多行文字"命令按钮,或单击绘图工具栏"多行文字"命令按钮 **A**。

此时光标变为"+"的形式,在绘图区域单击,指定一点,并向右下方拖动鼠标绘制出一个矩形框,如图9.21所示。

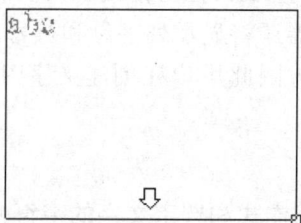

图9.21 矩形框

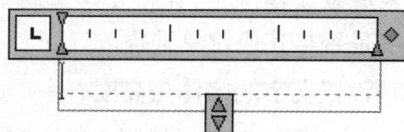

图9.22 "文字输入"框

如图9.21所示的矩形方框用于指定多行文字的输入位置与大小,其箭头指示文字书写的方向。拖动鼠标到适当的位置后单击,弹出"在位文字编辑器",包括一个顶部带标尺的"文字输入"框(图9.22)和"文字格式"工具栏(图9.23)。

在"文字输入"框中输入需要的文字,当文字达到定义边框的边界时会自动换行排列。输入完毕后,单击 确定 按钮,此时文字显示在用户指定的位置,如图9.20所示。

4）在位文字编辑器

如图 9.22 与图 9.23 所示的即"在位文字编辑器"，它用于创建或修改多行文字对象，也可用于从其他文件输入或粘贴文字以创建多行文字。它包括了一个顶部带标尺的"文字输入"框和"文字格式"工具栏，其功能如图 9.24 所示。

图 9.23　"文字格式"工具栏

文字格式栏的功能与用法，类似于Word的常用工具栏与格式工具栏

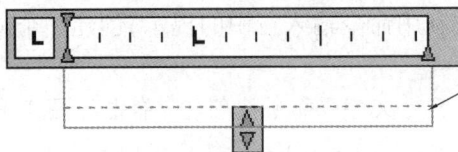

文字输入框的功能与用法，类似于 MS的Word编辑区

图 9.24　"文字输入"框与"文字格式"工具栏的说明

文字格式栏的功能与用法，类似于 Word 的常用工具栏与格式工具栏。

当选定表格单元进行编辑时，在位文字编辑器还将显示列字母和行号。

系统默认情况下，在位文字编辑器是透明的，因此用户在创建文字时可看到文字是否与其他对象重叠。

5）设置文字的字体与高度

"文字格式"工具栏控制多行文字对象的文字样式和选定文字的字符格式。工具栏中的选项解释如下：

①"样式"下拉列表框：单击"样式"下拉列表框按钮 说明文字 ，弹出下拉列表，从中可以选择文字样式应用于多行文字对象。

②"字体"下拉列表框：单击"字体"下拉列表框按钮 仿宋_GB2312 ，弹出下拉列表，从中可以为新输入的文字指定字体，或改变选定文字的字体。

③"注释性"按钮 A ：打开或关闭当前多行文字对象的"注释性"。

④"字体高度"下拉列表框：单击"字体高度"下拉列表框按钮 250.00 ，弹出下拉列表，从中可以按图形单位设置新文字的字符高度，或修改选定文字的高度。

⑤"粗体"按钮 **B**：若所选的字体支持粗体，则单击该按钮，可为新建文字或选定文字打开和关闭粗体格式。

⑥"斜体"按钮 *I*：若所选的字体支持斜体，则单击该按钮，可为新建文字或选定文字打开和关闭斜体格式。

⑦"下划线"按钮 U：单击该按钮，可为新建文字或选定文字打开或关闭下划线。

⑧"上划线"按钮 O：单击该按钮，可为新建文字或选定文字打开或关闭上划线。

⑨"放弃"按钮 ↶ 与"重做"按钮 ↷：用于在"在位文字编辑器"中放弃和重做操作，也可以按 Ctrl + Z 键与 Ctrl + Y 键来完成。

⑩"堆叠"按钮 ⅓：用于创建堆叠文字，如尺寸公差。当选择的文字中包含堆叠字符，如插入符(^)、正向斜杠(/)和磅符号(#)时，单击该按钮，堆叠字符左侧的文字将堆叠在字符右侧的文字之上；再次单击该按钮，则可以取消堆叠。

⑪"文字颜色"下拉列表框 ■ ByLayer ▾：用于为新输入的文字指定颜色或修改选定文字的颜色。

⑫"标尺"按钮 ═：用于在编辑器顶部显示或隐藏标尺。拖动标尺末尾的箭头可更改多行文字对象的宽度。

⑬ 确定 按钮：用于关闭编辑器并保存所做的任何修改。

在编辑器外部的图形中单击或按 Ctrl + Enter 键，也可关闭编辑器并保存所做的任何修改。要关闭"在位文字编辑器"而不保存修改，按 Esc 键。

⑭"多行文字对正"按钮 Ⓐ：显示"多行文字对正"菜单，并且有 9 个对齐选项可用。

⑮"段落"按钮 ≣¶：显示"段落"对话框，可以设置其中的各个参数。

⑯"左对齐"按钮 ≣：用于设置文字边界左对齐。

⑰"居中"按钮 ≣：用于设置文字边界居中对齐。

⑱"右对齐"按钮 ≣：用于设置文字边界右对齐。

⑲"对正"按钮 ≣：用于设置文字对齐。

⑳"分布"按钮 ≣：用于设置文字沿文本框长度均匀分布。

㉑"行距"按钮 ≣▾：弹出行距下拉菜单，显示建议的行距选项或"段落"对话框，用于设置文字行距。

㉒"编号"按钮 ≣▾：弹出编号下拉菜单，用于使用编号创建列表。

㉓"插入字段"按钮：单击该按钮,会弹出"字段"对话框,可以选择要插入到文字中的字段。关闭该对话框后,字段的当前值将显示在文字中。

㉔"全部大写"按钮：用于将选定文字更改为大写。

㉕"小写"按钮：用于将选定文字更改为小写。

㉖"符号"按钮：用于在光标位置插入符号或不间断空格,也可以手动插入符号。

㉗"倾斜角度"列表框 $O/$ 0.0000 ：用于确定文字是向右倾斜还是向左倾斜。倾斜角度表示的是相对于90°角方向的偏移角度。可输入一个 $-85 \sim 85$ 的数值。倾斜角度值为正时,文字向右倾斜;倾斜角度值为负时,文字向左倾斜。

㉘"追踪"列表框 a·b 1.0000 ：用于增大或减小选定字符之间的空间。默认设置是常规间距"1.0":设置大于1.0可增大字符间距,反之则减小间距。

㉙"宽度因子"列表框 1.0000 ：用于扩展或收缩选定字符。默认的1.0设置代表此字体中字母的常规宽度:设置大于1.0则增大该宽度,反之则减小该宽度。

㉚"选项"按钮：用于显示选项下拉菜单,控制"文字格式"工具栏的显示并提供了其他编辑命令。

㉛"输入文字"命令:单击"输入文字"命令,会弹出"选择文件"对话框,如图9.25所示。输入的文字会保留原始字符格式和样式特性,但用户可以在编辑器中编辑输入的文字并设置其格式。

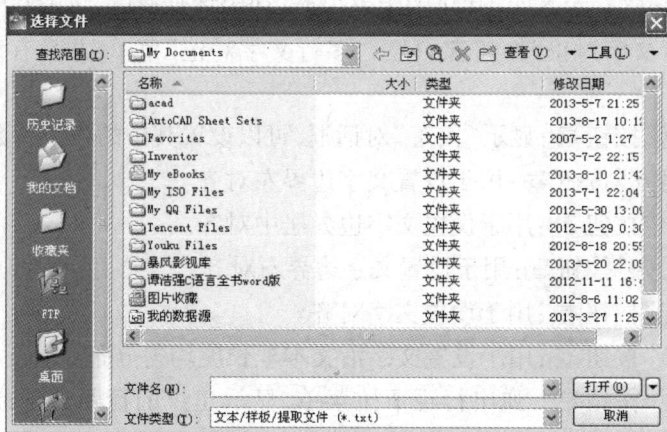

图9.25 "选择文件"对话框

选择要输入的文本文件后,可以替换选定的文字或全部文字,或在文字边界内将插入的文字附加到选定的文字中。

8. 输入特殊字符

在"文字格式"工具栏中单击"符号"按钮 **@·** ,或者在"文字输入"框中单击鼠标右键,在"符号"选项的子菜单中将罗列出多种特殊符号,供用户选择使用,如图 9.26 所示。每个选项命令的后面都会标明符号的输入方法,其表示方式与在单行文字中输入特殊字符的表示方式相同。

如果不能找到需要的符号,可以选择"其他"菜单命令,此时会弹出"字符映射表"对话框,并在列表中显示各种符号,如图 9.27 所示。

度数 (D)	%%d
正/负 (P)	%%p
直径 (I)	%%c
几乎相等	\U+2248
角度	\U+2220
边界线	\U+E100
中心线	\U+2104
差值	\U+0394
电相角	\U+0278
流线	\U+E101
恒等于	\U+2261
初始长度	\U+E200
界碑线	\U+E102
不相等	\U+2260
欧姆	\U+2126
欧米加	\U+03A9
地界线	\U+214A
下标 2	\U+2082
平方	\U+00B2
立方	\U+00B3
不间断空格 (S)	Ctrl+Shift+Space
其他 (O)…	

图 9.26　特殊符号的输入　　　　图 9.27　字符选择表

利用"字符映射表"对话框选择字符,操作过程如下:

①在对话框的"字体"下拉列表中选择需要的字符字体。

②在列表框内选择需要的字符,然后单击选择 选择 (S) 按钮,所选字符将会出现在"复制字符"文本框中,如图 9.28 所示。

③单击复制按钮 复制 (C) ,复制所选的字符;单击绘图区域,返回"文字输入"框,在需要插入字符的位置单击,按 Ctrl + V 键,将字符粘贴在需要的位置上,效果如图 9.29 所示。

图9.28　选择字符

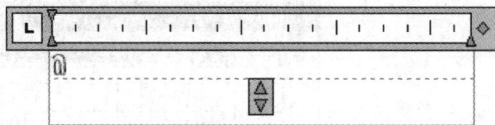

图9.29　在"文字输入"框粘贴字符

④在 AutoCAD 中,关闭"在位文字编辑器"后,"字符映射表"对话框不会关闭,单击对话框右上角的"关闭"按钮 ⊠ 可以关闭该对话框。

9.输入分数与公差

"文字格式"对话框中的"堆叠"按钮 ⓑ 用于设置有分数、公差等形式的文字。通常可以用"/""^"或"#"等符号设置文字的堆叠形式。

文字的堆叠形式如下:

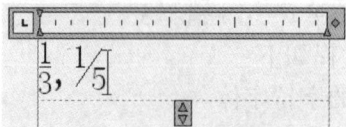

图9.30　分数形式

①分数形式:使用"/"或"#"连接分子与分母,然后选择分数文字,单击"堆替"按钮 ⓑ,即可显示为分数的表示形式,效果如图9.30所示。

②上角标形式:使用字符"^"标志文字,将"^"放在文字之后,然后将其与文字一起选中,并单击"堆叠"按钮 ⓑ,即可设置所选文字为上角标字符,效果如图9.31所示。

③下角标形式:将"^"放在文字之前,然后将其与文字一起选中,并单击"堆

叠"按钮 ，即可设置所选文字为下角标字符，效果如图9.32所示。

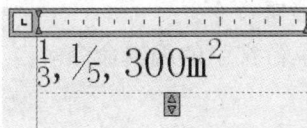

图9.31 上角标形式

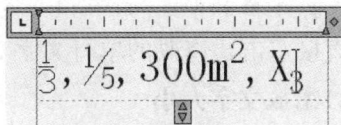

图9.32 下角标形式

④公差形式：将字符"^"放在文字之间，然后将其与文字一起选中，并单击"堆叠"按钮 ，即可将所选文字设置为公差形式，效果如图9.33所。

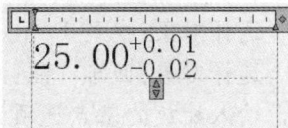

图9.33 公差形式

当需要修改分数、公差等形式的文字时，可选择已堆叠的文字，右击鼠标，选择"堆叠特性"命令，弹出"堆叠特性"对话框，如图9.34所示。对需要修改的选项进行修改单击 确定 按钮，确认修改，如图9.35所示。

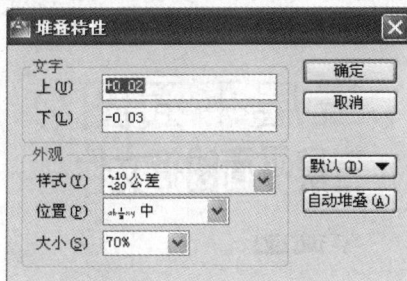

图9.34 堆叠文字的修改

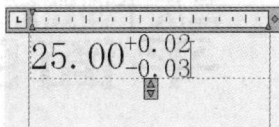

图9.35 修改后的效果

10. 文字编辑

文字在输入过程中难免会出现需要变动更改的情况，因此就必须有办法对文字进行修改。

1）修改单行文字

对于利用"单行文字"工具 ，用户可以对文字的内容、字体、字体样式和对正方式等特性进行修改，也可以利用删除、复制和旋转等编辑工具对其进行编辑。

执行命令过程如下：

命令：_ddedit 注：选择菜单栏"修改"→"对象"→"文字"→"编辑"命令 编辑(E)...；

选择注释对象或[放弃(U)]：　注：点选需要编辑的文字；

选择注释对象或[放弃(U)]：回车　注：结束编辑命令；

直接双击要修改的单行文字对象也可以启用单行文字的编辑命令。

2)缩放文字大小

命令：_scaletext　注：选择菜单栏"修改"→"对象"→"文字"→"比例"命令🅰；

选择对象：找到 1 个　注：点选"平面图"三字；

选择对象：回车　注：结束选择；

输入缩放的基点选项

[现有(E)/左对齐(L)/居中(C)/中间(M)/右对齐(R)/左上(TL)/中上(TC)/右上(TR)/左中(ML)/正中(MC)/右中(MR)/左下(BL)/中下(BC)/右下(BR)]<左对齐>:L回车

指定新模型高度或[图纸高度(P)/匹配对象(M)/比例因子(S)]<250.0000>:200回车　注：改变文字高度为200,结果如图9.36所示。

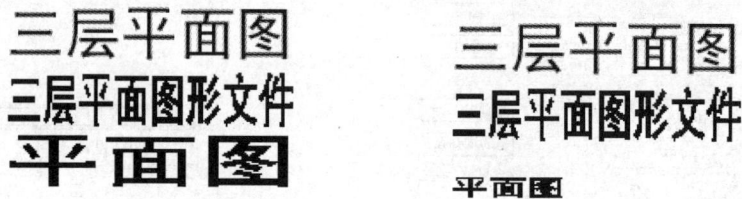

图 9.36　文字改变比例前后对比

输入数值比默认数值小时,为缩小文字;输入数值比默认数值大时,为放大文字。

提示中显示的默认值即为设置文字样式时文字的高度值。

3)修改文字的对正方式

命令：_justifytext　注：选择菜单栏"修改"→"对象"→"文字"→"对正"命令🅰J；

选择对象：找到 1 个　注：选择需要修改对正方式的文字；

选择对象：回车　注：结束选择；

输入对正选项

[左对齐(L)/对齐(A)/布满(F)/居中(C)/中间(M)/右对齐(R)/左上(TL)/中上(TC)/右上(TR)/左中(ML)/正中(MC)/右中(MR)/左下(BL)/

中下（BC）／右下（BR）]＜左上＞:C 回车 注:选择居中方式,回车结束命令。

文字对象在基线左下角和对齐点有夹点,可用于移动、缩放和旋转操作。

4）使用对象特性管理器编辑文字

命令:_properties 注:单击标准工具栏中"特性"命令按钮，然后单击需要编辑的文字内容;在弹出的"特性"对话框中修改文字属性,如图 9.37 所示,可以看出文字高度修改前后的对比。

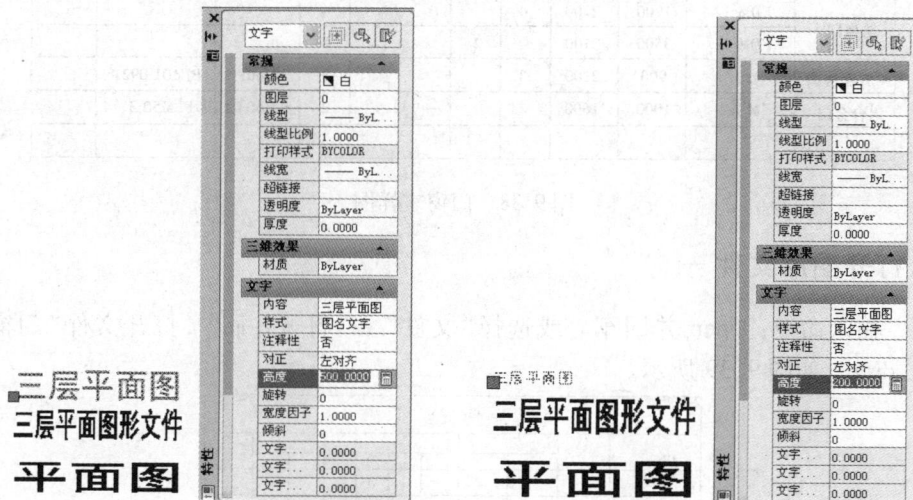

图 9.37 通过"特性"对话框中修改文字属性

11.修改多行文字

可以利用"在位文字编辑器"来修改多行文字的内容,执行命令过程如下:

命令:_ddedit 注:选择菜单栏"修改"→"对象"→"文字"→"编辑"命令;
选择注释对象或[放弃(U)]:

执行多行文字的编辑命令后,弹出"文字格式"工具栏和"文字输入"框,在"文字输入"框内可对文字的内容、字体、大小、样式和颜色特性等进行修改。

直接双击要修改的多行文字对象,也可弹出在位文字编辑器,从而对文字进行修改。

任务实施：

下面以常见的建筑门窗表填写为例,介绍"表格"命令的应用方法,达到掌握并熟练运用表格命令的目的。

门窗表是建筑设计中必不可少的内容,如图9.38所示。

门窗表

类别	编号	洞口尺寸		各层樘数			总樘数	选用图		备注
		宽度(m)	高度(m)	地下层	一层	标准层(二~六)		选用图集	页次编号	
防盗门	FDM-1	1200	2100	4			4			
	FDM-2	3500	2100		2		2			
平开夹板门	M-1	900	2100	3			3	04J601-1	PJM01-0921	
铝合金门	M-2	1000	1600			2	2	03J603-1	参FLM50-3、4	

图9.38　门窗表样图

1.打开图形文件

输入命令:_open并回车。或选择"文件"→"打开"命令,打开文件"门窗表.dwg",如图9.39所示。

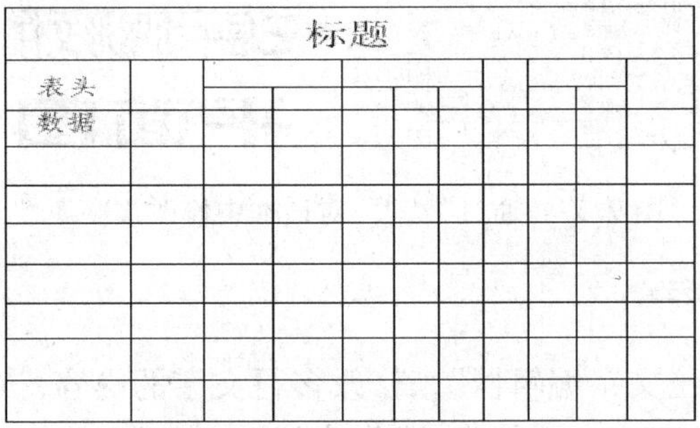

图9.39　门窗表空表格

2.输入"标题"行单元格文字

双击"标题"行单元格,弹出"文字格式"工具栏,同时显示表格的列字母和行号,光标变成文字光标。在"文字格式"工具栏上设置文字的样式、字体和颜色等,这时可以在表格单元格中输入相应的文字"门窗表",如图9.40所示。

图9.40　在表格中输入文字

3. 输入"表头"单元格文字

按 Tab 键,转到下一个"表头"单元格,依照图9.38输入"表头"单元格文字内容,如图9.41所示。

门窗表										
类别	编号	洞口尺寸		各层樘数			总樘数	选用图		备注
		宽度	高度	地下层	一层	标准层		选用图集	页次编号	

图9.41　输入标题、表头

4. 输入其余"数据"单元中的文字

按照上一步骤所示的方法,输入其余的"数据"单元中的文字,如图9.42所示。

门窗表										
类别	编号	洞口尺寸		各层樘数			总樘数	选用图		备注
		宽度	高度	地下层	一层	标准层		选用图集	页次编号	
防盗门	FDM-1	1200	2100	4			4			
	FDM-2	3500	2100		2		2			
平开夹板门	M-1	900	2100	3			3	04JG01-01	PJM01-0921	
铝合金门	M-2	1000	1600			2	2	03JG03-01	参PLM50-3、4	

图9.42　输入"数据"

任务2　绘制工程图纸的图签栏

知识准备：

1. 表格样式

利用 AutoCAD 2012 的表格功能，可以方便、快速地绘制图纸所需的表格，如会签栏、标题栏等。

在绘制表格之前，用户需要启用"表格样式"命令来设置表格的样式，使表格按照一定的标准进行创建。

执行命令过程如下：

输入命令：_tablestyle 并回车。或单击格式工具栏中"表格样式"命令按钮，弹出"表格样式"对话框，如图 9.43 所示。

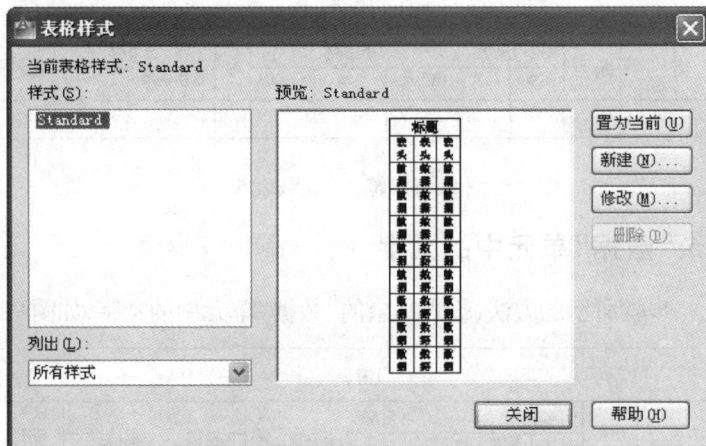

图 9.43　"表格样式"对话框

对话框选项解释如下：

①"样式"列表框 样式(S)：用于显示所有的表格样式。默认的表格样式为"Standard"。

②"列出"下拉列表 列出(L)：用于控制表格样式在"样式"列表框中显示的条件。

③"预览"框 预览 :用于预览选中的表格样式。

④"置为当前"按钮 置为当前(U) :将选中的样式设置为当前的表格样式。

⑤"新建"按钮 新建(N)... :用于创建新的表格样式。

⑥"修改"按钮 修改(M)... :用于编辑选中的表格样式。

⑦"删除"按钮 删除(D) :用于删除选中的表格样式。

1)创建新的表格样式

在"表格样式"对话框中,点击 新建(N)... 按钮,弹出"创建新的表格样式"对话框,在"新样式名"文本框中输入新的样式名称"标题栏",如图9.44所示,单击"继续"按钮,弹出"新建表格样式"对话框,如图9.45所示。

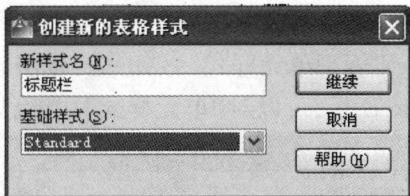

图9.44 "创建新的表格样式"对话框

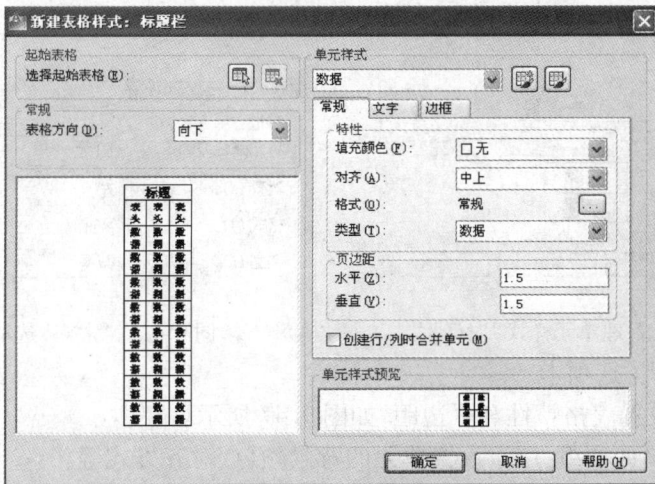

图9.45 "新建表格样式"对话框

对话框中选项解释如下:

①"起始表格"选项组:可以使用户在图形中指定一个表格用作样例来设置此表格样式的格式。

"选择起始表格"按钮:单击回到绘图界面,选择表格后,可以指定要从该表格复制到表格样式的结构和内容。

"删除表格"按钮:用于将表格从当前指定的表格样式中删除。

②"常规"选项组:用于更改表格方向。

"表格方向"列表框:设置表格方向。"向下":将创建由上而下读取的表格。"向上":将创建由下而上读取的表格。

③"单元样式"选项组:用于定义新的单元样式或修改现有单元样式。

"单元样式"下拉列表框:用于显示表格中的单元样式。

"创建新单元样式"按钮📝:单击该按钮,弹出"创建新单元样式"对话框,在"新样式名"文本框中输入要建立的新样式的名称,单击"继续"按钮,返回"新建表格样式"对话框,可以对其进行各项设置。

"管理单元样式"按钮📝:单击该按钮,弹出"管理单元样式"对话框,如图9.46所示,可以对"单元样式"中的已有样式进行操作,也可以新建单元样式。

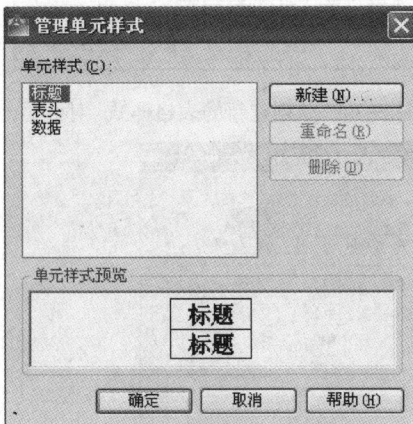

图9.46 "管理单元样式"对话框　　　　图9.47 "常规"选项卡

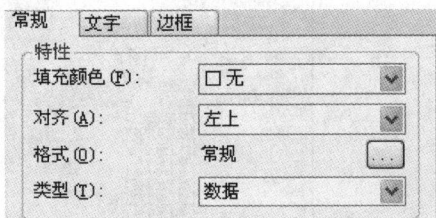

(1)"常规"选项卡

它用于设置表格特性和页边距,如图9.47所示。

①"特性"选项组:用于设置单元的背景颜色、对齐方式等。

"填充颜色"列表框:用于指定单元的背景色,默认值为"无"。

"对齐"列表框:设置表格单元中文字的对正和对齐方式。文字相对于单元的顶部边框和底部边框进行居中对齐、上对齐或下对齐。文字相对于单元的左边框和右边框进行居中对正、左对正或右对正。

"格式"列表框为表格中的各行设置数据类型和格式。单击后面的 ⌷ 按钮,弹出"表格单元格式"对话框,从中可以进一步定义格式选项。

"类型"列表框:用于将单元样式指定为标签或数据。

②"页边距"选项组:用于控制单元边界和单元内容之间的间距。

"水平"数值框:用于设置单元中的文字或块与左右单元边界之间的距离。

"垂直"数值框:用于设置单元中的文字或块与上下单元边界之间的距离。

"创建行/例时合并单元"复选框:将使用当前单元样式创建的所有新行或新列合并为一个单元,可以使用此选项在表格的顶部创建标题行。

(2)"文字"选项卡

它用于设置文字特性,如图9.48所示。

①"文字样式"列表框:用于设置表格内文字的样式。若表格内的文字显示为"?"符号,则需要设置文字的样式。单击"文字样式"列表框右侧的 ⬚ 按钮,弹出"文字样式"对话框。在"字体"选项组的"字体名"下拉列表中选择"仿宋-GB2312"选项,并依次单击

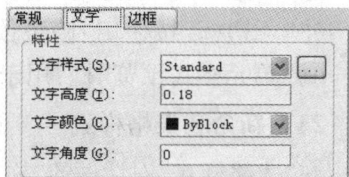

图 9.48　设置文字特性

⬚ 按钮和 ⬚ 按钮,关闭对话框,这时预览框可显示文字。

②"文字高度"数值框:用于设置表格中文字的高度。

③"文字颜色"列表框:用于设置表格中文字的颜色。

④"文字角度"数值框:用于设置表格中文字的角度。

(3)"边框"选项卡

它用于设置边框的特性,如图9.49所示。

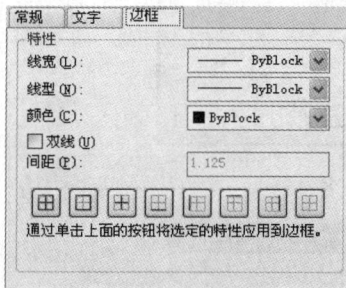

①"线宽"列表框:通过单击边界按钮,设置将要应用于指定边界的线宽。

②"线型"列表框:通过单击边界按钮,设置将要应用于指定边界的线型。

③"颜色"列表框:通过单击边界按钮,设置将要应用于指定边界的颜色。

④"双线"复选框:选中则表格的边界将显示为双线,同时激活"间距"数值框。

图 9.49　设置边框的特性

⑤"间距"数值框:用于设置双线边界的间距。

⑥"所有边框"按钮⊞:将边界特性设置应用于所有数据单元、列标题单元或标题单元的所有边界。

⑦"外边框"按钮⊟:将边界特性设置应用于所有数据单元、列标题单元或标题单元的外部边界。

⑧"内边框"按钮⊞:将边界特性设置应用于除标题单元外的所有数据单

元或列标题单元的内部边界。

⑨"底部边框"按钮田:将边界特性设置应用到指定单元样式的底部边界。

⑩"左边框"按钮田:将边界特性设置应用到指定的单元样式的左边界。

⑪"上边框"按钮田:将边界特性设置应用到指定单元样式的上边界。

⑫"右边框"按钮田:将边界特性设置应用到指定单元样式的右边界。

⑬"无边框"按钮田:隐藏数据单元、列标题单元或标题单元的边界。

⑭"单元样式预览"框:用于显示当前设置的表格样式。

2)重新命名表格样式

在"表格样式"对话框的"样式"列表中,右击鼠标可以重新命名的表格样式,并在弹出的快捷菜单中选择"重命名"命令,如图9.50所示。此时表格样式的名称变为可编辑的文本框,如图9.51所示,输入新的名称,按回车键完成操作。

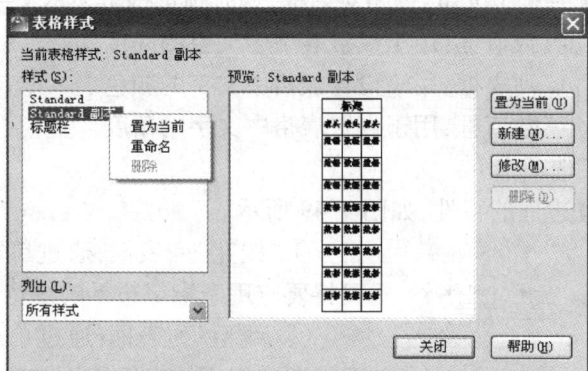

图9.50　表格样式重命名

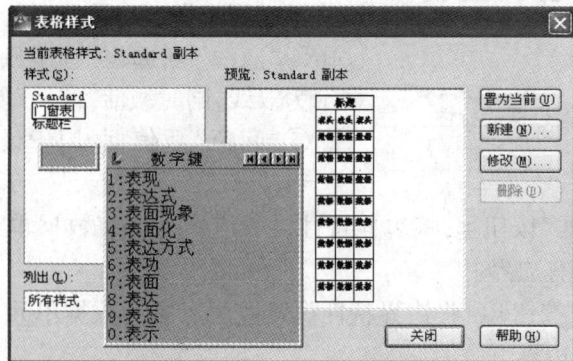

图9.51　输入表格样式新名

3）设置为当前样式

在"表格样式"对话框的"样式"列表中选择一种表格样式，单击 置为当前(U) 按钮，将该样式设置为当前的表格样式。

用户也可以在"样式"列表中右击鼠标，点选一种表格样式，在弹出的快捷菜单中选择"置为当前"命令，将该样式设置为当前的表格样式。

完成后单击 关闭 按钮，保存设置并关闭对话框。

4）修改已有的表格样式

操作如下：

输入命令：_tablestyle 并回车。或单击格式工具栏中"表格样式"命令按钮 ，弹出"表格样式"对话框。

若需要对表格的样式进行修改，可在弹出"表格样式"对话框中"样式"列表内选择表格样式，单击 修改(M)... 按钮，弹出"修改表格样式"对话框，如图9.52所示，从中可修改表格的各项属性。修改完成后，单击"确定"按钮，完成表格样式的修改。

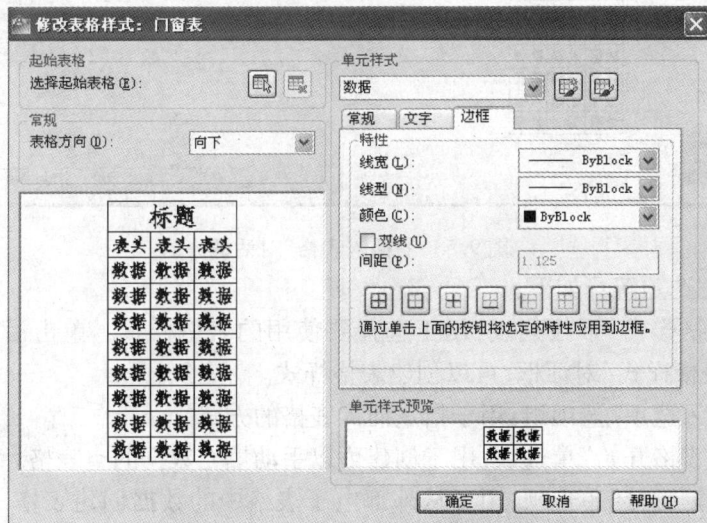

图9.52　"修改表格样式"对话框

5）删除表格样式

在"表格样式"对话框的"样式"列表中选择一种表格样式，单击 删除(D) 按钮，此时系统会弹出提示信息，要求用户确认删除操作。单击 删除(D) 按钮，即可将选中的表格样式删除。

当前的表格样式与系统提供的"Standard"表格样式不可删除。

2. 创建表格

利用"表格"命令可以方便、快速地创建图纸所需的表格,操作如下:

输入命令:_table 并回车。或选择菜单栏"绘图"→"表格"命令,弹出"插入表格"对话框,如图 9.53 所示。

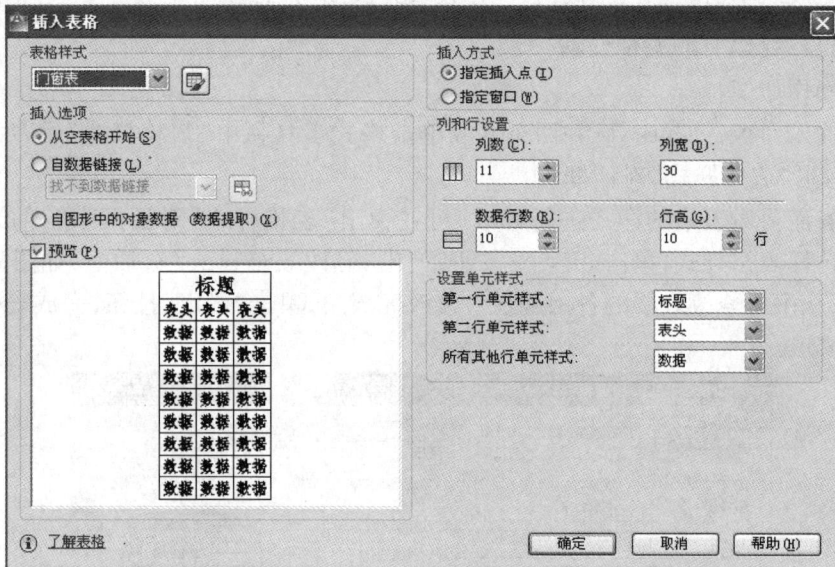

图 9.53 "插入表格"对话框

对话框选项解释如下:

①"表格样式"下拉列表:用于选择要使用的表格样式。单击后面的按钮弹出"表格样式"对话框,可以创建表格样式。

②"插入选项"选项组:用于指定插入表格的方式。

"从空表格开始"单选项:用于创建可以手动填充数据的空表格。

"自数据链接"单选项:用于从外部电子表格中的数据创建表格,单击后面的"启动'数据链接管理器'对话框"按钮,弹出"选择数据链接"对话框,在这里可以创建新的或选择已有的表格数据。

"自图形中的对象数据(数据提取)"单选项:选中后,单击"确定"按钮,可以开启"数据提取"向导,用于从图形中提取对象数据,这些数据可输出到表格或其他类型的外部文件。

③"插入方式"选项组:用于确定表格的插入方式。

"指定插入点"单选项:用于设置表格左上角的位置。如果表格样式将表的方向设置为由下而上读取,则插入点位于表的左下角。

"指定窗口"单选项:用于设置表的大小和位置。选定此选项时,行数、列数、列宽和行高取决于窗口的大小以及列和行的设置。

④"列和行设置"选项组:用于确定表格的列数、列宽、行数、行高。

"列数"数值框:用于指定列数。

"列宽"数值框:用于指定列的宽度。

"数据行数"数值框:用于指定行数。

"行高"数值框:用于指定行的高度。

⑤"设置单元样式"选项组:用于对那些不包含起始表格的表格样式,指定新表格中行的单元格式。

"第一行单元样式"列表框:用于指定表格中第一行的单元样式,包括"标题""表头"和"数据"三个选项。默认情况下,使用"标题"单元样式。

"第二行单元样式"列表框:用于指定表格中第二行的单元样式,包括"标题""表头"和"数据"三个选项。默认隋况下,使用"表头"单元样式。

"所有其他行单元样式"列表框:用于指定表格中所有其他行的单元样式,包括"标题""表头"和"数据"三个选项。默认情况下,使用"数据"单元样式。

根据表格的需要设置相应的参数,单击 确定 按钮,关闭"插入表格"对话框,返回到绘图区域。

在绘图区域中单击以确定插入表格的位置,此时会弹出"文字格式"工具栏。在标题栏中,光标变为文字光标。

表格单元中的数据可以是文字或者图块。创建完表格后,可以在其单元格内添加文字或者插入图块。

绘制表格时,可以通过输入数值来确定表格的大小,列和行将自动调整其数量,以适应表格的大小。

若在输入文字之前直接单击"文字格式"工具栏中的 确定 按钮,则可以退出表格的文字输入状态。

任务实施:

如图9.54所示为建筑工程图纸中的"标题栏",下面介绍表格的绘制与填写过程。

设计单位				工程名称				
批 准		工程主持		图 名		工程编号		
审 定		项目负责				图 号		
审 核		设 计				比 例		
校 对		绘 图				日 期		

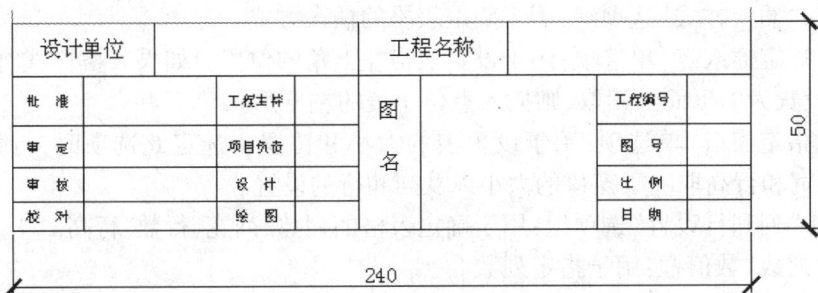

图 9.54 图纸中的"标题栏"

计算表格中所有纵横线,按标准表格计算,该表格初步设计为 5 行 10 列的表格,没有"标题"行。

1. 设计表格

输入命令:_tablestyle 并回车。或单击格式工具栏中"表格样式"命令按钮，弹出"表格样式"对话框,如图 9.55 所示。

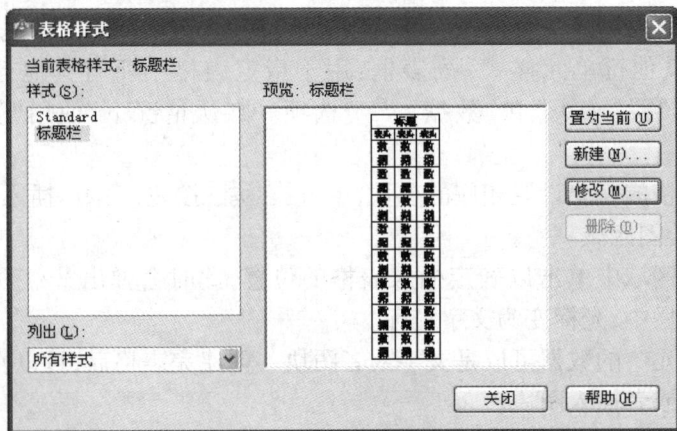

图 9.55 "表格样式"对话框

2. 对"标题栏"进行修改

单击对话框中的"修改"按钮,弹出"标题栏"的"修改表格样式"对话框,如图 9.56 所示;修改"文字"选项卡中的"文字高度"为 6,单击"确定"按钮。

回到上一级对话框,单击"置为当前"按钮 [置为当前⑪] 和"关闭"按钮。

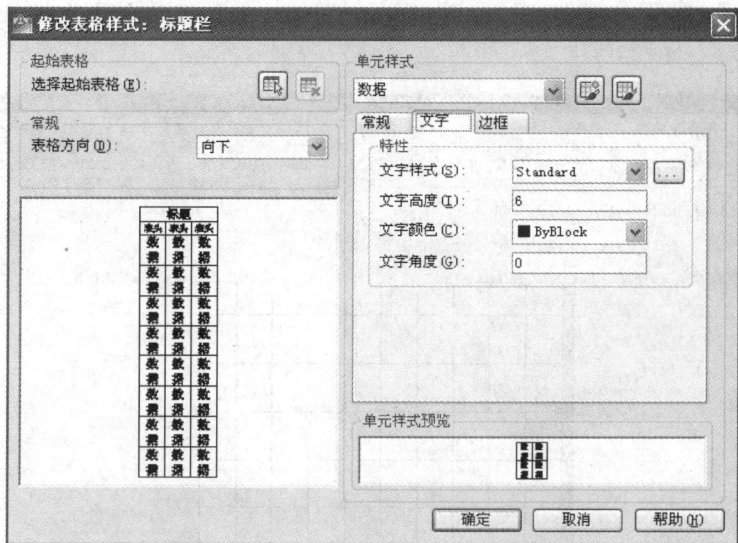

图 9.56　"修改表格样式"对话框

3. 在图形上插入表格

①输入命令：_table 并回车。或选择菜单栏"绘图"→"表格"命令，弹出"插入表格"对话框，如图 9.57 所示填写对话框中有关内容。

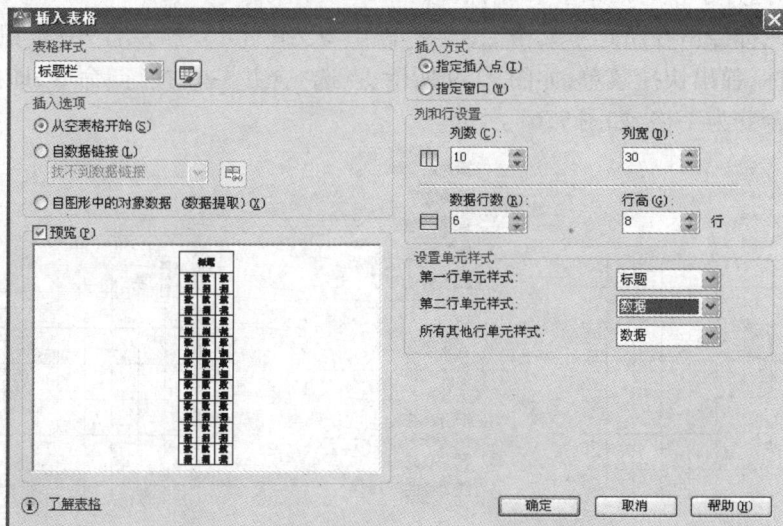

图 9.57　"插入表格"对话框

②单击"插入表格"对话框中的"确定"按钮,转入绘图区域编辑表格,如图9.58所示。

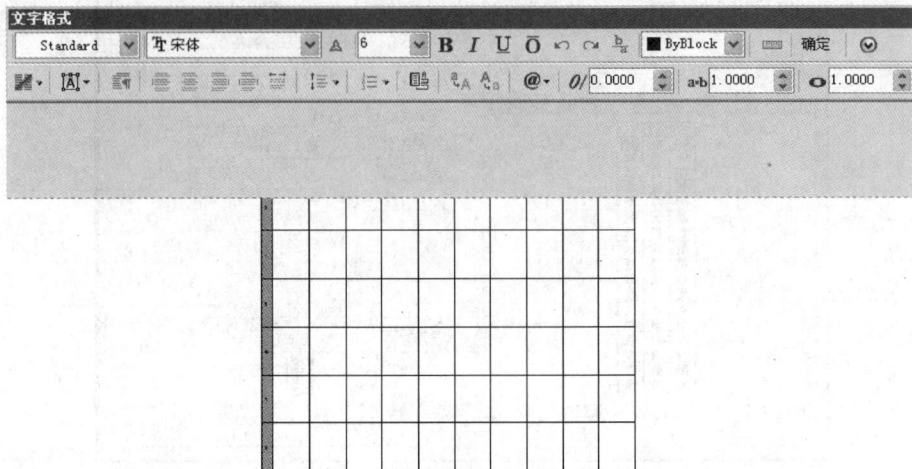

图9.58　初始表格

4.编辑表格

①放过"标题"不用,光标单击"表头"栏第一单元,按住左键向右移动到第二格,即选择了该行的第一、二两格,如图9.59所示。

②光标停留在所选单元格上,直接单击"表格"工具栏的"合并"按钮田,或右击鼠标,弹出快捷菜单,如图9.59所示,点选"合并"→"按行"命令,即把两个单元格合并为一格,如图9.61所示。

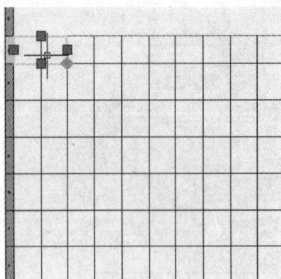

图9.59　选择单元格　　图9.60　单击合并命令　　图9.61　合并单元格

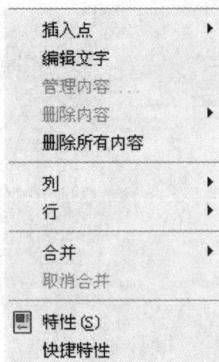

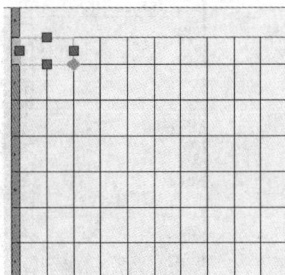

5. 整理表格

按照上法,可将表格整理成图9.54所需要的格局,如图9.62所示。

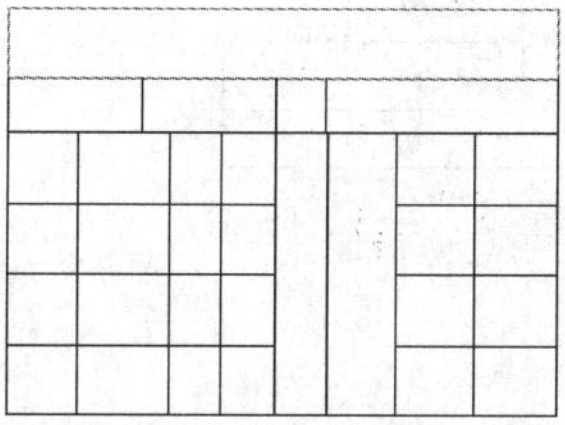

图9.62 合并其他单元格

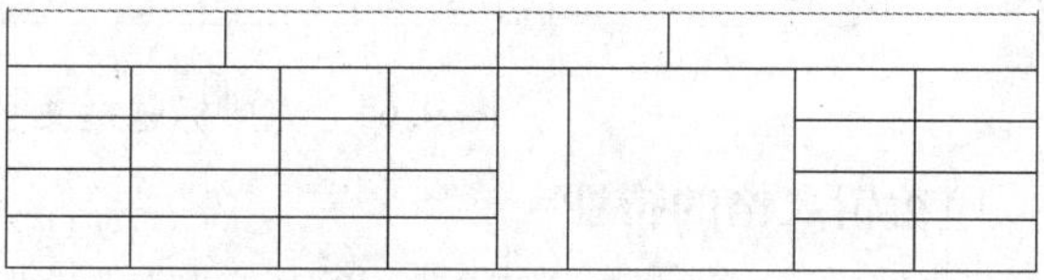

图9.63 调整单元格

6. 夹点的使用

利用单元格的夹点对图9.62的表格进行详细调整,得到的最终表格如图9.63所示。

7. 向表格添加文字

创建表格后,会高亮显示第一个单元格(即标题单元格),并显示"文字格式"工具栏,表格的列字母和行号也会同时显示,这时可以输入文字来确定标题的内容,如图9.64所示。

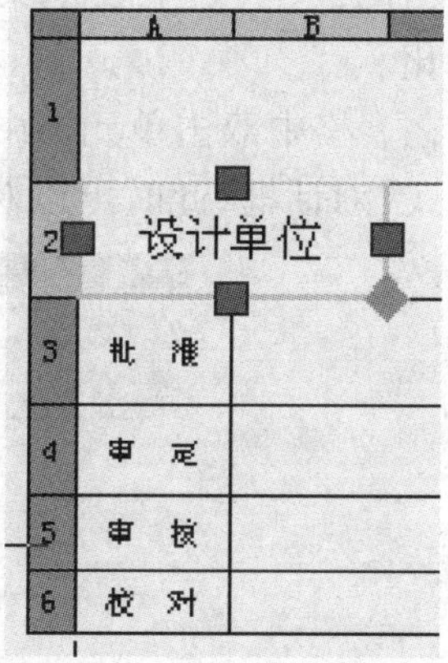

输入完成后,按 Tab 键,确认标题并转至下一行,继续输入文字。在文字输入的过程中,用户可以在"文字格式"工具栏中设置文字的样式、字体和颜色等。

在单元格中,如果需要创建换行符,可按

图9.64 向表格输入文字

Alt + Enter 键。当输入文字的行数太多,单元格的行高会加大以适应输入文字的行数。完成的"标题栏"表格如图9.65所示。

8. 修改表格

通过调整表格的样式,可以对表格的特性进行编辑;通过文字编辑工具,可以对表格中的文字进行编辑;通过编辑夹点,可以调整表格中行与列的大小。

设计单位			工程名称			
批　准		工程主持	图名		工程编号	
审　定		项目负责			图　号	
审　核		设　计			比　例	
校　对		绘　图			日　期	

图 9.65　完成标题栏文字输入

1)编辑表格的特性

在编辑表格特性时,可以对表格中栅格的线宽、颜色等特性进行编辑,也可以对表格中文字的高度和颜色等特性进行编辑。

2)编辑表格的文字内容

在编辑表格特性时,对表格中文字样式的某些修改不能应用在表格中,这时可以单独对表格中的文字进行修改编辑。表格文字的大小会决定表格单元格的大小,如果表格某行中的一个单元格发生变化,它所在的行也会发生变化。

在表格中双击单元格中的文字,如双击表格内的文字"设计单位",弹出"文字格式"对话框,此时可以对单元格中的文字进行编辑,如图 9.66 所示。

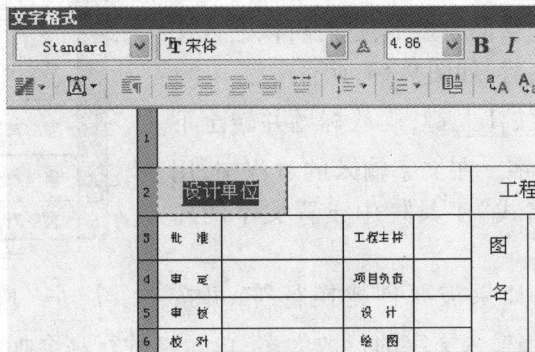

图 9.66　编辑单元格文字内容

光标显示为文字光标时,可以修改文字内容、字体和字号等,也可以继续输入其他字符。使用这种方法可以修改表格中的所有文字内容。

按 Tab 键,切换到下一个单元格,如图 9.67 所示,此时即可对文字进行编辑。依次按 Tab 键,即可切换到相应的单元格,完成编辑后单击 确定 按钮。

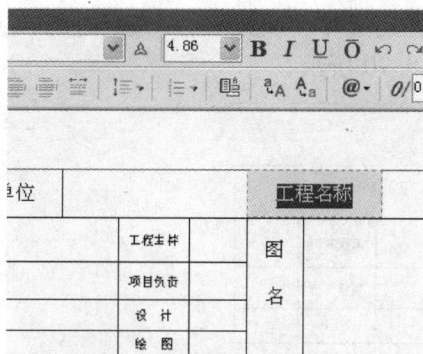

图 9.67　用 Tab 键切换单元格

3)编辑表格中的行与列

在选择"表格"工具创建表格时,行与列的间距都是均匀的,不一定能满足需要。如果要使表格中行与列的间距适合文字的宽度和高度,可以通过调整夹点来实现。通过调整夹点可以使表格更加简明、美观。

当选中整个表格时,表格上会出现夹点,即表格的外边框 4 个角点 A、B、C、D 和列标题单元格上的一行夹点,如图 9.68 所示。

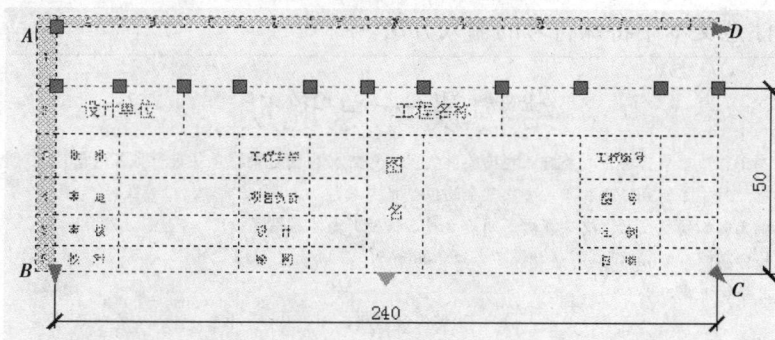

图 9.68　选择整个表格显现的夹点

夹点 A 用于移动整个表格,夹点 B 用于调整表格的高度,夹点 C 用于调整表格的高度和宽度,夹点 D 用于调整表格的宽度。列标题上的夹点用于加宽或收窄一列。

表格中某个单元格的大小可以通过调整该单元格所在的行与列的大小来实现。

单击表格的单元格,夹点出现在单元格边界的中间,如图 9.69 所示,可通过夹点进行调整；也可选择若干个单元格，用夹点进行拉伸，即可改变单元格所在行或列的大小，如图9.70所示。

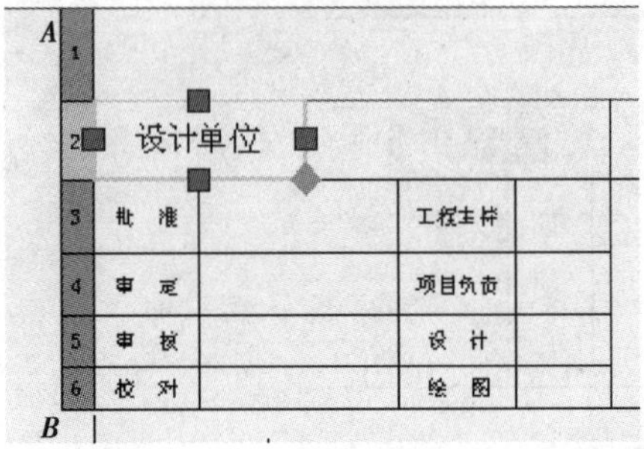

图9.69　单元格四周的夹点 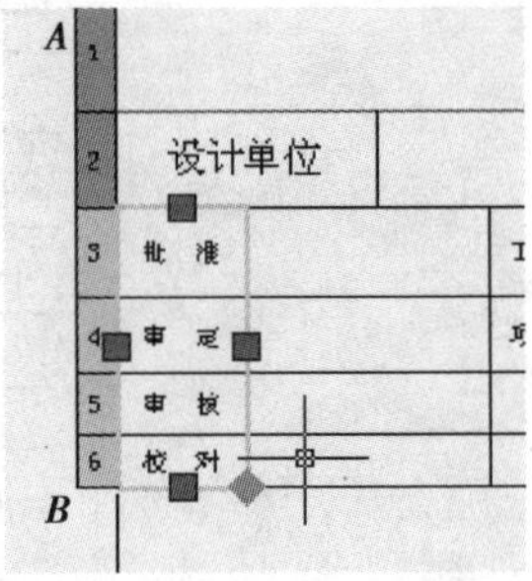　　　　　　图9.70　用夹点调整表格

绘制图签栏任务至此完成。

拓展训练　编辑结构设计总说明

结构设计是建筑工程设计中一个专业工种，所设计的结构专业工程图与建筑物的安全性、合理性、科学性、经济性紧密相关。其工程设计图纸集中，通常都有如图9.71所示的"设计总说明"。要求在 AutoCAD 中输入图9.71中的文本内容，注意文本中特殊符号的输入方法。

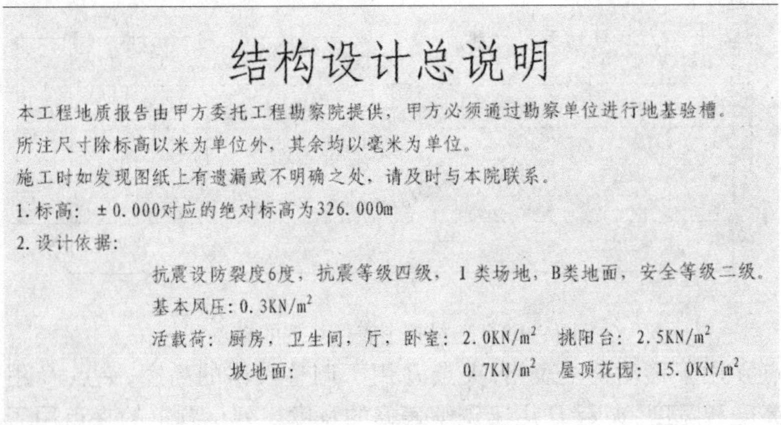

结构设计总说明

本工程地质报告由甲方委托工程勘察院提供，甲方必须通过勘察单位进行地基验槽。
所注尺寸除标高以米为单位外，其余均以毫米为单位。
施工时如发现图纸上有遗漏或不明确之处，请及时与本院联系。
1. 标高：±0.000对应的绝对标高为326.000m
2. 设计依据：

抗震设防裂度6度，抗震等级四级，1类场地，B类地面，安全等级二级。
基本风压：0.3KN/m^2
活载荷：厨房、卫生间，厅、卧室：2.0KN/m^2　挑阳台：2.5KN/m^2
坡地面：　　　　　　　0.7KN/m^2　屋顶花园：15.0KN/m^2

图9.71　结构设计总说明

学习情境10 绘制三维模型

知识目标：

1. 理解掌握三维坐标系在三维建型中的重要作用；
2. 掌握三维视图的各种操作；
3. 熟练掌握三维建模的基本方法；
4. 掌握以布尔运算为主要内容的三维实体编辑方法与技巧；
5. 熟悉实体压印、抽壳、清除与分割等特别技巧的操作；
6. 通过课后练习检验三维建模技能的掌握。

技能目标：

1. 能熟练地按需要设置用户坐标系；
2. 能够熟练运用三维视图的几种典型操作；
3. 通过模型分析拟定建模思路与方法；
4. 能熟练运用布尔运算来构建异型的几何实体；
5. 能运用特别的技巧对实体进行抽壳、分割等操作。

情景再现与任务分析：

　　AutoCAD 2012 具有强大的三维造型与动画制作功能,大大拓宽了该软件的应用范围,甚至从工程制图拓展到了动漫、影视制作领域。本环节引入的 3 个任务,首先针对三维空间不易把握的特点,要求用户先掌握空间实体的各种观察方式,给正确建模打下伏笔;另外 2 个建模任务通过任务的实施过程向用户介绍三维模型的基础知识和简单操作,如三维实体图形的绘制与编辑、三维视图的观察控制等,以及对简单几何图形模型进行各种布尔运算,从而获得复杂三维实体的方法与技巧,所用案例及课后练习题既典型又紧扣 NIT 考试,能启迪用户用更宽的视野认识 AutoCAD 2012。

学习情境教学场景设计:

学习领域	AutoCAD 2012 中文版	
学习情境	AutoCAD 2012 中文版之绘制三维模型	
行动环境	场景设计	工具、设备、教件
①设计机构或专业图文公司。②校内实训基地。	①分组(每组 2~4 人)。②教师讲解三维体系、视口视图等概念,阐述建模的基本方法与技巧。③学生动手完成建模任务,领会并交流绘制技巧。④课后练习题有一定难度,学生可合作完成,教师加以评点。	①带独立显卡、联成局域网的 PC 机。②投影仪或多媒体网络广播教学软件。③多媒体课件、操作过程屏幕视频录像。④建筑类、机械类三维模型渲染效果图纸。

任务 1 多种方式观察机械零件模型

知识准备:

AutoCAD 用三维坐标表示三维空间中图形的自身大小与彼此位置关系,因此要利用三维坐标系来描述。三维坐标系分为世界坐标系和用户坐标系两种。

1. 世界坐标系

AutoCAD 中世界坐标系的图标如图 10.1 所示,其 X 轴正向向右,Y 轴正向向上,Z 轴正向由屏幕指向用户,坐标原点位于屏幕左下角。当用户从三维世界坐标系时,其图标如图 10.2 所示。

三维世界坐标系根据其表示方法可分为直角坐标、圆柱坐标和球坐标 3 种形式。下面分别对这 3 种坐标形式的定义及坐标值输入方式进行介绍:

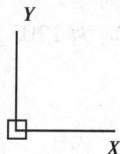

图 10.1　世界坐标系图标　　　　　　　图 10.2　三维空间观察世界坐标系

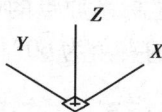

1)直角坐标

直角坐标又称笛卡儿坐标,它是通过右手定则来确定坐标系各方向的。

(1)右手定则

右手定则是以人的右手作为判断工具,除大拇指外 4 指并拢,在 XOY 面的第一象限,由 X 轴旋向 Y 轴,则大拇指所指的方向即 Z 轴正方向。

(2)坐标值输入形式

以直角坐标确定空间的一点位置时,需用户指定该点的 X、Y、Z 三个坐标值。

绝对坐标值的输入形式:X,Y,Z;

相对坐标值的输入形式:$@X,Y,Z$。

2)圆柱坐标

以圆柱坐标确定空间的一点位置时,需用户指定该点在 XOY 平面内的投影点与坐标系原点的距离,投影点和原点的连线与 X 轴的夹角,以及该点的 Z 坐标值。

绝对坐标值的输入形式:$r<\theta,Z$;

相对坐标值的输入形式:$@r<\theta,Z$。

例如,"$1000<30,800$"表示输入点在 XOY 平面内的投影点到坐标系的原点有 1000 个单位,该投影点和原点的连线与 X 轴的夹角为 30°,且沿 Z 轴方向有 800 个单位。

3)球坐标

以球坐标确定空间的一点位置时,需用户指定该点与坐标系原点的距离,该点和坐标系原点的连线在 XOY 平面上的投影与 X 轴的夹角,以及该点至坐标系原点的连线与 XOY 平面形成的夹角。

绝对坐标值的输入形式:$r<\theta<\phi$;

相对坐标值的输入形式:$@r<\theta<\phi$。

例如,"1000＜120＜60"表示输入点与坐标系原点的距离为 1000 个单位,输入点和坐标系原点的连线在灯平面上的投影与 X 轴的夹角为 120°,该连线与 XOY 平面的夹角为 60°。

2.用户坐标系

在 AutoCAD 中绘制二维图形时,绝大多数命令仅在 XOY 平面内或在与 XOY 面平行的平面内有效。而在三维模型中,其截面的绘制也是采用二维绘图命令,这样当用户需要在某斜面上进行绘图时,该操作就不能直接进行。

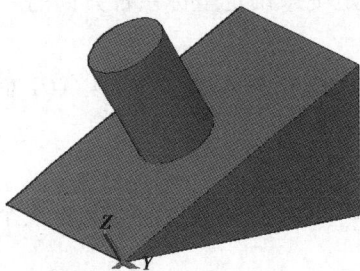

例如,当前坐标系为世界坐标系,用户需要在模型的斜面上绘制一个新的圆柱,如图 10.3 所示。由于世界坐标系的 XOY 平面与模型斜面存在一定夹角,因此不能直接进行绘制。此时用户必须先将模型的斜面定义为坐标系的 XOY 平面。而由用户定义的坐标系就称为用户坐标系。

图 10.3　斜面上绘制圆柱

建立用户坐标系,主要有两种用途:一是可以灵活定位 XOY 面,以便用二维绘图命令绘制立体截面;二是将模型尺寸转化为坐标值。

(1)执行命令过程

光标移到屏幕上任一工具栏右击,在弹出的工具快捷菜单中勾选"UCS"项,即添加"UCS"工具栏,以供使用。

命令:UCS 并回车　注:或单击 UCS 工具栏中"UCS"命令按钮⌐;

当前 UCS 名称:＊世界＊　注:提示当前的坐标系形式;

指定 UCS 的原点或[面(F)/命名(NA)/对象(OB)/上一个(P)/视图(V)/世界(W)/X/Y/Z/Z 轴(ZA)]＜世界＞。

(2)各选项解释

①面(F):在提示中输入"F",用于与三维实体的选定面对齐。要选择一个面,则在此面的边界内或面的边上单击,被选中的面将亮显,UCS 的 X 轴将与找到的第一个面上的最近的边对齐。系统提示如下:

指定 UCS 的原点或[面(F)/命名(UN)/对象(OB)/上一个(P)/视图(V)/世界(W)/X/Y/Z/Z 轴(ZA)]＜世界＞:F 并回车　注:选择 F 选项;

选择实体对象的面:　注:选择实体对象的表面;

输入选项[下一个(N)/X轴反向(X)/Y轴反向(Y)]<接受>：

在接下来的提示选项中：

"下一个"：用于将UCS定位于邻接的面或选定边的后向面。

"X轴反向"：用于将UCS绕X轴旋转180°。

"Y轴反向"：用于将UCS绕Y轴旋转180°。

如果按回车键,则接受该位置,否则将重复出现提示,直到接受位置为止。

②命名(NA)：在提示中输入字母"NA",按回车键,系统提示如下；

输入选项[恢复(R)/保存(s)/删除(D)/?]：

"恢复"：用于恢复已保存的UCS,使它成为当前UCS。

"保存"：用于把当前UCS按指定名称保存。

"删除"：用于从已保存的用户坐标系列表中删除指定的UCS。

"?"：用于列出用户定义坐标系的名称,并列出每个保存的UCS相对于当前UCS的原点以及X、Y和Z轴。如果当前UCS尚未命名,它将列为WORLD或UNNAMED,这取决于它是否与WCS相同。

③对象(OB)：在提示中输入字母"OB",按回车键,系统提示如下：

选择对齐UCS的对象：

根据选定二维对象定义新的坐标系。新建UCS的拉伸方向(Z轴正方向)与选定对象的拉伸方向相同。

④上一个(P)：在提示中输入字母"P",按回车键,AutoCAD将恢复到最近一次使用的UCS;AutoCAD最多可保存最近使用的10个UCS。如果当前使用的UCS是由上一个坐标系移动得来的,使用"上一个"选项则不能恢复到移动前的坐标系。

⑤视图(V)：在提示中输入字母"v",则以垂直于观察方向(平行于屏幕)的平面为XOY平面建立新的坐标系,UCS原点保持不变。

⑥世界(W)：在提示中输入字母"w",将当前用户坐标系设置为世界坐标系。WCS是所有用户坐标系的基准,不能被重新定义。

⑦X/Y/Z：在提示中输入字母"X"或"Y"或"Z",用于绕所指定轴旋转当前UCS。

⑧Z轴(ZA)：在提示中输入字母"ZA",按回车键,AutoCAD提示如下：

指定新原点或[对象(O)]<0,0,0>：　注：用指定的Z轴正半轴定义UCS。

3. 新建用户坐标系

新建用户坐标系的方法主要有以下几种:

①通过指定新坐标系的原点可以创建一个新的用户坐标系。用户输入新坐标系原点的坐标值后,系统会将当前坐标系原点变换到新坐标下的点,但 X 轴、Y 轴和 Z 轴的方向不变。命令执行过程如下:

命令:ucs 并回车　注:或单击 UCS 工具栏"原点"命令按钮└;

当前 UCS 名称:＊世界＊　注:显示表明当前的坐标系为"世界"坐标系;

指定 UCS 的原点或[面(F)/命名(NA)/对象(OB)/上一个(P)/视图(V)/世界(W)/X/Y/Z/Z 轴(ZA)]＜世界＞:o 并回车　注:直接输入原点选项 O;

指定新原点 ＜0,0,0＞:100,100,100 并回车　注:输入新的坐标系原点坐标。

②通过指定新坐标系的原点与 Z 轴来创建一个新的用户坐标系,在创建过程中,系统会根据右手定则判定坐标系的方向。执行命令过程如下:

命令:ucs 并回车　注:单击 UCS 工具栏"原点"命令按钮↗;

当前 UCS 名称:＊世界＊　注:显示表明当前的坐标系为"世界"坐标系;

指定 UCS 的原点或[面(F)/命名(NA)/对象(OB)/上一个(P)/视图(V)/世界(W)/X/Y/Z/Z 轴(ZA)]＜世界＞:za 并回车　注:输入"ZA"选择"Z 轴"选项;

指定新原点或[对象(O)]＜0,0,0＞:100,100,100 并回车　注:输入新的坐标系原点坐标;

在正 Z 轴范围上指定点 ＜100,100,101＞:0,0,1 并回车　注:输入新定的 Z 轴。此时输入的 3 个值中只能有一个数为 1,其余均为 0,为 1 的轴即定为新的 Z 轴。如输入"1,0,0",即把原 X 轴设置为 Z 轴,输入"0,1,0",即把原 Y 轴设置为 Z 轴。

③通过指定新坐标系的原点、X 轴方向、Y 轴的方向来创建一个新的用户坐标系。执行命令过程如下:

命令:ucs 并回车　注:或单击 UCS 工具栏中"原点"命令按钮↗;

当前 UCS 名称:＊没有名称＊　注:显示表明当前的坐标系为某用户坐标系;

指定 UCS 的原点或[面(F)/命名(NA)/对象(OB)/上一个(P)/视图(V)/

世界（W）/X/Y/Z/Z 轴（ZA）]＜世界＞:_3 并回车　注:直接输入选项"3"；

指定新原点 ＜0,0,0＞:并回车　注:直接回车,保持原点不变；

在正 X 轴范围上指定点 ＜1,0,0＞:　注:用户可按需要输入新 X 轴方向；

在 UCS XY 平面的正 Y 轴范围上指定点 ＜-1,0,0＞:　注:输入新 Y 轴方向。

④通过指定一个已有对象来创建新的用户坐标系,创建的坐标系与所选择对象具有相同的 Z 轴方向,新原点为所选择对象的就近节点,以新原点与对象的延伸方向为 X 轴的正方向,操作过程如下:

命令:ucs 并回车　注:或单击 UCS 工具栏中"对象"命令按钮；

当前 UCS 名称:＊没有名称＊　注:显示表明当前的坐标系为某用户坐标系；

指定 UCS 的原点或[面（F）/命名（NA）/对象（OB）/上一个（P）/视图（V）/世界（W）/X/Y/Z/Z 轴（ZA）]＜世界＞:ob 并回车　注:输入"对象"选项"ob"；

选择对齐 UCS 的对象:　注:点选图形对象,确定新原点与 X 轴方向,如图10.4 所示。

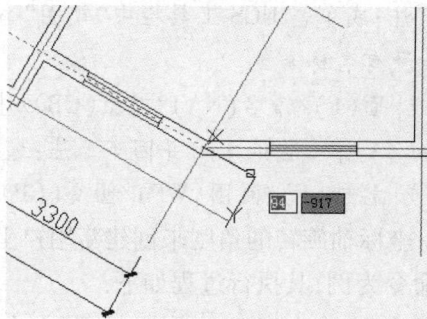

图10.4　依对象方向确定新坐标系

⑤通过选择二维实体的面来创建新用户坐标系:被选中的面以虚线显示,新建坐标系的 XOY 平面落在该实体面上,同时其 X 轴与所选择面的最近边对齐。

执行命令过程如下:

命令:ucs 并回车　注:或单击 UCS 工具栏中"面"命令按钮；

当前 UCS 名称:＊没有名称＊

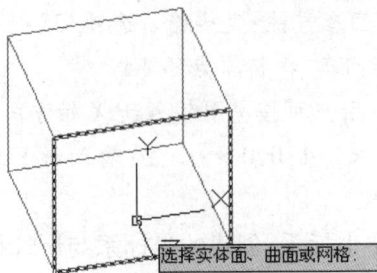

图10.5 依对象的面确定新坐标系

指定 UCS 的原点或［面（F）/命名（NA）/对象（OB）/上一个（P）/视图（V）/世界（W）/X/Y/Z/Z 轴（ZA）］＜世界＞：f 并回车 注：直接输入"面"选项"f"；

选择实体面、曲面或网格： 注：点选新坐标系所依托的实体对象，如图10.5 所示；

输入选项［下一个（N）/X 轴反向（X）/Y 轴反向（Y）］＜接受＞： 注：确定所选新坐标系所在的实体对象的面。

命令中出现的提示选项解释如下：

下一个（N）：用于将 UCS 放到邻近的下一个实体面上。

X 轴反向（X）：用于将 UCS 绕 X 轴旋转180°。

Y 轴反向（Y）：用于将 UCS 绕 Y 轴旋转180°。

⑥通过当前视图来创建新用户坐标系。新坐标系的原点保持在当前坐标系的原点位置，其 XOY 平面设置在与当前视图平行的平面上。

执行命令过程如下。

命令：ucs 并回车 注：或单击 UCS 工具栏中"视图"命令按钮；

当前 UCS 名称：＊没有名称＊

指定 UCS 的原点或［面（F）/命名（NA）/对象（OB）/上一个（P）/视图（V）/世界（W）/X/Y/Z/Z 轴（ZA）］＜世界＞：v 并回车 注：选择"视图"选项；

命令：指定对角点或［栏选（F）/圈围（WP）/圈交（CP）］。

⑦通过指定绕某一坐标轴旋转的角度来创建新用户坐标系。

以绕 X 轴旋转的命令为例，其执行过程如下：

命令：ucs 并回车 注：或单击 UCS 工具栏中"X"命令按钮；

当前 UCS 名称：＊没有名称＊

指定 UCS 的原点或［面（F）/命名（NA）/对象（OB）/上一个（P）/视图（V）/世界（W）/X/Y/Z/Z 轴（ZA）］＜世界＞：x 并回车 注：选择"X"选项；

指定绕 X 轴的旋转角度 ＜90＞：60 并回车 注：输入围绕 X 轴旋转的角度，本例中旋转60°，生成新的用户坐标系。

围绕 Y 轴或 Z 轴旋转创建新用户坐标系的方法与之相仿。

任务实施：

在 AutoCAD 2012 中可以采用系统提供的观察方向对模型进行观察,也可以自定义观察方向。另外,在 AutoCAD 2012 中,用户还可以进行多视口观察。

本任务要求通过对机械零件从各个视角观察图形显示效果,从而掌握三维视图的观察方法。操作过程如下：

1. 打开图形文件

命令:open 并回车 注:或选择菜单栏"文件"→"打开"命令,或单击标准工具栏中"打开"命令按钮🖾,打开文件中的"三维支座.dwg"文件,如图10.6所示。

2. 观察主视图

命令:_ - view 输入选项[?/删除(D)/正交(O)/恢复(R)/保存(S)/设置(E)/窗口(W)]:_front 注:选择"视图"→"三维视图"→"前视"命令,或单击视图工具栏的"前视"命令按钮🔲,观察支座模型的主视图,如图10.7所示。

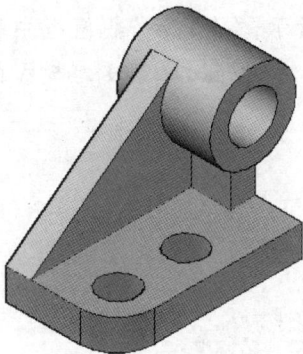

图 10.6 三维支座图形

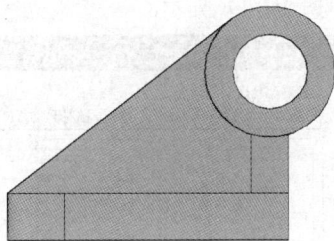

图 10.7 支座模型的主视图

3. 观察俯视图

命令:_ - view 输入选项[?/删除(D)/正交(O)/恢复(R)/保存(S)/设置(E)/窗口(W)]:_top 注:选择"视图"→"三维视图"→"俯视"命令,或单击视图工具栏的"俯视"命令按钮🔲,观察支座模型的俯视图,如图10.8所示。

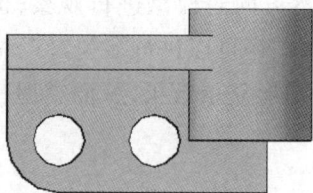

图 10.8　支座模型的俯视图

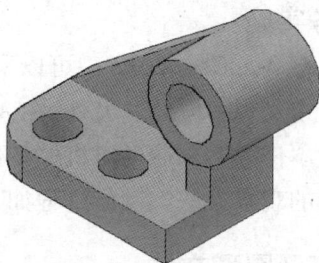

图 10.9　东南等轴侧图

4. 观察东南等轴测视图

命令:_ – view 输入选项[？/删除(D)/正交(O)/恢复(R)/保存(S)/设置(E)/窗口(W)]:_seiso　注:选择"视图"→"三维视图"→"东南等轴侧图"命令,或单击视图工具栏的"东南等轴侧"命令按钮◇,观察支座模型的东南等轴侧图,如图10.9所示。

5. 利用视点预设观察视图

命令:ddvpoint 并回车　注:或选择菜单栏"视图"→"三维视图"→"视点预设"命令,弹出"视点预设"对话框,如图10.10所示,在"X轴"数值框中输入"100",在"XY平面"数值框中输入"60",单击"确定"按钮,观察支座模型的视图,如图10.11所示。

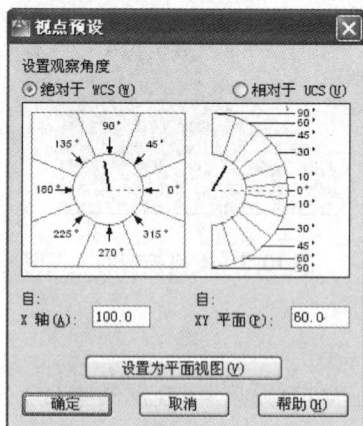

图 10.10　"视点预设"对话框

图 10.11　预设视点所呈图形

6. 利用视点命令观察图形

命令:**vpoint** 并回车　注:或选择菜单栏"视图"→"三维视图"→"视点"命令,绘图区域会显示坐标球和弹出三轴架"视点预设"对话框,如图 10.10 所示,在"X 轴"数值框中输入"100",在"XY 平面"数值框中输入"60",单击"确定"按钮,观察支座模型的视图,如图 10.11 所示。

＊＊＊切换至 WCS ＊＊＊

当前视图方向:　VIEWDIR ＝ － 0.0868,0.4924,0.8660

指定视点或[旋转(R)]＜显示指南针和三轴架＞:　注:移动鼠标,得到如图 10.12 所示的坐标球位置。

＊＊＊返回 UCS ＊＊＊　注:观察支座模型的视图,如图 10.13 所示。

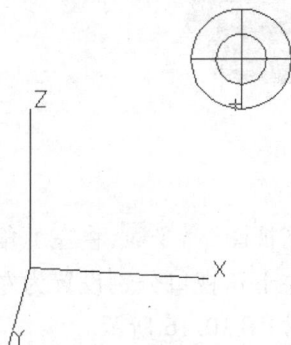

图 10.12　指南针和三轴架

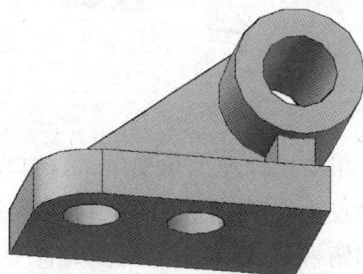

图 10.13　支座模型的视图

7. 利用三维动态观察器观察视图

命令:**'_3DFOrbit** 按 ESC 或回车键退出,或者单击鼠标右键显示快捷菜单。注:选择"视图"→"动态观察"→"自由动态观察"命令,或单击动态观察工具栏的"自由动态观察"按钮 🔘,然后用左键在图形上拖动,图像随之滚动,即可动态地观察支座模型的视图,如图10.14所示。

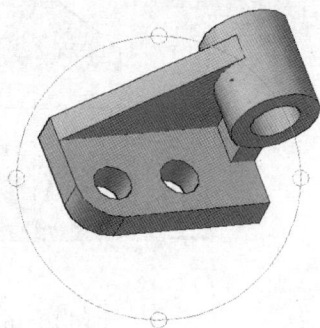

图 10.14　动态观察支座模型

8. 多视口观察视图

命令:_ – vports

输入选项[保存(S)/恢复(R)/删除(D)/合并(J)/单一(SI)/? /2/3/4/切换(T)/模式(MO)]<3 >:_4　注:选择"视图"→"视口"→"四个"命令,绘图区域上会出现 4 个视口,如图 10.15 所示。

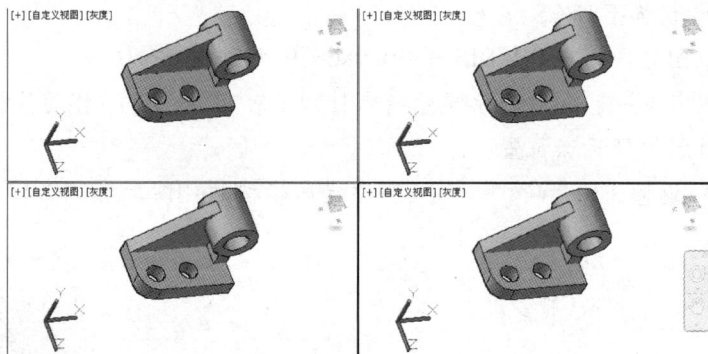

图 10.15　多视口观察图形

单击选择左上角视口,该视口将被激活,选择"前视图"命令，将左上角视口设置为支座的主视图。利用此法,可将右上角和左下角视口分别设置为左视图和俯视图,将右下角视图设置为西南等轴测视图,如图 10.16 所示。

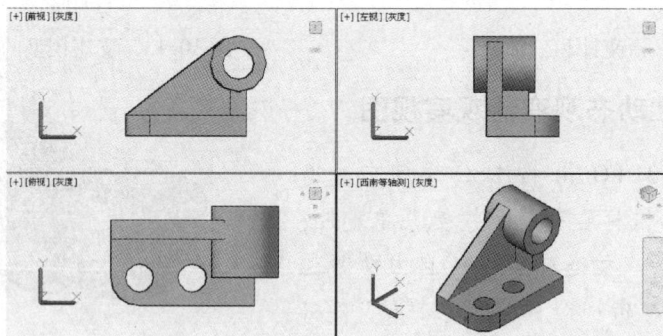

图 10.16　四个不同视口观察图形

9. 合并视口

命令:<u>vports</u> 并回车　注:或选择菜单栏"视图"→"视口"→"合并"命令;

输入选项［保存(S)／恢复(R)／删除(D)／合并(J)／单一(SI)／？／2／3／4／切换(T)／模式(MO)］<3>:_j　注:选择合并"j"选项;

选择主视口 <当前视口>:　注:点选将作为主视口的视口;

选择要合并的视口:　注:点选其他要被合并的视口。

本例中选择左上与左下、右上和右下视图进行合并,再对两个新的视口分别进行视图操作,结果如图10.17所示。

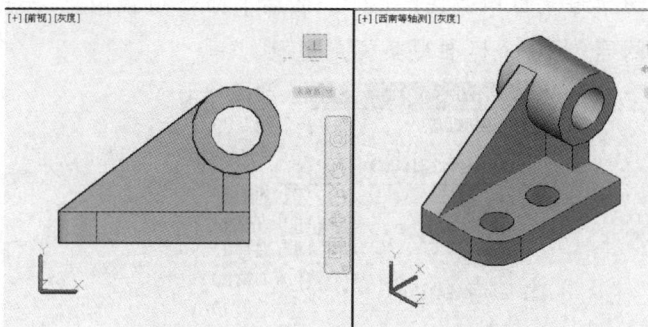

图10.17　四个视口合并为两个

10.对三维模型进行消隐

命令:_hide　注:或将右侧视图激活,选择"视图"→"消隐"命令,对其进行消隐处理,如图10.18所示。

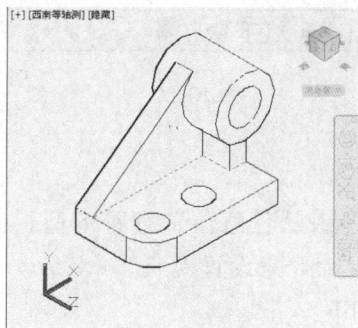

图10.18　图形消隐处理

11.标准视点观察

AutoCAD提供了10个标准视点,供用户选择来观察模型,其中包括6个正交投影视图和4个等轴测视图,它们分别为主视图、后视图、俯视图、仰视图、左

视图、右视图以及西南等轴测视图、东南等轴测视图、东北等轴测视图和西北等
轴测视图。

执行命令过程如下：

命令：_－view 输入选项[？/删除（D）/正交（O）/恢复（R）/保存（S）/设置
（E）/窗口（W）]：注：选择菜单栏命令"视图"→"三维视图"命令，可选择其
子菜单下提供的 10 个菜单命令，如图 10.19 所示。或者光标移到任一工具栏
右击，在弹出的快捷菜单中勾选"视图"，屏幕上即浮现视图工具栏，如图 10.20
所示，所提供的即为 10 个标准观察视点功能。

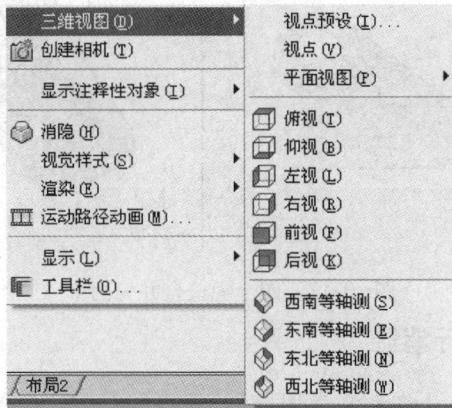

图 10.19　三维视图子菜单

图 10.20

12. 设置视点

用户也可以自定义视点，从任意位置查看模型。在模型空间中，可以通过
启用"视点预设"或"视点"命令来设置视点。

总的执行命令过程如下：

命令：_ddvpoint

命令：_vpoint　注：单击菜单栏"视图"→"三维视图"→"视点"命令。

当前视图方向：　VIEWDIR ＝ － 1.0000，－ 1.0000，1.0000

指定视点或[旋转（R）]＜显示指南针和三轴架＞：

1) 利用"视点预设"命令设置视点

命令:_ddvpoint　注:选择菜单栏"视图"→"三维视图"→"视点预设"命令,弹出"视点预设"对话框,如图 10.21 所示。

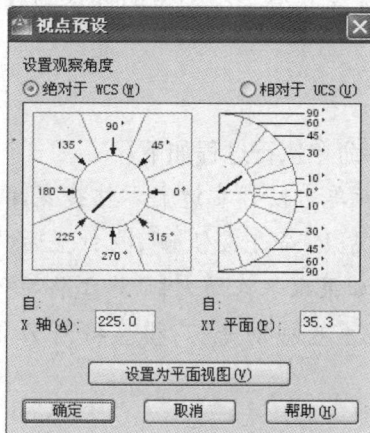

图 10.21　"视点预设"对话框

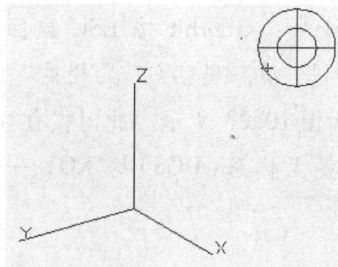

图 10.22　罗盘和三轴架

"视点预设"对话框中有左右两个刻度盘,左刻度盘用来设置视线在 XOY 平面内的投影与 X 轴的夹角,用户可直接用光标在刻度盘上调整该值,也可在" X 轴"数值框中输入该值;右刻度盘用来设置视线与 XOY 面的夹角,用户可用光标在刻度盘上直接调整该值,也可以直接在"XOY 平面"数值框中输入该值。

参数设置完成后,单击"确定"按钮设置生效,即可对模型进行观察。

2) 利用"视点"命令设置视点

命令:_vpoint　注:选择"视图"→"三维视图"→"视点"命令:

当前视图方向:　VIEWDIR = $-1.0000, -1.0000, 1.0000$

指定视点或[旋转(R)]<显示指南针和三轴架>:　注:绘图区域会自动显示罗盘和三轴架,如图 10.22 所示。

移动鼠标,当鼠标落于坐标球的不同位置时,三轴架将以不同状态显示,此时三轴架的显示直接反映了三维坐标轴的状态;当三轴架的状态达到所要求的效果后,单击鼠标左键即可对模型进行观察。

13. 三维动态观察器

利用动态观察器可以通过简单的鼠标操作对三维模型进行多角度观察,从而使操作更加灵活,观察角度更加全面。动态观察又分为受约束的动态观察、自由动态观察和连续动态观察三种。

1)受约束的动态观察

即沿 XOY 平面或 Z 轴约束三维动态观察。命令执行过程如下:

命令:'_3dorbit 按 ESC 或回车键退出,或者单击鼠标右键显示快捷菜单。

注:单击"动态观察"工具栏的"受约束的动态观察"命令按钮，指针显示为，如图 10.23 所示。此时按住左键移动鼠标,如果水平拖动光标,模型将平行于世界坐标系(UCS)的 XOY 平面滚动。如果垂直拖动光标,模型将沿 Z 轴滚动。

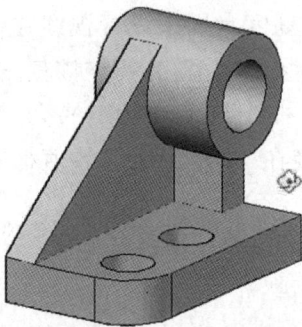

图 10.23　受约束的动态观察

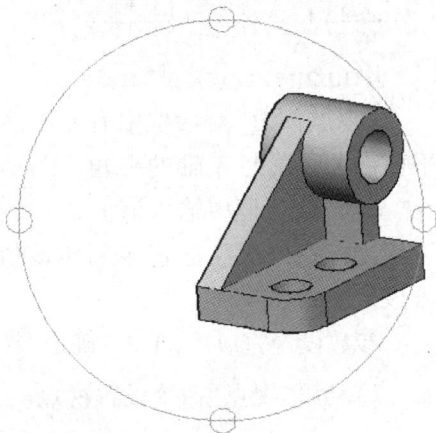

图 10.24　自由动态观察

2)自由动态观察

这是指不参照平面,在任意方向上进行动态观察;沿 XOY 平面和 Z 轴进行动态观察时,视点不受约束。

执行命令如下:

命令:'_3DFOrbit 按 ESC 或回车键退出,或者单击鼠标右键显示快捷菜单。

注:选择菜单栏"视图"→"动态观察"→"自由动态观察"命令,或单击"动态观察"工具栏中的"自由动态观察"按钮。

执行"自由动态观察"命令,在当前视口中激活三维自由动态观察视图,如图10.24所示。如果UCS图标为开,则表示当前着色三维UCS图标显示在三维动态观察视图中。在执行命令之前可以查看整个图形,或者选择其中若干个对象。

在拖动鼠标旋转观察模型时,鼠标位于转盘的不同部位,指针会显示为不同的形状,拖动鼠标也将会产生不同的显示效果。

移动鼠标到大圆之外时,指针显示为 ⊙ ,此时拖动鼠标视图将绕通过转盘中心并垂直于屏幕的轴旋转;移动鼠标到大圆之内时,指针显示为 ⊕ ,此时可以在水平、铅垂、对角方向拖动鼠标,旋转视图;移动鼠标到左边或右边小圆之上时,指针显示为 ⊕ ,此时拖动鼠标视图将绕通过转盘中心的竖直轴旋转;移动鼠标到上边或下边小圆之上时,指针显示为 ⊕ ,此时拖动鼠标视图将绕通过转盘中心的水平轴旋转。

3)连续动态观察

即连续地进行动态观察。在要使连续动态观察移动的方向上单击并拖动,然后释放鼠标按钮,模型即沿拖运方向所形成的轨道,不停滚动,直到再次点击。

执行命令如下:

命令:'_3dcorbit 按ESC或回车键退出,或者单击鼠标右键显示快捷菜单。注:选择菜单栏"视图"→"动态观察"→"连续动态观察"命令,或单击"动态观察"工具栏中的"连续动态观察"按钮 。

执行"连续动态观察"命令后,指针显示为 ,此时,在绘图区域中单击并沿任意方向拖动鼠标可使对象沿拖动方向开始滚动。释放鼠标,图形继续沿该方向形成的轨迹滚动,如图10.25所示。

光标移动设置的速度决定了对象的滚动速度。

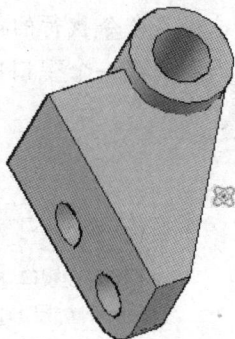

图10.25 连续动态观察模型

14. 多视口观察

在模型空间内,用户可以将绘图区域拆分成多个视口,这样在创建复杂的图形时,可以在不同的视口从多个方向观察模型,如图10.26所示。

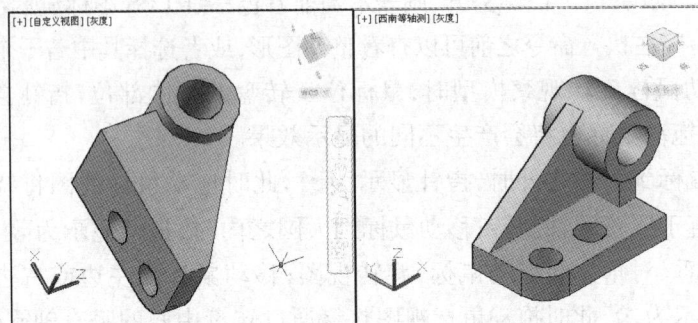

图 10.26　不同视口、方向观察模型

命令执行过程如下：

命令：_ - vports

输入选项[保存(S)/恢复(R)/删除(D)/合并(J)/单一(SI)/? /2/3/4/切换(T)/模式(MO)] <3 >：_2

输入配置选项[水平(H)/垂直(V)] <垂直 >：V　注：单击菜单栏"视图"→"视口"命令，在其子菜单下选择"两个视口"命令，依图 10.27 所示左右两图作出选择。命令执行的结果如图 10.26 所示。

当用户在一个视口中对模型进行了修改，其他视口也会立即进行相应的更新。

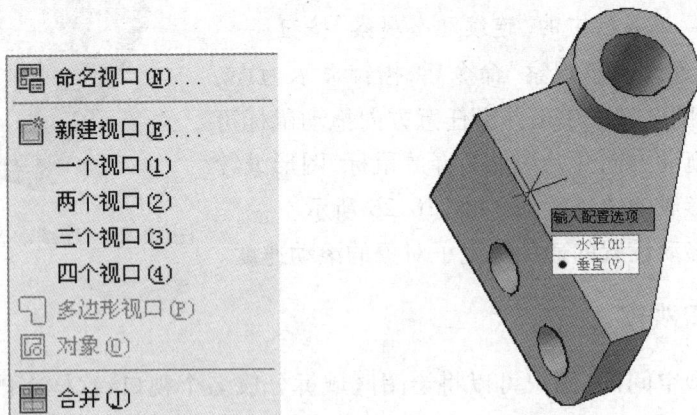

图 10.27　视口子菜单命令执行过程

任务 2   绘制小凳子模型

任务实施：

如图 10.28 所示是一张按实际尺寸设计的小凳子。通过实施本任务,要求用户掌握并熟练运用"拉伸"等简单实体命令绘制三维模型。绘制过程如下:

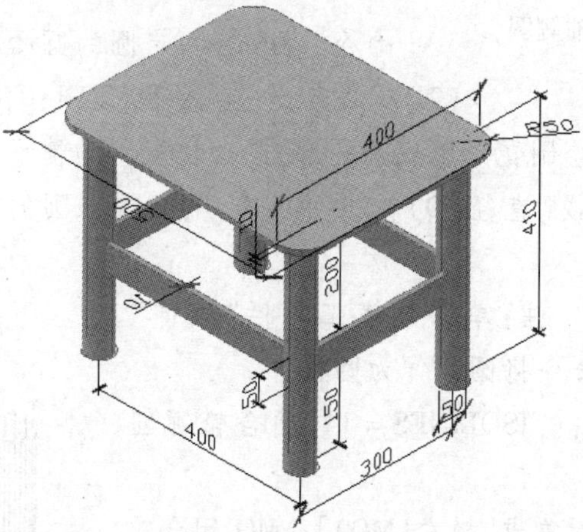

图 10.28   小凳子模型

1. 创建图形文件

命令:qnew 并回车   注:选择菜单栏"文件"→"新建"命令,弹出"选择样板"对话框,单击"打开"按钮,创建新的图形文件。

2. 绘制凳子腿

1)绘制第一条凳子腿

命令:_cylinder 并回车   注:单击建模工具栏的"圆柱体"命令按钮以便绘制凳子腿;

指定底面的中心点或[三点(3P)/两点(2P)/切点、切点、半径(T)/椭圆(E)]:0,0 并回车   注:圆心位置可酌情设于(0,0);

图 10.29　西南等轴侧图
观察小圆柱

指定底面半径或[直径(D)]:25 并回车　注:
输入凳子腿半径为 25;

指定高度或[两点(2P)/轴端点(A)]<24.0000
>:400 并回车　注:输入凳子腿高为 400;

命令:_ - view 输入选项[?/删除(D)/正交
(O)/恢复(R)/保存(S)/设置(E)/窗口(W)]:
_swiso正在重生成模型。　注:单击"西南等轴侧
图"按钮◊,显示例子的第一条腿如图 10.29 所示。

2)绘制第二条凳子腿

命令:_circle 指定圆的圆心或[三点(3P)/两点
(2P)/切点、切点、半径(T)]:0,0 并回车　注:单击
"圆"命令按钮⊘,绘制凳子腿底面轮廓,圆心位置可酌情设于(300,0);

指定圆的半径或[直径(D)]:25 并回车　注:输入圆的半径值,即把圆绘制
完成;

命令:_extrude　注:单击建模工具栏"拉伸"
命令按钮🖳,用该命令将圆拉伸为圆柱;

当前线框密度:　ISOLINES = 14,闭合轮廓创
建模式 = 实体;

选择要拉伸的对象或[模式(MO)]:_MO 闭合轮
廓创建模式[实体(SO)/曲面(SU)]<实体>:_SO;

选择要拉伸的对象或[模式(MO)]:找到 1 个
注:点选新绘制的圆;

选择要拉伸的对象或[模式(MO)]:　注:结
束选择;

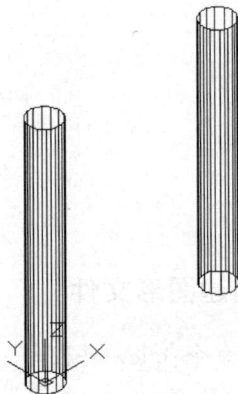

图 10.30　拉伸第二条凳子腿

指定拉伸的高度或[方向(D)/路径(P)/倾斜
角(T)/表达式(E)]<400.0000>:400 并回车　注:输入凳子腿的高度值 400,
得到的结果如图10.30所示。

3)复制其余的两条凳子腿

命令:_copy　注:单击编辑工具栏中"复制"命令按钮◌,用该命令复制圆柱;

选择对象:找到 1 个　注:点取圆柱;

选择对象:找到 1 个,总计 2 个 注:点取另一个圆柱;

选择对象:回车 注:结束选择;

当前设置: 复制模式 = 多个;

指定基点或[位移(D)/模式(O)]<位移>: 注:单击圆心为基点;

指定第二个点或[阵列(A)]<使用第一个点作为位移>: <正交 开> 400 并回车 注:打开正交模式,光标向 Y 轴正方向移动,并输入数值400,回车;

指定第二个点或[阵列(A)/退出(E)/放弃(U)]<退出>:并回车 注:结束复制,得到的结果如图 10.31 所示。

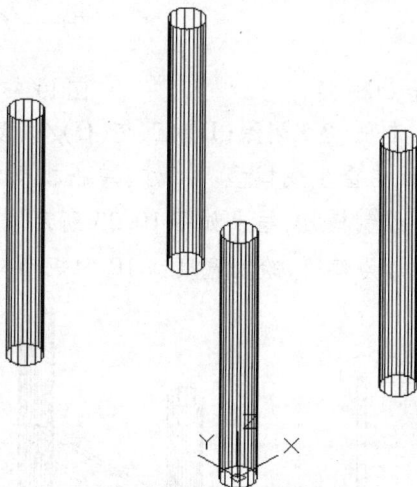

图 10.31 复制获得其余凳子腿

3. 绘制凳子中部横杠

设置用户坐标系,即将当前坐标系原点向 Z 正方向移动150,以便绘制横杠:

命令:_ucs 注:单击 UCS 工具栏中"原点"命令按钮;

当前 UCS 名称: * 世界 *

指定 UCS 的原点或[面(F)/命名(NA)/对象(OB)/上一个(P)/视图(V)/世界(W)/X/Y/Z/Z 轴(ZA)]<世界>:_o

指定新原点 <0,0,0>:<正交 开> 150 并回车 注:打开正交模式,光标向 Z 轴正方向移动,并输入数值150,回车,绘图区域显示如图 10.32 所示。

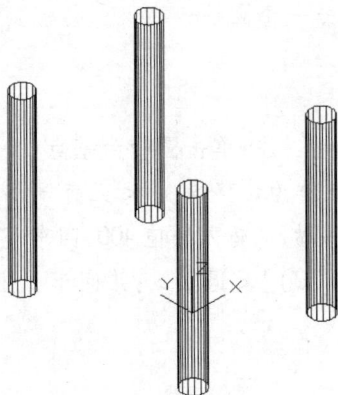

图 10.32 设定 UCS

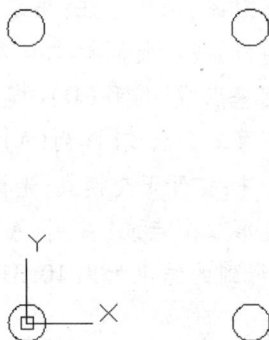

图 10.33 俯视凳子腿

命令:_-view 输入选项[？/删除(D)/正交(O)/恢复(R)/保存(S)/设置(E)/窗口(W)]:_top 正在重生成模型。 注:单击视图工具栏"俯视"命令按钮□,以便在 XOY 面上绘制横杠,结果如图 10.33 所示。

以 4 个凳子腿之圆心为参照,绘制宽度为 10 的矩形,如图 10.34 所示。

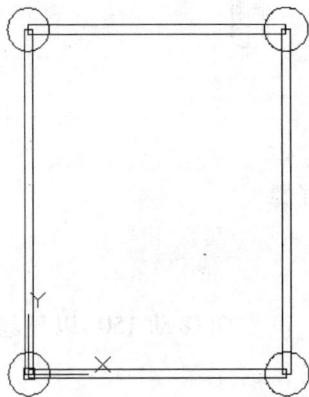

图 10.34 凳子 4 横杠平面图

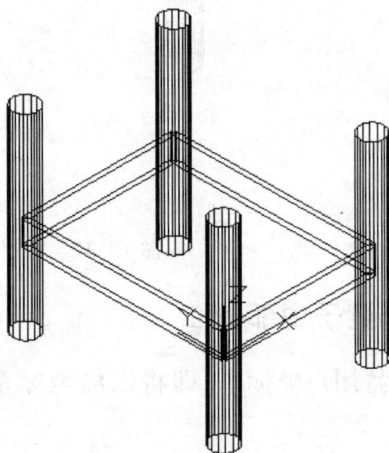

图 10.35 拉伸成 4 条横杠

用 4 个细长矩形拉伸出 4 根横杠:

命令:_extrude 注:单击建模工具栏"拉伸"命令按钮□;

当前线框密度: ISOLINES = 14,闭合轮廓创建模式 = 实体

选择要拉伸的对象或[模式(MO)]:_MO 闭合轮廓创建模式[实体(SO)/

曲面(SU)] <实体> :_SO

选择要拉伸的对象或[模式(MO)] :找到 1 个 注:连续点选 4 个矩形;

选择要拉伸的对象或[模式(MO)] :找到 1 个,总计 2 个

选择要拉伸的对象或[模式(MO)] :找到 1 个,总计 3 个

选择要拉伸的对象或[模式(MO)] :找到 1 个,总计 4 个

选择要拉伸的对象或[模式(MO)] : 注:结束选择;

指定拉伸的高度或[方向(D)/路径(P)/倾斜角(T)/表达式(E)] <400.0000> :50 并回车 注:输入拉伸高度为50,结果如图 10.35 所示。

4. 绘制凳子面

坐标系原点沿 Z 轴正方向移动250,为绘制凳子面作准备,过程如下:

命令:_ucs 注:单击 UCS 工具栏中"原点"命令按钮┗;

当前 UCS 名称:* 没有名称 *

指定 UCS 的原点或[面(F)/命名(NA)/对象(OB)/上一个(P)/视图(V)/世界(W)/X/Y/Z/Z 轴(ZA)] <世界> :_o

指定新原点 <0,0,0> :<正交 开>250 并回车 注:打开正交模式,光标向 Z 轴正方向移动,并输入数值250,回车,绘图区域显示如图 10.36。

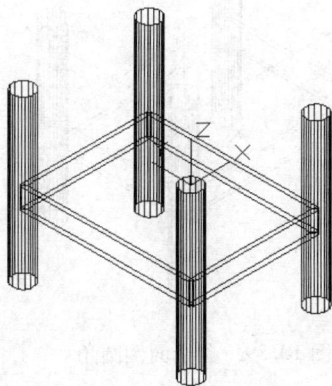

图 10.36 设置 UCS 图 10.37 绘制凳子面辅助线

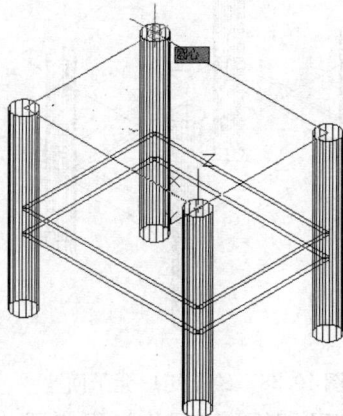

绘制矩形辅助线,过程如下:

命令:_rectang 注:单击绘图工具栏中"矩形"命令按钮▢;

指定第一个角点或[倒角(C)/标高(E)/圆角(F)/厚度(T)/宽度(W)]:

注:单击坐标系原点;

指定另一个角点或[面积(A)/尺寸(D)/旋转(R)]: 注:单击矩形的对角点,结果如图10.37所示。

用偏移命令绘制凳子面矩形轮廓,并加以倒圆角,过程如下:

命令:_offset 注:单击修改工具栏中"偏移"命令按钮 ；

当前设置:删除源=否 图层=源 OFFSETGAPTYPE=0

指定偏移距离或[通过(T)/删除(E)/图层(L)]<通过>:50并回车 注:输入偏移量;

选择要偏移的对象,或[退出(E)/放弃(U)]<退出>: 注:点选矩形;

指定要偏移的那一侧上的点,或[退出(E)/多个(M)/放弃(U)]<退出>: 注:在矩形外面任一处单击;

选择要偏移的对象,或[退出(E)/放弃(U)]<退出>:回车 注:结束统称命令;

命令:_erase 注:单击修改工具栏中"删除"命令按钮 ；

选择对象:找到1个 注:点选矩形辅助线;

选择对象:回车 注:确认删除辅助线,结果如图10.38所示。

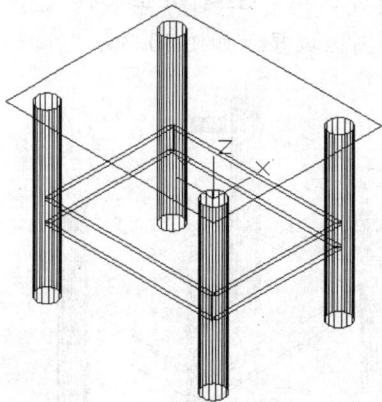

图10.38 绘制矩形凳子面   图10.39 凳子面倒圆角

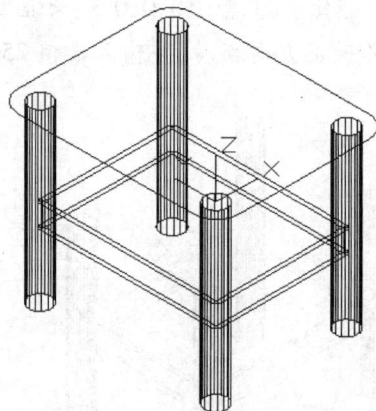

为矩形倒圆角,操作过程如下:

命令:_FILLET 注:或单击修改工具栏中"圆角"命令按钮 ；

当前设置:模式=修剪,半径=0.0000

选择第一个对象或[放弃(U)/多段线(P)/半径(R)/修剪(T)/多个(M)]:r并回车 注:选择半径(R选项);

指定圆角半径 <0.0000>:50 并回车 注:输入半径之值50;

选择第一个对象或[放弃(U)/多段线(P)/半径(R)/修剪(T)/多个(M)]: 注:点选一条角边;

选择第二个对象,或按住 Shift 键选择对象以应用角点或[半径(R)]:注:点选另一条角边,即对该角倒圆角。

用同样的方法,为其余3个角倒圆角,结果如图10.39所示;用拉伸的办法,绘制凳子面,结果如图10.40所示。

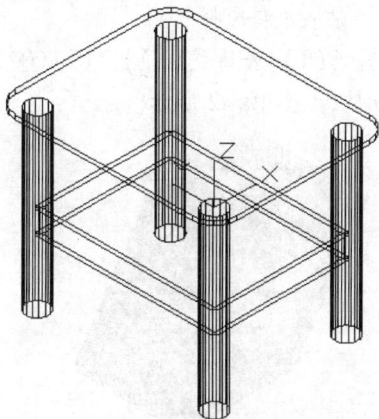

图10.40 拉伸凳子面　　　　　　图10.41 显示"概念"凳子

命令:_vscurrent 注:选择菜单栏"视图"→"视图样式"→"概念"命令 ●;

输入选项[二维线框(2)/线框(W)/隐藏(H)/真实(R)/概念(C)/着色(S)/带边缘着色(E)/灰度(G)/勾画(SK)/X射线(X)/其他(O)]<带边框着色>:_C

得到的结果图形如图10.41所示,绘制任务完成。

拓展训练 进一步认识"拉伸"

通过"拉伸"命令将二维图形绘制成三维实体时,该二维图形必须是一个封闭的二维对象,或是由封闭曲线构成的面域;可作为拉伸对象的二维图形有:圆、椭圆、用正多边形命令绘制的正多边形、用矩形命令绘制的矩形、封闭的样条曲线和封闭的多段线等。

而利用直线、圆弧等命令绘制的一般闭合图形则不能直接进行拉伸,此时用户需要将其定义为面域。

执行命令过程如下：

命令：_extrude 注：选择菜单栏"绘图"→"建模"→"拉伸"命令，或单击建模工具栏"拉伸"命令按钮 📧，通过拉伸将二维图形绘制成三维实体。

当前线框密度：ISOLINES＝14，闭合轮廓创建模式＝实体

选择要拉伸的对象或[模式(MO)]：_MO 闭合轮廓创建模式[实体(SO)/曲面(SU)]＜实体＞：_SO

选择要拉伸的对象或[模式(MO)]：注：选择一个矩形；

选择要拉伸的对象或[模式(MO)]：回车 注：结束选择；

指定拉伸的高度或[方向(D)/路径(P)/倾斜角(T)/表达式(E)]＜10.0000＞：400 并回车 注：绘制了一个 300×300×400 的方柱，如图 10.42 所示。

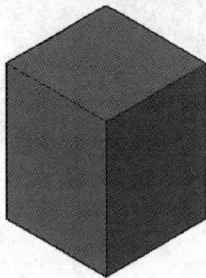

图 10.42　拉伸矩形为柱　　　　　　　图 10.43　拉伸矩形为斜柱

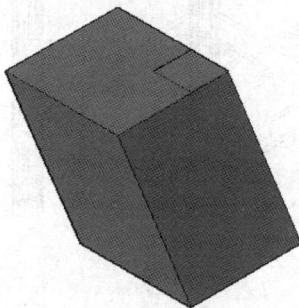

下面对其他的拉伸选项做简要说明：

方向(D)：使拉伸的实体朝某一给定的方向倾斜，如图 10.43 所示。

路径(P)：使二维对象沿某一轨迹进行拉伸，如图 10.44 所示。

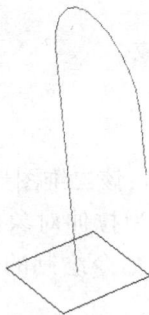

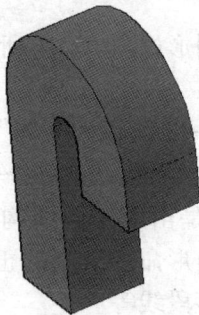

图 10.44　黑色正方形沿红色轨迹拉伸获得的图形

倾斜角(T)：使拉伸后的实体侧面呈一定的角度，如图 10.45 所示，$t=15°$。

表达式(E):拉伸的高度值通过列表达式计算获得,如图 10.46 所示。

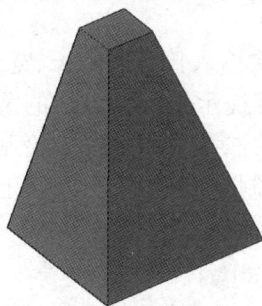

图 10.45 带倾斜度拉伸

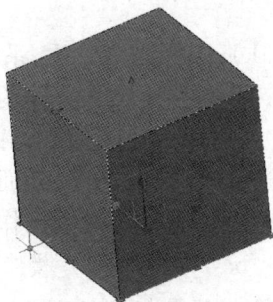

图 10.46 通过表达式拉伸高度

任务3 绘制螺丝钉模型

知识准备:

1.绘制长方体

长方体是最为常见的简单几何体。下面以绘制长、宽、高分别为 300、3000、500 的长方体为例说明命令的使用方法。

1)命令执行过程:

命令:_box 注:选择菜单栏"绘图"→"建模"→"长方体"命令,或单击建模工具栏"长方体"按钮 ;

指定第一个角点或[中心(C)]: 注:在绘图区域适宜处单击,作为长方体底面的一个角点;

指定其他角点或[立方体(C)/长度(L)]:@350,300 并回车 注:输入底面对角点的相对坐标值;

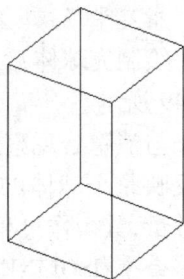

图 10.47 绘制长方体

指定高度或[两点(2P)]<500.0000>:500 并回车
注:输入长方体的高,回车,得到的图形如图 10.47 所示。

2)执行过程中的提示选项

中心(c):定义长方体的中心点,并根据该中心点和一个角点来绘制长方体;

立方体(c):绘制立方体,选择该命令后即可根据提示输入立方体的各边长;

长度(L):选择该命令后,系统会提示用户依次输入长方体的长、宽、高来定义长方体;另外,在绘制长方体的过程中,当命令行提示指定长方体的第二个角点时,用户还可以通过输入长方体底面一个角点的二维平面坐标来绘制底面图形,然后输入长方体的高度,从而完成长方体的绘制。也就是说,绘制上面的长方体图形也可以通过下面的操作步骤来完成:

命令:_box 注:单击建模工具栏"长方体"按钮▢;

指定第一个角点或[中心(C)]:0,0,0 并回车 注:输入长方体底面一角的三维坐标;

指定其他角点或[立方体(C)/长度(L)]:350,300 并回车 注:输入长方体底面的另一个角点的平面坐标;

指定高度或[两点(2P)]<500.0000>:500 并回车 注:输入长方体的高度。

2. 球体

执行命令过程如下:

命令:_sphere 注:单击建模工具栏中"球体"按钮◎;

指定中心点或[三点(3P)/两点(2P)/切点、切点、半径(T)]: 注:给出球中心坐标;

指定半径或[直径(D)]: 注:给出球半径,绘制球形如图 10.48 所示。

绘制完球体后,可以选择"视图,消隐"命令,对球体进行消隐观察,如图 10.49 所示。

与消隐后观察的图形相比,图 10.48 所示球体的外形线框的线条太少,不能反映整个球体的外观,此时用户可以修改系统参数 Isolines 的值来增加线条的数量,其操作过程如下:

命令:ISOLINES 并回车 注:或选择菜单栏"工具"→"选项"→"显示"选项卡中"显示精度"栏下的"每个曲面的轮廓素线(O)"选项;

输入 ISOLINES 的新值<4>:16 并回车 注:输入轮廓线数新值16;

命令:_regen 正在重生成模型 注:选择菜单栏"视图"—>"重生成"命令,绘图区域将重新生成球体模型,如图 10.50 所示,与图 10.48 相比,视觉上逼真度明显提高。

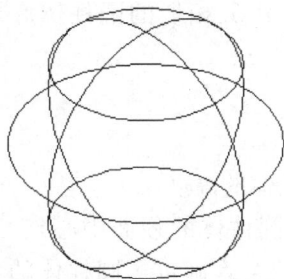

图 10.48 绘制球形   图 10.49 消隐观察   图 10.50 增加轮廓素线

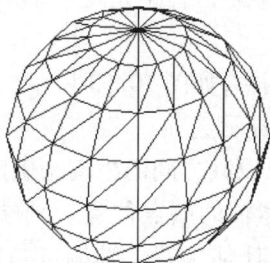

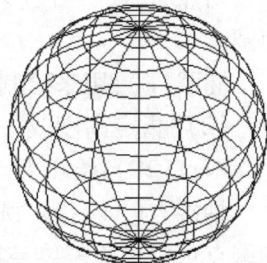

3. 圆柱体

1）执行命令过程

命令：_cylinder 注：单击建模工具栏中"圆柱体"按钮⬚；

指定底面的中心点或［三点（3P）/两点（2P）/切点、切点、半径（T）/椭圆（E）］： 注：给出圆柱底面圆圆心坐标；

指定底面半径或［直径（D）］＜609.1349＞： 注：给出圆柱底面圆半径值；

指定高度或［两点（2P）/轴端点（A）］： 注：给出圆柱体的高度值，绘制的圆柱体如图 10.51 所示；经消隐处理后的效果图如图 10.52 所示。

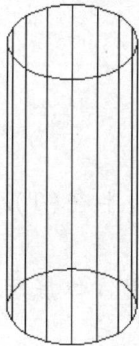

图 10.51 绘制圆柱体   图 10.52 圆柱体消隐   图 10.53 绘制椭圆柱

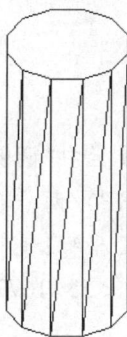

2）执行过程中的提示选项

（1）"指定底面的中心点或……"提示选项

三点（3P）：通过指定 3 个点来确定圆柱体的底面圆。

两点（2P）：通过圆柱体底面圆直径的两个端点来确定底面圆。

切点、切点、半径(T):定义具有指定半径且与两个对象相切的圆柱体底面圆。

椭圆(E):用来绘制椭圆柱,如图10.53所示。

(2)"指定高度或……"提示选项

两点(2P):给出两个点,以其之间的距离来确定圆柱体的高度。

轴端点(A):指定圆柱体轴的端点位置。轴端点是圆柱体的顶面中心点。轴端点可以位于三维空间的任何位置。轴端点与底面的关系确定了圆柱体的高度和方向,如图10.54所示,A柱的上端中心点与B柱重合,消隐后效果图如图10.55所示。

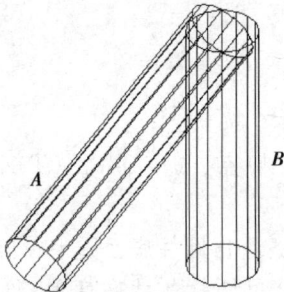

图10.54　柱端面与柱轴心垂直　　　　图10.55　消隐观察效果

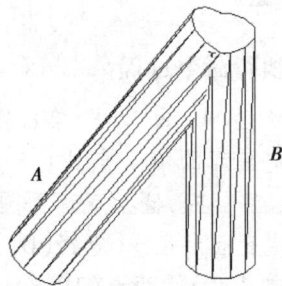

4. 圆锥体

(1)执行命令过程

命令:_cone　注:单击建模工具栏中"圆锥体"按钮△;

指定底面的中心点或[三点(3P)/两点(2P)/切点、切点、半径(T)/椭圆(E)]:　注:给定圆锥体底面圆圆心坐标;

指定底面半径或[直径(D)] < 53.1677 >:　注:给出圆锥体底面圆半径值;

指定高度或[两点(2P)/轴端点(A)/顶面半径(T)] < 502.1192 >:　注:给出圆锥体的高度值,绘制的圆锥体如图10.56所示。

执行"视图"→"消隐"命令,对其进行消隐,效果如图10.57所示。

(2)命令执行过程中部分提示选项

椭圆(E):将圆锥体底面为椭圆形状,用以绘制椭圆锥。

轴端点(A):通过输入圆锥体顶点的坐标来绘制倾斜圆锥体,圆锥体的生

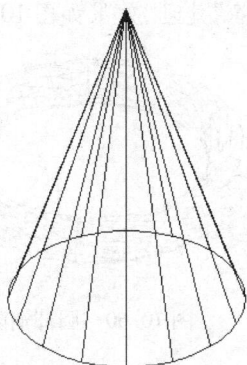

图 10.56　绘制圆锥体　　　　　　　图 10.57　圆锥体消隐

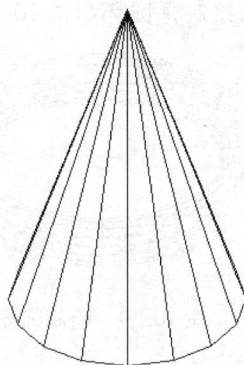

成方向为底面圆心与顶点的连线方向(参阅"圆柱体"绘图命令)。

顶面半径(T):创建圆台时指定圆台顶面的半径值。

5. 楔体

命令:_wedge　注:单击建模工具栏中"楔体"按钮□;

指定第一个角点或[中心(C)]: 注:给出楔体底面矩形的第一个角点 A 坐标;

指定其他角点或[立方体(C)/长度(L)]: 注:给出楔体底面矩形的另一个角点 A′坐标;

指定高度或[两点(2P)]<491.2480>: 注:给出楔体的高度值,高度值所在的面如图 10.58 中 ABCD 面所示。

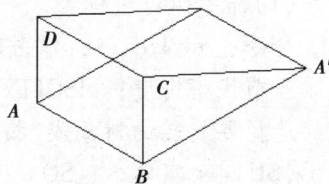

图 10.58　绘制楔体

6. 圆环

命令:_torus　注:单击建模工具栏中"圆环体"按钮◎;

指定中心点或[三点(3P)/两点(2P)/切点、切点、半径(T)]:注:给出圆环体的中心坐标;

指定半径或[直径(D)]<162.4301>:<u>10</u> 并回车　注:给出圆环体的半径值 R1;

指定圆管半径或[两点(2P)/直径(D)]:<u>2</u> 并回车　注:给出圆环体的圆管半

径值 *R*2，绘制得圆环如图 10.59 所示。经过"消隐"处理，效果如图 10.60 所示。

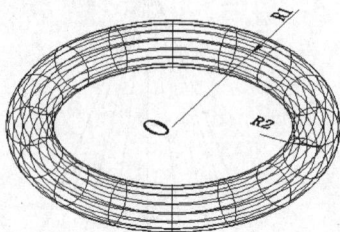

图 10.59　绘制圆环　　　　　　　　　图 10.60　圆环消隐

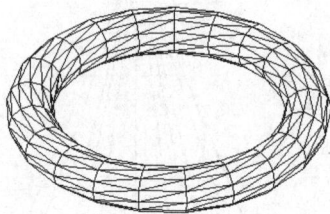

7. 旋转实体

工程中较普遍的一类几何体是回转体，如圆环之类。将二维图形旋转生成三维实体时，二维图形也必须是一个封闭的对象或由封闭曲线构成的面域。此外，用户可以通过两点来确定旋转轴，也可以选择已有的对象或坐标轴作为旋转轴。

下面以一个等腰三角形绕底边旋转一周，获得飞碟图形为例说明该命令的使用方法。

（1）命令执行过程

命令：_revolve　注：单击建模工具栏中"旋转"按钮；

当前线框密度：　ISOLINES = 16，闭合轮廓创建模式 = 实体

选择要旋转的对象或［模式（MO）］：_MO 闭合轮廓创建模式［实体（SO）/曲面（SU）］＜实体＞：_SO

选择要旋转的对象或［模式（MO）］：找到 1 个　注：点选用以旋转的三角形，如图 10.61 所示；

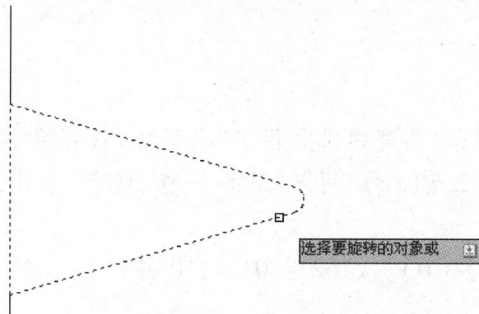

图 10.61　三角形与旋转轴

选择要旋转的对象或[模式(MO)]: 注:结束选择;

指定轴起点或根据以下选项之一定义轴[对象(O)/X/Y/Z]<对象>: 注:点选旋转中心轴的第一点;

指定轴端点: 注:点选旋转中心轴的另一点,与第一点形成中心轴;

指定旋转角度或[起点角度(ST)/反转(R)/表达式(EX)]<360>: 注:输入旋转度数。本例直接回车为旋转一周,即360°;得到的效果图如图10.62所示。

利用"消隐""动态观察"命令对图形进行处理,可得到如图10.63所示的效果图。

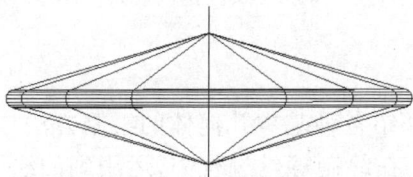

图10.62 得到的旋转体

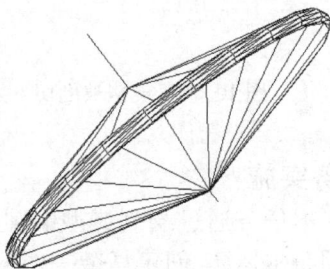

图10.63 消隐、动态观察旋转体

(2)执行过程中的提示选项

对象(O):选择一条已有的线段作为旋转中心轴;

X轴(X)/Y轴(Y):选择 X 轴或 Y 轴作为旋转轴。

8.利用剖切法绘制组合体

剖切实体是通过构造一个剖切平面,将已有三维实体削切为两个部分。在剖切过程中,用户可以选择剖切后保留的实体部分或全部保留。

执行命令过程如下:

命令:_slice 注:单击菜单栏"修改"→"三维操作"→"剖切"命令按钮 🔧剖切(S);

选择要剖切的对象:找到 1 个 注:点选图10.58所示的楔体;

选择要剖切的对象:回车 注:结束选择;

指定切面的起点或[平面对象(O)/曲面(S)/Z 轴(Z)/视图(V)/XY(XY)/YZ(YZ)/ZX(ZX)/三点(3)]<三点>:3 并回车 注:选择"三点"选项,输入数值3,以3点定剖切面;

指定平面上的第一个点: 注:点选 A 点;

指定平面上的第二个点： 注:点选 D 点；

指定平面上的第三个点： 注:点选 A′点；

在所需的侧面上指定点或[保留两个侧面(B)] <保留两个侧面>： 注:在需要保留的部分实体上单击,得到的结果图形如图 10.64 所示;经"消隐"处理效果如图 10.65 所示。

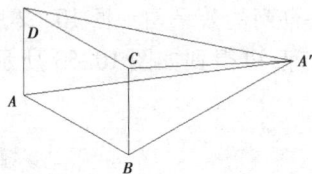

图 10.64　楔体被剖切

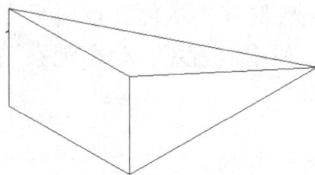

图 10.65　消隐观察实体

任务实施：

本任务通过绘制典型的螺丝钉模型,介绍各种基本几何体的绘制方法,及运用布尔运算,创建复杂一些的三维实体。在绘制螺丝过程中,运用到的绘图命令有"拉伸""旋转"和布尔运算"差集""合集"、三维实体"倒角"等,最终效果如图 10.66 所示。

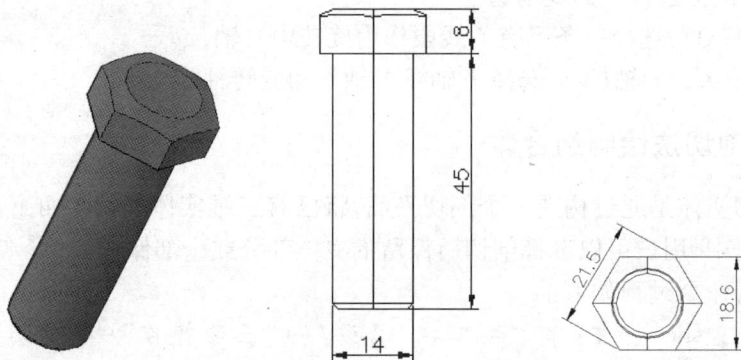

图 10.66　三维螺丝模型与其各部位尺寸

1.创建图形文件

命令： - qnew　注:选择菜单栏"文件"→"新建"命令,弹出"选择样板"对话框,单击"打开"按钮 打开⑩ ,创建新的图形文件。

2. 绘制圆柱形螺杆

命令:_circle 指定圆的圆心或[三点(3P)/两点(2P)/切点、切点、半径(T)]：　注:单击绘图工具栏"圆"命令按钮◎,并在绘图区域适宜之处单击,作为圆心;

指定圆的半径或[直径(D)]:7 并回车　注:输入圆的半径值7;

命令:_extrude　注:单击建模工具栏"拉伸"命令按钮🔼;

当前线框密度:　ISOLINES = 4,闭合轮廓创建模式 = 实体

选择要拉伸的对象或[模式(MO)]:_MO 闭合轮廓创建模式[实体(SO)/曲面(SU)] <实体 >:_SO

选择要拉伸的对象或[模式(MO)]:找到 1 个　注:点选新绘制的圆;

选择要拉伸的对象或[模式(MO)]：　注:结束选择;

指定拉伸的高度或[方向(D)/路径(P)/倾斜角(T)/表达式(E)]：－45 并回车　注:输入圆柱的高度值 －45。

3. 绘制正六棱柱螺帽

命令:_polygon 输入侧面数 <4 >:6 并回车　注:单击绘图工具栏中"多边形"命令按钮⬠,输入数值6表示绘制正六边形;

指定正多边形的中心点或[边(E)]：　注:捕捉并单击圆柱之中心,作为六棱柱之中心;

输入选项[内接于圆(I)/外切于圆(C)] <I >:I 并回车　注:选择"内接于圆"选项;

指定圆的半径:10.755 并回车　注:输入圆的半径值 10.755,回车,正六边形绘成;

命令:_extrude　注:单击建模工具栏中"拉伸"命令按钮🔼;

当前线框密度:ISOLINES = 4,闭合轮廓创建模式 = 实体

选择要拉伸的对象或[模式(MO)]:_MO 闭合轮廓创建模式[实体(SO)/曲面(SU)]

<实体 >:_SO

选择要拉伸的对象或[模式(MO)]:找到 1 个　注:点选新绘制的六边形;

选择要拉伸的对象或[模式(MO)]：

指定拉伸的高度或[方向(D)/路径(P)/倾斜角(T)/表达式(E)]

< −45.0000 > :8 并回车　注:输入六棱柱的高度值 8;结果如图 10.67 所示,经过"消隐"处理如图 10.68 所示。

4.给螺帽倒角

命令:_ − view 输入选项[? /删除(D)/正交(O)/恢复(R)/保存(S)/设置(E)/窗口(W)]:_front 正在重生成模型。　注:单击视图工具栏中"前视图"按钮█,令图形如图 10.69 所示;

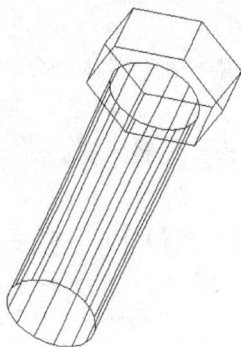

图 10.67　螺丝模型初图　　　图 10.68　螺丝消隐　　　图 10.69　螺丝前视图

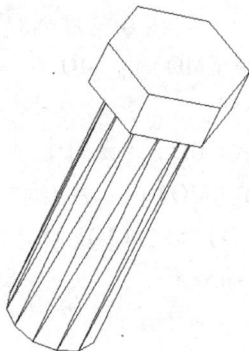

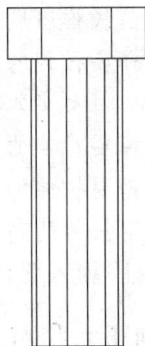

命令:_pline　注:单击绘图工具栏"多段线"命令按钮█;

指定起点:from 并回车　注:输入"from"以参照基点的方式确定多段线的起点;

基点:<偏移>:<正交 开>4 并回车　注:打开正交模式,捕捉并单击螺帽左上角点,作为基点,光标右移,输入数值 4,回车;

当前线宽为 0.0000

指定下一个点或[圆弧(A)/半宽(H)/长度(L)/放弃(U)/宽度(W)]:注:光标左移,捕捉并单击螺帽的左上角点;

指定下一点或[圆弧(A)/闭合(C)/半宽(H)/长度(L)/放弃(U)/宽度(W)]:1.5 并回车　注:光标下移,输入数值 1.5,回车;

指定下一点或[圆弧(A)/闭合(C)/半宽(H)/长度(L)/放弃(U)/宽度(W)]:c 并回车　注:输入 C 选择"闭合"选项,得到一个三角形如图 10.70 所示;

命令:_ − view 输入选项[? /删除(D)/正交(O)/恢复(R)/保存(S)/设置(E)/窗口(W)]:_neiso 正在重生成模型。　注:单击视图工具栏"东北等轴侧图"命令按钮█,观察三角形与螺帽的位置关系,如图 10.71 所示。

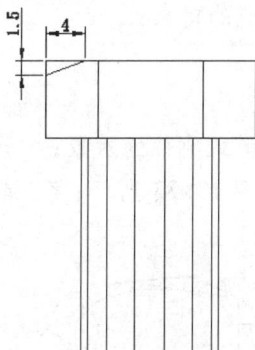

图 10.70　螺帽细部尺寸

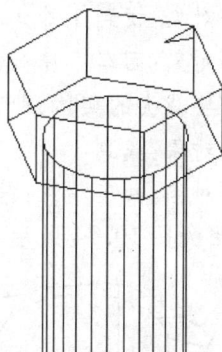

图 10.71　为倒角绘制小三角

下面要用多段线绘制的闭合三角形,对其用"旋转"命令绕螺丝的轴心线旋转一周,生成一个旋转体:

命令:_revolve　注:单击建模工具栏"旋转"命令按钮🔲;

当前线框密度:　ISOLINES = 14,闭合轮廓创建模式 = 实体

选择要旋转的对象或[模式(MO)]:_MO 闭合轮廓创建模式[实体(SO)/曲面(SU)]<实体>:_SO

选择要旋转的对象或[模式(MO)]:找到 1 个　注:点选三角形;

选择要旋转的对象或[模式(MO)]:　注:结束选择;

指定轴起点或根据以下选项之一定义轴[对象(O)/X/Y/Z]<对象>:注:捕捉并单击圆柱的一端中心,作为旋转中心轴线的起点;

指定轴端点:<正交 开>　注:捕捉并单击圆柱的另一端中心,作为旋转中心轴线的终点,形成轴线;

指定旋转角度或[起点角度(ST)/反转(R)/表达式(EX)]<360>:并回车　注:直接回车,即令三角形绕轴线旋转360°,生成的旋转体如图 10.72 所示。

下面在六棱柱上部"削"去旋转体:

命令:_subtract 选择要从中减去的实体、曲面和面域…　注:单击建模工具栏中"差集"命令按钮⚉;

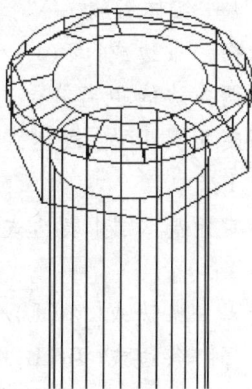

图 10.72　旋转小三角

选择对象:找到 1 个　注:点选螺帽,作为被削减的对象;

选择对象:回车　注:结束选择;

选择要减去的实体、曲面和面域…

选择对象:找到 1 个　注:点选旋转体,作为要削减去掉的对象;

选择对象:回车　注:结束选择,得到的图形如图 10.73 所示;经"消隐"处理后,图形如图 10.74 所示。

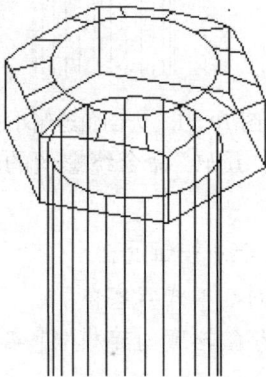

图 10.73　为倒角求布尔差　　　　　图 10.74　倒角后消隐图

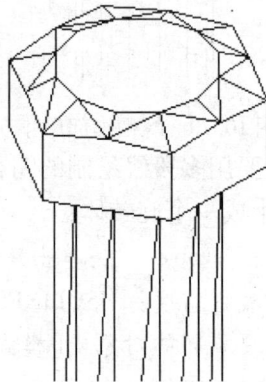

5. 给螺丝的底部倒角

命令:_CHAMFEREDGE 距离 1 = 1.0000,距离 2 = 1.0　注:选择菜单栏"修改"→"实体编辑"→"倒角边"命令;

选择一条或[环(L)/距离(D)]:d 并回车　注:选择 C 选项,准备重新输入倒角两条边的距离值;

指定距离 1 或[表达式(E)]<1.0000>:1 并回车　注:输入倒角第一边的距离值 1;

指定距离 2 或[表达式(E)]<1.0000>:1 并回车　注:输入倒角另一边的距离值 1;

选择一条边或[环(L)/距离(D)]:　注:点选倒角的第一边;

选择一条边或[环(L)/距离(D)]:　注:点选倒角的另一边;

选择同一个面上的其他边或[环(L)/距离(D)]:回车　注:结束选择;

按 Enter 键接受倒角或[距离(D)]:回车　注:结束倒角边命令,倒角边操作完成,结果如图 10.75 所示;全图经"消隐"处理后如图 10.76 所示。

6. 将螺帽、螺杆合二为一

命令:_union　注:单击建模工具栏中"并集"命令按钮 ;

选择对象:找到 1 个　注:点选螺帽;

选择对象:找到 1 个,总计 2 个　注:点选螺杆;

选择对象:回车　注:结束选择,螺帽螺杆即合为一体;

命令:_vscurrent　注:选择菜单栏"视图"→"视图样式"→"真实"命令;

输入选项[二维线框(2)/线框(W)/隐藏(H)/真实(R)/概念(C)/着色(S)/带边缘着色(E)/灰度(G)/勾画(SK)/X

射线(X)/其他(O)]<真实>:_R　注:最终得到的图形如图 10.77 所示。

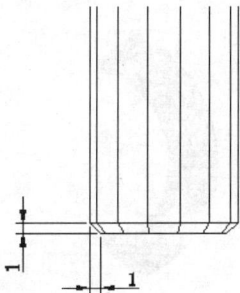

图 10.75　螺丝底部倒角尺寸　　　图 10.76　消隐图　　　图 10.77　"真实"效果图

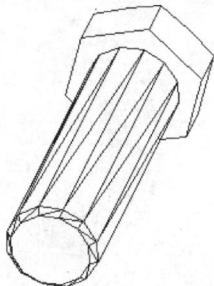

拓展训练　布尔运算与三维实体编辑

1. 利用布尔运算绘制组合体

AutoCAD 可以对三维实体进行布尔运算,使其产生各种形状的组合体。布尔运算分为并、差、交 3 种方式:

1)并运算

并运算可以合并两个或多个实体(或面域),构成一个组合对象。执行命令形式如下:

命令:_union　注:或选择菜单栏"修改"→"实体编辑"→"并集"命令 ,或单击建模工具栏的"并集"命令按钮 。

2)差运算

差运算可以删除两个实体间的公共部分。执行命令形式如下:

命令:_subtract 选择要从中减去的实体、曲面和面域…   注:选择菜单栏"修改"→"实体编辑"→"差集"命令,或单击建模工具栏的"差集"命令按钮◎◎。

3)交运算

交运算可以用两个或多个重叠实体的公共部分创建组合实体。执行命令形式如下:

命令:_intersect 注:选择菜单栏"修改"→"实体编辑"→"交集"命令◎◎,或单击建模工具栏的"交集"命令按钮◎◎。

如图 10.78 所示,是空间两个相交的球与环,进行交运算之后,得到的结果图形如图 10.79 所示。经"真实"处理后,显示效果如图 10.80 所示。

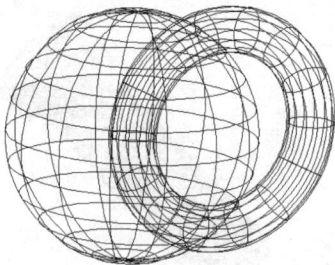

图 10.78　环、球交错图　　　图 10.79　布尔求交集　　　图 10.80　交集"真实"图

2. 编辑三维实体

下面将针对三维实体的阵列、镜像、旋转以及对齐命令进行讲解,一方面可使读者对三维模型的空间概念有更进一步的认识,另一方面也可以同相关的二维编辑命令进行比较,从而进一步巩固前面各章学习的知识。

1)三维实体阵列

利用"三维阵列"命令可阵列三维实体。在操作过程中,用户需要输入阵列的列数、行数和层数。其中,列数、行数、层数分别是指实体在 X、Y、Z 方向上的数目;此外,根据实体的阵列特点,可分为矩形阵列与环形阵列。执行命令过程如下:

命令:_3darray 注:选择菜单栏"修改"→"三维操作"→"三维阵列"命令;

选择对象:找到 1 个 注:点选阵列对象,本例中取 UFO 造型作说明;

选择对象:回车 注:结束选择;

输入阵列类型[矩形(R)/环形(P)]<矩形>:r 并回车 注:选择矩形阵列选项,输入 r;

输入行数（－－－－）<1>:<u>3</u> 并回车　注:输入行数;

输入列数（|||）<1>:<u>3</u> 并回车　注:输入列数;

输入层数（...）<1>:<u>3</u> 并回车　注:输入层数;

指定行间距（－－－－）:<u>100</u> 并回车　注:输入行间距值;

指定列间距（|||）:<u>100</u> 并回车　注:输入列间距值;

指定层间距（...）:<u>100</u> 并回车　注:输入层间距值,得到结果如图 10.81
所示。

图 10.81　3＊3＊3 矩形阵列　　　　　　　　图 10.82　6 个 UFO 环形阵列

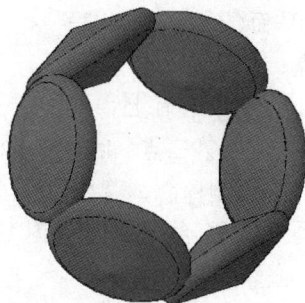

进行矩形阵列时,若输入的间距为正值,则向坐标轴的正方向阵列;若输入
的间距为负值,则向坐标轴的负方向阵列。

进行环形阵列时,若输入的间距为正值,则逆时针方向阵列;若输入的间距
为负值,则顺时针方向阵列。

命令:_3darray　注:选择菜单栏"修改"→"三维操作"→"三维镜像"命令;

选择对象:找到 1 个

选择对象:回车

输入阵列类型[矩形(R)/环形(P)]<矩形>:p 并回车

输入阵列中的项目数目:<u>6</u> 并回车

指定要填充的角度（＋＝逆时针，－＝顺时针）<360>:并回车

旋转阵列对象?[是(Y)/否(N)]<Y>:回车

指定阵列的中心点:　注:在绘图区域点取或输入环形阵列的中心点;

指定旋转轴上的第二点:　注:输入该点,与阵列中心点连线,形成旋转轴;
得到结果如图 10.82 所示。

2)三维实体镜像

"三维镜像"命令通常用于绘制具有对称结构的三维实体。

(1)执行命令过程

命令：_mirror3d　注：选择菜单栏"修改"→"三维操作"→"三维镜像"命令；

选择对象：找到 1 个　注：点选用于被镜像的图形对象；

选择对象：回车　注：结束选择；

指定镜像平面（三点）的第一个点或

[对象(O)/最近的(L)/Z 轴(Z)/视图(V)/XY 平面(XY)/YZ 平面(YZ)/ZX 平面(ZX)/三点(3)]＜三点＞：　注：选择"3 点"选项,单击"镜面"上的第一点；

在镜像平面上指定第二点：在镜像平面上指定第三点：　注：单击"镜面"上的第二点、第三点,由此 3 点构成的平面即成"镜面",如图 10.83 所示；

是否删除源对象？[是(Y)/否(N)]＜否＞:回车　注：选择镜面两边的图像均予保留,结果图形如图 10.84 所示。

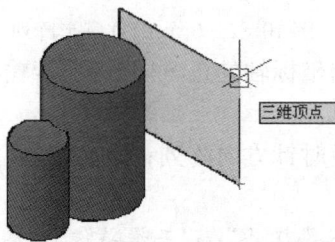

图 10.83　设立"镜面"　　　　　　图 10.84　产生镜像

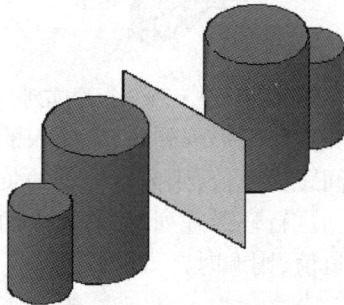

(2)命令执行过程中关于"镜面"的提示选项

对象(O)：将所选对象（圆、圆弧或多段线等）所在的平面作为"镜面"；

最近的(L)：使用上一次镜像操作中使用的"镜面"作为本次操作的"镜面"；

Z 轴(Z)：依次选择两点,系统会自动将两点连线作为"镜面"的法线,同时"镜面"通过所选的第一点；

视图(V)：点选择一点,系统会自动将通过该点且与当前视图平面平行的平面作为"镜面"；

XY 平面(XY):点选一点,系统会自动将通过该点且与当前坐标系的 *XOY* 面平行的平面作为"镜面";

YZ 平面(YZ):点选一点,系统会自动将通过该点且与当前坐标系的 *YOZ* 面平行的平面作为"镜面";

ZX 平面(ZX):点选一点,系统会自动将通过该点且与当前坐标系的 *ZOX* 面平行的平面作为"镜面";

三点(3):通过指定三点来确定"镜面"。

3)三维实体旋转

通过"三维旋转"命令可以灵活定义旋转轴,并对三维实体进行任意旋转。

(1)执行命令过程

命令:_3drotate 注:选择菜单栏"修改"→"三维操作"→"三维旋转"命令;

UCS 当前的正角方向: ANGDIR = 逆时针 ANGBASE = 0

选择对象:找到 1 个 注:点选楔体为被旋转的图形对象;

选择对象:回车 注:结束选择;

指定基点: 注:单击楔体的一个角点为旋转基点,如图 10.85 所示;

拾取旋转轴: 注:单击楔体的一条边沿为旋转轴线,如图 10.86 所示;

指定角的起点或键入角度:180 并回车 注:令楔体绕轴线旋转180°,得到的结果图形如图 10.87 所示。

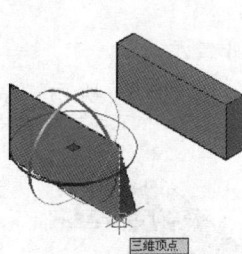

图 10.85 选择基点   图 10.86 选择旋转轴   图 10.87 旋转实体180°

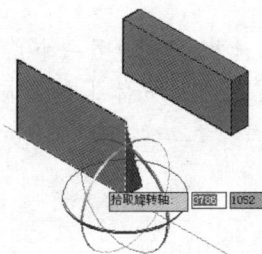

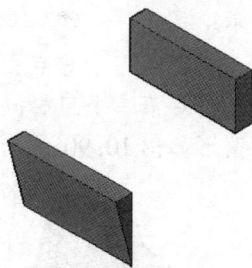

(2)命令执行过程中的提示选项

对象(O):通过选择一个对象确定旋转轴。若选择直线,则该直线就是旋转轴;若选择圆或圆弧,则旋转轴通过选择点,并与圆或圆弧所在的平面垂直。

最近的(L):使用上一次旋转操作中使用的旋转轴作为本次操作的旋转轴。

视图(V):选择一点,系统会自动将通过该点且与当前视图平面垂直的直线作为旋转轴。

X 轴(X):选择一点,系统会自动将通过该点且与当前坐标系 X 轴平行的直线作为旋转轴。

Y 轴(Y):选择一点,系统会自动将通过该点且与当前坐标系 Y 轴平行的直线作为旋转轴。

Z 轴(Z):选择一点,系统会自动将通过该点且与当前坐标系 Z 轴平行的直线作为旋转轴。

两点(2):通过指定两点来确定旋转轴。

4)三维实体对齐

三维对齐是指通过移动、旋转一个实体使其与另一个实体对齐。在三维对齐的操作过程中,最关键的是选择合适的源点与目标点,做到"点对点"。其中,源点是在被移动、旋转的对象上选择,目标点是在相对不动、作为放置参照的对象上选择。

执行命令过程如下:

命令:_align　注:选择菜单栏"修改"→"三维操作"→"对齐"命令;

选择对象:找到 1 个　注:点选楔体为被"对齐"移动的图形对象;

选择对象:　注:结束选择;

指定第一个源点:　注:点选楔体上的一个角点为第一源点;

指定第一个目标点:<正交关>　注:点选长方体上的对应点,如图10.88所示;

指定第二个源点:　注:点选楔体上的另一个角点为第二源点;

指定第二个目标点:　注:点选长方体上的对应点,如图 10.89 所示,完成后图形如图 10.90 所示。

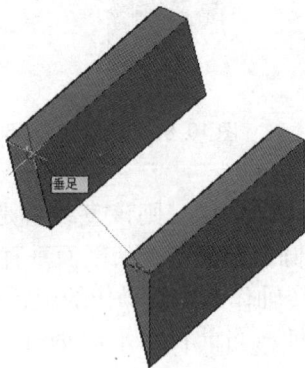

图 10.88　第 1 对"点对点"　　　　图 10.89　第 2 对"点对点"

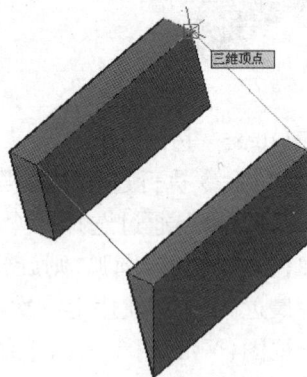

指定第三个源点或 <继续>： 注:点选楔体上的最后一个角点为第三源点;

指定第三个目标点： 注:点选长方体上的对应点,如图 10.90 所示,完成后图形如图 10.91 所示。

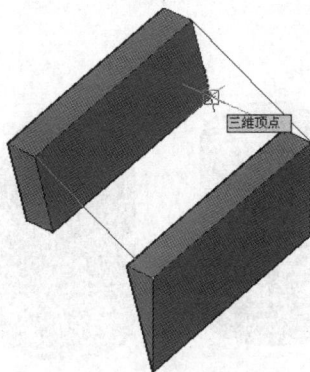

图 10.90　第 3 对"点对点"

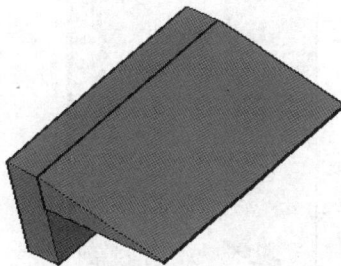

图 10.91　楔体向长方体"对齐"

3. 倒棱角

利用"倒角"命令⬜可以对三维模型进行倒棱角操作,使用的命令即平面倒角命令,执行命令过程如下:

命令:_chamfer　注:单击修改工具栏中"倒角"命令按钮⬜;

("修剪"模式) 当前倒角距离 1 = 5,距离 2 = 5

选择第一条直线或[放弃(U)/多段线(P)/距离(D)/角度(A)/修剪(T)/方式(E)/多个(M)]:

基面选择…

输入曲面选择选项[下一个(N)/当前(OK)] <当前(OK)>:N　注:系统首次提供的用于"倒角"的基面,选择"N";

输入曲面选择选项[下一个(N)/当前(OK)] <当前(OK)>:OK　注:系统第二次提供的用于"倒角"的基面,选择"OK";

指定 基面 倒角距离或[表达式(E)] <5>:4 并回车　注:给定基面的倒角距离值;

指定 其他曲面 倒角距离或[表达式(E)] <5>:4 并回车　注:给定另一个距离值;

选择边或[环(L)]:　注:点选需要倒角的边;

选择边或[环(L)]: 注:点选需要倒角的边;

选择边或[环(L)]: 注:点选需要倒角的边;

选择边或[环(L)]: 注:点选需要倒角的边;

选择边或[环(L)]:并回车 注:结束倒角,得到结果图形如图10.92所示,可与倒棱角前的图形作相互比较。

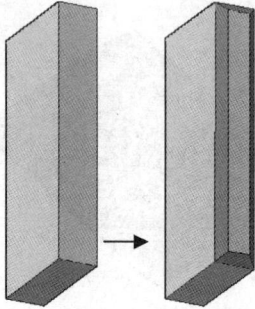

图10.92 对4条边倒棱角   图10.93 对圆柱端面倒棱角

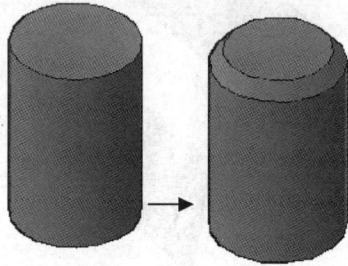

对于圆柱之类的实体,倒棱角的过程也与上述相类似:

命令:_chamfer 注:单击修改工具栏中"倒角"命令按钮⬜;

("修剪"模式) 当前倒角距离 1 =4,距离 2 =4

选择第一条直线或[放弃(U)/多段线(P)/距离(D)/角度(A)/修剪(T)/方式(E)/多个(M)]:

基面选择…

输入曲面选择选项[下一个(N)/当前(OK)] <当前(OK)>:N 注:系统首次提供的用于"倒角"的基面,选择"N";

输入曲面选择选项[下一个(N)/当前(OK)] <当前(OK)>:OK 注:系统第二次提供的用于"倒角"的基面,选择"OK";

指定 基面 倒角距离或[表达式(E)] <4>:25 并回车

指定 其他曲面 倒角距离或[表达式(E)] <4>:30 并回车

选择边或[环(L)]: 注:点选需要倒角的顶面圆边;

选择边或[环(L)]:并回车 注:结束倒角,得到的结果如图10.93所示。

也可以用"倒边角"命令进行倒棱角:

命令:_CHAMFEREDGE 距离 1 =4,距离 2 =4 注:单击实体编辑工具栏中"倒边角"命令按钮⬛;

选择一条边或[环(L)/距离(D)]: 注:点选实体上需要倒角的边;

选择同一个面上的其他边或［环（L）/距离（D）］:<u>d</u>并回车　注:选择"距离"选项;

指定距离1或［表达式（E）］<4>:<u>5</u>并回车

指定距离2或［表达式（E）］<4>:<u>5</u>并回车

选择同一个面上的其他边或［环（L）/距离（D）］:回车　注:结束对边的选择;

按enter键接受倒角或［距离（D）］:回车　注:结束倒边角命令。

4. 倒圆角

利用"圆角"命令◻可以对三维模型进行倒圆角操作,执行过程如下:

命令:_fillet　注:单击修改工具栏中"圆角"命令按钮◻;

当前设置:模式=修剪,半径=10

选择第一个对象或［放弃（U）/多段线（P）/半径（R）/修剪（T）/多个（M）］:　注:点选需要倒圆角的图形对象;

输入圆角半径或［表达式（E）］<10>:<u>20</u>并回车　注:输入圆角半径值;

选择边或［链（C）/环（L）/半径（R）］:　注:点选需要倒角的边,即内圆周;

选择边或［链（C）/环（L）/半径（R）］:　注:继续点选需要倒角的边,即外圆周;

选择边或［链（C）/环（L）/半径（R）］:回车　注:结束选择;

已选定2个边用于圆角。　注:命令执行结束,得到的结果如图10.94所示,可与倒圆角前的图形作相互比较。

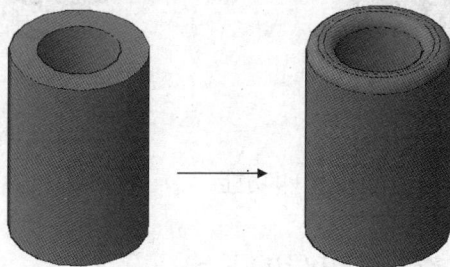

图10.94　三维实体倒圆角

也可以用"圆角边"命令进行倒圆角:

命令:FILLETEDGE　注:单击实体编辑工具栏中"圆角边"命令按钮◉;

半径=1

选择边或［链(C)/环(L)/半径(R)］:r并回车　注:选择输入圆角半径值的选项;

输入圆角半径或［表达式(E)］<1>:5并回车　注:输入圆角半径值;

选择边或［链(C)/环(L)/半径(R)］:　注:点选需要倒圆角的边;

选择边或［链(C)/环(L)/半径(R)］:回车　注:结束选择;

已选定1个边用于圆角。

按Enter键接受圆角或［半径(R)］:回车　注:结束倒圆角。

5.压印

利用"压印"命令可将所选的图形对象压印到另一个实体模型上,执行命令过程如下:

命令:_imprint　注:选择菜单栏"修改"→"实体编辑"→"压印边"命令,或单击实体编辑工具栏的"压印"命令按钮 ;

选择三维实体或曲面:　注:点选被压印的对象,如图10.95所示;

选择要压印的对象:　注:点选需要压印的对象;

是否删除源对象［是(Y)/否(N)］<N>:y并回车　注:不保留源对象;

选择要压印的对象:回车　注:结束压印命令,结果如图10.96所示。

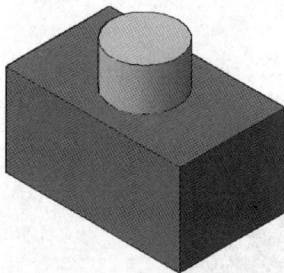

图 10.95　压与被压对象　　　　　图 10.96　完成压印

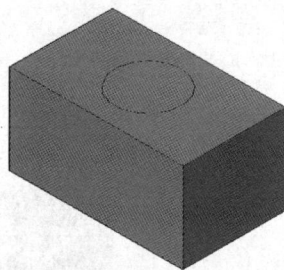

也可用"solidedit"命令实现压印功能:

命令:solidedit并回车

实体编辑自动检查:　SOLIDCHECK = 1

输入实体编辑选项［面(F)/边(E)/体(B)/放弃(U)/退出(X)］<退出>:B并回车

输入体编辑选项

［压印(I)/分割实体(P)/抽壳(S)/清除(L)/检查(C)/放弃(U)/退出(X)］<退出>:I并回车

选择三维实体： 注：点选被压印的对象；

选择要压印的对象： 注：点选需要压印的对象；

是否删除源对象[是(Y)/否(N)]<N>：y并回车

选择要压印的对象：回车

输入体编辑选项

[压印(I)/分割实体(P)/抽壳(S)/清除(L)/检查(C)/放弃(U)/退出(X)]<退出>：回车

实体编辑自动检查： SOLIDCHECK=1

输入实体编辑选项[面(F)/边(E)/体(B)/放弃(U)/退出(X)]<退出>：回车

可以用来压印的图形对象包括圆、圆弧、直线、二维和三维多段线、椭圆、样条曲线、面域以及实心体等。另外，压印的对象必须与实体模型的一个或若干个面相交。

6.抽壳

利用"抽壳"命令可以绘制壁厚相等的壳体。下面以长方体为例，介绍命令的使用方法：

命令：_solidedit 注：点击菜单栏"修改"→"实体编辑"→"抽壳"命令，或单击实体编辑工具栏"抽壳"命令按钮；

实体编辑自动检查： SOLIDCHECK=1

输入实体编辑选项[面(F)/边(E)/体(B)/放弃(U)/退出(X)]<退出>：_body

输入体编辑选项

[压印(I)/分割实体(P)/抽壳(S)/清除(L)/检查(C)/放弃(U)/退出(X)]<退出>：_shell

选择三维实体： 注：点选用于抽壳的实体对象；

删除面或[放弃(U)/添加(A)/全部(ALL)]：找到一个面，已删除 1 个。注：点选实体对象上不留壳的面，如图 10.97 左图所示；

删除面或[放弃(U)/添加(A)/全部(ALL)]：回车 注：结束选择；

输入抽壳偏移距离：5 并回车 注：输入壳的厚度值；

已开始实体校验。

输入体编辑选项

[压印(I)/分割实体(P)/抽壳(S)/清除(L)/检查(C)/放弃(U)/退出

(X)]＜退出＞:回车

实体编辑自动检查： SOLIDCHECK＝1

输入实体编辑选项[面(F)/边(E)/体(B)/放弃(U)/退出(X)]＜退出＞:
回车 注:结束抽壳命令,得到的图形如图10.97右图所示。

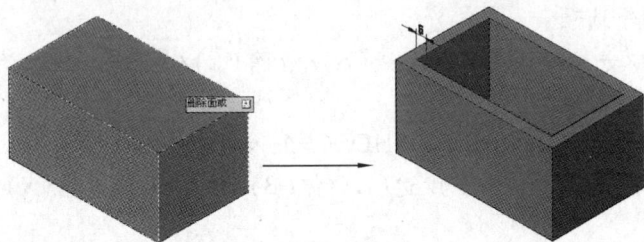

图 10.97　长方体抽壳过程

壳体厚度值可为正值或负值。当厚度值为正值时,实体表面向内偏移形成
壳体;厚度值为负值时,实体表面向外偏移形成壳体。

7.清除与分割

"清除"命令用于删除所有重合的边、顶点以及压印形成的图形等,"分割"
命令用于将体积不连续的实体模型分割为几个独立的三维实体。通常,在进行
布尔运算中的差运算后会产生一个体积不相连的二维实体,此时利用"分割"命
令可将其分割为几个独立的三维实体。

执行命令过程如下:

命令:_solidedit 注:点击实体编辑工具栏"清除"命令按钮；

实体编辑自动检查： SOLIDCHECK＝1

输入实体编辑选项[面(F)/边(E)/体(B)/放弃(U)/退出(X)]＜退出＞:
_body

输入体编辑选项

[压印(I)/分割实体(P)/抽壳(S)/清除(L)/检查(C)/放弃(U)/退出
(X)]＜退出＞:_clean

选择三维实体: 注:点选需要"清除"的实体对象；

输入体编辑选项

[压印(I)/分割实体(P)/抽壳(S)/清除(L)/检查(C)/放弃(U)/退出
(X)]＜退出＞:L并回车 注:选择"清除"选项；

选择三维实体: 注:结束选择；

输入体编辑选项

[压印(I)/分割实体(P)/抽壳(S)/清除(L)/检查(C)/放弃(U)/退出(X)]<退出>:

实体编辑自动检查: SOLIDCHECK = 1

输入实体编辑选项[面(F)/边(E)/体(B)/放弃(U)/退出(X)]<退出>:回车 注:结束"清除"命令。

"分割"命令的用法与"清楚"类同,在命令执行过程中,选择"分割实体"选项即可。

课后练习 绘制茶杯模型

①新建一个图形文件"茶杯.dwg",模型效果如图10.98所示。

②绘制方法提示:

先绘制杯身一半的横截面图:3条平行的纵向线;圆 $r = 141.4$,通过两次移动操作将圆定位(以圆的象限点对正第三条垂直线中点,以圆与第二条垂直线交点对正第二条垂直线的顶点);连第一、二条垂直线端点,向上偏移223.7,并延伸至第三条垂直线,找到杯柄圆环中心位置,如图10.99所示。

删除多余线条,将水平和竖直线向内偏移10,连接其他线条,做出杯身一半的横截面图,再将其形成面域,如图10.100所示。

图 10.98

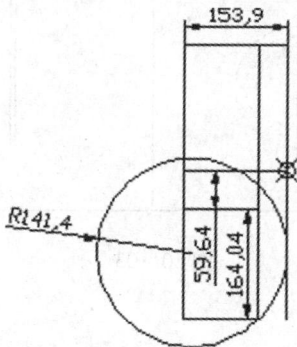

图 10.99

图 10.100

③将图10.100中图形绕中心线旋转360°,得到杯身。

④绘制杯柄圆环体(圆环半径:100,圆管半径:19.715),对杯顶部外沿部分倒圆角 $r = 5$,对杯底部外沿倒圆角 $r = 10$;过杯内壁上的一点,将杯内的部分圆环体剖切去,如图10.101所示。

⑤删除辅助线和点,将杯身和杯柄取并集,如图10.102所示。

⑥利用"三维动态观察器"来检查三维图形是否准确绘制。

⑦将视图切换为四个视口,如图 10.103 所示,最后保存文件。

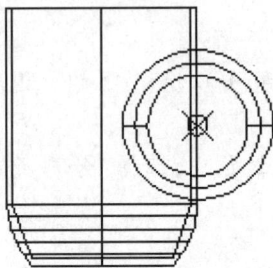

图 10.101

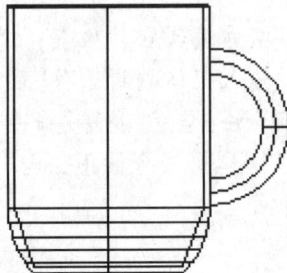

图 10.102

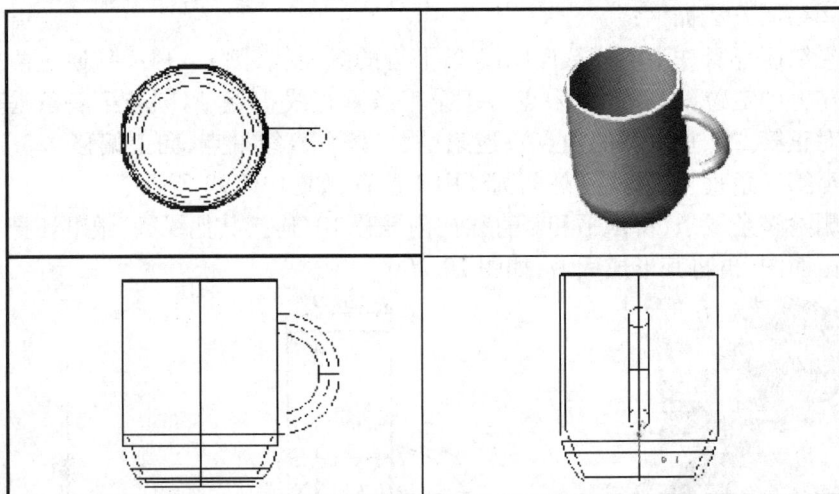

图 10.103

学习情境11 辅助工具、信息查询功能的运用及打印输出

知识目标：

1. 熟悉并掌握查询距离、面积、质量等主要信息的方法；
2. 掌握信息查询方法和以图纸管理为主的辅助工具用法；
3. 熟悉并掌握图形打印的基本操作；
4. 掌握图形文件格式转换的操作技巧，以及用其他格式输出图形、图像的方法。

技能目标：

1. 灵活运用查询命令查询图形对象的几何参数和其他各项信息；
2. 能使用图纸管理辅助工具对图纸科学优化管理；
3. 能根据具体要求完成图形打印的基本操作；
4. 熟练掌握以其他格式输出图形、图像的操作方法。

情境再现与任务分析：

绘图过程中，制图人员必不可少地要经常了解所绘制图形的各方面信息，因此要对图形进行多方位多角度的查询；绘图工作完成后，必然要把图纸打印出来，提供给有关方面使用。为此，本环节引入2个任务，首先对已经绘制完成的机械零件图进行多方面的信息查询，用户可通过 AutoCAD 系统提供的查询功能，快速获得图形的各类信息，掌握其重要的参数和指标；第二个任务向用户完整地演示工程图输出打印全过程，任务实施过程的同时向用户介绍 AutoCAD 形式多样的打印功能。最后通过一项课后练习，进一步加强用户对查询命令的掌握。

特别值得一提的是 AutoCAD 还携带有种类繁多的辅助工具,如图纸集管理器和工具选项板对话框等,功能实用、易用,是很好的辅助管理工具,也是制图人员的好助手。

学习情境教学场景设计:

学习领域	AutoCAD 2012 中文版	
学习情境	AutoCAD 2012 中文版之辅助工具、信息查询功能的运用及打印输出	
行动环境	场景设计	工具、设备、教件
①设计机构或专业图文公司。②校内实训基地。	①分组(每组 2~4 人)。②教师讲解信息查询与图纸打印的一般方法,阐述辅助工具在图形管理中的应用。③学生动手完成任务,熟练使用查询技巧。④课后练习题要求学生独立完成,教师加以点评。	①带独立显卡、联成局域网的 PC 机。②投影仪或多媒体网络广播教学软件。③多媒体课件、操作过程屏幕视频录像。④建筑类、机械类正式图纸。

任务 1　查询机械零件几何参数

知识准备:

1. 信息查询

AutoCAD 提供了图形信息的各种查询方法,如距离、面积、质量、系统状态、图形对象信息、绘图时间和点信息等。

1)查询距离

查询距离一般是指查询两点之间的距离,常与对象捕捉功能配合使用。此外,通过查询距离功能,还可以测量图形对象的长度、图形对象在 XOY 平面内的夹角等。

光标移到任一工具栏右击,在弹出的工具清单中勾选"测量工具"选项,即可见 AutoCAD 所提供的"距离"工具命令,可用于查询图形对象的距离。

执行命令过程如下:

命令:_MEASUREGEOM　注:单击测量工具栏中"距离"命令按钮▤;

输入选项[距离(D)/半径(R)/角度(A)/面积(AR)/体积(V)]<距离>:_distance

指定第一点:　注:捕捉并点取圆锥底面的圆心;

指定第二个点或[多个点(M)]:　注:捕捉并点取圆锥底面的圆心;

距离 = 450,XY 平面中的倾角 = 272,　与 XY 平面的夹角 = 0

X 增量 = 18,　Y 增量 = -450,　Z 增量 = 0

输入选项[距离(D)/半径(R)/角度(A)/面积(AR)/体积(V)/退出(X)]<距离>:X 并回车　注:回车结束测量命令,测量结果在绘图区域显示,如图 11.1 所示。

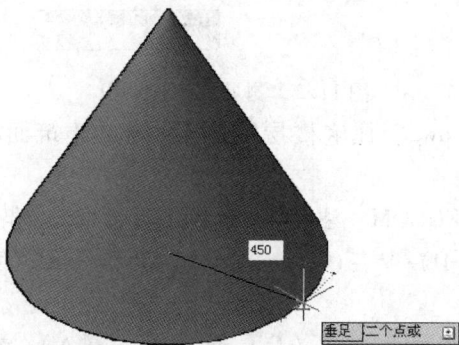

图 11.1　测量圆锥底面半径

2)查询面积

在 AutoCAD 中,用户可以查询矩形、圆、多边形、面域等对象及指定区域的周长与面积,另外还可以进行面积的加、减运算等。AutoCAD 提供了"面积"命令,用于查询图形对象的周长与面积。

例如求上例中圆锥的表面积之值,执行命令过程如下:

命令:_MEASUREGEOM　注:单击测量工具栏中"面积"命令按钮▤;

输入选项[距离(D)/半径(R)/角度(A)/面积(AR)/体积(V)]<距离>:_area

指定第一个角点或[对象(O)/增加面积(A)/减少面积(S)/退出(X)]<对象(O)>:o 并回车　注:选择"对象"选项;

选择对象：　　注：点选圆锥体；

区域 =1983364,周长 =0　注：显示圆锥体的表面积；

输入选项[距离(D)/半径(R)/角度(A)/面积(AR)/体积(V)/退出(X)]<面积>:X 并回车　注：回车,结束测量命令,同时测量的面积也在绘图区域显示,如图 11.2 所示。

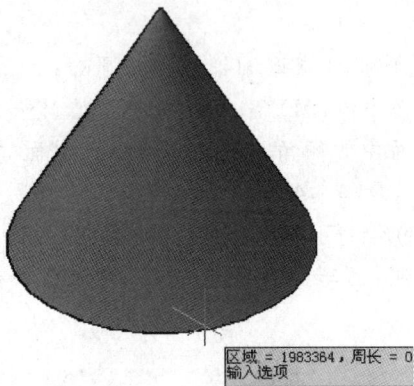

区域 = 1983364，周长 = 0
输入选项

图 11.2　测量圆锥表面积

如打开"平面图. dwg"住宅楼层的图形,测量建筑面积(不含阳台)过程如下:

命令:_MEASUREGEOM　注：单击测量工具栏中"面积"命令按钮；

输入选项[距离(D)/半径(R)/角度(A)/面积(AR)/体积(V)]<距离>:_area

指定第一个角点或[对象(O)/增加面积(A)/减少面积(S)/退出(X)]<对象(O)>:

指定下一个点或[圆弧(A)/长度(L)/放弃(U)]:　注：以下逐个点击住宅平面外沿的各个角点；

指定下一个点或[圆弧(A)/长度(L)/放弃(U)]:

指定下一个点或[圆弧(A)/长度(L)/放弃(U)/总计(T)]<总计>:

指定下一个点或[圆弧(A)/长度(L)/放弃(U)/总计(T)]<总计>:

指定下一个点或[圆弧(A)/长度(L)/放弃(U)/总计(T)]<总计>:

指定下一个点或[圆弧(A)/长度(L)/放弃(U)/总计(T)]<总计>:

指定下一个点或[圆弧(A)/长度(L)/放弃(U)/总计(T)]<总计>:

指定下一个点或[圆弧(A)/长度(L)/放弃(U)/总计(T)]<总计>:回车

注：回车结束点选角点,由各点围起来的淡色区域即所选区域,如图 11.3 所示；

区域＝97695336.1651，周长＝44757.3853　注：系统给出住宅的面积与周长；

输入选项［距离（D）/半径（R）/角度（A）/面积（AR）/体积（V）/退出（X）］
＜面积＞:X并回车　注：结束测量命令，同时测量的面积也在绘图区域显示，如图11.4所示。

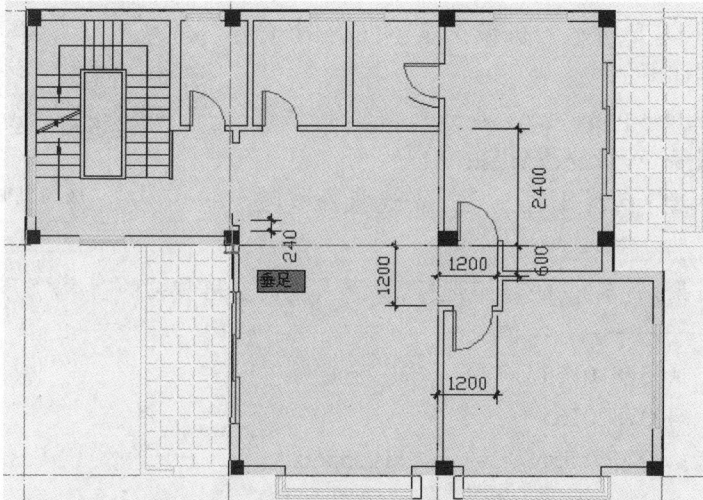

图11.3　用光标圈定测量区域

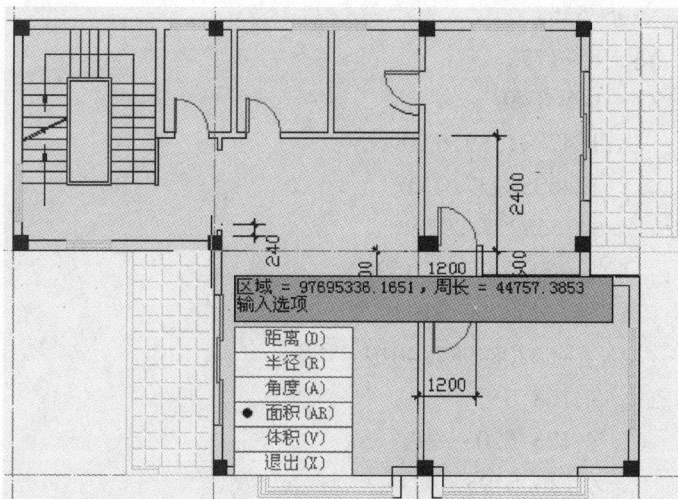

图11.4　在快捷菜单选择面积选项

3）查询质量

AutoCAD 提供了"面域/质量特性"命令,用于查询面域或三维实体的质量特性。光标移到任一工具栏右击,在弹出的工具清单中勾选"查询"选项,即可见工具栏区域"查询"命令工具栏。以如图 11.5 所示的机械支座零件为例,命令执行过程如下:

命令: _massprop 注:单击查询工具栏中"面域/质量特性"命令按钮;

选择对象:找到 1 个 注:点选机械支座零件;

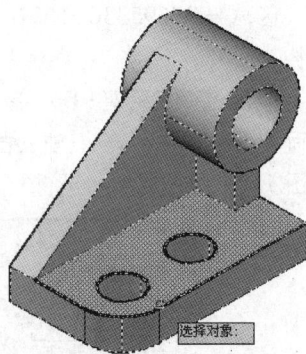

图 11.5 被测机械零件

选择对象:回车 注:结束选择,以下系统提交出相关的面域/质量信息;

———————— – 实体 ———————— –

质量: 40378.0165

体积: 40378.0165

边界框: X:77.5560 – – 119.5560

　　　　 Y: –98.9451 – – –48.9451

　　　　 Z: –175.6795 – – –105.6795

质心: X:95.5557

　　　 Y: –81.1772

　　　 Z: –145.8789

惯性矩: X:1147231589.6758

　　　　 Y:1245358437.0707

　　　　 Z:647665217.2977

惯性积: XY: –315258621.1526

　　　　 YZ:472458366.9193

　　　　 ZX: –562084987.4019

旋转半径: X:168.5594

　　　　　 Y:175.6203

　　　　　 Z:126.6493

按 Enter 键继续:

主力矩与质心的 X – Y – Z 方向:

I:23021946.9454 沿$[0.8059\ 0.5399\ 0.2429]$

J:20381639.7971 沿$[-0.5762\ 0.6207\ 0.5317]$

K:8774536.0870 沿$[0.1363\ -0.5685\ 0.8113]$

是否将分析结果写入文件？[是(Y)/否(N)]＜否＞:y 并回车　注:系统将上述信息以文件的形式输出,文件名为"三维支座.mpr",如图11.6所示。

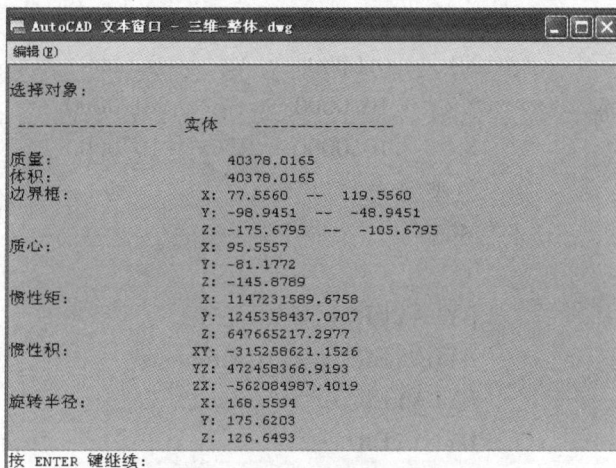

图11.6　测量得出的质量信息

在 AutoCAD 中,所有物体的密度值均默认为1.0,因此在查询到实体的体积后通过计算(质量＝体积×密度),即可得到实体的质量。

命令执行过程提示选项中,是(Y):保存分析结果,其保存文件的后缀名为".mpr",以后在需要查看分析结果可以利用记事本将其打开,并查看分析结果;否(N):不保存分析结果。

4)查询系统状态

AutoCAD 提供了"状态"命令,用于查询当前图形的系统状态。其中,当前图形的系统状态包括以下几个方面:

①统计当前图形中对象的数目;

②显示所有图形对象、非图形对象和块定义;

③在 DIM 提示下使用时,报告所有标注系统变量的值和说明。

仍以机械支座为例,命令执行过程如下:

命令:'_status 155 个对象在 I:\校本教材\图例\11\三维－整体.dwg 中

注:单击菜单栏"工具"→"查询"→"状态"命令;

放弃文件大小: 2205 个字节　注:以下为系统提交的支座状态信息内容;

模型空间图形界限 X: 0.0000 Y: 0.0000 （关） （世界）

X: 420.0000 Y: 297.0000

模型空间使用 X: 33.5560 Y: －104.9451 ＊＊超过

X: 119.5560 Y: －48.9451

显示范围 X: 84.2311 Y: －69.2851

X: 426.4060 Y: 221.1541

插入基点 X: 0.0000 Y: 0.0000 Z: 0.0000

捕捉分辨率 X: 10.0000 Y: 10.0000

栅格间距 X: 10.0000 Y: 10.0000

当前空间: 模型空间

当前布局: Model

当前图层: 0

当前颜色: BYLAYER －－7（白）

当前线型: BYLAYER －－"Continuous"

当前材质: BYLAYER －－"Global"

当前线宽: BYLAYER

当前标高: 0.0000 厚度: 0.0000

按回车键继续:回车 注:按回车健继续显示剩余的内容;

填充 开 栅格 关 正交 关 快速文字 关 捕捉 关 数字化仪 关

对象捕捉模式: 圆心,端点,插入点,交点,中点,最近点,节点,垂足,象限点,切点,外观交点,延伸,平行

可用图形磁盘（I:）空间:862.10 MB

可用临时磁盘（C:）空间:1417.0 MB

可用物理内存:473.0 MB（物理内存总量1527.4 MB）。

可用交换文件空间:726.7 MB（共2132.3 MB）。注:系统同时以如图11.7所示的方式另开视窗显示"状态"的上述内容。

5)查询图形对象信息

仍以机械支座零件为例,命令执行过程如下:

命令:_list 注:单击菜单栏"工具"→"查询"→"列表"命令;

选择对象:找到 1 个 注:点选机械支座,如图11.8所示;

选择对象:回车 注:结束选择,以下为"列表"信息内容;

3DSOLID 图层:0

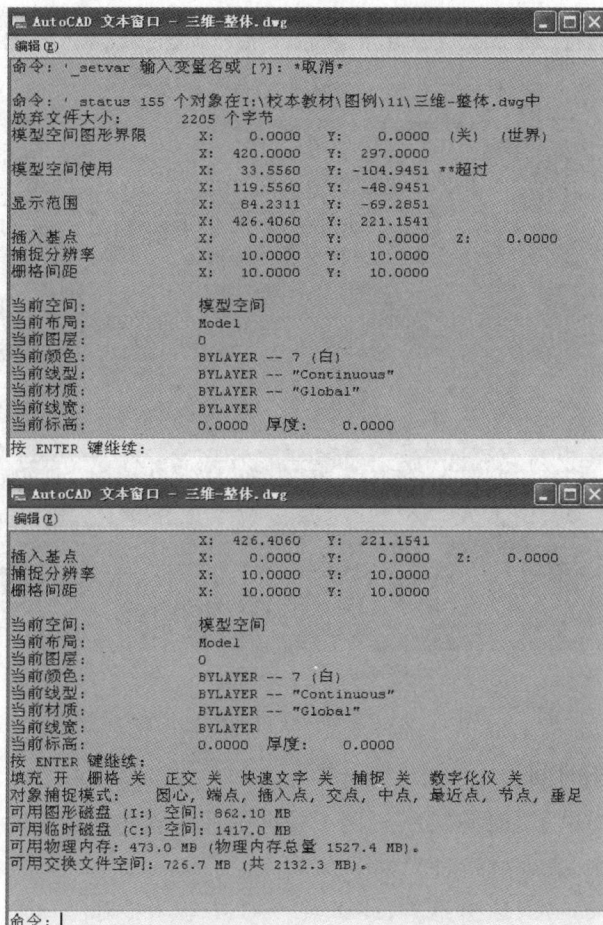

图11.7　图形"状态"视窗

空间:模型空间

句柄=277

历史记录=无

显示历史记录=否

边界框:　边界下限 X = 77.5560，Y = -98.9451，Z = -175.6795

边界上限 X = 119.5560，Y = -48.9451，Z = -105.6795　注:系统同时以如图11.9所示的方式另辟视窗显示"列表"的内容。

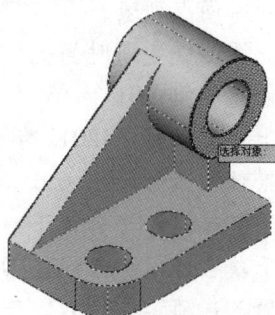

图11.8　被查询图形对象

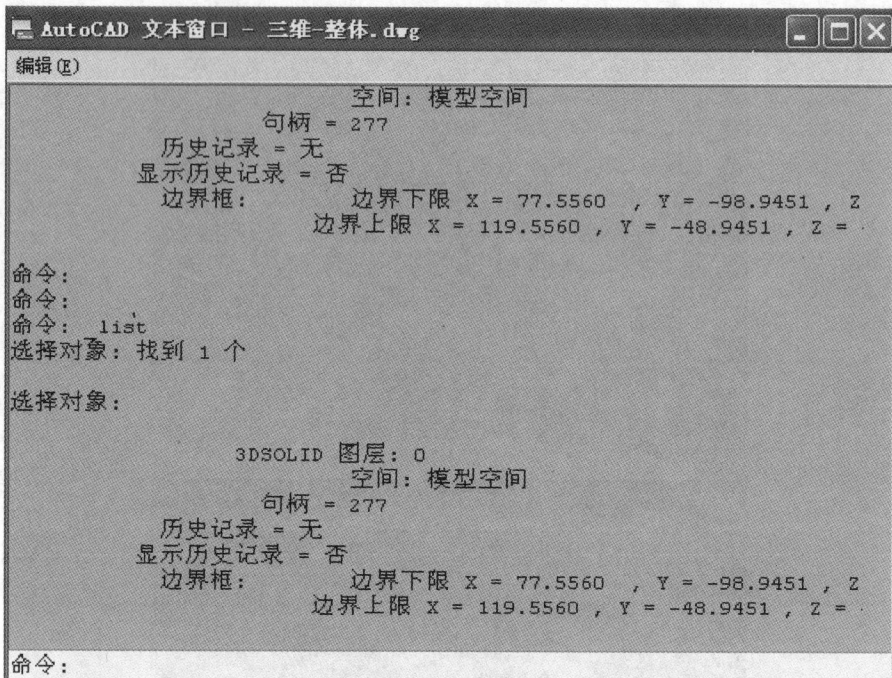

图11.9　"查询"获得的信息视窗

6)查询绘图时间

AutoCAD 提供了"时间"命令,用于查询图形的创建和编辑时间等。仍以机械支座零件为例,命令执行过程如下:

命令:'_time　注:选择菜单栏"工具"→"查询"→"时间"命令;

当前时间:　2013 年 5 月 17 日　2:27:21:578　注:以下为支座图形的各种事项时间点列表;

此图形的各项时间统计:

创建时间:2013 年 5 月 13 日　17:04:25:703

上次更新时间:2013 年 5 月 13 日　17:16:11:406

累计编辑时间:　0 days 01:21:25:265

消耗时间计时器(开):　0 days 01:21:25:265

下次自动保存时间:　0 days 00:08:00:453

输入选项[显示(D)/开(ON)/关(OFF)/重置(R)]:　注:系统同时以如图 11.10 所示的方式另辟视窗显示"时间"的内容。

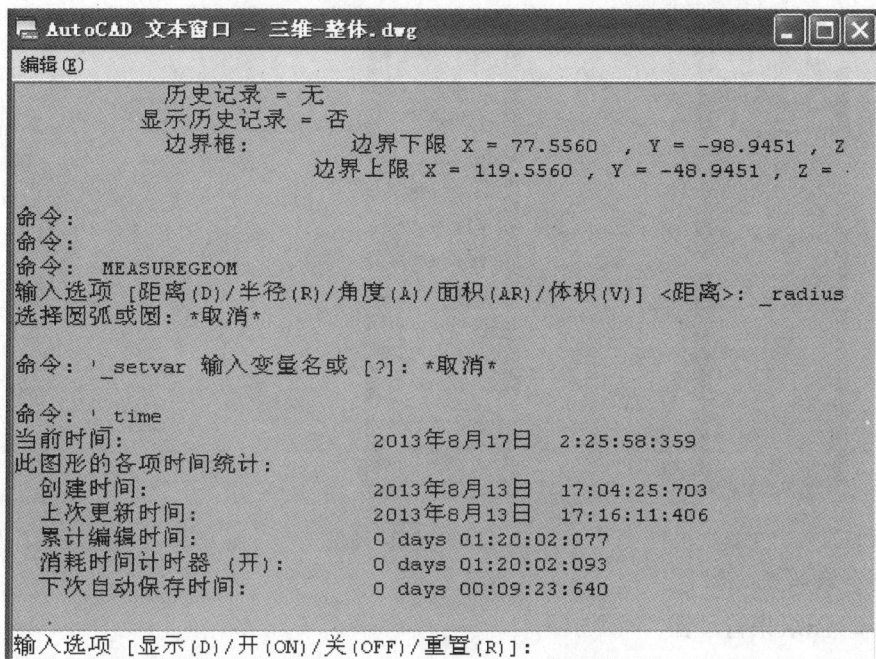

图 11.10　视窗显示图形的"时间"信息

2. 辅助工具

AutoCAD 2012 辅助工具包括工具选项板窗口和图纸集管理器这两个主要的辅助工具。

1）工具选项板窗口

工具选项板窗口提供了组织、共享、放置块及填充图案的快捷方法，它包括"注释""建筑""机械""土木工程/结构""电力""图案填充"和"工具命令"7个选项卡。用户可以从选项卡中直接将某个工具拖拽到绘图区域中创建图形，也可以将已有图形和图块等放入工具选项板中来创建新工具。

执行命令过程如下：

命令：'_ToolPalettes　注：单击标准工具栏中"工具选项板窗口"命令按钮▦，弹出"工具选项板窗口"对话框，如图 11.11 所示。

例如在"工具选项板窗口"对话框中选择"建筑"→"公制样例"→"门—公制"菜单项，如图 11.12 所示，将其拖拽到绘图区域内，绘制门图形，如图 11.13所示。

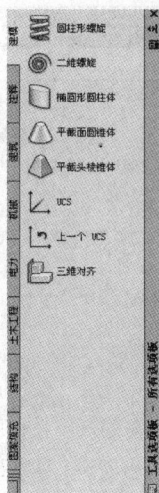

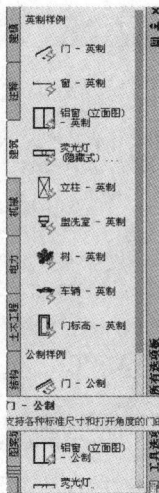

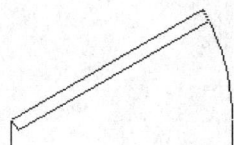

图 11.11 "工具选项板 11.12 "建筑"图例 图 11.13 "门"图例详图
窗口"对话框

2)图纸集管理器

图纸集管理器用于组织、显示和管理图纸集(图纸的命名集合)。图纸集中的每张图纸都与图形(.dwg)文件中的一个布局相对应。这样便于图纸的管理、传递、发布以及归档。

图纸集管理器是一个协助用户将多个图形文件组织为一个图纸集的新工具。图纸集管理器还提供了管理图形文件的各种工具。

执行命令过程如下:

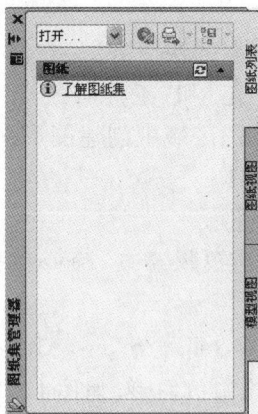

图 11.14

命令:_SheetSet 注:单击标准工具栏中"图纸集管理器"命令按钮，弹出"图纸集管理器"对话框，如图 11.14 所示。

"图纸集管理器"对话框包括"模型视图""图纸视图"和"图纸列表"3 个选项卡。单击列表框右侧的按钮，弹出下拉列表。执行"新建图纸集"命令，如图 11.15 所示。弹出"创建图纸集—开始"对话框，选择"样例图纸集"单选项，如图 11.16 所示。

单击"下一步"按钮，弹出"创建图纸集-图纸集样例"对话框，选择"Architectural Metric Sheet Set"选项，使用公制建筑图纸集来创建新的图纸集，其默认图纸尺寸为 594 mm×841 mm，如图 11.17 所示。

　　单击"下一步"按钮 下一步(N) > ，弹出"创建图纸集—图纸集详细信息"对话框，在"新图纸集的名称"文本框下输入名称"xl-cad"，如图 11.18 所示。

　　单击"下一步"按钮 下一步(N) > ，弹出"创建图纸集—确认"对话框，预览图纸集，如图 11.19 所示。

图 11.15

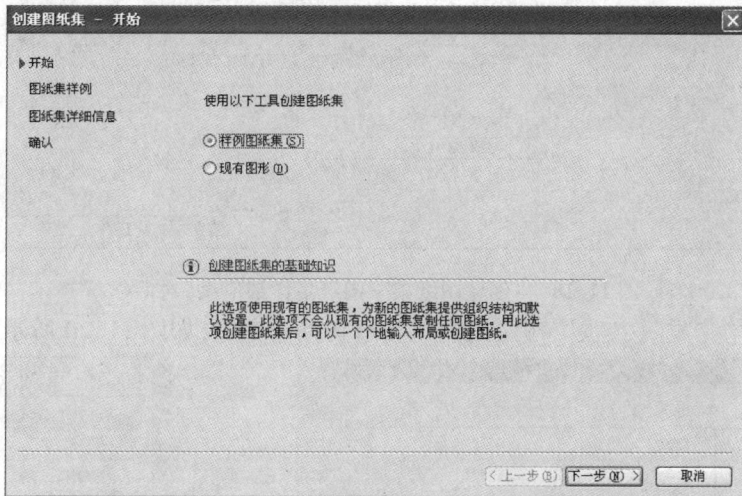

图 11.16　"创建图纸集—开始"对话框

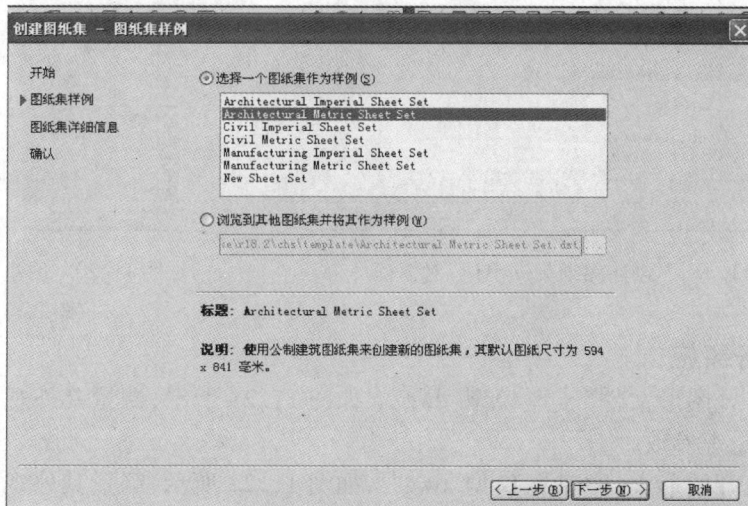

图 11.17　"创建图纸集—图纸集样例"对话框

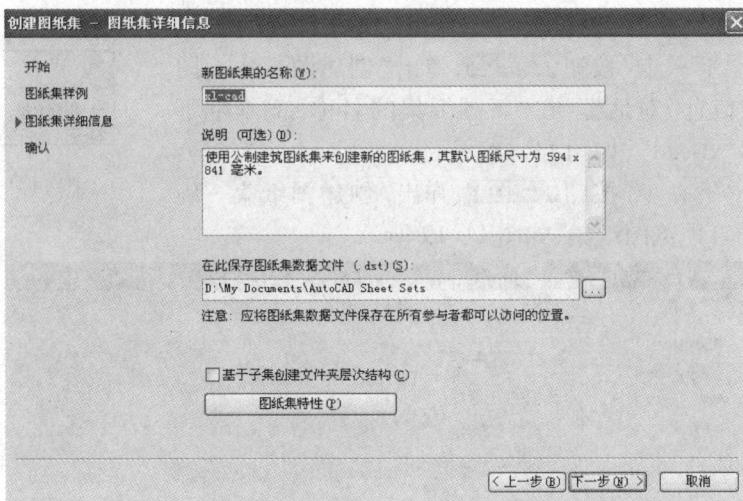

图 11.18　"创建图纸集—图纸集详细信息"对话框

单击"完成"按钮 ▢ 完成 ▢ ，创建图纸集操作完成，如图 11.20 所示。

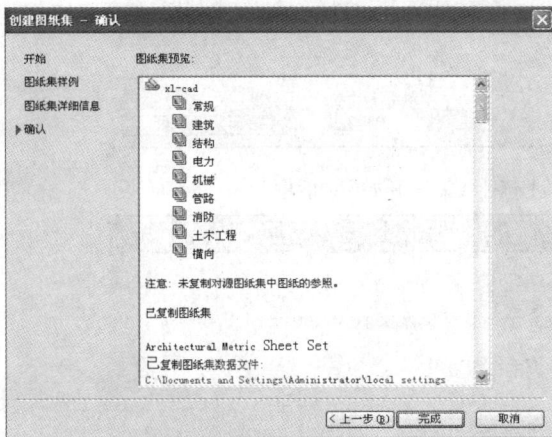

图 11.19　"创建图纸集—确认"对话框

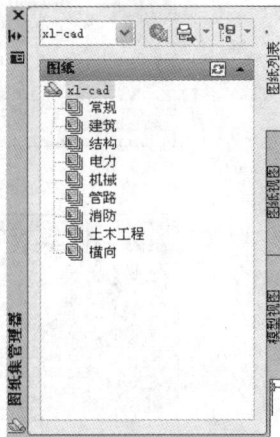

图 11.20　创建"xl-cad"
图纸集

任务实施：

①打开图形文件"支座模型. dwg"，如图 11.21 所示，测量其外观尺寸、表面积、质量等参数。

②打开图形文件"油盖模型. dwg"，如图 11.22 所示，测量其外观尺寸、表面积、质量等参数。

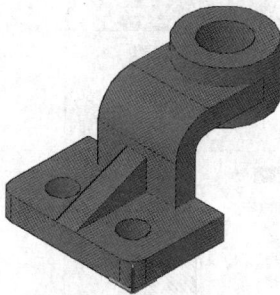

图 11.21　支座模型

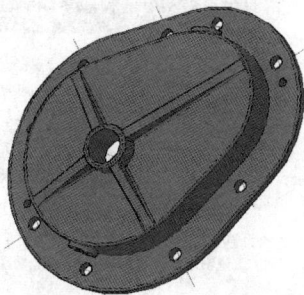

图 11.22　油盖模型

任务 2　图形打印与输出

任务实施：

在图形绘制完成后,通常需要将其打印在图纸上,这是绘制图形的目的。用户可以根据实际需求合理地打印和输出建筑图形。本任务向用户介绍了 AutoCAD 图形在各种情况下打印操作方法,打印过程所必须给出的合适的选项设置,以期顺利将图形由打印机或工程绘图仪输出,同时也简单介绍 AutoCAD 图形文件与其他图形图像软件之间的信息交换方式与操作过程。

1. 打印图形

执行命令过程如下:

命令:_plot　注:选择菜单栏"文件"→"打印"命令,或单击标准工具栏中"打印"命令按钮 ,弹出"打印—模型"对话框,如图 11.23 所示。

在对话框中,用户需要给定打印设备、图纸尺寸、打印区域和打印比例等信息。单击"打印—模刷"对话框右下角的"展开"按钮 ,展开右侧隐藏部分的内容,如图 11.24 所示。

"打印—模型"对话框各选项解释如下:

①"打印机/绘图仪"选项组:用于选择打印设备。

"名称"下拉列表:选择打印设备的名称。当用户选定打印没备后,系统将显示该设备的名称、连接方式、网络位置及与打印相关的注释信息,同时其右侧特性按钮 特性(R)... 将变为可选状态。

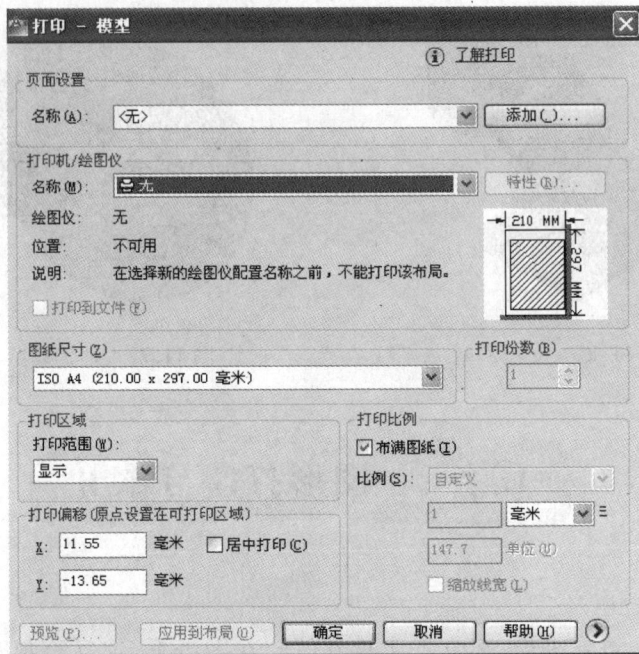

图 11.23 "打印—模型"对话框

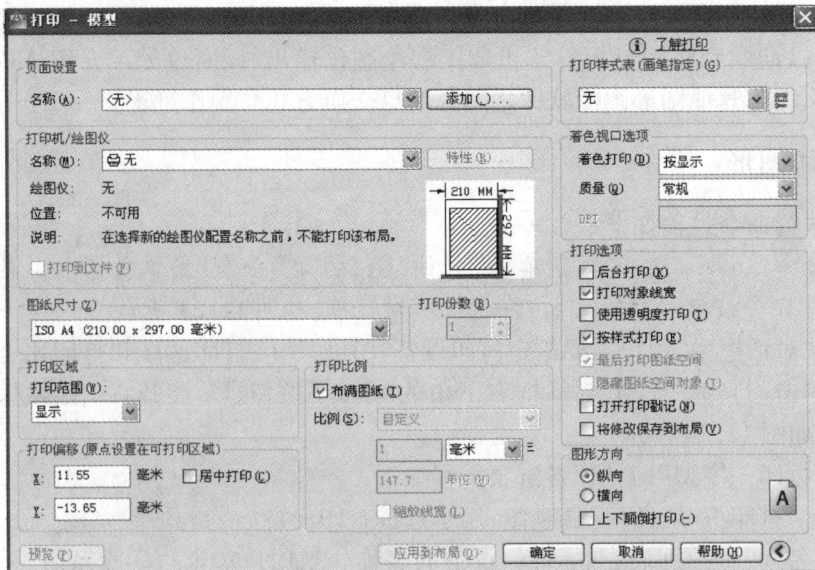

图 11.24 展开后完整的"打印—模型"对话框

②"图纸尺寸"选项组：用于选择图纸的尺寸。

"图纸尺寸"下拉列表：可根据打印的要求选择相应的图纸，如图 11.25 所示；若该下拉列表中没有相应的图纸，则需要用户自定义图纸尺寸。

其操作方法是：单击"打印机/绘图仪"选项组中的"特性"按钮，弹出"绘图仪配置编辑器"对话框，然后选择"自定义图纸尺寸"选项，如图 11.25 所示，并在出现的"自定义图纸尺寸"选项组中单击"添加"按钮，随后根据系统的提示依次输入相应的图纸尺寸即可。

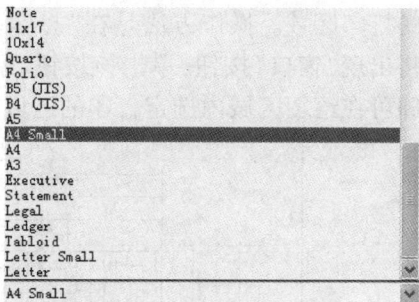

图 11.25　选择图纸规格

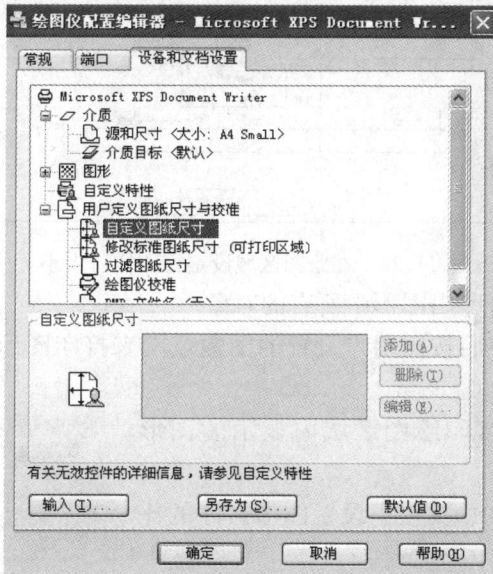

图 11.26　"绘图仪配置编辑器"对话框

③"打印区域"选项组：用于设置图形的打印范围。

"打印范围"下拉列表：从中可选择要输出图纸的规格，如图 11.27 所示。

"窗口"选项：当用户在"打印范围"下拉列表中选择"窗口"选项时，用户可以选择指

图 11.27　选择"窗口"选项

定的打印区域。操作方法是在"打印范围"下拉列表中选择"窗口"选项,其右侧将出现"窗口"按钮;单击该按钮,系统将隐藏"打印—模型"对话框,此时用户即可在绘图区域内选定打印的区域,如图11.28所示。

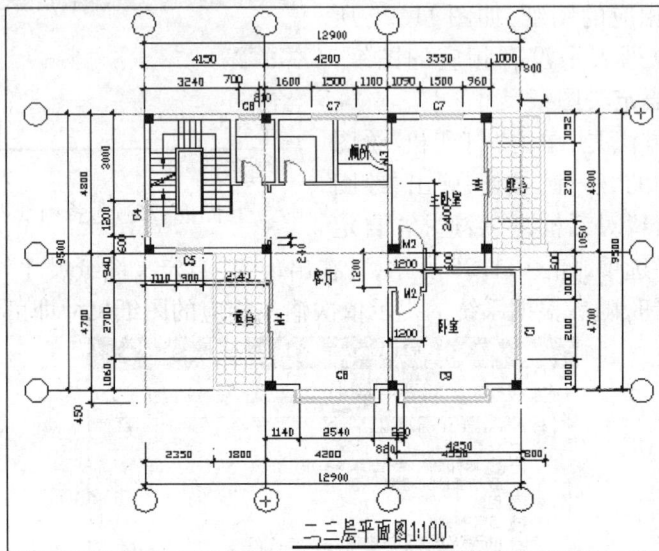

图11.28　在绘图区域设定打印窗口大小

"范围"选项:打印出图形中所有的对象。

"图形界限"选项:按照用户设置的图幅范围来打印图形,此时在图幅范围内的图形对象将打印在图纸上。

"显示"选项:打印绘图区域内显示的图形对象。

"打印比例"选项组:用于设置图形打印的比例,如图11.29所示。

"布满图纸"复选框:自动按照图纸的大小适当缩放图形,使打印的图形布满整张图纸;选择"布满图纸"复选框后,"打印比例"选项组的其他选项变为不可选状态。

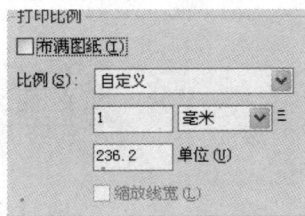

图11.29　设置打印比例

"比例"下拉列表:用于选择图形的打印比例,如图11.30所示。当用户选择相应的比例选项后,系统将在下面的数值框中显示相应的比例数值,如图11.31所示。

④"打印偏移"选项组:用于设置图纸打印的位置,如图11.32所示。在默

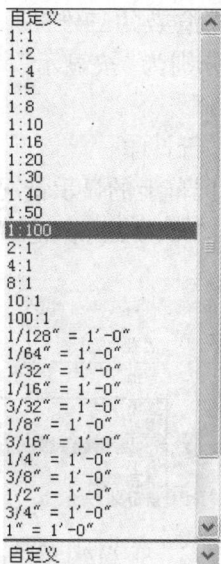

图 11.30 "比例"下拉列表　　　　图 11.31 常用的打印比例

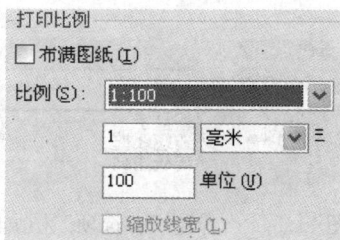

认状态下, AutoCAD 将从图纸的左下角打印图形, 打印原点的坐标是(0,0)。

"x""y"数值框:设置图形打印的原点位置, 此时图形将在图纸上沿 X 轴和 Y 轴移动相应的位置。

"居中打印"复选框:在图纸的正中间打印图形。

⑤"图形方向"选项组:用于设置图形在图纸上的打印方向, 如图 11.33 所示。

图 11.32 设置打印位置　　　　图 11.33 设置图形打印方向

"纵向"单选项:当用户选择"纵向"单选项时, 图形在图纸上的打印位置是纵向的, 即图形的长边为垂直方向。

"横向"单选项:当用户选择"横向"单选项时, 图形在图纸上的打印位置是横向的, 即图形的长边为水平方向。

"上下颠倒打印"复选框:当用户选择"上下颠倒打印"复选框时, 可以使图形在图纸上倒置地打印。该选项可以与"纵向""横向"两个单选项结合使用。

⑥"着色视口选项"选项组：用于打印经过着色或渲染的三维图形，如图 11.34 所示。"着色打印"下拉列表中存在 4 个选项，分别为"按显示""线框""消隐"以及"渲染"。

"按显示"选项：按图形对象在屏幕上的显示情况进行打印。

"线框"选项：按线框模式打印图形，不考虑图形在屏幕上的显示情况。

"消隐"选项：按消隐模式打印图形对象，即在打印图形时去除其隐藏线。

"渲染"选项：按渲染模式打印图形对象。

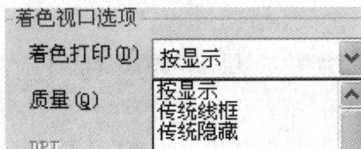

图 11.34 "着色视口选项"选项组　　　　图 11.35 选择打印质量

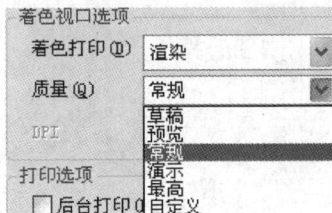

"质量"下拉列表中存在 6 个选项，分别为"草稿""预览""常规""演示""最高"和"自定义"，如图 11.35 所示。

"草稿"选项：渲染或着色的图形以线框的方式打印。

"预览"选项：渲染或着色的图形的打印分辨率设置为当前设备分辨率的 1/4，DPI 最大值为 150。

"常规"选项：渲染或着色的图形的打印分辨率设置为当前设备分辨率的 1/2，DPI 最大值为 300。

"演示"选项：渲染或着色的图形的打印分辨率设置为当前设备的分辨率，DPI 最大值为 600。

"最高"选项：渲染或着色的图形的打印分辨率设置为当前设备的分辨率。

"自定义"选项：渲染或着色的图形的打印分辨率设置为"DPI"框中用户指定的分辨率。

"预览"按钮 [预览(P)]：显示图纸打印的预览图，如图 11.36 所示。如果想直接进行打印，可以单击"打印"按钮打印图形；如果设置的打印效果不理想，可以单击"关闭预览"按钮，返回到"打印"对话框中进行修改后再进行打印。

用户常常需要在一张图纸上打印多个图形，以便节省图纸，操作过程如下：

①输入命令：_qnew 并回车。或选择菜单栏"文件"→"新建"命令，或单击标准工具栏"新建"命令按钮，创建新的图形文件。

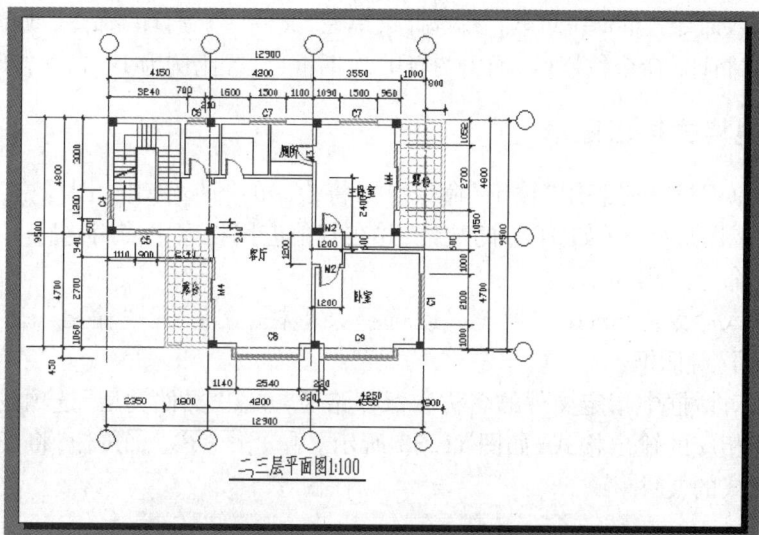

图 11.36 打印预览图

②输入命令:_insert 并回车。或选择菜单栏"插入"→"块"命令,弹出"插入"对话框,通过"浏览"选择要插入的图形文件,如图 11.37 所示。此时在"插入"对话框的"名称"文本框内将显示所选文件的名称,单击 确定 按钮,将图形插入到指定的位置。

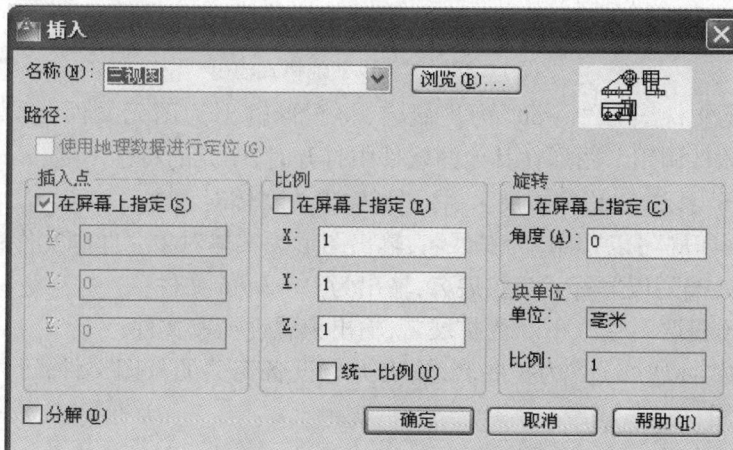

图 11.37 文件"插入"对话框

③利用相同的方法插入其他图形,选择"缩放"工具 将图形进行缩放,其缩放的比例与打印比例相同,适当组成一张图纸幅面。

④输入命令：_plot 并回车。或选择菜单栏"文件"→"打印"命令，或单击标准工具栏中"打印"命令按钮 🖶 ，弹出"打印"对话框，设置比例为 1∶1，并打印图形。

2. 以其他格式输出图形

在 AutoCAD 中，利用"输出"命令可以将绘制的图形输出为图像格式（如位图 BMP）或图形格式（如 3DS）的文件，并在其他应用程序中使用它们。

执行命令过程如下：

①输入命令：_export 并回车。或选择菜单栏"文件"→"输出"命令，弹出"输出数据"对话框。

②在对话框中指定文件的名称和保存路径，并在"文件类型"选项的下拉列表中选择相应的输出格式，如图 11.38 所示。单击 保存(S) 按钮，将图形输出为所选格式的文件。

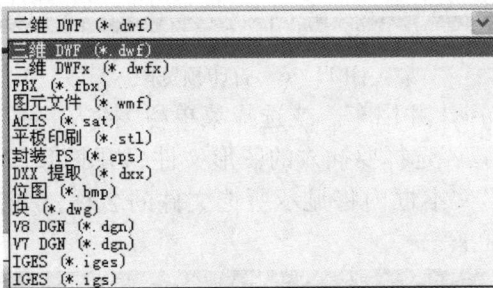

```
三维 DWF (*.dwf)                          ▼
三维 DWF (*.dwf)
三维 DWFx (*.dwfx)
FBX (*.fbx)
图元文件 (*.wmf)
ACIS (*.sat)
平板印刷 (*.stl)
封装 PS (*.eps)
DXX 提取 (*.dxx)
位图 (*.bmp)
块 (*.dwg)
V8 DGN (*.dgn)
V7 DGN (*.dgn)
IGES (*.iges)
IGES (*.igs)
```

图 11.38　图形以其他格式输出

"图元文件"：以".wmf"为扩展名，将图形输出为图元文件，以供不同的 Windows 软件调用。图形在其他的软件中打开时，图元的特性不变；

"ACIS"：以".sat"为扩展名，将图形输出为实体对象文件；

"平版印刷"：以".stl"为扩展名，输出图形为实体对象立体画文件；

"封装 PS"：以".eps"为扩展名，输出为 PostScrip 文件；

"DXX 提取"：以".dxx"为扩展名，输出为属性抽取文件；

"位图"：以".bmp"为扩展名，输出为与设备无关的位图文件，可供图像处理软件调用；

"3DStudio"：以".3ds"为扩展名，输出为 3D Studio（MAX）软件可接受的格式文件；

"块"：以".dwg"为扩展名，输出为图形块文件，可供不同版本 CAD 软件调用。

3. 输出为 3DStudio 格式文件

将 AutoCAD 中的二维平面图形输出并应用于 3dsMax 的操作步骤如下：

①在桌面菜单中选择启动 3dsMax 程序命令，运行 3dsMax 软件。

②在 3dsMax 软件中选择"导入"命令，弹出"选择要导入的文件"对话框。选择图形文件，像 windows 平台上其他引入文件的方法一样，打开由 AutoCAD 输出生成的".dxf"或".3ds"文件。

4. 输出为 BMP 格式文件

将 AutoCAD 2012 中图形输出为位图格式，可供 Photoshop 等类型的平面图像软件使用，操作过程如下：

①运行 AutoCAD 2012，打开图形文件。

②输入命令：_export 并回车。或选择菜单栏"文件"→"输出"命令，弹出"输出数据"对话框；指定文件的名称和保存路径，并在"文件类型"选项的下拉列表中选择位图(.bmp)格式，单击"保存"按钮进行保存。

③对话框关闭后，光标变为拾取框，用"窗选"方式选择需要输出的图形，按回车键输出所选图形，输出的图像即为 bmp 格式，用户可以在 Photoshop 中打开该图像。

任务实施：

1)**输出别墅模型的平面位图**(bmp)

打开图形文件"别墅三维模型.dwg"，如图 11.39 所示，运用"动态观察"命令调整模型合适的视口，输出别墅模型的二维位图"别墅三维模型.bmp"。

2)**输出机械零件模型的 3DStudio 格式文件**

打开图形文件"支座模型.dwg"，运用"输出"命令，生成 3DStudio 格式文件"支座模型.3ds"，即可在 3dsMax 系统下浏览该图形。

课后练习　测量住宅面积

打开图形文件"室内平面图.dwg"，如图 11.40 所示，测量各房间(由墙、门、窗围成)面积及单元总面积，并标注于房间中或图名旁边。

图 11.39　别墅三维模型

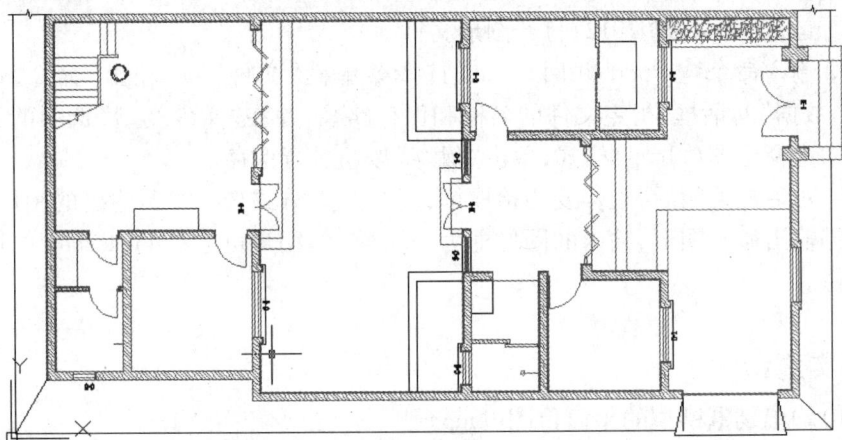

底层平面图

图 11.40　建筑底层平面图

附录 常用CAD命令快捷键

1. 功能键

F1——获取帮助

F3——对象捕捉

F7——删格显示模式切换

F8——正交模式切换

F9——捕捉模式切换

F10——极轴模式切换

2. 绘图命令

L——直线

A——圆弧

C——圆

XL——构造线

EL——椭圆

SPL——样条曲线

PL——多段线

REC——矩形

PO——点

ML——多线

POL——多边形

3. 编辑命令

M——移动

AL——对齐

BR——打断

O——偏移

RO——旋转

X——分解

E——删除

SC——缩放图形

MT——多行文字	W——写块
CO——复制	D——标注样式
F——倒圆角	ST——文字样式
DT——单行文字	DS——（OS）捕捉设置
AR——阵列	LA——图层属性
cha——倒直角	UN——绘图单位设置
TR——修剪	RE——重新生成图形
MI——镜像	PU——清理程序
EX——延伸	LT——线型设置
DIV——等分	LTS——线型比例
H——填充	MO——修改文字属性
MA——格式刷	Dli——线性标注
ID——量取点坐标	Dal——对齐标注
PE——多段线编辑	Qdim——快速标注
DI——测两点间距	Dra——半径标注
ED——修改文本或标注	Ddi——直径标注
B——定义块	dco——连续标注
I——插入块	OP——设置

4. 三维相关命令

面域——reg	并集——uni
拉伸——ext	差集——su
旋转——rev	交集——int
剖切——sl	

5. 其他

Z→A ——显示全部图形　　Enter 与空格键等效——确认命令

Ctrl + Z——撤销上一部操作　令或重复上次命令

ESC——退出命令

6. 鼠标快捷操作

①滑动滚轮：可缩放 CAD 界面中的图形；

②按下滚轮并拖动：可移动 CAD 界面中的图形；

③双击滚轮：可将图形放至最大。